普通高等教育"十一五"国家级规划教材
四川省"十二五"普通高等教育本科规划教材

普通高校本科计算机专业特色教材精选·数据库

数据库原理及设计(第3版)

陶宏才 等 编著

清华大学出版社

北京

内 容 简 介

本书在 2007 年第 2 版的基础上进行了修订和充实。第 3 版仍然保持了第 2 版的整体框架,以及前两版挖掘背景知识、赋予问题阐释新视角、内容深入浅出、理论与产品相结合等风格和特色。本书对数据库的原理、应用与设计 3 个方面的内容进行了深入浅出和全新的诠释。主要内容包括数据库系统概述、高级(概念)数据模型、关系数据模型、SQL 语言及其操作、数据库的保护、关系数据库设计理论、数据库应用设计、数据库应用系统设计实例、主流数据库产品与工具、数据仓库与数据挖掘及数据库新进展、数据库上机实验及指导。

本书以数据库系统的核心——DBMS 的出现背景为线索,引出了数据库的相关概念及数据库的整个框架体系,理顺了数据库原理、应用与设计之间的有机联系。本书突出理论产生的背景和根源,强化理论与商用 RDBMS 产品(如 MS SQL Server 和 Sybase 等)以及理论与应用开发的结合,重视知识的实用,跟踪数据库技术发展前沿,反映最新的主流数据库产品,并免费提供配套的电子课件。

本书具有逻辑性、系统性、实践性和实用性强,既可作为计算机科学与技术、软件工程以及相关专业本科生及研究生教材,也可作为从事信息系统开发的专业人员的参考书。

图书在版编目(CIP)数据

数据库原理及设计/陶宏才等编著. —3 版. —北京:清华大学出版社,2014(2023.8重印)

普通高校本科计算机专业特色教材精选·数据库

ISBN 978-7-302-33460-6

Ⅰ. ①数… Ⅱ. ①陶… Ⅲ. ①数据库系统—高等学校—教材 Ⅳ. ①TP311.13

中国版本图书馆 CIP 数据核字(2013)第 188338 号

责任编辑:汪汉友
封面设计:傅瑞学
责任校对:白 蕾
责任印制:丛怀宇

出版发行:清华大学出版社
   网 址:http://www.tup.com.cn,http://www.wqbook.com
   地 址:北京清华大学学研大厦 A 座   邮 编:100084
   社 总 机:010-83470000   邮 购:010-62786544
   投稿与读者服务:010-62776969,c-service@tup.tsinghua.edu.cn
   质 量 反 馈:010-62772015,zhiliang@tup.tsinghua.edu.cn
   课件下载:http://www.tup.com.cn,010-83470236
印 装 者:三河市春园印刷有限公司
经 销:全国新华书店
开 本:185mm×260mm   印 张:27.75   字 数:636 千字
版 次:2004 年 2 月第 1 版 2014 年 1 月第 3 版   印 次:2023 年 8 月第 9 次印刷
定 价:69.50 元

产品编号:037935-02

出版说明

INTRODUCTION

在我国高等教育逐步实现大众化后，越来越多的高等学校将会面向国民经济发展的第一线，为行业、企业培养各级各类高级应用型专门人才。为此，教育部已经启动了"高等学校教学质量和教学改革工程"，强调要以信息技术为手段，深化教学改革和人才培养模式改革。如何根据社会的实际需要，根据各行各业的具体人才需求，培养具有特色显著的人才，是我们共同面临的重大问题。具体地说，培养具有一定专业特色的和特定能力强的计算机专业应用型人才则是计算机教育要解决的问题。

为了适应 21 世纪人才培养的需要，培养具有特色的计算机人才，急需一批适合各种人才培养特点的计算机专业教材。目前，一些高校在计算机专业教学和教材改革方面已经做了大量工作，许多教师在计算机专业教学和科研方面已经积累了许多宝贵经验。将他们的教研成果转化为教材的形式，向全国其他学校推广，对于深化我国高等学校的教学改革是一件十分有意义的事情。

清华大学出版社在经过大量调查研究的基础上，决定组织出版一套"普通高校本科计算机专业特色教材精选"。本套教材是针对当前高等教育改革的新形势，以社会对人才的需求为导向，主要以培养应用型计算机人才为目标，立足课程改革和教材创新，广泛吸纳全国各地的高等院校计算机优秀教师参与编写，从中精选出版确实反映计算机专业教学方向的特色教材，供普通高等院校计算机专业学生使用。

本套教材具有以下特点。

1. 编写目的明确

本套教材是在深入研究各地各学校办学特色的基础上，面向普通高校的计算机专业学生编写的。学生通过本套教材，主要学习计算机科学与技术专业的基本理论和基本知识，接受利用计算机解决实际问题的基本训练，培养研究和开发计算机系统，特别是应用系统的基本能力。

2. 理论知识与实践训练相结合

根据计算学科的三个学科形态及其关系，本套教材力求突出学科的理论与实践紧密结合的特征，结合实例讲解理论，使理论来源于实践，又进一步指导实践。学生通过实践深化对理论的理解，更重要的是使学生学会理论方法的实际运用。在编写教材时突出实用性，并做到通俗易懂，易教易学，使学生不仅知其然，知其所以然，还要会其如何然。

3. 注意培养学生的动手能力

每种教材都增加了能力训练部分的内容，学生通过学习和练习，能比较熟练地应用计算机知识解决实际问题。既注重培养学生分析问题的能力，也注重培养学生解决问题的能力，以适应新经济时代对人才的需要，满足就业要求。

4. 注重教材的立体化配套

大多数教材都将陆续配套教师用课件、习题及其解答提示，学生上机实验指导等辅助教学资源，有些教材还提供能用于网上下载的文件，以方便教学。

由于各地区各学校的培养目标、教学要求和办学特色均有所不同，所以对特色教学的理解也不尽一致，我们恳切希望大家在使用教材的过程中，及时地给我们提出批评和改进意见，以便我们做好教材的修订改版工作，使其日趋完善。

我们相信经过大家的共同努力，这套教材一定能成为特色鲜明、质量上乘的优秀教材。同时，我们也希望通过本套教材的编写出版，为"高等学校教学质量和教学改革工程"做出贡献。

清华大学出版社

第3版
前言

PREFACE

《数据库原理及设计》自 2004 年 2 月出版以来，得到了广大读者的大力支持和有关专家教授的肯定，2008 年 1 月入选教育部的普通高等教育"十一五"国家级规划教材，2012 年 4 月入选四川省"十二五"普通高等教育本科规划教材，编者在此表示衷心感谢！随着一些数据库新的开发技术和新产品的不断出现，急需将它们补充和充实到本书中。同时，在本书的使用过程中，发现了某些概念或问题更好的阐释的方法和角度。为此，对全书文字叙述进行了修订，使其表达更准确、流畅；进一步对内容赋予或充实了新的阐释角度，改写后的内容更易理解；新增了部分内容以反映一些成熟的概念、平台、工具与开发技术。第 3 版保持了第 1 版和第 2 版的主体框架，以及前两版挖掘背景知识、赋予问题阐释新视角、内容深入浅出、理论与产品相结合等风格和特色。具体说来，做了如下修订：

第 1 章在内容阐释视角上做了新的改写或充实，事实上，这一点是贯穿全书所有章节的，以下不再复述。新增了 Web 应用的 MVC 架构及其各种实现，包括 J2EE 实现、ASP.NET 实现、Struts 实现和 SSH（Struts-Spring- Hibernate）实现，理顺了 B/S 模式与 MVC 架构和各种平台（如 J2EE、.NET）及框架（如 Struts、Hibernate 等）的关系。

第 2 章修订、充实了部分内容和示例，特别是对弱实体的理解上。

第 3 章修订、充实了部分内容，特别是在"实体联系模型向关系模型的转换"部分，增加了对扩展 ERM 中类层次和聚集的转换方法。

第 4 章因 SQL Server 高版本对 SQL 语句支持的变化缘故修订补充了一些 SQL 使用示例及部分语句。

第 5~8 章、第 10 章修订、充实了部分内容和示例，使其叙述更流畅、完整和易理解。特别是第 6 章，增加了结合 ERM 来更深地理解各级范式的全新阐述。

第 9 章在内容上作了较大调整，一是因为数据库厂商的并购需对产品的归属重新划定；二是产品新版本的推出需对内容进行修订。

第 11 章将实验指导中原为提高学生上机编码能力而故意略去或改错的部分代码进行了恢复和修正，方便读者自学和参考。

原附录 A 删去而附录 B 保留，因目前 MS SQL Server 的安装均不太复杂，教材中仍然使用了 MS SQL Server 2000 中的 pubs 样例库表。读者若想在 SQL Server 2005/2008/2012 中使用 pubs 库，可在微软网站 http://www.microsoft.com/en-us/download/details.aspx? id= 23654 下载 SQL2000SampleDb.msi，双击之执行解压缩，再到 C 盘的 SQL Server 2000 Sample Databases 目录下执行 instpubs（要求先打开并连接高版本 SQL Server）即可安装 pubs 样例库。

本书由陶宏才主编。本书第 1～6 章、第 9 章、附录由陶宏才编写；第 4 章 4.5 节、第 8 章、第 10 章由陈安龙编写；第 7 章由张跃编写；第 11 章由梁斌梅编写；毛新朋参与了 2.6 节、4.6 节的编写；李爱华参与了 2.7 节、3.7 节的编写；冯洁参与了第 11 章的编写工作。全书文稿最后由陶宏才统改和定稿。

本书各版次的编著与出版得到了四川大学计算机学院唐常杰教授，西南交通大学信息科学与技术学院周荣辉教授、何大可教授和尹治本教授，以及清华大学出版社的大力支持，作者在此表示衷心的感谢！

限于水平，本书难免有欠妥与错误之处，恳请读者及专家批评指正。对本书的意见请通过 jsjjc@tup.tsinghua.edu.cn 反馈，谢谢。

陶宏才

2013 年 8 月于成都

第2版 前言

PREFACE

本书第 1 版出版以来，得到了广大读者的大力支持与肯定，在此表示衷心感谢。随着一些数据库开发技术的不断成熟与普及，亟须将它们补充和充实到本书中。同时，在本书的使用过程中，发现某些概念或问题有更好的阐述方法和角度，为此对全书文字叙述进行了修订，使其表达更准确、流畅；对内容通过新的角度进行阐述，改写后的内容更易理解；调整了部分章节结构以使其安排更清晰；新增了部分内容以反映一些成熟的概念、平台工具与开发技术。第 2 版保持了第 1 版主体框架不变，以及第 1 版挖掘背景知识、赋予问题阐述的新视角、内容深入浅出、理论与产品相结合等风格。具体说来，做了如下修订。

第 1 章在内容阐述视角上作了新的改写或充实，事实上，这一点是贯穿全书所有章节的，以下不再复述。本章新增了 OLE DB/ADO、数据库中间件、Java EE 与.NET 开发平台等内容。

第 2 章标题改为高级（概念）数据模型，使其便于 UML 对象模型的补充，同时补充了一些 E-R 模型设计示例，以及如何利用 ERwin 进行数据库设计的内容。此外，将"联系型属性的移动处理"部分调至第 3 章的 3.6 节，使其在内容衔接上更合理。

第 3 章在结构上作了较大调整，使内容的安排更明晰。同时，新增了"实体联系模型向关系模型的转换"和"对象模型向关系模型的转换"两节。

第 4 章补充了一些 SQL 使用示例及部分语句的语法新元素，新增了"在 PowerBuilder 中使用 SQL"一节。

第 5~8 章和第 10 章修订、充实了部分内容和示例，使其叙述更流畅、完整和易理解。

第 9 章的结构作了调整，补充了各个数据库产品及工具的最新版本，包括 Oracle 10g、DB2 UDB 9.0、Informix Dynamic Server 9.4、Sybase ASE 15.0、Ingres 2006；新增了 Microsoft 公司的 SQL Server 2005，以及 MySQL AB 公司的 MySQL 5.1 的历史、产品和工具。

第 11 章精练、合并、新增了部分实验项目。

本书以关系数据库为主，以 RDBMS 为核心，将数据库的主体内容划分为原理、应用和设计三大部分，并通过数据库系统总体结构，将三部分内容有机地统一于一个主体框架内，全书的内容均围绕着这个主体框架来组织，各章主要内容如下。

第 1 章介绍数据库系统概述，包括数据库系统及其总体结构、数据库系统中的关键术语与概念、数据库系统的用户、数据库应用系统开发概述、由应用需求看数据库技术的发展。

第 2 章介绍高级（概念）数据模型，包括数据模型的几个重要问题、数据库设计综述、基本实体联系模型、扩展实体联系模型、利用 E-R 模型的概念数据库设计、E-R 模型设计工具——ERwin 和 UML 对象模型。

第 3 章介绍关系数据模型，包括 SQL 语言简介、关系数据模型的数据结构、关系模型上的完整性约束、SQL Server 和 Sybase 支持的完整性约束及其设定、视图及其操作、实体联系模型向关系模型的转换、对象模型向关系模型的转换、关系代数和关系运算。

第 4 章介绍 SQL 语言及其操作，包括 SQL 语言概况、数据定义子语言及其操作、数据操纵子语言及其操作、Sybase 和 MS SQL Server 中的 T-SQL 语言、在 C/C++ 中使用 SQL、在 PowerBuilder 中使用 SQL。

第 5 章介绍数据库的保护，包括数据库的保护概述、数据库安全性、数据库完整性、故障恢复和并发控制。

第 6 章介绍关系数据库设计理论，包括关系模式中可能存在的异常、关系模式中存在异常的原因、函数依赖、关系模式的规范形式、关系模式的规范化。

第 7 章介绍数据库应用设计，包括数据库应用设计的步骤、用户需求描述与分析、概念设计、逻辑设计、物理设计、数据库实施，以及数据库使用与维护。

第 8 章介绍数据库应用系统设计实例，包括系统总体需求简介、系统总体设计、系统需求描述、系统概念模型描述、系统的逻辑设计、数据库的物理设计。

第 9 章介绍了主流数据库厂商的产品与工具，包括 Oracle 公司的 Oracle、IBM 公司的 DB2 及 Informix、Sybase 公司的 ASE、Microsoft 公司的 SQL Server、CA 公司的 Ingres 和 MySQL AB 公司的 MySQL，并粗略比较了几个典型的数据库产品。

第 10 章介绍数据仓库与数据挖掘及数据库新进展，包括数据仓库技术、数据挖掘技术、数据库技术的研究与发展。

第 11 章介绍数据库上机实验及指导，包括数据库语言操作实验、数据库完整性约束实验、SQL Server 安全设置实验、数据库系统管理实验。

本书由陶宏才主编。本书第 1~6 章、第 9 章、附录 B 由陶宏才编写；第 4.5 节、第 8 章、第 10 章由陈安龙编写；第 7 章由张跃编写；第 11 章、附录 A 由梁斌梅编写；毛新朋参与了第 2.6 节、第 4.6 节的编写；李爱华参与了第 2.7 节、第 3.7 节的编写；谢海军参与了第 9.6 节的编写工作；冯洁参与了第 11 章的编写工作；全书由陶宏才统稿。

　　西南交通大学信息科学与技术学院的周荣辉教授与何大可教授对本书的编写给予了大力支持，作者在此对他们表示衷心的感谢。

　　限于水平，本书难免有欠妥与错误之处，恳请读者及专家批评指正。 对本书的意见请通过 jsjjc@ tup.tsinghua.edu.cn 反馈，谢谢。

陶宏才

2007 年 6 月于成都

第1版
前言

PREFACE

本教材是为跟上目前数据库发展新形势、反映数据库开发新技术、体现数据库教学新思维而编写。为此，本教材对数据库的教学内容、结构进行了调整、取舍和更新，赋予内容以新的视角和主线，力图使学生通过背景知识的了解、理论与实际产品和实践相结合，来掌握、运用和开发数据库，同时了解数据库发展的新方向。

本书以关系数据库为主，以 RDBMS 为核心，将数据库的主体内容划分为原理、应用和设计三大部分，并通过数据库系统总体结构，将三部分内容有机地统一于一个主体框架内，全书的内容均围绕着这个主体框架来组织，各章内容如下。

第 1 章为数据库系统概述。内容包括 DBMS 出现的背景，数据库系统的抽象层次，数据库语言与 SQL/ODBC/JDBC，数据库系统的总体结构，数据库应用系统的 C/S 与 B/S 模式和最新开发技术（如 CORBA/COM/Java Beans 组件技术，CORBA/DCOM/J2EE 分布式对象技术，CGI/ISAPI/NSAPI 接口技术，ASP/JSP/PHP 动态网页的主流开发技术），数据库系统中的关键术语与概念，数据库系统的用户，由应用需求看数据库技术的发展。

第 2 章是实体联系数据模型。内容包括关于数据模型的几个重要问题、数据库设计综述、实体联系模型、扩展实体联系模型、利用 E-R 模型的概念数据库设计。

第 3 章对目前占主导地位的关系模型，以及对其理论基础之一的关系代数和关系运算做了较全面的描述。其中，详细介绍了在数据库应用和设计中用得相当多的关系模型的完整性限制以及在 Sybase 和 MS SQL Server 中的具体体现和支持；对关系代数及运算用大量例子进行讲解，同时与 SQL 语言查询对比，能使读者获益匪浅，特别是对 SQL 编程有帮助。

第 4 章着重从实用角度，通过列举大量示例并结合 Sybase 和 MS SQL Server 的 T-SQL，对结构化查询语言 SQL 进行了比较详细的介绍。

第 5 章最能体现数据库功能的内容，主要从原理和应用的角度，分别介绍了数据库的安全性、完整性、故障恢复和并发控制，以及它们在

Sybase 和 MS SQL Server 中的具体体现及应用，是数据库课程的必学内容之一。

第 6 章涉及的是关系模型的理论基础之二，该理论是指导数据库设计的重要依据，揭示了关系数据中最深沉的一些特性——函数依赖、多值依赖和连接依赖，以及由此引起的诸多问题，如冗余及更新问题、插入异常和删除异常等，通过理论引入，对关系模式的规范化进行了系统阐述，本章通过结构编排、设问，巧妙地向读者展示关系数据库设计理论的精髓。

第 7 章将系统地介绍如何通过数据库的需求分析、概念设计、逻辑设计和物理设计等若干步骤一步一步地将企业的管理业务、数据等转变成数据库管理系统所能接受的形式，从而达到利用计算机管理信息的目的。

第 8 章用一个实际的应用系统开发实例，详细展示其中的精髓。通过遵从本章的设计、构建和开发步骤，完成从理论到实践的跨越。

第 9 章是主流数据库产品、工具及比较。本章对目前数据库市场上比较活跃的主流数据库厂商、最新产品及工具做了较全面的介绍，包括 Oracle 公司的 Oracle 9i、IBM 公司的 DB2 Universal Database（UDB）V8.1、Informix Dynamic Server（IDS）V9.4、Sybase 公司的 Adaptive Server Enterprise（ASE）V12.5、CA 公司的 Advantage Ingres 2.6 等，并通过评价指标的分析，比较了几家主流数据库产品。

第 10 章是数据仓库与数据挖掘及数据库新进展。内容包括数据仓库技术、数据挖掘技术和数据库技术的研究与发展。

第 11 章为数据库上机实验及指导。本章为配合教学，同时也为使学生能更好地掌握和运用数据库，有针对性地罗列出一批上机实验，并给出相应的实验指导。

本书由陶宏才主编。本书第 1 章、第 2 章、第 3 章、第 4 章的 4.1～4.4 节、第 5 章、第 6 章、第 9 章、附录 A、附录 C 由陶宏才编写；第 4.5 节、第 8 章、第 10 章由陈安龙编写；第 7 章由张跃编写；第 11 章、附录 B 由梁斌梅编写；陶宏才制定了编写大纲，并进行了统稿。

在本书编写过程中，西南交通大学计算机与通信工程学院的周荣辉教授与何大可教授、西南交通大学软件学院的尹治本教授对本书的编写提出过宝贵的建议，作者在此对他们表示衷心的感谢。

由于作者水平有限，书中难免会存在缺点和错误，敬请读者及各位专家指教。

作者

2003 年 10 月于成都

目录

CONTENTS

普通高校本科计算机专业 **特色** 教材精选

第 1 章　数据库系统概述

CHAPTER

为使读者深入理解数据库(database,DB)的内容,本章将以全新的角度,从最基本的概念出发,介绍数据库系统(database system,DBS)的核心——数据库管理系统(database management system,DBMS)出现的背景。以此为线索,逐渐自然地引出与此紧密相关的重要概念和内容,并最终得出由数据库的原理(principle)、应用(application)和设计(design)三大部分组成的数据库系统的总体结构。该总体结构的提出,将数据库系统中常常相互交叉、不容易理顺关系的原理、应用与设计这3部分内容有机地组织起来,使读者既清楚它们之间的联系,又能明了它们之间的区别,从而为学好数据库这门课程开一个好头。

数据库应用系统的开发技术日新月异,本章将对其中的C/S和B/S的两层及多层系统结构模式、组件开发技术、分布式对象技术、CORBA/DCOM/J2EE/Java EE、CGI/ISAPI/NSAPI、ASP/JSP/PHP、.NET 与Java EE平台、Web应用的MVC架构及其各种实现(包括ASP.NET、J2EE、Struts和SSH实现)等进行较全面的介绍,使读者能对目前的系统应用开发有一个完整而又清晰的了解。

数据库领域有其自己显著的特点,涉及相当多且新的理论及概念。本章仍将通过与背景联系的方式,逐步引出这些概念,使读者知晓这些概念的由来,从而加深概念的理解。数据库技术的发展,归根结底是由实际应用需求推动的。因此,本章将从需求推动的视角来阐述数据库技术的发展。

本章学习目的和要求:

(1) 数据库管理系统出现的背景;

(2) 数据库管理系统的基本功能;

(3) 数据库系统总体结构;

(4) 理解数据库原理、应用与设计三大部分之间的关系;

(5) 数据库应用系统开发技术;

(6) 数据库系统中的术语与基本概念;

(7) 数据库技术发展。

1.1　数据库系统及其总体结构

本节将以全新的视角诠释数据库系统中的若干基本问题，如数据库管理系统的基本功能、数据库的抽象层次、数据库语言与 SQL/ODBC/JDBC/OLE DB/ADO、数据库应用系统（database application system）开发技术等。许多读者可能在此之前或多或少知道一些数据库方面的知识，但是缺乏全面、系统的了解。特别地，由于数据库原理、应用与设计之间的密切联系，使得读者在学习数据库时难以分清其间的关系，难以把握数据库的整体内容框架，这些正是本节所要解决的问题。

1.1.1　数据库管理系统出现的背景

数据库管理系统（DBMS），是数据库系统的核心，数据库的一切活动（应用、设计与开发）都是围绕着 DBMS 展开的。因此，要掌握数据库，必须首先了解 DBMS 出现的背景。

说明：数据库的出现，由实际应用需求推动。因此，为理解 DBMS 的出现，首先应将思维退回到没有 DBMS 而仅利用文件系统（file system）来开发管理应用系统（management application system）的时代，然后再随着需求的不断提高，来看待 DBMS 出现的必然性。

1. 基于文件系统的简单数据管理应用开发

下面以一个读者非常熟悉的学生管理系统为例来说明利用操作系统（operating system，OS）的文件系统，开发简单的数据管理应用的过程。

说明：之所以选择读者熟悉的学生管理系统，是因为这样可以免去系统开发中需经过的系统调研阶段。

（1）开发任务。简单的学生管理系统包括"学生学籍"、"学生注册"、"学生选课"和"学生成绩管理"等模块，分别完成学生基本信息、注册、选课及成绩的录入、修改、删除，以及查询等管理。

说明：该应用虽然简单，但能够达到说明问题的目的。

（2）开发工具及环境。开发环境应包含 C/C++ 程序设计语言、Windows 操作系统的文件系统。

说明：之所以不利用数据库的开发工具和环境，就是要完全抛开现成的数据库及工具，利用最原始的文件系统来模拟数据库，以达到认识数据库及工具必要性的目的。

（3）数据结构设计。根据开发任务指定的模块，需要管理这样一些数据（data），包括学生基本信息、注册信息、课程信息、选课及成绩信息。

对数据对象进行计算机管理，不是把这个对象整个地"塞"进计算机，而是应抽取对象的特征信息来表征该对象，然后计算机通过对象的特征信息来管理对象。因此，要管理数据对象，第一步就是要抽取对象的特征信息，也就是要将对象"离散化"。例如，在本学生管理系统中，有"学生"对象、"注册"对象、"课程"对象和"选课"对象，要管理这些对象，首先就是要抽取这些对象的特征信息。

当然，每个对象的特征信息相当多，不可能将对象所有的特征都抽取出来，而是只抽取系统关心的一些主要特征。例如,对于"学生"对象,学生管理系统只关心学生的姓名、学号、性别和生日等特征信息,而对眼睛的大小、头发的颜色等这类特征不太关心。

说明:不同的管理系统由于其性质以及对数据的关注范围与程度不同,即使对同一类对象,其所关心的特征也可能是不一样的。例如,户籍管理可能会关心公民的曾用名、现用名、别名等特征信息,而学校的学生学籍管理则可能对此不关心。

将所关心的特征从对象中抽取出来之后,会得到一堆零散的信息,如果不将它们组织在一起,则不能完整地表征该对象。因此,第二步是需要通过某种方式,将所抽取出的、对象的相关特征信息组织起来,此即数据的结构化(structured)过程。

C/C++语言含有结构数据类型,它是一种将相关特征信息组织起来的工具。这样,在完成对"学生"、"注册"、"课程"和"选课"等对象的特征信息的抽取工作后,再利用 C/C++的"结构"类型组织这些特征信息,就可以得到如图 1-1 所示的数据结构(data structure),分别是"学生基本信息"结构、"课程"结构、"注册"结构、"选课及成绩"结构。

```
struct StudentInfo
{
    int    nStudNo;                    struct Course
    char   szStudName[20];             {
    char   cGender;                        int    nCourseNo;
    int    nAge;                           char   szCourseName[20];
    char   szDept[30];                     char   szDept[30];
};                                     };
```

　　　(a)"学生基本信息"结构　　　　　　(b)"课程"结构

```
struct Enrollment
{                                      struct Score
    int    nStudNo;                    {
    int    nWhichTerm;                     int    nStudNo;
    char   cEnrolled;                      int    nCourseNo;
    char   szMem[30];                      int    nScore;
};                                     };
```

　　　　(c)"注册"结构　　　　　　(d)"选课及成绩"结构

图 1-1　数据结构设计

说明:此处的这些结构均只定义了各个对象最基本的特征信息,在实际开发时,可根据系统要求补充所需的其他特征信息。另外,结构中各字段的数据类型及长度,也应根据实际应用需求进行修改和调整。

(4) 系统实现过程。系统实现由以下步骤完成。

① 定义数据结构。在程序中,定义图 1-1 的 4 个数据结构,以存储与处理学生管理中所要用到或产生的数据。

② 构造链表。学生的管理都是以一个班或年级为单位进行的,因此,为便于这类集合(set)数据的操作(operation)或操纵(manipulation),需要在程序中构造链表(linked list)，单链表或双向链表均可。关于链表内容，请参见"数据结构"课程的相关教材。

说明：当然，也可以使用程序语言中的组织集合数据的其他方式，如结构数组等。

以"学生基本信息"链表为例，链表的每一个结点（node）均为一个"学生基本信息"结构，以存放一个学生的基本信息。这样，"学生基本信息"链表就将一个班或年级的所有学生"串"起来，如图1-2所示。由开发任务要求，需要构造4个这类链表，分别是"学生基本信息"链表、"课程"链表、"注册"链表、"选课及成绩"链表。

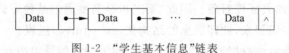

图1-2 "学生基本信息"链表

有了链表后，可根据管理操作（录入、删除、修改和查询），分别对链表进行结点的插入（insert）、删除（delete）、修改（update）和链表查询（query）。为加快检索速度，还可对链表进行排序（sort）。

③ 设计用户操作界面。为方便用户对数据操作或操纵，可为用户设计并提供操作界面（interface）。图1-3为学生学籍管理业务的操作界面，该界面非常简单，主要是为了说明问题。在实际开发时，可设计更为友好、美观和贴近用户管理习惯的界面。

图1-3 学生学籍管理界面

利用图1-3所示的操作界面，用户可录入、删除、修改和查询学生的基本信息，其在程序中对应的操作链表，是"学生基本信息"链表。也可为其他模块构造类似的操作界面，而且，每个模块界面的操作，基本上都是由"录入"、"删除"、"修改"和"查询"构成。利用这4个基本操作，可满足数据的日常管理。

说明：用户界面上的"增加"、"删除"、"修改"和"查询"按钮，其动作都会转化为程序对内存中对应链表结点的"插入"、"删除"、"修改"和"查询"。

以上模块界面的实现也说明，对于管理应用来说，最基本的操作实际上只有4个，即增加（录入或插入）、删除、修改和查询，通常简称为"增、删、改、查询"。其他业务功能（如注册功能）基本上均是由这4个基本操作演变、组合而成，有些甚至只是名称上的叫法不一样而已。因此，只要针对每个模块实现其上的"增、删、改"和"查询"操作，即可组合完成整个应用系统的管理功能。

④ 创建数据存储文件。为保证在下次进入管理软件时数据依然可用，必须将各链表中的数据，以文件系统中的文件形式，存放在磁盘上。文件的打开、读写和关闭等操作，可

利用 C/C++ 语言中的文件 I/O 操作函数完成。

根据系统任务要求,可分别创建 4 个数据文件,即"学生基本信息"文件、"课程"文件、"注册"文件、"选课及成绩"文件,分别存放各自数据。

除第一次运行外,程序每次运行时,均需先将数据文件中的数据读出,放入程序中的对应链表中,以方便数据的操作;程序退出前,则应将链表中的数据分别写入对应的数据文件,以保存并留待下次使用。

至此,一个简单的学生管理系统即告完成。从其开发过程来看,这个管理应用系统的开发,纯粹是基于操作系统的文件系统,可以完成简单的学生管理任务。

不过,随着应用需求的提高,以及计算机数据管理向各个领域的延伸、普及,对管理应用系统的功能要求也在不断提高。下面,来看看这类利用文件系统实现的管理应用系统,需要在哪些方面作些改进,以提供更为完善和强大的功能。

2. 基于文件系统的应用系统需改进之处

前面所开发的基于文件系统的管理应用系统,只是一个功能非常简单的系统。如果把思路扩大一些、考虑问题更深入一些,那么,还有许多重要的方面需待改进。

(1) 大容量数据的处理与存储。前面所开发的学生管理系统,只能处理和存储小量数据,或只能应用于数据量少的场合。然而,当计算机数据管理向其他具有超大数据量(如 GB 级、TB 级或 PB 级)的领域(如银行、证券、保险和航空等)延伸时,基于文件系统的应用系统就需要根据如下几点做相应修改。

说明:以下是数据容量各种度量单位之间的换算关系:

1KB(kilobyte)=1024B	1MB(megabyte)=1024KB
1GB(gigabyte)=1024MB	1TB(terabyte)=1024GB
1PB(petabyte)=1024TB	1EB(exabyte)=1024PB
1ZB(zettabyte)=1024EB	1YB(yottabyte)=1024ZB

① 内存不够。前面示例中,在进行数据处理时,一般先将磁盘上数据文件中的所有数据,读到内存的数据链表中,这对于小数据量的情形是可以的。但是,对超大数据量场合(如 500GB 或 5TB),不能一次将所有数据都读入内存。于是,就需要对前面的程序进行改造,按需分批地将磁盘上的数据读入内存,以解决内存不够的问题。

② 32 位计算机直接访问的地址为 4GB。前面示例是基于操作系统的文件系统开发的,然而,32 位计算机上的 Linux、Windows NT、Windows 2000 和 Windows XP 等操作系统,不允许硬盘上单个文件超过 4GB(2^{32}b)。因此,当存储的数据量超过 4GB 时,前面的程序也需要修改。办法之一,是创建多个文件来存放同一类数据,但同时需要协调同一类数据多个文件之间的处理关系。

③ 大数据量下的查询速度。管理活动中,大量的操作是查询。然而,对于大数据量场合,既不能一次读入所有数据到内存进行查询,又不能只在一个数据文件中查询。这种情况下,如何保证查询速度,也是程序编制时需要考虑的重要环节。不过,对这种想提高查询速度的程序改造,需要涉及操作系统底层细节和复杂的技术。

(2) 多用户并发访问。前面开发的学生管理系统只能单机(或单用户)使用。随着网络的发展和广泛应用,以及人们对数据共享的要求,使得应用系统面向多个用户同时访问成为必需。

多用户的同时使用，即并发访问（concurrent access），可能导致多个用户同时存取同一数据，于是出现数据访问的冲突（conflict）问题。而数据访问的冲突，可能导致访问数据的不一致，甚至可能引起数据灾难性的破坏。为保证这种并发访问既能顺利进行，又不引起冲突，同时让用户还感觉不到是多个用户在同时使用同一个系统，前面开发的应用系统程序也应做较大改动。解决数据访问冲突，最简单和有效的方法是利用加锁（locking）技术，即在访问数据之前，应先申请对数据加锁；在访问结束后再解锁（unlock），以便其他用户能够加锁访问数据。

（3）故障情况下的数据恢复。管理应用系统在日常化管理运行中，不可避免地会遇到各种各样的故障，如突然断电、系统死机、程序崩溃，以及磁盘不能读写等。在故障情况下，可能存在数据未完全写入磁盘的现象，从而出现数据丢失，甚至数据的破坏，这对于视管理数据为生命的各行业，特别是商业、证券、银行、保险和电信等是一大灾难。

为应对这类灾难，解决故障情况下的数据恢复，简称故障恢复（crash recovery）。基于文件系统的管理应用系统也必须增加大量代码，以保证故障后能顺利恢复数据，避免数据的丢失。

（4）安全性。企事业单位的日常管理，转用计算机化管理后，用户最担心的问题之一，是保存在计算机中数据的安全性（security）。

数据的安全性主要是对访问数据用户的授权。没有授权的用户，不能访问系统的数据；得到授权的用户，只能访问其所能访问的数据。因此，要实现现实管理系统所要达到的安全性要求，基于文件的管理应用系统也必须做大的改进，以满足数据安全性的要求。

（5）数据的完整性。由以上示例系统，可以看出，同一数据可能会出现在多个数据结构中，同时对应地出现于多个数据文件中。例如，学生学号在"学生基本信息"文件、"注册"文件和"选课及成绩"文件中都存在，课程编号也同时出现在"课程"文件和"选课及成绩"文件中。于是问题就出现了，即如何保证多个数据文件中同一数据的一致。例如，假定由于某种原因要修改学生的学号，那么由于该学生已选修有课程，故其原来的学号在"选课及成绩"文件中也存在，如果只修改学生文件中的学号，而不修改"选课及成绩"文件中对应的学生学号，则会产生数据的不一致，破坏数据的完整性（integrity）。

另外，计算机化的管理应用系统既然是现实业务系统的替代者，其管理的数据也应符合现实业务系统中的各种规章制度的要求。事实上，规章制度的一些条款可以转化为对各种数据的约束或限制（constraint）。例如，企业人事制度可能规定在职人员的年龄不得超过60岁（也即是职工的退休年龄）、一个部门的主管不能在其他部门兼主管（即不能一身兼多职）、一个学生的学号不能重复等。管理应用系统中管理的数据，都应遵从这种由规章制度转化而来的数据约束，从而保证数据的完整。

前面基于文件系统的管理应用系统，也应在这方面进行改进，以使其真实、完整地成为现实业务系统的替代者，提高管理的质量、水平和效率。

3. 数据库管理系统的出现及其基本功能

（1）DBMS的出现。从以上对基于文件系统管理应用系统改进的分析，可以看出，为作这些改进,前面的学生管理应用系统需要增加大量代码的编写,有些甚至涉及操作系统底层细节和非常复杂的软件编写技术。从这些改进的工作看,它们又是开发每个管理应用系统所必须做的事情。也就是说,每开发一个类似的基于文件系统的管理应用系统,都必须编写处理大容量数据、并发访问、故障恢复、安全性和完整性等基本公共功能的代码。

从程序设计和编制的角度,人们很容易想到,既然是处理公共功能的代码,那么就可以将这些处理公共功能的代码抽取出来,形成一个中间的、作为开发和应用的系统平台(platform),这种系统平台就是数据库管理系统,而那些公共功能则是 DBMS 的基本功能。

需要说明的是,从系统实现的角度考虑,要抽取并处理这 5 个基本公共功能的代码,以形成 DBMS,还必须将这几个功能赖以生存的数据结构和数据文件也抽取出来,否则无法实现这几个基本的公共功能。狭义上讲,这个数据结构和数据文件就是数据模型(data model)和数据库。也就是说,这时的数据都交给 DBMS 来统一管理了,而不再由应用程序来管理和控制。应用程序需要数据时,可向 DBMS 提出申请,由 DBMS 处理后返回应用所需的数据。

一般而言,每一个 DBMS 的实现,均是基于一种数据模型的。例如,关系型数据库管理系统(relational DBMS, RDBMS),就是基于关系数据模型(relational data model, RDM)的,也就是说,RDBMS 实现或支持的是关系数据模型。

有了这样一个中间系统——DBMS,它使得前面设计的管理应用系统的体系结构发生变化,如图 1-4 所示。其中,图 1-4(a)为纯粹的基于文件系统的应用系统的体系结构,而图 1-4(b)则是基于 DBMS 应用系统的体系结构。由图 1-4 也可以看出,DBMS 实际上就是将图 1-4(a)管理应用系统中处理大容量数据、并发访问、故障恢复、安全性和完整性等基本公共功能抽取出来后形成的。

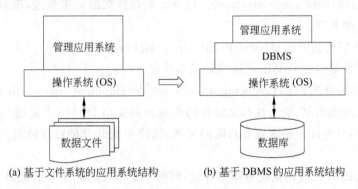

(a) 基于文件系统的应用系统结构　　　　(b) 基于 DBMS 的应用系统结构

图 1-4　应用系统体系结构变迁

由于 DBMS 提供大容量数据、并发访问、故障恢复、安全性和完整性等功能,因此,在设计基于 DBMS 的应用系统时,不再考虑这几个方面的代码编写要求,而将这些功能的处理交由 DBMS 去完成,应用系统的设计和开发人员只专注于系统业务功能的设计与实现。这样,既可以极大地加快系统开发的进度、降低开发的难度,同时又可保证应用系统的可靠性和可用性等方面的要求。从这个意义上讲,DBMS 是一个开发和应用的系统平台。

另外，随着 DBMS 的出现，也引出了一些新的重要术语，如数据模型、数据模式（data schema）和数据库。为便于后续内容的理解，将新术语与前面基于文件系统的应用系统中所用的术语进行简单的、狭义的对应，即结构类型对应于数据模型、具体的某个结构对应于数据模式、数据文件对应于数据库。

说明：之所以说是狭义的对应，是因为新术语包含的内容更丰富。例如，数据模型不仅包括数据的结构，还包括数据的操纵和约束。

（2）DBMS 的优点。DBMS 通过将数据存储于由 DBMS 管理的数据库，而不是文件系统下的数据文件，能以一种强壮、高效的方式，进行数据的管理，其优点如下。

① 数据独立性（data independence）。所谓数据独立性，是指应用程序独立于数据的逻辑表示与物理存储。

由前面所述可知，以前在应用程序中定义和处理的数据结构与数据文件，均从应用程序中抽取出来，交由 DBMS 实现和管理，使得应用程序与数据结构和数据文件出现分离。其好处是，即使数据的表示结构或物理存储发生变化，应用程序也不用修改和重编译，使今后应用系统的修改和升级更加便利和快捷。

② 高效数据访问（efficient data access）。由于 DBMS 由从事系统软件研制的专门人员来编写，他们可以利用许多复杂的技术，来提高大数据量情形下数据存储与检索的能力和速度。

③ 数据完整性与安全性（data integrity and security）。由前面内容可知，数据的完整性和安全性是 DBMS 应该提供的基本功能。DBMS 通过数据的完整性约束或限制（integrity constraints，IC）来实现完整性的功能，通过访问控制（access control）技术来实现安全性的功能。

④ 数据管理（data administration）。DBMS 通过数据的集中管理，来减少数据冗余，并提供对数据的共享。

⑤ 并发访问与故障恢复（concurrent access and crash recovery）。正如前面所述，并发访问和故障恢复也是 DBMS 应提供的基本功能。

⑥ 缩短应用开发时间（reducing application development time）。由于对大容量数据、并发访问、故障恢复、安全性和完整性的处理全部交由 DBMS 去完成，基于 DBMS 的管理应用系统，只专注于系统业务功能的实现，这样系统开发的难度降低了，开发的时间也缩短了。

基于 DBMS 开发应用系统有很多好处，但并不是所有的应用系统都必须基于 DBMS 开发，以下情况可考虑不使用 DBMS。

① 苛刻的实时（real time）环境。例如，一些完成实时控制的前台（front end/side，或称前端）应用，由于对系统响应时间的要求特别高，一般不需要基于磁盘 DBMS 开发。因为增加了 DBMS 这个中间层，也就增加了响应时间，毕竟 DBMS 需要比较大的时间开销。不过，后台（back end/side，或称后端）的数据管理，则一般会基于 DBMS 开发。

说明：磁盘 DBMS 即指把所有数据都放在磁盘上进行管理的数据库管理系统，常称磁盘数据库(disk-resident database,DRDB),一般不适合实时应用环境。如希望在实时环境使用数据库,可考虑使用内存/主存数据库(main memory database,MMDB,或 in-memory database,IMDB)。

② 操作少、代码要求精练。DBMS 提供的功能相当强大,但若应用系统不需要其所提供的功能,操作非常少,又要求代码精练,则不需要基于 DBMS 开发。

③ 操纵的数据是非结构化或半结构化数据。由前面所述可知,DBMS 可以处理和操纵的数据,是类似于 C/C++ 结构类型的、结构化数据。对于非结构化(unstructured)或半结构化(semi-structured)数据,目前的 DBMS 尽管可以存储但暂时无法处理。

说明：所谓半结构化数据,是指只有一部分可以离散并结构化,而其他部分无法以一种统一的标准来结构化的数据。例如,文档数据中,文档的标题、作者和起草时间等是可以抽取出来的,而对于文档的正文,由于其内容模式不规则、不固定,无法用一种统一的标准来抽取其中的特征,即这一部分无法结构化。对于这类半结构化的文档数据,可以利用文档数据库来管理和处理,如 IBM Lotus Notes/Domino。

所谓非结构化数据,是指无法结构化的数据,如图像、音频和视频数据。

当然,随着技术的进步与发展,也许未来的 DBMS,能够逐步处理和操纵半结构化数据,甚至非结构化数据。

(3) DBMS 的基本功能。综上所述,DBMS 应具备如下基本功能。

① 数据独立性。数据独立性是通过将数据结构和数据文件从应用程序中分离出来,交给 DBMS 处理和管理来达到的。

② 安全性。DBMS 应能保证其管理的数据库安全,使不具有访问权限的用户看不到其不该看到的数据,同时也应使具有权限的用户不能被拒绝访问其所应看到的数据。

③ 完整性。现实系统中的数据要受到各项规章制度的约束。作为管理这些数据的 DBMS,应该提供某种机制,使数据满足这些约束,以保证数据的完整、一致。这种机制就是数据库的完整性约束。

有了这种完整性约束,DBMS 能够阻止破坏完整性数据的录入,也能够禁止破坏完整性的数据改动,或者能对发生变化的数据进行一连串或级联式(cascade)反应,以保证数据的一致性。

④ 故障恢复。管理数据是企业的生命,不允许在系统发生故障的情况下,丢失任何数据。DBMS 应该保证即使发生故障,也能在故障排除之后,恢复故障时的有效数据。

⑤ 并发控制。作为应用系统开发和运行平台的 DBMS,应该对多用户的并发访问进行控制,以达到既允许多个用户对同一数据对象的同时访问,又能处理访问冲突的目的。使用户感觉不到自己是处于一个多用户并发访问的环境,而只觉得系统只有他一人在使用一样。

1.1.2 数据库系统的抽象层次

1. 三级抽象层次结构

图 1-5 所示为数据库系统的三级抽象层次结构，有时也称作数据库的三级模式结构。

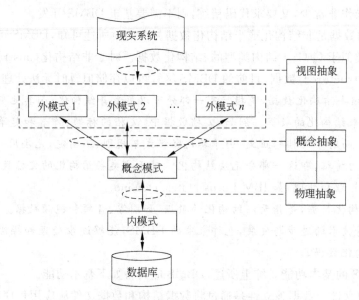

图 1-5　数据库系统三级抽象层次结构

2. 从应用系统开发的角度来看待数据库系统的抽象层次

如何理解数据库系统的这个抽象层次呢？事实上，可从应用系统开发的角度来很好地理解它。

一般说来，开发应用系统的目的，就是要把现实系统转化为计算机化的管理。要完成这个转化过程，就必须先知道，最终的管理实际上是对现实系统中的数据进行管理。因此，转化的过程，其中最重要的就是数据抽取的过程，即数据抽象。也就是说，数据抽象是数据抽取的过程。图 1-5 中的各种抽象指的就是数据抽象。

要抽取数据，必须用一定的方式来组织数据，使其具有结构化特性，这就需要数据模型。因此，数据模型是数据抽象的工具，它通过某种方式来组织抽取的数据。

利用数据模型工具，完成对具体系统的数据抽取、组织，得到的结果，就是数据模式。也就是说，数据模式是所抽取数据的最终表现形式，或说是数据抽象的结果。

例如，狭义上讲，前面讲到的 C/C++ 中的结构数据类型，就是一种数据模型，而具体的学生基本信息结构则是一种数据模式，它说明利用结构形式，将学生的学号、姓名、性别、年龄及所在系等基本信息组织起来。

有了数据抽象的工具，以及最终的表示形式后，再来看如何完成对现实系统的数据抽象。

一般说来，一个现实系统（如一所高校）所管理的数据非常复杂，要想一气呵成完成其数据的抽取比较难。为此,可以采取"化整为零"的策略,也即是软件工程中所说的"整体规划、分步实施"策略。

由于现实系统通常由多个职能部门构成,例如,一所高校都由学生处、教务处、人事处、财务处,以及各院系等部门构成。因此,可先对每个部门进行数据抽象,得到各自的数据模式。由于这些模式是整个现实系统的局部模式,故称子模式,或称外模式,从而完成了第一层抽象——视图抽象。视图(view)是指从某一个角度,看(视)到一个事物的图像,也就是整体的一个局部。将视图的原始概念,引申到此处,就是指各个外模式,只是现实系统的一个局部视图,故称视图抽象。由于外模式对应的一般是现实系统中的某个部门,因此,外模式可以有多个。

得到各个外模式后,也就是将所有的局部数据抽取完后,由于最终要实现的是整个现实系统的计算机化管理,因此,需要在各个外模式的基础上,再采取"合零为整"策略,将所有外模式合并,去掉各外模式的重复数据,形成一个没有数据冗余的全局数据模式。由于该模式还只是概念意义上的,故称概念模式,这也是概念抽象的结果。由于概念模式是一个全局的数据模式,因此,只能有一个概念模式。也就是说,数据库系统的概念模式只有一个。

要将现实系统管理计算机化,最后,还得将概念模式抽象、转化为计算机可实现的内模式。由于内模式是可物理实现的逻辑数据模式(如关系模式),因此,这一步的抽象称为物理抽象。

以上 3 步抽象,层层推进,构成了数据库系统的抽象层次,最终完成了现实系统向计算机化管理系统的转化。因此,数据库系统的抽象层次,指的正是通过不断的数据抽象,将现实系统中所要管理的数据,利用数据模型来表达、描述,逐渐演变、转化成实际 DBMS 支持的(即可以实现的)数据模式。这个抽象层次,反映的也正是数据库应用系统设计的主要过程。

说明:在 3 步抽象中,每一步抽象的基础是不同的。视图抽象是在现实系统的基础上进行的;概念抽象是在各外模式基础上进行;物理抽象则在概念模式基础上进行。也就是说,上一步抽象的结果,是下一步抽象的基础。

在计算机学科,经常会遇到关于逻辑和物理的概念。逻辑一般是指事物的主观抽象表示,着重对内在机制的描述;而物理是指事物外在的表现形式或客观存在,如计算机网络中的逻辑总线与物理星型、软件工程中的逻辑设计与物理实现、逻辑功能结构与物理组成结构等。

3. 从数据库的抽象层次来看数据库应用系统的设计及其工具

数据库的抽象层次,反过来对应用系统的设计可以起到指导作用。实际上,从前面的介绍也可以看出这一点,即可以将应用系统的设计按自顶向下(top down),或自底向上(bottom up)的方法进行。

所谓自顶向下,就是"先全局后局部",从抽象层次上看,是先概念抽象然后视图抽象。具体地说,是先从整个应用系统的总体要求出发,构造总体的应用系统概念模型;然后再根据各个职能部门的业务要求,从总体概念模型出发,构造各职能部门的外模式,形成其各自的视图。

而自底向上则是"先局部后全局"，从抽象层次上看，是先视图抽象然后概念抽象。具体方法是，先从各职能部门的业务要求出发，构造各职能部门的外模式；然后在此基础上综合、优化，形成整个应用系统的总体概念模型。

至于设计工具，在此主要是指所用的数据模型。由于将现实系统转化为计算机化的管理系统，涉及不同的系统以及不同的人员，如现实系统中的业务用户、从事数据库应用系统开发的设计人员。业务用户精通现实系统中的业务，但不熟悉数据库的有关知识；设计人员精通数据库知识，却不熟悉现实系统中的所有业务。

正是由于这种涉及不同系统和人员的特殊性，使得作为数据抽象工具的数据模型，需要具有以下 3 个基本的要求。

（1）能够真实地描述现实系统，这是数据模型应达到的最起码要求。

（2）能够容易为业务用户所理解，因为设计人员用数据模型所描述的结果是否完整、正确，需要业务用户来评价。

（3）能够容易被计算机所实现，因为现实系统最后要计算机化，这一要求是必需的。

然而，后两个要求是一对矛盾。因此，目前商用化 DBMS 支持的数据模型，如关系模型、层次模型和网状模型，还没有一个能够同时满足这 3 项要求的。为此，人们不得不走折中路线，设计一个（些）中间的数据模型，作为视图抽象和概念抽象阶段的设计工具。由于这类数据模型能被一般的用户所理解，与人的思维表达方式比较接近，故而称作高级数据模型或概念数据模型。这样的模型有实体联系数据模型（entity relationship data model）、面向对象数据模型（object oriented data model）等。在从概念抽象到物理抽象的过程中，再将高级数据模型转换成具体的 DBMS 所支持的数据模型。

说明：在计算机学科，也常会碰到"高级"与"低级"的说法，如高级程序语言与低级程序语言。事实上，在计算机学科，高级与低级一般不是指地位的尊卑，而是衡量与人类思维方式接近或者是易于人类理解的程度，与人类思维方式越接近或越易于人类理解，则越高级；否则，就越低级。

1.1.3 数据库语言与 SQL

1. 为何需要数据库语言

由前面内容可知，DBMS 是通过将大容量数据、并发访问、故障恢复、安全性和完整性的处理功能和数据结构及数据文件，从应用程序中抽取出来而形成的。也就是说，数据结构和数据文件不再由应用程序定义和操作，而应由 DBMS 统一管理。

然而，对于具体的应用系统来说，DBMS 并不清楚具体的数据结构。打个比方，C/C++ 语言支持结构数据类型，但具体数据的结构（如学生基本信息结构），它无法知道，需要程序员来定义。也就是说，应用系统具体的数据结构仍需要由设计人员来定义。于是，就要求 DBMS 提供定义数据结构的接口或界面。有了这样的界面，设计人员才能定义应用系统所需的具体数据结构。数据库语言正是 DBMS 提供给设计人员定义数据结构的一个界面。

数据结构的定义功能,通常称作数据定义子语言(data definition language,DDL),只是数据库语言的一部分,其他部分还有数据操纵子语言(data manipulation language,DML)和数据控制子语言(data control language,DCL)。

由于用 DDL 定义的只是一种结构,就好像是将装东西的篮子编好了;要向结构中装数据,就好像是往篮子里装东西。这时,DBMS 也应通过数据库语言提供对数据的操纵功能,即可以向结构中增加或插入(insert)数据、在结构中删除(delete)、修改(update)、查询(query)数据,这也就是 DML 提供的数据操纵功能的 4 个基本操作,即增、删、改、查询。所以,DML 是 DBMS 提供给用户操纵数据的一个界面。

DBMS 是一个系统软件,故也需要一个管理或控制界面,此即 DCL。利用 DCL,数据库管理员(database administrator,DBA)或设计人员可以定义数据库的用户、为用户授权、设置系统参数、调整系统性能等。正如操作系统这个系统软件,需要操作系统管理员来管理操作系统一样。

总体说来,数据库语言是 DBMS 提供给用户定义结构、操纵数据和管理 DBMS 的一个界面。

2. 数据库语言的组成

综上所述,DBMS 提供的数据库语言,一般由 3 个子语言构成,即数据定义子语言、数据操纵子语言和数据控制子语言,它们分别提供结构定义、数据操纵和系统控制功能。

3. SQL 语言及其使用方式

SQL 语言,即结构化查询语言(structured query language,SQL),是关系型数据库管理系统(RDBMS)支持的数据库语言。由于 RDBMS 是目前数据库领域的主流 DBMS,因此,SQL 语言也就成为最流行的一种数据库语言。

说明:之所以称 SQL 语言为查询语言,主要是从操纵数据的角度来看待它。而在操纵数据的 4 个操作(即增、删、改、查询)中,查询是最重要也是用得最多的操作。

遵循数据库语言的组成划分,SQL语言也由3个子语言构成,即DDL、DML和DCL。

用户与 RDBMS 的交互,一般有两种方式:一是用户直接在 RDBMS 控制台上,使用 SQL 语言中的 SQL 命令交互,即 SQL 的交互式(interactive)使用;二是用户通过开发的应用系统与 RDBMS 交互。由于 RDBMS 只提供 SQL 语言接口,因此作为应用系统开发工具的高级程序设计语言,也必须通过 SQL 语言与 RDBMS 交互。于是,出现将 SQL 语言嵌入到高级程序语言中使用的嵌入式(embedded)方式。这时的 SQL 称作嵌入式 SQL,嵌入有 SQL 语句的高级程序语言称为宿主(host)语言。关于嵌入式 SQL 的内容,请参见第 4.5 节和第 4.6 节。

1.1.4　SQL 与 ODBC/JDBC/OLE DB/ADO

1. 为何使用 ODBC/JDBC/OLE DB/ADO

由于 RDBMS 产品众多,且不同 RDBMS 产品支持的 SQL 语言在功能、语法上存在一定差异,因此为便于应用程序的移植和互操作,屏蔽不同 RDBMS 产品在 SQL 语言上的差异,需要一种遵循标准 SQL 语句的、访问 DB 的中间件(middleware),ODBC/JDBC/

OLE DB/ADO 正是为各种高级程序语言或应用系统提供标准 SQL 数据访问的中间件。ODBC/JDBC/OLE DB/ADO 提供了数据库访问的统一、标准的接口函数，为应用程序实现 RDBMS 平台的无关性和可移植性奠定了基础。

说明：尽管 SQL 语言已被标准化，但各个数据库厂商推出的 RDBMS 一般都没有完全遵照该标准。读者在学习和使用 SQL 语言时，必须牢记这一点，即标准的 SQL 语言与各个商用 RDBMS 支持的 SQL 语言之间或多或少都存在某些差异。

中间件是位于平台（硬件和操作系统）和应用软件之间的、为应用软件提供运行与开发环境的一种全新软件体系结构，目前已发展成为与系统软件和应用软件并列的三大软件形式之一。中间件能够屏蔽不同操作系统、网络协议或 DBMS 等的差异，为应用软件提供多种通信机制，并提供相应的平台以满足不同领域的需要。目前，已出现有满足不同用户需求的各种各样的中间件，如消息中间件、对象中间件、事务中间件（又称交易中间件）、数据访问中间件（又称数据库中间件）、RPC（remote procedure call）中间件等。ODBC/JDBC/OLE DB/ADO 即属于数据访问中间件这一类。

2. ODBC

ODBC（open database connectivity），即开放数据库连接，是 Microsoft 公司于 1991 年 11 月推出的应用程序编程接口（application programming interface，API）规范/标准。它建立在 Open Group（以前的 X/Open）的结构化查询语言调用级接口（SQL call-level interface，SQL CLI）规范基础上，提供数据库访问的标准函数库。利用 ODBC，程序编制人员不必像嵌入式 SQL 那样，使用 RDBMS 厂商的专用工具来编写代码，而是利用 ODBC 提供的数据库访问函数，直接操纵数据库中的数据。

说明：Microsoft 于 1992 年发布了 ODBC 1.0 规范，并在 1993 年 8 月推出了 ODBC 1.0 SDK（software development kit）。1993 年又推出了 ODBC 2.0 规范，并于 1994 年 12 月出版了 ODBC 2.0 SDK，此后分别于 1995 年 10 月和 1996 年 10 发布了 ODBC 3.0 版和 3.5 版的 SDK。1998 年，Microsoft 出版了 ODBC 3.0 规范。目前的最新版本为 ODBC 3.8。

为达到 RDBMS 平台的无关性（即屏蔽不同 RDBMS 之间在 SQL 语言上的差异），ODBC 采用四层体系结构，包括客户端应用程序、ODBC 驱动程序管理器、各数据库的 ODBC 驱动程序和各厂商的数据库，如图 1-6 所示。

ODBC 驱动程序管理器提供驱动程序导航，管理应用程序与驱动程序之间的连接，也为客户端应用程序加载或卸载驱动程序，提供 ODBC 初始化调用以及 ODBC 函数的入口点。驱动程序管理器以动态链接库（dynamic link library，DLL）的形式加载在客户端。

说明：ODBC 驱动程序管理器由 Microsoft

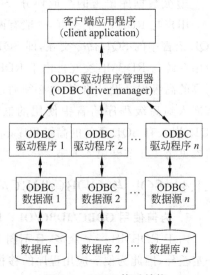

图 1-6　ODBC 体系结构

提供,如果你的 PC 安装的是 Windows XP,则 C:\Windows\System32 下的 odbc32. dll 即为 ODBC 驱动程序管理器。你还可以在控制面板/管理工具中找到数据源 (ODBC)。如果 PC 安装的是 Windows 7 操作系统,则 C:\Windows\Syswow64 下的 odbcad32. exe 即 ODBC 管理器,利用它可以添加、删除及配置 ODBC 数据源和驱动程序。

ODBC 驱动程序通常由各数据库厂商提供,将标准 SQL 语法翻译成对应的数据库产品支持的 SQL,一般也是以 DLL 形式加载于客户端,提供 ODBC 函数调用。驱动程序安装时,都需要向 ODBC 驱动程序管理器注册。应用程序如果想操作不同类型的数据库,就必须动态链接到不同的驱动程序上。

说明:如果 PC 安装的是 Windows XP,则通过执行"开始"|"所有程序"|"控制面板"|"管理工具"菜单命令,在弹出的对话框中单击"数据源"(ODBC),可以查看系统所安装的 ODBC 驱动程序,例如,SQL Server 的 ODBC 驱动程序为 SQLSRV32. DLL。

ODBC 接口由一系列的调用函数组成,应用程序一般应分 3 个阶段来使用 ODBC,即初始化阶段、SQL 处理阶段和终止阶段,各阶段应按严格的规定和顺序来调用 ODBC 函数。在初始化阶段,可使用的函数有 SQLAllocEnv、SQLAllocConnect、SQLConnect 和 SQLAllocStmt;在 SQL 处理阶段则有 SQLExecDirect、SQLPrepare 和 SQLExecute;在终止阶段有 SQLDisconnect、SQLFreeStmt、SQLFreeConnect 和 SQLFreeEnv 等。

ODBC 标准使得不同的数据源,可以通过统一的接口访问。正是由于 ODBC 这类标准接口的存在,C/C++、Delphi 和 PowerBuilder 等大多数高级编程语言或其他专门的数据库开发语言,才得以通过统一的方式实现对数据库中数据的操纵。

说明:目前 PowerBuilder、Delphi、Visual Basic 等一些比较流行的数据库应用开发工具,都可以在客户端通过 ODBC 接口与服务器端的 SQL Server、Sybase 和 Oracle 等数据库相连。

3. JDBC

JDBC 是一种执行 SQL 语句的 Java API。出于商业性考虑,JDBC 并不是一种缩写,而是一种商标性的命名。不过,JDBC 通常被理解为 Java database connectivity(Java 数据库连接)的缩写。

JDBC 是 Sun 公司针对 Java 编程语言提出的、与数据库连接的 API 标准。开发人员利用 JDBC API,可以向任何相应的数据库发送 SQL 语句。由于 Java 语言的平台无关性,使得采用 Java 和 JDBC 结合的方式开发的数据库应用程序,移植性更好。

JDBC 保持了 ODBC 的基本设计特征。事实上,这两种接口都是基于 X/Open SQL CLI,它们最大的不同是 JDBC 基于 Java 的风格和优点。

从 Javasoft 公司,可以得到下面 2 个重要的 JDBC 产品组件。

(1) JDBC 驱动程序管理器(包含于 Java 开发包 Java Development Kit 中)。JDBC 驱动程序管理器是 JDBC 体系的核心部件,其主要功能是将 Java 应用程序连接到相应的 JDBC 驱动程序。

(2) JDBC-ODBC 桥(包含于 Solaris 和 Windows 系统版本的 JDK 中)。JDBC-ODBC

桥（bridge）允许将 JDBC 调用转化为 ODBC 调用。由于 ODBC 在市场上被广泛支持，因此，在很长一段时间内，JDBC-ODBC 桥将提供一种访问不支持 JDBC 驱动的 RDBMS 的途径。图 1-7 所示为 Java 应用程序通过 JDBC-ODBC 桥访问数据库的示意图。

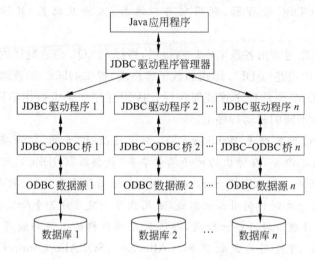

图 1-7　通过 JDBC-ODBC 桥访问数据库

4. OLE DB 与 ADO

（1）OLE DB 与 ADO 的出现。尽管 ODBC 是一种很好的访问数据的接口，但作为编程接口，其在使用上不是很方便。此外，随着计算机技术和社会对信息需求的不断发展，使得 ODBC 碰到了前所未有的难题：对不断涌现的其他新型数据源（如邮件数据、Web 上的文本或图形、目录服务，以及其他非关系型 DBMS 上的数据等）的访问缺乏良好的技术支持。

为了解决以上问题，Microsoft 提出了一种新的通用数据访问（universal data access，UDA）策略，该策略为关系型或非关系型数据访问提供了一致的访问接口，为企业级 Intranet 应用的多层软件结构提供了数据接口标准。

UDA 包括两层软件接口：ADO（ActiveX data object）和 OLE DB（object linking and embedding database），对应于不同层次的应用开发，其层次结构如图 1-8 所示。ADO 是应用级编程接口，可在各种脚本（script）语言或一些宏语言中直接使用；而 OLE DB 是系统级的编程接口，可在 C/C++ 语言中直接使用。ADO 以 OLE DB 为基础，它对 OLE DB 进行了封装。UDA 技术建立在微软公司的 COM（component object model，组件对象模型，将在第 1.4.3 节介绍）基础上，它包括一组 COM 组件程序，组件与组件之间或者组件与客户程序之间通过标准的 COM 接口进行

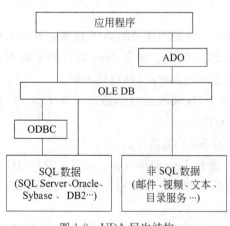

图 1-8　UDA 层次结构

通信。

（2）OLE DB。OLE DB 是 Microsoft 采用 OLE（object linking and embedding）技术开发的一种试图替换 ODBC 的、新型的数据库访问接口。OLE DB 提供了一种统一的方法来访问所有不同种类的数据源，包括 SQL 数据（利用 SQL 语言来操作的数据）和非 SQL 数据，即不仅能为用户提供对 RDBMS 数据的访问，还能提供对非 RDBMS 数据（如电子邮件、文件系统、文本和图形等）的访问。

OLE DB 标准的具体实现是一组符合 COM 标准的、基于对象的 C++ API。OLD DB 对象模型主要由一些 COM 对象组成，包括数据源（data source）对象、会话（session）对象、命令（command）对象和行集（rowset）对象。使用 OLE DB 的步骤为初始化 OLE、连接到数据源、发出命令、处理结果、释放数据源对象并停止 OLE。

OLE DB 主要由以下 3 个部分组合而成。

① data providers（数据提供者）。提供各类数据系统最终的数据源，如文本文件、RDBMS 数据库、电子邮件和其他类型的数据。

② data consumers（数据使用者）。需要访问数据源的应用程序。

③ service components（服务组件）。包含若干可独立运行的功能组件，如查询引擎（query engine）、游标引擎（cursor engine）和共享引擎（share engine）。这些组件将数据提供者提供的数据以行集的形式提交给应用程序访问，完成数据库的存取和转换功能。

（3）ADO。ADO 是一组基于 OLE DB 的高级自动化应用级接口。尽管 OLE DB 是一个功能强大的数据访问接口，但对大多数应用程序开发人员来说，他们通常使用不支持函数指针和其他 C++ 调用机制的高级编程语言，因此他们感兴趣的并不是 OLE DB 提供的系统级数据访问控制功能。另外，由于 OLE DB 是 C++ API，只提供 C++ 语言调用接口，不能直接用于其他高级编程语言。因此，UDA 在 OLE DB 之上又提供了 ADO 对象模型，对 OLE DB 进行了封装。

正是由于 ADO 是用自动化（automation）技术建立起来的对象层次结构，因此，它比其他的一些对象模型如 DAO（data access object）、RDO（remote data object）等具有更好的灵活性，使用更为方便，并且访问数据的效率更高。

说明：DAO 是 Visual Basic 默认的数据库访问方式，它使用自己内部 Jet 引擎来访问数据库。RDO 是对 DAO 的进一步完善和发展，它通过 ODBC 访问数据库。由于 ADO 集中了 DAO 和 RDO 的优点，故其有逐渐取代 ADO 和 RDO 的趋势。

ADO 对象模型定义了一组可编程的自动化对象，可用于 Visual Basic、Visual C++、Java 及其他各种支持自动化特性的脚本语言。ADO 最早被用于 Microsoft Internet Information Server（IIS）中访问数据库的接口，与一般的数据库接口相比，ADO 可更好地用于网络环境，通过优化技术，它尽可能地降低网络流量。ADO 的另一个特性是使用简单，不仅因为它是一个面向用户的数据库接口，更因为它使用了一组简化的接口用以处理各种数据源。

ADO 模型包括 3 个主体对象，即 Connection（封装了 OLE DB 的 Data Source 和 Session 对象）、Command（封装了 OLE DB 的 Command 对象）和 Recordset（封装了 OLE

DB 的 Rowset 对象），以及 4 个集合对象，即 Errors、Properties、Parameters 和 Fields。

　　一个典型的 ADO 应用使用 Connection 对象建立与数据源的连接，然后用一个 Command 对象给出对数据库操作的命令，如查询或者更新数据等，而 Recordset 用于对结果集数据进行维护或者浏览等操作。Command 所使用的命令语言与底层所对应的 OLE DB 数据源有关，不同的数据源可以使用不同的命令语言。对于关系型数据库，通常用 SQL 作为命令语言。

1.1.5 数据库系统总体结构

　　综上所述，可以将数据库原理、数据库应用及数据库设计这 3 个部分，系统地将其有机地联系起来，形成数据库系统的总体结构图，如图 1-9 所示。通过该图，可以清楚地看出它们各自的地位与作用，以及它们之间联系的方式。

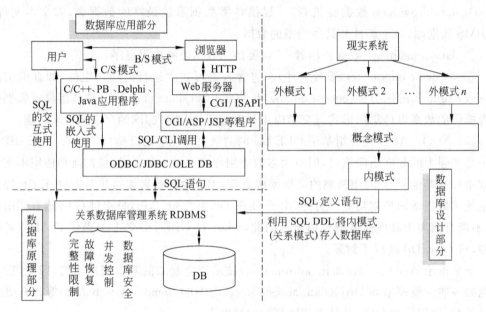

图 1-9　数据库系统总体结构图

　　该图清晰地说明，数据库的内容可分为 3 个大的部分：数据库原理部分、数据库设计部分和数据库应用部分。

　　数据库的设计部分说明如何将现实系统的数据，通过某种数据模型组织起来，并利用 RDBMS 提供的界面功能，将其结构及约束等存入 RDBMS 中。从其图形看，与图 1-5 十分相似，这也说明数据抽象的过程实际上就是数据库的设计过程。

　　数据库的应用部分，着重于现实系统业务逻辑的实现，即通过某种应用模式（C/S 模式或 B/S 模式，后文将对此作进一步介绍）和某种（或某些）程序设计语言、开发技术和工具在数据库设计以及 RDBMS 平台支持的基础上，实现现实系统的业务功能（或逻辑），为业务用户提供友好和人性化的业务操作界面。当然，如果对 SQL 语言非常熟悉，在个别情况下（如零星、简单的数据操作，一般由 DBA 完成），可通过 SQL 交互方式来操作数据库中的数据。

说明：数据库的设计部分和应用部分的划分，反映了程序与数据相分离的特性，即数据的独立性。

数据库的原理部分，说明的是 RDBMS 系统本身的功能设计，以及它为外界提供的操作及应用平台。从图中它所处的位置也可以看出，RDBMS 是数据库系统的核心。数据库设计的模式，通过 SQL 定义子语言定义到 RDBMS 中。而数据库应用部分，当需要 RDBMS 数据库中的数据时，则通过 SQL 操纵子语言以嵌入或交互方式，从 RDBMS 获取数据。从应用管理的角度看，此部分应主要掌握 DBMS 的四大基本功能，即完整性、安全性、并发控制和故障恢复。

以上 3 个部分，相互协作，共同构成数据库系统所涉及的主要工作内容及框架。正是由于数据库系统中，原理、应用及设计 3 部分内容之间紧密的联系，使得许多读者不容易理清数据库系统中各种内容之间的关系，不能从较高层次把握这些内容各自的地位与作用。而图 1-9 的结构，以原理、应用和设计为主线，从根本上理顺了它们之间的复杂关系，并从整体高度上认识了数据库系统的总体结构。

该图也揭示了数据库系统中各种人员的组成，包括最终用户、数据库管理员 DBA、DBMS 系统软件编制人员、DB 开发人员。最终用户又称业务用户，一般通过 DB 开发人员所编制的应用程序来从事日常数据管理工作；DBA 则负责整个数据库系统的管理，包括外模式、概念模式、内模式的设计、安全与授权、故障恢复和 DB 性能调节等；DBMS 是一个系统软件，由系统软件人员编制，它提供高效的数据访问、数据独立性、数据完整一致性、安全性、并发访问及故障恢复等功能；DB 开发人员在编制应用程序之前，应根据应用系统需求，设计出系统的概念模式，并转换为对应的内模式。

本教材后续的主要内容也是围绕此图展开。图 1-9 中的数据库设计部分涉及本书的第 2 章、第 3 章、第 6 章～第 8 章；数据库原理部分涉及第 1 章、第 3 章、第 5 章；数据库应用部分涉及第 4 章、第 7 章～第 11 章。

1.2　数据库系统中的关键术语与概念

1.2.1　数据库及其相关概念

1. 数据

数据(data)是描述现实世界中各种具体事物或抽象概念的、可存储并具有明确意义的信息。

说明：在数据库领域，所关心和处理的数据一般都属管理方面的数据，即现实业务系统中的管理数据。

具体事物是指有形且看得见的实体，如学生、教师等；而抽象概念则是指无形且看不见的虚物，如课程。

对具体事物或抽象概念进行计算机化的管理是要将它们的特征等有明确管理意义的

特征信息抽取出来，形成结构化数据并存放到计算机中，供管理和访问。

2. 数据库

数据库是相互关联的数据集合。

数据库中的数据，按一定的数据模型组织、描述和存储，具有较小的冗余度、较高的数据独立性和易扩展性，并可供各种用户共享。

3. 数据库管理系统

数据库管理系统（DBMS）是一个通用的软件系统，由一组计算机程序构成。它能对数据库进行有效的管理，包括存储管理、安全性管理和完整性管理等，为数据的访问和保护提供强大的处理功能（如查询处理、并发控制、故障恢复等），同时也为用户提供一个应用、管理和操作的平台，使其能够方便、快速地创建、维护、检索、存取和处理数据库中的信息。

4. 数据库系统

数据库系统（DBS）是指一个环境。在这个环境中，用户的应用系统得以顺利运行。其组成包括 DB、DBMS、数据库管理员（database administrator，DBA）、应用程序（或应用系统），以及最终用户。图 1-10 为一个简单的数据库系统环境示意图。

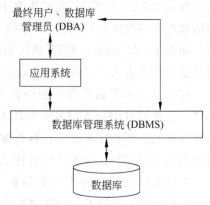

图 1-10　数据库系统环境示意图

5. 数据库应用系统

由图 1-10 可知，数据库应用系统（database application system），有时简称为应用系统，主要是指实现业务逻辑的应用程序。该系统要为用户提供一个友好和人性化的操作数据的图形用户界面（graphic user interface，GUI），通过数据库语言或相应的数据访问接口，存取数据库中的数据。

说明：数据库、数据库管理系统、数据库系统和数据库应用系统，实际上是几个不同的概念。但在不引起混淆的情况下，常将数据库系统、数据库管理系统称作数据库。

6. 数据字典

数据字典（data dictionary，DD）是 DBMS 中的一个特殊文件，用于存储数据库的一些说明信息，这些说明信息称为元数据（meta data）。

由前面内容可知，数据结构、数据文件等均由 DBMS 来管理。为此，DBMS 需要对数据结构和数据文件本身进行描述和说明，并需要将这些说明信息保存到某个地方，这就是数据字典。

这些说明信息，包括数据结构中每个成员的名称、数据类型及长度，数据文件的名称、存放的物理位置、长度及日期等，当然还包括其他一些说明信息。由于是对用于存放数据的结构和文件进行说明，因此，有时将这类说明信息称作"数据的数据"。

有了数据字典，用户在操作数据时，只需指出所要操作的数据库对象的名称即可，而无须指出其存放的具体路径和位置，这也是为什么 SQL 语言使用简单的原因。具体的路径及其他所需信息，由 DBMS 根据名称从数据字典中取出。由此可以看出，数据字典对于 DBMS 的重要性。因此，应注意保护好 DBMS 中的数据字典，否则将使 DBMS 无法工作。

7. 数据库的数据操作

在数据库应用中,数据库的数据操作分为增加、删除、修改和查询,简称为"增、删、改、查询"。它们分别与关系数据库管理系统(RDBMS)的 SQL 操纵子语言中的 4 个命令对应,即 INSERT、DELETE、UPDATE 和 SELECT。

8. 大中型 RDBMS 与微型计算机 RDBMS 的区别

在目前的数据库市场上,有许多 DBMS 产品,基本上都是 RDBMS 产品,如 DB2、Oracle、Sybase、Informix、MS SQL Server、MySQL、Visual Foxpro、Foxbase 和 dBase 等,其中 DB2、Oracle、Sybase、Informix、MS SQL Server、MySQL 等属大中型 RDBMS,而 Visual Foxpro、Foxbase、dBase 等则属微型计算机 RDBMS。

要了解大中型 RDBMS 与微型计算机 RDBMS 之间的区别,需要了解 RDBMS 所经历的发展过程。

在 RDBMS 出现之初,基本上都是运行于主机(host)之上的,如中、小型计算机,其上的应用称为基于主机的集中式(centralized)应用。后来,随着个人计算机(personal computer,PC,或称微型计算机)以及计算机网络的发展,就有了将基于主机的应用向下规模化(downsizing)的需求,也就是将基于主机的集中式应用,向基于网络和 PC 的分布式(distributed)应用转移,同时也需要照顾一些小型的数据库应用,甚至单机的数据库应用。这时,就需要将以前主机上运行的 RDBMS,转到 PC 上运行。

由于微型计算机的功能毕竟有限,因此其上的处理器、内存、外存等性能和容量均无法与中、小型计算机相比。另外,当时微型计算机上的数据库应用,对 RDBMS 的功能(如并发控制、故障恢复、完整性和安全性等)要求不高,于是通过弱化,甚至去掉基于主机RDBMS 的某些功能,形成了适合于微型计算机运行的 RDBMS 产品。这种基于微型计算机的 RDBMS 产品,为数据库应用的普及与发展做出了极大贡献。

综上所述,大中型 RDBMS 与微型计算机 RDBMS 之间,最主要的区别在于功能上。当然,随着 PC 性能的大幅度提高以及应用的需要,基于微型计算机的 RDBMS 产品中原先被弱化或去掉的一些功能,又逐渐有所恢复。

1.2.2　视图及其相关概念

1. 视图概念

视图(view),在数据库系统中,既是一个很重要的概念,同时也是一个实用的工具。从最原始的意义讲,视图指的是一个人看(即"视")某个物体所得到的图像。

说明:在视图最原始的意义中,包含了人(即用户)和物体这两个因素。同时,物体有全局(global)的含义,而每个人所看到的图像则是局部(local)的。

将视图的原始概念延伸到数据库领域,即为不同的用户对同一数据库的每一种理解,称为该数据库的一个视图。该概念保留了视图原始概念中的基本含义,只是将被作用的对象改为数据库。

说明:一个数据库要支持很多应用程序和用户,不同的应用程序和不同的用户对同一个数据库操作和关心的数据可能是不一样的,就像很多人对同一事物有不同的视角、不同的看法一样。

数据库是一个全局的事物,而每一种理解则是局部的图像。这样,一个视图就是一个

数据库的子集。

　　在 RDBMS 中，视图还可用作数据操作的工具。在 RDBMS 中用关系数据模型来组织数据，而关系在 RDBMS 中以表（由行、列构成）的形式体现。数据库中存在有多种表，每一张表中都存放有数据。

　　然而，并不是所有用户都有权操作表中的所有数据。于是，可将视图的概念转到数据库中的表，也就是说，可将用户能够看到的数据，从一张表中映射出来，形成一张视图。这样，也可在一定程度上保护表中用户无权"看到"的那些数据，而用户所看到的则是一张虚表（因视图这时的形式象表，但它并不存放数据，其数据来源于表），如图 1-11(a)所示。

　　另外，通过突破视图原始概念中对"一个"事物的限制，也可以将用户能够看到的数据，从几张表中映射出来，形成一张视图，如图 1-11(b)所示。

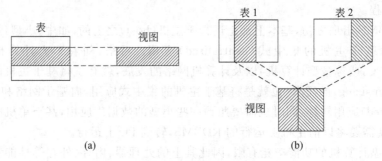

图 1-11　视图示意图

2. 数据库系统的分层视图

　　下面再将视图延伸到数据库系统，以视图的方式来理解数据库系统及其用户组成，这就是数据库系统的分层视图，如图 1-12 所示。

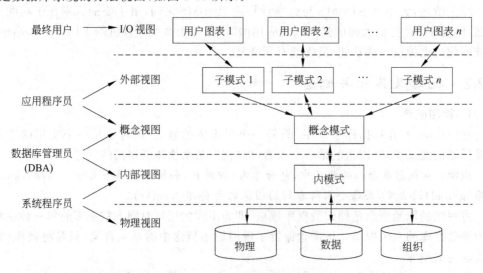

图 1-12　数据库系统分层视图

　　图 1-12 在美国 ANSI/X3/SPARC(美国国家标准协会/计算机与信息处理委员会/标准计划与需求委员会)数据库小组提出的三层结构（即外部级、概念级和内部级）基础上，

增加了 I/O 级视图和物理级视图。

由图可知,最终用户(即业务用户)所看到数据库系统的"图像"是一些用户图表,这就是 I/O 视图(input/output view);而应用程序员(即开发人员)在参与数据库应用系统开发时,会涉及和看到数据库的子模式和概念模式,分别称为外部视图(external view)和概念视图(conceptual view);作为数据库管理员的 DBA,则可看到数据库的概念模式和内模式,所看到的内模式的部分称为内部视图(inner view);而对于编写 DBMS 系统软件的系统程序员来说,他们关注的是 DBMS 这个软件系统的实现,成为了解系统最深入的用户,所实现的细节部分(物理、数据和组织等)称为物理视图(physical view)。

(1) I/O 视图。输入输出视图,是最终用户(业务用户)所见到的输入输出数据结构描述,是最终用户所见到的数据库的样子。业务用户一般通过客户端应用,来完成其业务工作,他们所看到的,是按其业务要求格式表示的数据(如各种报表等)。所以,这种视图是现实系统中数据实体的直接描述。

(2) 外部视图。外部视图是开发人员所见到的局部数据库结构。外部视图对应的模式为外部模式或子模式,也叫视图或用户视图。一个数据库可有多个不同的子模式,它们之间可能存在一定的重叠,这是允许的;一个子模式可以为一个或多个应用所使用。

(3) 概念视图。为减少冗余、实现数据的共享,必须综合子模式形成一个全局结构,即概念模式。该模式的设计,不涉及任何数据库物理实现的细节,如何种 DBMS、文件组织、存取方法等。这种结构的形式化描述称为概念视图。

子模式是概念模式的逻辑子集,可由概念模式导出,但允许子模式间有若干差异,如数据名称、次序等。概念模式与子模式之间的映射,由数据库管理系统实现。

(4) 内部视图。特定的 DBMS 所处理的数据库的内部结构,称为内部模型。例如,RDBMS 所支持的数据模型是关系模型。内部模型的形式化描述,称为内部视图或存储视图,它将数据库的数据表示为内部记录或存储记录的集合。

存储记录是逻辑记录,不是存储设备上的物理记录或物理块,不涉及任何具体设备限制,如柱面或磁道大小等,因此内部视图还不是最底层的物理视图。内部视图应指明存储记录的物理顺序以及它们如何彼此关联,如通过指针链接或索引等。内部模式与概念模式的映射,由数据库管理系统实现。

(5) 物理视图。数据库在存储设备上的物理组织称为物理模型,其描述称为物理视图。它包含了所使用设备的特征、物理记录或块的组成、寻址技术和压缩存储技术等。内模式与物理数据组织之间的映射,由操作系统的存取方法实现。

数据库系统的多层视图结构,为各种用户提供了对组织数据的各种视图。各级视图间的映射由相应软件实现。通过这些映射,可将最终用户对逻辑数据的请求,逐步转换成对存储设备上物理数据的请求,从而保证了数据库的物理独立性和逻辑独立性。

1.2.3　数据抽象、数据模型、数据模式及其相互关系

1. 数据抽象

数据抽象(data abstraction),指的是一种数据抽取的过程。通过不断的数据抽象,达到将现实系统中的数据存放到 DBMS 中的目的,也就是实现计算机化的数据管理。

在图 1-5 的数据库系统抽象层次中，存在有 3 种级别的数据抽象，分别是视图级抽象、概念级抽象和物理级抽象。

2. 数据模型

抽取的数据，必须用一定的方式来组织，使其具有结构化。数据模型正是用来组织数据的工具。因此，数据模型是数据抽象的工具。它主要使用逻辑概念的方式，如对象、对象属性、对象联系等，来组织和表示抽取的数据。

（1）数据模型的三要素。前面曾从狭义观点，将数据结构等同为数据模型。实际上，数据结构只是数据模型中的一部分。完整的数据模型，应包括如下 3 个部分的内容，即数据模型的三要素。

① 数据结构。它用于描述现实系统中数据的静态特性。

现实系统中的数据，以实体及联系的形态存在。实体指的是单个的事物或概念，而联系是指实体与实体之间的关联。因此，作为描述现实系统数据的工具，数据模型中的数据结构不仅要描述实体本身，还要描述实体之间的联系。

② 数据操作。它用于描述数据的动态特性。

在数据库中，对数据的操作基本上都是增加、删除、修改和查询这 4 个操作。因此，这 4 个操作一般也作为数据模型应提供的数据操作。

支持某种数据模型的 DBMS，一般都是通过数据库语言来提供该模型上数据的"增、删、改、查询"操作的。例如，RDBMS 的 SQL 语言支持关系模型上数据的"增、删、改、查询"操作。

③ 数据约束。它用于描述对数据的约束。

对数据的约束，一般表现在两个方面，即对数据本身的约束，以及数据与数据间的约束。

现实系统中，常常有许多管理上的规章制度，而有些规章制度会对管理的数据进行约束。数据模型要真实、完整地描述现实系统，就需要提供相应的机制，来描述这类数据的约束。

完备的数据模型，一般都会提供描述约束的机制，尽可能完整地描述现实系统规章制度对数据的约束，以达到真实描述现实系统的目的。

说明：对约束的描述是数据模型不可缺少的部分，因为在现实系统中的数据常常会受到各种规章制度的约束。作为描述现实系统数据的数据模型，如果不能描述数据约束，则它对现实系统的描述是不真实不完整的。读者必须牢牢记住这一点。

正是由于数据模型具有天然的可对进入结构的数据实施约束的条件，因此应尽量利用数据模型的约束机制，以在一定程度上保证数据库中数据的完整性。

支持某种数据模型的 DBMS，一般都实现了该数据模型上的约束机制。开发人员可以利用这种数据模型上的约束机制，以及数据库语言中的定义子语言，将现实系统规章制度对数据的约束，定义到 DBMS 中，由 DBMS 来保证数据库中的数据满足所设定的约束条件。

说明：如果某个数据模型被 DBMS 支持（例如，RDBMS 支持关系模型），则开发人员应充分利用数据模型的约束机制来简化应用软件对数据的处理。一些初级甚至中级程序开发人员在数据库应用开发过程中,经常不知如何利用数据模型上的约束,而在程序中笨拙地使用大量的条件语句来实施对数据约束的判断。这是学习数据库时应该避免的。

(2) 数据模型的分类。数据抽象存在级别,数据模型也存在级别。按与人类思维表达方式的接近程度,从高级到低级分为概念数据模型(conceptual data model)、逻辑数据模型(logical data model)和物理数据模型(physical data model)。

① 概念数据模型。概念数据模型是面向用户、面向现实系统的数据模型,它至少应满足数据模型的前两个要求。该类数据模型主要用于描述现实系统中数据的概念化结构,与具体的 DBMS 无关。其目的是让设计人员将主要精力放在了解和描述现实系统的数据上,而暂不去考虑涉及 DBMS 和具体实现的一些技术性问题。目前,用得较广泛的概念数据模型有实体联系模型(entity relationship model,ERM 简称 E-R 模型)、对象模型等。

② 逻辑数据模型。逻辑数据模型,反映的是数据的逻辑结构,这从其名称上也能看得出来。逻辑数据模型是具体的 DBMS 能够实现和支持的数据模型,前面用于设计阶段的概念数据模型必须转换为 DBMS 支持的逻辑数据模型,才能在该 DBMS 上实现。这类数据模型包括关系数据模型(relational data model,RDM)、层次数据模型(hierarchical data model,HDM)和网状数据模型(net data model,NDM)等。

这类数据模型也正是 DBMS 实现的基石。例如,经常所讲的 RDBMS,说的就是该DBMS 以关系模型为基础,支持关系模型。

③ 物理数据模型。涉及数据的物理存储结构的数据模型就称为物理数据模型。该数据模型实际上是具体的 DBMS 在实现其支持的逻辑数据模型时,所用到的具体物理存储结构。它不但与具体的 DBMS 有关,还与操作系统有关。

这类数据模型由编制 DBMS 的系统程序员关心,而在数据库应用开发中,很少或基本上不会涉及这部分内容。

说明:各个级别数据模型在命名上,与抽象级别的名称并不一一对应,例如,物理级抽象所用的数据模型并非是物理数据模型。

概念数据模型,由于其抽象级别高,故称为高级数据模型,亦称语义数据模型(semantic data model)。

对于数据模型的高级与低级,可与程序设计语言的高级与低级一样的角度去理解,因为它们都是按与人类思维表达方式接近程度来分类的。与人类表达方式越接近,则称其越高级;否则,就越低级。

3. 数据模式

抽取的数据用数据模型组织后,得到的结果即是数据模式(data schema)。也就是说,数据模式是所抽取数据的表现形式,或说是数据抽象的结果。

狭义上,可以这样理解。假如,需要对"学生"进行数据抽象,可以利用C/C++中的结构数据类型来组织学生的特征数据,这个结构就是一种数据模型,最后得到如图 1-1(a)的、具体的学生基本信息结构,即是一种数据模式。

上例说明了在对"学生"进行数据抽象时,可利用结构这个数据模型工具,将"学生"的各项特征数据，如学号(nStudNo)、姓名(szStudName)、性别(cGender)、年龄(nAge)及所在系(szDept)，组织起来形成学生基本信息结构这样一个数据模式的结果。

4. 数据抽象、数据模型及数据模式间的关系

实际上，以上的例子，已经非常形象地说明了数据抽象、数据模型和数据模式之间的相互关系。

也就是说，数据模型是数据抽象的工具，是数据组织和表示的方式。数据模式是数据抽象利用数据模型，将数据组织起来后得到的结果，简言之，数据模式是数据抽象的结果。这就是它们三者之间的相互关系。

如果考虑到抽象级别和数据模型的级别，要在图 1-5 中找出它们之间的对应关系，则可按如下几点对应。

(1) 视图级抽象和概念级抽象，可用概念数据模型，即各子模式和概念模式使用概念数据模型描述。这类概念数据模型(如 ERM)，主要用于做数据库的设计。有关 ERM 的内容，请参见第 2 章。

(2) 物理级抽象，则用逻辑数据模型，内模式使用逻辑数据模型来描述。这类逻辑数据模型，如关系模型、层次模型和网状模型，均被相应的 DBMS 所支持、实现。例如，RDBMS 支持关系模型；层次数据库管理系统(hierarchical DBMS，HDBMS)支持层次模型；网状数据库管理系统(net DBMS，NDBMS)支持网状模型。

(3) 至于物理数据模型，则没有相应的抽象层次对应。如前所述，这类数据模型由编制 DBMS 的系统程序员关心。在 DBMS 出现之前，开发人员一般会涉及物理数据模型。例如基于文件系统开发数据管理应用时，开发人员应该考虑使用什么文件(如二进制文件或文本文件)，如何组织和建立索引文件等这类与物理数据模型有关的内容。而在 DBMS 出现之后，则基本上不会涉及物理数据模型。

1.2.4 传统数据模型回顾

一般情况下，将层次数据模型、网状数据模型和关系数据模型统称为传统数据模型。这 3 种数据模型均有对应的商用 DBMS 支持，不过，RDBMS 在 20 世纪 70 年代后，就取代 HDBMS 和 NDBMS，成为数据库市场的主导。因此，在此处，将简略介绍层次数据模型和网状数据模型，关系数据模型将在第 3 章详细介绍。

说明：对于数据模型，如果该数据模型可被计算机实现，则应注意从其 3 个要素(即数据结构、数据操纵和约束)上来掌握它。如果未被计算机实现，那么谈论对该数据模型的操纵是没有意义的，这时就只需从数据结构和约束两个方面来掌握之。

1. 层次数据模型

层次数据模型是最早出现的数据模型。20 世纪 60 年代后期，IBM 公司开发出的 IMS(information management system)，是层次数据库管理系统 HDBMS 的典型代表。

(1) 数据结构。层次数据模型是以记录型为结点(node)的有向树，它用树状结构表示各类实体以及实体之间的联系。也就是说，层次数据模型用树结点表示实体、用结点之

间的连线表示实体间是否存在联系。

说明：数据模型结构方面的内容，主要是实体如何表示，实体之间的联系如何表示。

由于现实世界中，许多实体之间的联系呈现出一种自然的层次关系，如行政组织机构的层次关系、家庭成员的父子关系等，因此使得人们自然而然地想到用层次关系来组织现实世界中的实体，这恐怕也是层次数据模型较早出现的原因之一。

（2）约束。按照树的定义，层次模型有以下两个限制（或称约束）：

① 只有一个结点没有双亲结点，此即根（root）结点，相当于树的根；

② 根结点以外的其他结点，有且仅有一个双亲结点。

因此，层次模型只有一对多实体联系的描述手段，对其他联系（如多对多联系）的描述就必须作某种处理、间接地描述。图 1-13 是层次模型描述示例。图中，学生必须分别画在两棵树中，否则就会违反层次模型的约束。

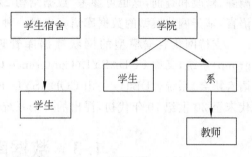

层次模型中，每个结点表示一个记录类型，结点之间的连线表示记录类型间的联系，但这种联系只能是父子联系。

（3）数据操纵。对于层次数据模型，其数据操纵即是对树中结点的插入、删除、修改和查询。对于树结点的插入、删除和修改，可

图 1-13　层次模型示例

参考"数据结构"课程中的相关内容，在此不再赘述。需要说明的是，对于树的查询一般是从树根开始，沿着某种路径（如前序、中序或后序）进行。并且需要将查询路径上的值串联起来，才能得出完整意义的查询结果，没有一个子女记录值能够脱离双亲记录值而独立存在。也正因如此，基于层次模型的数据库语言一般被称为导航式语言。导航式语言的使用，要求操作人员对层次结构非常了解，才能为查询命令指出能够找到所需数据的"导航"路径信息。

说明：层次模型的数据结构：树的结点表示实体，结点之间带箭头的连线表示联系；

层次模型的数据操作：按"数据结构"课程中对树的操作，实现结点的增加、删除、修改和查询；

层次模型的数据约束：一个模型一个根、根以外的结点只有一个双亲结点、一对多联系。

2. 网状数据模型

由于现实世界中实体间的联系不仅有层次关系，更多的则是互有交叉的网状关系。对这类实体间的网状关系，用层次模型来描述就很不直接。例如图 1-13 中的"学生"与"学生宿舍"、"学生"和"学院"，这两个层次关系就不能合并。否则，就会违背层次模型中一个双亲的限制。

在这种情况下，就出现了网状数据模型。网状模型克服了层次数据模型不能直接描述互为交叉的网状关系的缺陷，它去掉了层次模型的两个限制，允许结点有多个双亲结点，同时还允许描述实体间的多对多联系。因此，网状模型比层次模型更具普遍性，能比

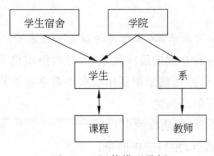

图 1-14　网状模型示例

层次模型更直接地描述现实世界。图 1-14 为网状模型示例，图中"学生"与"课程"之间的联系是多对多的实体联系。

数据结构方面，网状模型类似于一种有向图，除了其中表示多对多联系的边。图顶点表示实体，边表示实体间的联系。

约束方面，对于网状模型本身的约束几乎没有。它可描述实体间的一对一、一对多和多对多联系。

数据操纵方面，要求实现对图中顶点的插入、删除、修改和查询，这也可参考"数据结构"课程中的相关内容。类似于层次模型上数据库语言，基于网状模型的数据库语言也是一种导航式语言。

支持网状数据模型的网状数据库管理系统的典型代表，是 DBTG（database task group）系统，又称 CODASYL（Conference On Data System Language，美国数据库系统语言协会）系统。DBTG 是由 CODASYL 下属的数据库任务组 DBTG，于 20 世纪 60 年代末至 20 世纪 70 年代初，提出的一个系统方案，称作 DBTG 报告。

1.3　数据库系统的用户

一个组织的数据库系统建设，涉及许多人员，他们既为数据库的建立和保持正常运行，提供各种支持，也给系统施加各种影响。这些人员，按其技能与工作性质，可以分为 4 类，分别是最终用户、数据库应用开发人员、数据库管理员，以及其他与数据库系统有关的人员。每类人员都从不同的角度使用数据库系统，统称其为数据库系统的用户。

1. 最终用户

最终用户是现实系统中的业务人员，也称为业务用户，是数据库系统的主要用户。

这类用户分为如下两种类型。

① 分析型用户。主要来自组织的决策管理层，使用数据库来进行综合分析。

② 事务型用户。主要来自组织的作业层，利用数据库来实现其日常的业务管理与经营活动。

2. 数据库应用开发人员

数据库应用开发人员负责调研现行系统，与业务人员交流，分析用户的数据需求与功能需求，为每个用户建立一个适于业务需要的外部视图；然后合并所有的外部视图，形成一个完整的、全局性的数据模式，并利用数据库语言将其定义到 DBMS 中，建立起数据库；接着编制并调试支持所有用户业务的应用程序代码；最后向 DBMS 加载数据，运行应用程序。

这类人员一般由系统分析员和应用程序编制人员构成。

3. 数据库管理员

数据库管理员（DBA）是支持数据库系统的专业技术人员。他们负责数据库系统的计划、设计、建立、运行、监视、维护和重开发的全部技术性工作，以及最终用户的数据库系统操作使用培训。

当系统规模较大时,DBA 的工作可以转移给其他辅助 DBA 的管理员,如系统安全管理员、数据库备份管理员等。

4. 其他与数据库系统有关的人员

第一类是开发 DBMS 本身的系统程序员,他们负责完成对组成 DBMS 的所有模块的设计和实现,如数据字典处理模块、查询处理模块、查询优化模块、数据存取模块、事务处理模块,以及安全与完整性维护模块等。

第二类是数据库系统开发工具的程序员,他们负责完成数据库系统工具软件包的设计与开发。

第三类是软硬件维护人员,他们负责数据库系统赖以运行的硬件和软件环境的维护。

1.4 数据库应用系统开发概述

图 1-9 中的数据库应用部分,概括了目前数据库应用系统开发中使用的两种模式及其相关技术,本节将对此作简单介绍。

1.4.1 C/S 模式

1. C/S 概况

客户/服务器(client/server,C/S)模式是一种分布式的计算模式,与传统的、基于主机(host-based)的结构相比,具有较好的可伸缩性和较优的性价比。C/S 模式通过网络环境,将应用划分为前端(front end)或前台和后端(back end)或后台两个部分。前端由客户机担任,负责 GUI(graphic user interface,图形用户界面)处理以及向服务器发送用户请求和接收服务器回送的处理结果;后端为服务器,主要承担数据库的管理、按用户请求进行数据处理并回送结果等工作。

2. 两层 C/S 结构

起初,C/S 结构按自然结构划分为客户端和服务器端两层(two tier),如图 1-15 所示。客户端完成用户界面的表示逻辑,以及应用的业务逻辑;而数据服务(如数据的"增、删、改、查询"操作)由数据库服务器端完成。

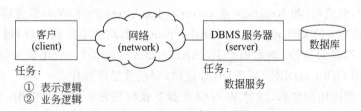

图 1-15 两层 C/S 模式结构

由于客户端既要完成表示逻辑,又要完成应用的业务逻辑,似乎比服务器端完成的任务还要多些,显得较"胖",因此戏称两层 C/S 结构为胖客户机瘦服务器的 C/S 结构。

3. 三层 C/S 结构

随着系统的不断扩展,这种两层的 C/S 结构逐渐暴露出它的缺陷。由于最终客户需求的千变万化,客户端可能会不堪重负,而客户端程序的过于庞大显然与分布式计算的思想背道而驰。于是,出现了三层(three tier)的 C/S 结构。该结构由客户端、应用服务器端和 DBMS 服务器端三层构成,客户端只用于实现表示逻辑,而将业务逻辑交由应用服务器实现,如图 1-16 所示。

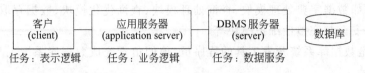

图 1-16   三层 C/S 模式结构

说明:以上三层 C/S 模式结构,是一种逻辑功能结构。在实际的物理实现时,应用服务器和 DBMS 服务器可用一台计算机来担任。所谓物理指的是外在的体现形式,而逻辑则是指内在的模块和功能的划分。

如果将应用服务器和 DBMS 服务器用一台计算机来担任,则形成的是一种瘦客户机胖服务器的 C/S 结构。

目前,主流开发环境的较高版本都支持应用服务器的开发,如 PowerBuilder、C++Builder、Delphi、Visual C++ 和 Visual Basic 等。

1.4.2   B/S 模式

随着应用系统规模的扩大,C/S 模式的某些缺陷表现非常突出。例如,客户端软件的安装、维护、升级和发布,以及用户的培训等,均随着客户端规模的扩大而变得相当艰难。Internet 的迅速普及,为这一问题的解决提供了有效的途径,这就是浏览器/服务器(browser/server,B/S)模式。一种多层(multi tier)B/S 模式结构如图 1-17 所示。

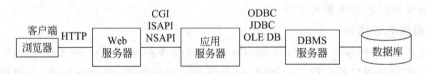

图 1-17   多层 B/S 模式结构

该结构中,浏览器(如 Netscape 或 Internet Explorer 等)与 Web 服务器(也称 WWW 服务器)之间通过 HTTP(hypertext transfer protocol,超文本传输协议)通信;Web 服务器与应用服务器间的通信,则采用 CGI/ISAPI/NSAPI 等接口;应用服务器与 DBMS 服务器间,可利用 ODBC/JDBC/OLE DB 等接口,完成数据库操作。

由于客户端使用浏览器,通过 Web 服务器下载应用服务器上的应用,从而解决了客户端软件安装、维护、升级和发布等方面的难题。

应用服务器对应图 1-9 中的 CGI/ASP/JSP 等程序部分,提供所有业务逻辑的处理能力。通过只修改应用服务器上的程序,即可完成应用的升级。

1.4.3　组件与分布式对象开发技术

1. 组件技术

目前,软件开发方法已由 20 世纪 70 年代的结构化(structured)方法、20 世纪 80 年代的面向对象(object-oriented,OO)技术,开始逐渐转向组件(component,又称构件)技术和分布式对象技术。组件模型已成为新一代软件技术发展的标志。

与对象技术相比,组件技术是一种更高层次的对象技术。它独立于语言和面向应用程序,只规定组件的外在表现形式,而不关心内部实现方法;既可用面向对象编程语言实现,也可用非面向对象的过程语言实现。只要遵循组件技术规范,各软件开发商就可以用自己方便的语言去实现可被重用的组件,应用程序的开发人员通过挑选和编制组件、组合新的应用软件。

组件模型由组件与容器(container)构成。组件是指具有某种功能的独立软件单元,其最重要的特性是可重用性(reusability)。组件的范围相当广泛,小的有像按钮之类的 GUI 元素,中等规模的如具有列表功能的小应用程序(如 Applet),而大的可以是像浏览器这类完整的应用系统。组件通过其接口(interface)向外界提供功能入口。接口是组件内一组功能的集合,它包含的是功能函数的入口,类似于 C++ 中只有虚函数成员的纯虚类。外界通过接口引用或接口指针,来调用组件内的功能函数。

容器类似于装配车间,是一种存放相关组件的“器皿”,用于安排组件、实现组件间的交互,其形式可以多种多样,如 Form(表单)、Page(页面)、Frame(框架)和 Shell(外壳)等。容器也可以作为另一个容器的组件,形成嵌套结构。

组件技术应解决两个问题,一是重用,即组件具有通用的特性,所提供的功能可为多种系统使用;二是互操作(interoperation),即不同来源的组件能相互协调、通信,共同完成更复杂的功能。许多大公司都先后开发出已被广泛使用的组件,如 Microsoft 的 VBX、OCX 及 ActiveX 控件,Borland 公司 Delphi 中的数据访问组件等。所有这些,都推动了组件技术的迅速发展,使得组件开发环境和方法成为应用开发的流行模式。

2. 分布式对象技术

组件技术向分布式环境的延伸,形成了分布式对象技术。

分布式对象存在于网络的任何地方,可被远程客户应用以方法调用的形式访问。至于分布式对象是使用何种程序设计语言和编译器所创建,对客户对象来说是透明的。客户应用不必知道它所访问的分布式对象在网络中的具体位置,以及运行在何种操作系统上。该分布式对象与客户应用可能在同一台计算机上,也可能分布在由广域网(如 Internet)相连的不同计算机上。分布式对象具有动态性,它们可以在网络上到处移动。分布式对象是一种具有分布式特征的组件。

三层 C/S 和多层 B/S 结构应用系统中,应用分布于不同的系统平台上。也正是由于这种应用的分布性,使得对该类系统的开发大量采用分布式对象技术。利用分布式对象技术,可以实现异构平台间分布式对象间的相互通信,极大地提高系统的可扩展性。

目前,组件技术与分布式对象技术用得较为广泛的模型有 CORBA(common object request broker architecture,公共对象请求代理体系结构)、COM/DCOM(component object model/distributed component object model，组件对象模型/分布式组件对象模型）和 Java Beans。CORBA 由 OMG(object management group)于 1990 年 11 月提出，得到了 IBM、Microsoft、Sun、HP、Oracle 和 DEC 等公司的广泛支持；COM/DCOM 规范是 Microsoft 独家发布的组件对象模式技术规范；而 Java Beans 则是由 Sun 公司于 1994 年 12 月提出的基于 Java 的组件模型。

3. CORBA

CORBA 是 OMG 提出的应用软件体系结构和对象技术规范，其核心是一套标准的语言、接口和协议，以支持异构分布应用程序间的互操作性，以及独立于平台和编程语言的对象重用。自 1991 年 10 月首次推出 CORBA 1.0 版以来，目前已发展到 CORBA 3.0 版。

CORBA 组件模型的底层结构为 ORB(object request broker，对象请求代理)。ORB 是 CORBA 中引入的一种中间件(middleware)，它如同一条总线(bus)，把分布式系统中各类对象和应用连接成相互作用的整体。各个 ORB 之间通过 IIOP(Internet inter-ORB protocol)协议互相通信，IIOP 是一种建立在 TCP/IP 之上的协议。

CORBA 组件可以通过 IDL(interface definition language，接口定义语言)进行描述。目前大多数 CORBA 厂商都已经提供了 IDL 到 C/C++、Java、COBOL 等语言的映射机制，即 IDL 编译器。IDL 编译器可以生成服务器端的 Skelton（骨架）和客户端的 Stub（桩）代码，将服务器方的主程序和客户方程序分别与骨架和桩联编后，即可得到相应的服务器端程序和客户端程序。

在利用 CORBA 技术开发 B/S 应用时，Java 语言是一种较好的选择，Borland JBuilder 9 Enterprise 也为此提供了纯 Java 开发环境。由于 CORBA 规范中定义了 IDL/Java 的映射，因此，CORBA 产品提供商都根据规范开发了 Java ORB，Java ORB 是基于 CORBA 的 Java 应用的中心。Java ORB 不仅能开发分布式的 Java 应用，还能开发基于 Web 的 CORBA 应用。Java 客户，包括 Applet 和 Application，通过桩向客户端的 Java ORB 发出请求，该 Java ORB 再与服务器端的 Java ORB 通过 IIOP 通信，由服务器端的 Java ORB 根据请求的内容调用相关的骨架，调用指定的对象完成请求，并将请求结果按原路返回给客户。

利用 Java 和 CORBA，开发基于 Web 应用的过程是，首先建立 IDL 描述文件，将 IDL 描述文件通过 IDL/Java 进行编译，生成相应的桩和骨架文件；利用 Java 编写服务器端和客户端程序，然后将服务器端程序和客户端程序分别与骨架和桩联编，并将该客户端程序嵌入到 HTML 页面中。这样，通过浏览器浏览该页面，就可以调用服务器端应用对象实现的操作了。

4. COM/DCOM/COM+

COM 最初是作为 Microsoft 桌面系统的组件技术，主要为本地的 OLE(object linking and embedding，对象链接与嵌入)应用服务。但随着 Microsoft Windows NT 和 DCOM 的发布，COM 通过底层的远程支持，使得其组件技术延伸到了分布应用领域，分布式的 COM 组件间通过 DCOM 协议完成通信。加上 COM+ 的相关服务设施，如负载均衡、内存数据库、对象池、组件管理与配置等，COM/DCOM/COM+ 将 COM、DCOM、MTS

(Microsoft transaction server,微软事务服务器)的功能有机地统一在一起,形成一个功能完整的分布式组件对象体系结构。MTS 是一个运行于 Windows NT 环境下的事务处理系统,用于开发、配置和管理高性能、可分级、有鲁棒性的企业 Internet/Intranet 服务器应用程序。MTS 为开发分布式的、基于组件的应用程序提供了一个应用程序设计模型,也为配置和管理这些应用程序提供了一个运行环境。

COM/DCOM/COM+ 的优点,是开发者只使用同一厂家提供的系列开发工具,这比组合多家开发工具更有吸引力。其不足是,依赖于 Microsoft 的操作系统平台,无法在 UNIX、Linux 等平台上发挥作用。

5. Java Beans/EJB/J2EE/Java EE

Java Beans 是 Sun 公司提出的基于 Java 的软件组件模型,类似于 Microsoft 的 COM 组件概念。该体系结构中,Bean 是最基本的单元,是可被重用的组件,用户可通过构造工具可视化地操作它。一个 Java Beans 组件,除了可以与同一个 JVM(Java virtual machine,Java 虚拟机)中其他的 Java Beans 组件通信外,还可以通过 RMI(remote method invocation,远程方法调用)、IIOP 和 JDBC 访问别的远程对象。运行 Java Beans 最小的需求是 JDK 1.1 或者以上版本。

随着企业级应用的发展,Sun 公司在 Java Beans 本地组件的基础上,又提出了面向服务器端的 EJB(enterprise Java Beans)分布式应用组件技术。EJB 给出了系统的服务器端分布组件规范,包括组件、组件容器的接口规范,以及组件打包、组件配置等标准规范。

从企业应用多层结构的角度看,EJB 是业务逻辑层的中间件技术。与 Java Beans 不同,它提供了事务处理的能力。自三层 C/S 结构和多层 B/S 结构提出后,应用服务器这个中间层,即业务逻辑层,成为处理事务逻辑的核心。

从分布式计算的角度看,EJB 与 CORBA 一样,提供了分布式技术的基础,为分布式的对象之间提供了相互通信的手段。

从 Internet 技术应用的角度看,EJB 和 Servlet, JSP(Java server page)一起,成为新一代应用服务器的技术标准。EJB 中的 Bean 可以分为会话 Bean 和实体 Bean,前者维护会话,而后者处理事务。现在 Servlet 负责与客户端通信,访问 EJB,并把结果通过 JSP 产生的页面传回客户端。

为了推动基于 Java 服务器端应用的开发,Sun 公司于 1999 年底推出了 Java 2 技术及相关的 J2EE(Java 2 platform,enterprise edition)规范,它是 Sun 公司的 Sun ONE (open net environment,开放网络环境)体系结构之一部分。

说明:Sun ONE 体系结构以 Java 语言为核心,包括 J2SE/J2EE/J2ME 和一系列的标准、技术及协议。其中,J2EE 针对企业网应用,J2SE(Java 2 platform,standard edition)针对普通 PC 和工作站应用,而 J2ME(Java 2 platform,micro edition)则是针对嵌入式设备及消费类电器(如智能卡、移动电话、PDA、电视机顶盒等)应用。

在 J2EE 中,Sun 给出了完整的基于 Java 语言开发面向企业分布应用的规范。其中,在分布式互操作协议上,J2EE 同时支持 RMI 和 IIOP;而在服务器端分布式应用的构造上,J2EE 包括了 Java Servlet、JSP、EJB 等多种形式,以支持不同的业务需求。而且由于 Java 应用程序极佳的平台无关性,使得 J2EE 技术在分布式计算领域得到了快速发展,目前许多大的分布计算平台厂商都公开支持与 J2EE 兼容的技术。

2006 年 5 月 17 日，Sun 公司正式发布了 Java EE 5(Java platform，enterprise edition 5)。Java EE 5 平台包括 Reference Implementation、Technology Compatibility Kit、Software Development Kit，用户可以从 Sun 的网站（http：//java. sun. com/javaee/downloads/index. jsp）下载。Java EE 5 实际上就是 J2EE 1.5。之所以改名字，是想突出 Java，而原来的名字 J2EE、J2SE、J2ME 等都没有着重突出这点。当然，以前的 J2EE 版本还是称为 J2EE，比如 J2EE 1.4。

Java EE 5 重要改变是：Java EE 不再像以前那样只注重大型商业系统的开发，而是更关注小到中型系统的开发，简化了这类系统的开发步骤。在 Java EE 中，还突出了安全这个重要特点，也就是基于容器的安全访问。另外，事务管理也是 Java EE 5 的一个重要部分，这样 Web 服务器（如 Tomcat）无须在 Web 层提供事务支持。

6. CORBA、DCOM 及 EJB 性能比较

表 1-1 列出了集成性、可用性和可扩展性 3 个指标，对 CORBA、DCOM 及 EJB 的性能进行了比较。

表 1-1　CORBA、DCOM 及 EJB 性能比较

评 价 指 标		CORBA	DCOM	EJB
集成性	跨语言性	好	好	差（仅限 Java 语言）
	跨平台性	好	差（仅限 Windows 平台）	好
	网络通信	好	一般	好
	公共服务组件	好	一般	好
可用性	事务处理	好	一般	一般
	消息服务	一般	一般	一般
	安全服务	好	一般	好
	目录服务	好	一般	一般
	容错性	一般	一般	一般
	开发商支持	一般	好	好
	产品成熟性	一般	好	一般
可扩展性		好	一般	好

（1）集成性。主要反映在基础平台对应用程序互操作能力的支持上。它又分 4 个二级指标，分别是跨语言性、跨平台性、网络通信和公共服务组件。

（2）可用性。要求软件组件技术和相应的产品必须成熟，分别从 7 个二级指标来评价。

（3）可扩展性。要求集成框架必须是可扩展的，能够协调不同的设计模式和实现策略，可以根据企业计算的需求进行裁剪，并能迅速反应市场的变化和技术的发展趋势。

虽然,以上 3 种模型由于其历史和商业背景而有所不同,各自有其不同的特点,但是,它们之间也有很大的相通性和互补性。

EJB 和 CORBA 在很大程度上可以看作是互补的,而且许多厂商也非常重视促进 EJB 和 CORBA 技术的结合,将来 RMI 可能建立在 IIOP 之上,目前许多平台都能实现 EJB 组件和 CORBA 组件的互操作。

同 EJB 和 CORBA 之间的互操作性相比,DCOM 和 CORBA 之间的互操作性相对要复杂些,虽然 DCOM 和 CORBA 在体系结构上非常类似。为了实现 CORBA 和 DCOM 的互操作,OMG 在 CORBA 3.0 的规范中,加入了 CORBA 和 DCOM 互操作的实现规范,并提供了接口方法。

由于商业利益的原因,在 EJB 和 DCOM 之间,则基本没有提供互操作的方法。

1.4.4　CGI/ISAPI/NSAPI

编写应用服务器的应用程序或脚本(script)时,可使用 CGI、ISAPI 或 NSAPI 中的一种接口技术。

1. CGI

CGI(common gateway interface,公共网关接口)是浏览器、Web 服务器和应用服务器之间传递信息的一组规范。其主要的功能是在 WWW 环境下,客户端通过填写 HTML 表单,或单击 Web 服务器上的 HTML 页面中的超链接,来启动指定的 CGI 应用程序,完成特定的工作。

CGI 程序可用多种程序语言编写,如 C/C++ 、Perl、Visual Basic 等。CGI 程序一般是可执行程序,编译好的 CGI 程序,一般要集中放在一个目录下,具体存放的位置随操作系统的不同而不同。例如,在 UNIX 系统下,CGI 程序放在 cgi-bin 子目录下。

CGI 的跨平台性非常好,几乎可以在任何操作系统上实现,如 DOS、Windows、UNIX、OS/2 和 Macintosh 等。由于在服务器上运行的每一个 CGI 程序都要占据不同的进程,而每个 CGI 程序只能处理一个用户请求,这样,当用户请求数非常多时,会大量消耗系统资源,因此,CGI 运行方式的效率比较低下。

2. ISAPI

ISAPI(internet server application programming interface)是微软公司独特的、具有类似 CGI 功能的网络应用接口标准。它能实现 CGI 的全部功能,并在此基础上进行了扩展,如提供了过滤器应用程序接口。也正是由于 ISAPI 为微软所独有,因此能够支持 ISAPI 开发的平台只有微软的几个平台组合,如 Windows NT+IIS。

由于开发 ISAPI 应用要用到微软的一套 API,所以能用来开发 ISAPI 应用的语言不如 CGI 那么多,主要有 Visual C++ 、Visual Basic、Borland C++ 等。

ISAPI 的工作原理和 CGI 基本相同,都是通过交互式主页取得用户输入信息,然后交服务器后台处理。但二者在实现机制上大相径庭,不同于 CGI,在 ISAPI 下建立的应用程序是以 DLL(dynamic link library,动态链接库)的形式存在。一个 ISAPI 应用程序,是运行于 Web 服务器进程空间中的一个线程(thread)级安全的 DLL。当有一 ISAPI DLL 的 HTTP 请求时,Web 服务器从线程池中取得一个线程,并启动这个在 DLL 中执行的线程，该线程可随服务器的负载情况动态地增大或缩小。在执行结果回送到客户端后，该线程也将被回收至线程池。

ISAPI 的优点是占用系统资源少、方便、灵活。但它也有 4 点不足：其一，必须具备 ISAPI 和 ODBC 的专门编程技术；其二，只能通过程序语句来构造 HTML 页面，不直观、易出错；其三，ISAPI 与 Web 服务器处于同一系统进程空间，因此，ISAPI 可能导致 Web 服务器崩溃；其四，一旦 DLL 被服务器加载，如果想替换这个 DLL，需要停止服务器。

3. NSAPI

NSAPI 则指 Netscape 的 Internet 服务器编程接口。NSAPI 与 ISAPI 应用程序十分类似。NSAPI 必须在 Netscape 的服务器（如 Netscape Enterprise Server）上，才可以执行，但可以支持多种操作系统，如 UNIX、Windows NT、Solaris 和 HP/UX 等平台。

1.4.5 ASP/JSP/PHP

1. ASP

ASP（active server pages，活动服务器网页）是微软公司开发的动态网页技术，是一个 Web 服务器端的脚本编写环境，使用它可以创建和运行动态、交互的 Web 服务器应用程序。

说明：ASP 既不是一种语言，也不是一种开发工具，而是一种技术框架。ASP 的主要功能是能够把脚本、HTML 组件和强大的 Web 数据库访问功能结合在一起，形成一个能够在服务器上运行的应用程序，并把按用户要求专门制作的 HTML 页面送给客户端浏览器。

在 ASP 出现以前，动态网页的发布只能通过 CGI 接口，尽管后来的 ISAPI、NSAPI 和 JDBC 等也支持动态网页的发布，但都比较复杂，难以支持快速应用开发（rapid application development，RAD）。ASP 可与常规 HTML 集成，通过 ADO（ActiveX data objects）使用 ODBC 连接 MS SQL Server，可方便地存取后台数据库中的数据。

ADO 是一种用于数据库访问的 COM 组件（在 ASP 中表现为 ADODB 组件），专门用来开发基于 Internet 和 Web 的应用。ADO 使用内置 RecordSets 对象完成数据的操作（增、删、改、查询）。ActiveX 以微软的 COM 为基础，可由任何编程语言编写，如 Visual C++、Delphi、PowerBuilder、Java、Visual Basic 等，并在任何 Windows 平台上运行。利用 ActiveX，可编写独立的业务逻辑单元，并嵌入到 ASP 页面中。因此，使用 ASP，能组合 HTML 页面、VBScript 和 JScript 脚本命令，以及 ActiveX 组件，创建交互的 Web 页面和基于 Web 的、功能强大的应用程序。ASP 自身也带有 5 个服务器组件，包括 ADODB，并能直接使用，可完成大部分服务器端的工作。

ASP 这种动态网页技术，与常见的在客户端实现的动态网页技术（如 ActiveX 控件、VBScript、Java Applet、Java Script 等）不同，ASP 中的命令和脚本语句都是由服务器来解释执行的，生成动态网页后再送往浏览器；而客户端动态网页技术下的脚本，是由浏览器解释执行。

ASP 技术要求编写的 ASP 文件以 .asp 作为扩展名，浏览器从 Web 服务器上请求

.asp 文件时,ASP 脚本开始运行。Web 服务器调用 ASP,ASP 全面读取请求的文件,执行所有脚本命令,并将 Web 页传送给浏览器。

2. JSP

同 ASP 一样,Sun 公司在 Java 基础下开发出的 JSP,也是一种能够实现动态网页的技术标准。但它是使用类似 HTML 的卷标、Java 脚本片段(scriptlet)和 JSP 标记(tag),而不是 VBScript,其 JSP 文件用.jsp 作为扩展名。

当 Web 服务器接到浏览器访问 JSP 网页的请求时,先执行 JSP 中的 Scriptlet,而后将执行结果以 HTML 格式送回客户端;如需要访问数据库,JSP 可通过 JDBC 或 JDBC-ODBC 桥来进行;如果所要访问的 RDBMS 只提供 ODBC 驱动程序,而没有提供 JDBC 驱动程序时,JSP 可利用 Java 编译器自带的 JDBC-ODBC 桥来访问该 RDBMS。

JSP 程序第一次执行时,JSP 被编译成 Java servlet class 字节代码,由 JVM 对这种字节代码解释执行。同时编译后的 Servlet 字节代码常驻于 Web 服务器的高速缓存(cache)中,使得后续相同的代码请求执行速度非常快。

在 JSP 程序中,常用非可视化的 Java Beans(即没有 GUI 界面的 Java Beans),来封装业务逻辑、数据库操作等,可以很好地实现业务逻辑和前台程序(如.jsp 文件)的分离,使得系统具有更好的健壮性和灵活性。

当所使用的 Web 服务器没有提供本地 ASP 支持时,可以考虑使用 JSP。目前,Sun 免费提供 JSDK(Java software development kit,以前称 JDK)与 JSWDK(Java server web development kit),供 Windows、Solaris 和 Linux 平台使用,这也使得 JSP 程序,几乎可以运行于所有平台。例如,在 Windows NT 下,通过某个插件,如 JRun、resin、Tomcat、JSWDK 等,就可完全支持 JSP;许多 Web 服务器,如 Apache,可直接支持 JSP,而 Apache 广泛又用于 Windows NT、UNIX 和 Linux 上。

3. PHP

PHP(personal home page)是一种服务器端 HTML 页面嵌入式脚本描述语言,类似于微软的 ASP,由 Rasmus Lerdorf 首创于 1994 年秋;1995 年正式发布 PHP 的第一个版本,当时称作 Personal Home Page Tools;1995 年中期,Rasmus 重写了 PHP 的语法分析引擎,并发布 PHP/FI 2.0 版本,FI(form interpreter)是一个可以接受 HTML 表单数据的程序包。

PHP/FI 以惊人的速度发展,由于其源代码公开,其他人也开始对 Rasmus 的源代码加以改进。1996 年底,大约有 15 000 个 Web 网站使用 PHP/FI。

到 1997 年,使用 PHP/FI 2.0 的域名大约 5 万个,同时,PHP 也从 Rasmus 的业余项目,变成了有组织的团体项目,并于 1997 年 11 月发布了 PHP/FI 2.0 的官方正式版本,同时开始了第 3 版的开发计划。经过大约 9 个月的公开测试后,于 1998 年 6 月正式发布了 PHP 3.0。

1998 年的冬天,也就是在 PHP 3.0 官方发布不久,Andi Gutmans 和 Zeev Suraski 开始重新编写 PHP 代码。设计目标是增强复杂程序运行时的性能和 PHP 自身代码的模块性。这一目标通过 Zend(即 Zeev 和 Andi 的缩写)引擎实现,包含该引擎的 PHP 4.0 官方版本于 2000 年 5 月正式发布。

2005 年 7 月,PHP5 正式发布,它的核心是 Zend 引擎 2 代,引入了新的对象模型和大量新功能,使得 PHP 成为一个设计完备、真正具有面向对象能力的脚本语言。到 2006 年 9 月,大约有两千万个域名使用了 PHP。

目前支持 PHP 的数据库有 Oracle、Sybase、MySQL、Informix 等。用 PHP 编写的 Web 后端 CGI 程序,可以轻易地移植到不同的平台上。PHP 可用在多种 Web 服务器上,特别是 Apache。

1.4.6   .NET 与 Java EE 开发平台

.NET 是微软公司于 2000 年 6 月发布的下一代软件和服务战略,.NET 框架 3.0 是目前的最新版本。而 Java EE 的前身,即 J2EE,是 Sun 于 1999 年底推出的,作为 Sun 公司 Sun ONE 体系结构的一部分。它们是目前基于 Web 应用系统的两大主流开发平台。

事实上,.NET 和 Java EE 都是将本节介绍的许多相关的技术分别集成到各自统一的框架下,以更方便于 Web 应用的开发。例如,.NET 框架下集成了 ADO(变成 ADO.NET)、ASP(变成 ASP.NET)、Visual Basic(变成 VB.NET)、COM＋、ISAPI 等(如图 1-18 所示),而 Java EE 则集成了 EJB、JSP、Servlet 和 JDBC 等。

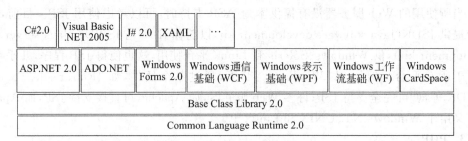

图 1-18　.NET 框架 3.0

说明:ASP.NET 源自 ASP,但它与 ASP 有许多差异。

① ASP 属解释型编程框架;而 ASP.NET 是一种编译型编程框架,执行效率比 ASP 高得多,可使用更多的程序语言编写,因此 ASP.NET 的功能更加强大。

② ASP 代码可读性差,各种代码混合在一起,难以维护和调试;ASP.NET 则通过事件驱动和数据绑定的方式,克服了 ASP 的该缺陷。

③ ASP 程序在配置和维护 COM 组件时易出现"DLL 地狱"(DLL hell)问题;而在 ASP.NET 中,由于无须考虑组件注册,只需将相关的文件复制到目标计算机即可,从而简化了组件部署。

④ ASP 不支持 Web Service,而 ASP.NET 支持 Web Service。

一般地,在基于 Web 的企业级应用中,均采用的是多层 B/S 模式,即表示层(presentation layer,又称外观层)、Web 层、业务逻辑层(business layer)和数据层(data layer)。.NET 和 Java EE 针对这些层次分别提供了相应的服务(如表 1-2 所示),这也是它们将基于 Web 的应用开发技术集于一体的结果。

表 1-2　.NET 和 Java EE 为多层 B/S 应用开发提供的服务

服　　务		.NET 框架	Java EE
表示层	客户端 GUI	Windows Forms，WPF	AWT/SWING
	Web GUI	ASP.NET	JSP
	Web Scripting	ISAPI，HTTPHandler，HTTPModule	Servlet，Filter
业务逻辑层	业务逻辑组件	.NET 服务组件类或 COM+	EJB
数据访问层	数据访问	ADO.NET	JDBC，SQL/J，JDO
	消息	微软消息队列（MSMQ），WCF	JMS(Java message service)
其他	目录访问	ADSI	JNDI
	远程调用	.NET Remoting，WCF	RMI-IIOP
	事务处理	COM+/DTC	JTA
	虚拟机	CLR(common language runtime)	JRE
	开发语言	C♯，J♯，C++，Visual Basic.NET 等	Java

1.4.7　Web 应用的 MVC 架构及其各种实现

1. MVC（Model-View-Controller）

目前，Web 应用一般被分成以下几层（基本上可与 B/S 模式的各层对应）：

- 表示层或用户界面层，对应 B/S 中的数据表示部分；
- 业务逻辑层，对应 B/S 中的业务逻辑部分；
- 数据访问层，对应 B/S 中的数据服务部分。

这种分层应用的前两层常通过 MVC（模型—视图—控制器）架构来实现。MVC 架构将应用程序代码分割为 3 个部分，即 Model（模型）部分对应业务逻辑层；Controller（控制器）部分接收来自 View（视图）所输入的数据并与 Model 部分互动，对业务流程实施控制；View 部分则负责信息显示和数据的接收，对应数据表示层。而数据访问层的实现可通过数据库访问中间件（如 ODBC/JDBC/OLE DB 等）或框架（如 Hibernate 等）来完成。

因此，MVC 架构实际上是实现 B/S 模式所采用的具体架构。而 MVC 架构的实现又可使用不同的开发平台（如 J2EE，.NET）或框架（如 Struts，SSH）来完成。

2. MVC 的 J2EE 实现

View 即页面显示部分，通常使用 J2EE 的 JSP/Servlet 来实现；

Controller，即页面显示的逻辑部分实现，通常使用 J2EE 的 Servlet 来实现；

Model，即业务逻辑部分的实现，通常使用 J2EE 的服务端 JavaBean 或者 EJB 实现。

3. MVC 的 ASP.NET 实现

ASP.NET 提供了一个实现 MVC 架构的环境。

① 开发者通过在 ASPX 页面中开发用户接口来实现视图。在 ASP.NET 下，视图可

以像开发 Windows 界面一样直接在集成开发环境下通过拖动控件来完成。

② 控制器的功能在逻辑功能代码（.cs）中实现。

③ 模型通常对应应用系统的业务部分。

就 MVC 结构的本质而言，它是一种解决系统耦合问题的方法。MVC 减弱了业务逻辑接口和数据接口之间的耦合，以及让视图层更富于变化。

4. MVC 的 Struts 实现

Struts 是 MVC 的一种实现，其目的是帮助 Java 开发者利用 J2EE 开发 Web 应用，减少在运用 MVC 架构来开发 Web 应用的时间。它将 Servlet 和 JSP 标记（属于 J2EE 规范）用作实现的一部分。Struts 继承了 MVC 的各项特性，并根据 J2EE 的特点，做了相应的变化与扩展。

在 Struts 框架中，模型分为两个部分：系统的内部状态和可以改变状态的操作（事务逻辑）。内部状态通常由一组 ActionFormJavaBean 表示。大型应用程序通常在方法内部封装事务逻辑（操作），这些方法可以被拥有状态信息的 Bean 调用。小型程序中，操作可能会被内嵌在 Action 类中，它是 Struts 框架中控制器角色的一部分。

视窗由 JSP 建立，Struts 包含扩展自定义标签库，可以简化创建完全国际化用户界面的过程。

在 Struts 中，基本的控制器组件是 ActionServlet 类中的实例 Servlet，实际使用的 Servlet 在配置文件中由一组映射（由 Action Mapping 类进行描述）进行定义。

5. MVC 的 SSH（Struts-Spring-Hibernate）实现

表示层即网页，表示层和业务层之间的接口就是网页和 Action 的接口，由 Struts 处理。

业务层包括业务逻辑和事务管理等，由 Spring 管理。Spring 是一个轻型的容器，可用一个外部 XML 配置文件将对象连接在一起。

业务层和持久层之间由数据访问对象 DAO 处理，持久层由 Hibernate 处理。Hibernate 是一个开放源代码的、纯 Java 的对象关系映射（Object/Relational Mapping，ORM）框架。它对 JDBC 进行了非常轻量级的对象封装，使得 Java 程序员可以使用对象编程思维来操纵数据库，用 XML 配置文件把普通的 Java 对象映射到关系数据库表。Hibernate 可以应用在任何使用 JDBC 的场合，既可在 Java 的客户端程序使用，也可在 Servlet/JSP 的 Web 应用中使用。

1.5　由应用需求看数据库技术的发展

自从计算机由数值计算向数据管理延伸以来，信息化（或计算机化）管理的思想开始兴起，逐渐向各个领域渗透，最终形成势不可挡的浪潮，席卷全球。在这种信息化浪潮中，应用需求起着至关重要的作用，推动着信息化的核心——数据库技术，不断地向前发展。

数据管理的需求，使得数据库技术从人工管理（20 世纪 50 年代中期）萌芽，由基于文件系统（20 世纪 50 年代后期至 60 年代中期）的数据管理起步，正式迈向以层次和网状模型为特征的第一代数据库系统(20世纪60年代末)。随着第二代关系数据库系统(20世纪70年代初)的出现并取得主导地位,数据库技术也进入到了成熟、稳定的发展期,一大批数据库产品和开发工具相继推出,也将全球信息化推向高潮。而新的应用需求,又促使数据库技术向以面向对象模型为代表的第三代数据库系统(20世纪80年代以后)迈进。

1.5.1 基于文件系统的数据管理

自从计算机有了操作系统及程序设计语言,人们就不满足于让计算机只做数值计算,而开始利用操作系统的文件系统,通过程序编制来完成一定的数据管理任务。

数据管理主要是指对数据进行分类组织、检索、处理和存储,计算机软、硬件的发展,也使得计算机化的数据管理成为可能。例如,软件方面,操作系统有了数据管理的基础,这就是文件系统(file system)。文件系统提供了从逻辑文件到物理文件的映射与转换;处理方式上,既有文件的批处理,还提供有联机实时处理能力;硬件方面,出现了磁鼓、磁盘等能直接存取的外存。

文件系统提供的逻辑文件到物理文件的映射与转换,比人工管理阶段数据的逻辑结构和物理结构均需由程序员来设计要方便得多。有了文件系统,程序员可不用再考虑数据具体的物理存储结构,而直接利用文件系统提供的存取方法来编制应用程序,如图1-19所示,为基于文件系统数据管理的实现。

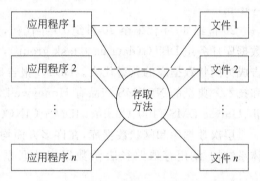

图 1-19　基于文件系统数据管理实现

说明:在人工管理阶段,操作系统提供的功能有限,特别是在外存数据的存取方面尤其如此。在向外存存取数据时,程序员必须亲自设计具体的物理数据结构,也必须考虑具体的存储结构(如磁盘的扇区)等,使得数据的管理应用极难开发。

而在文件系统管理阶段,操作系统提供了文件系统。文件系统屏蔽了存取外存数据的细节,为应用程序提供了统一的存取外存数据的方法,使用户(特别是程序员)不需要关心数据是如何存放到外存,以及如何从外存读取。程序员只需利用"文件"这个逻辑结构,告诉文件系统要创建什么文件、将哪些数据存放到哪个文件中,或从哪个文件读取数据,具体的存取工作(即逻辑文件到物理文件的映射等)由文件系统负责完成。

正如1.1.1节所述,基于文件系统的数据管理在大容量数据的处理与存储、多用户并发访问、故障恢复、安全性和完整性等方面,程序的编制相当困难。

另外,由于数据结构、数据文件均在应用程序中定义、创建和处理,程序与数据依赖性强。一方面,程序的改变,可能导致数据结构的改变;另一方面,逻辑数据结构的改变,也要求应用程序的修改和重编译。

同时,由于一个数据文件只为某个特定的应用程序服务,也就是说,不同的应用程序使用的数据文件是相互独立的,使得服务于不同应用程序的数据文件间,不可避免地存在数据的冗余。

所有这些以及亟须利用计算机进行数据管理的迫切要求，都导致了目前成为数据库系统核心的数据库管理系统（DBMS）的产生，也使得数据库技术走向了第一代数据库系统，同时也使数据管理从以加工数据的程序为中心，转向以数据共享的管理为核心。

1.5.2 第一代数据库系统

第一代数据库系统，以层次数据库管理系统（HDBMS）和网状数据库管理系统（NDBMS）的出现为标志，其典型代表分别是 IMS 和 DBTG 系统。

1964 年，美国通用电气公司 Bachman 等人，开发成功世界上第一个 DBMS，即 IDS（integrated data store），奠定了网状数据库的基础。1973 年，Bachman 正是由于在这一时期数据库技术上的杰出贡献，获得了 ACM 的最高奖——图灵奖。

1968 年，IBM 公司推出第一个商品化的 HDBMS——IMS（information management system）。

20 世纪 60 年代末至 20 世纪 70 年代初，美国数据系统语言协会 CODASYL 下属的数据库任务组 DBTG（data base task group），发表了网状数据模型的 DBTG 报告，这个报告成为网状数据库的典型代表。DBTG 报告确定并建立了网状数据库系统的概念、方法和技术。典型的 NDBMS 产品有 Honeywell IDS/Ⅱ、HP IMAGE/3000、Burroughs DMS Ⅱ、Univac DMS 1100、Cullinet IDMS、CINCOM TOTAL 等。

层次数据库和网状数据库，在许多方面均具有相同的特征。例如，均支持三级模式的体系结构；均用存取路径表示数据间的联系；都有数据定义语言和导航式的数据操纵语言。

然而，这两种数据库的应用，一是需要熟悉数据库中数据的各种路径，这也是由其模型所决定的；二是要有较高的应用数据库的编程技巧，这由导航式的数据操纵语言所决定。

层次和网状数据库，除了以上在数据库使用上的不方便外，其所支持的层次数据模型和网状数据模型，都缺少相应的数学理论基础。

1.5.3 第二代数据库系统

支持关系数据模型的关系数据库系统，即是第二代数据库系统。

在数据库技术发展的历史上，1970 年是发生伟大转折的一年。这一年的 6 月，IBM 公司 San Jose 研究室的高级研究员埃德加·考特（Edgar Frank Codd），在 Communications of ACM 上，发表了题为《大型共享数据库数据的关系模型》的论文，首次明确地为数据库系统提出了一种崭新的模型——关系模型。之后，E. F. Codd 继续致力于完善与发展关系理论。1972 年，他提出了关系代数和关系演算的概念，定义了关系的并、交、投影、选择、联结等各种基本运算，为日后成为标准的结构化查询语言 SQL 奠定了基础。1981 年，E. F. Codd 由于在关系数据库方面开创性的研究和杰出的贡献，而获得了 ACM 的最高奖——图灵奖，并被人们尊为关系数据库之父。

由于关系模型既简单，又有坚实的数学基础，因此一经提出，立即引起学术界和产业界的广泛重视,从理论和实践两方面,对数据库技术产生了强烈的冲击。

关系模型提出之后,以前的基于层次模型和网状模型的数据库产品,很快走向衰败以至消亡,一大批商品化关系数据库系统(如 Oracle、DB2 和 Ingres 等)很快被开发出来,并迅速占领了市场。其交替速度之快、除旧布新之彻底,为软件史上所罕见。

在 Codd 提出关系模型以后,IBM 投巨资开展 RDBMS 的开发,其 System R 项目的研究成果极大地推动了关系数据库技术的发展。在此基础上推出的 DB2 和 SQL 等产品,成为 IBM 的主流产品。尽管 System R 本身作为原型并未问世,但鉴于其影响,ACM还是把 1988 年的软件系统奖授予了 System R 开发小组(获奖的 6 个人中,包括 1998 年的图灵奖得主 Jim Gray)。这一年的软件系统奖还破例同时授给两个软件,一个是System R,另一个得奖软件也是关系数据库管理系统,即 Berkeley 大学研制的 INGRES(interactive graphic and retrieval system)。

说明:尽管 IBM 的 DB2 推出时间比 Oracle 早,但由于其定位在大中小型计算机这样的高端市场,使其流失了大量的中低端市场。而 Oracle 公司一开始就定位中低端市场(工作站和 PC),避开了与 IBM 公司的市场竞争,加之中低端市场扩张较快,使得 Oracle公司在市场推广方面占得先机,拥有较大的市场份额。不过,IBM 公司现已从忽视中低端市场的失误中改变过来,并且收购了 Informix,逐渐向数据库霸主迈进。

尽管 Ingres 也是最早出现的 RDBMS 产品之一,但是目前其市场份额少且不为众人所熟知,原因在于它最初主要定位在研究上,市场推广方面做得不够。不过,现在CA 公司正努力增大其市场份额,其中一个重要举措就是 2004 年决定开放 Ingres 源代码。

如果说 E. F. Codd 是关系数据库的开创者,那么 Jim Gray 就是使这一技术实用化的关键人物。Gray 进入数据库领域时,关系数据库的基本理论已基本成熟,但各大公司在关系数据库管理系统的实现和产品开发中,都遇到了一系列技术问题,其中最主要的问题是在数据库的规模愈来愈大、结构愈来愈复杂,以及共享用户愈来愈多的情况下,如何保障数据的完整性、安全性、并发性,以及故障恢复的能力。这些问题能否解决,成为数据库产品是否能够实用并最终为用户接受的关键因素。Gray 正是在解决这些重大技术问题、使 RDBMS 成熟并进入市场的过程中,发挥了关键作用。事务处理技术正是对 Gray 开拓性工作的总结。1998 年,由于在数据库技术发展方面做出的重大贡献,Jim Gray 成为第三位在该领域获得图灵奖的学者。

目前国内的数据库市场上,几乎所有的 DBMS 产品都是 RDBMS,例如,Oracle、IBMDB2、Informix(2001 年 4 月 24 日,Informix 被 IBM 公司以 10 亿美元收购)、Sybase、Ingres、MS SQL Server 和 MySQL 等。不过,在国外,至今仍有少数企业在使用 HDBMS产品。

说明:目前国内外数据库市场基本上都是 RDBMS 的天下,但国外,特别是美国,仍有部分使用 HDBMS 和 NDBMS 的用户。其原因是这些用户的业务一开始就是使用 HDBMS 或 NDBMS 的,且使用良好;其二,从 HDBMS 或 NDBMS 向 RDBMS 过渡,需要大量资金和人员培训等;其三,HDBMS 或 NDBMS 厂商仍能为用户提供技术支持。

1.5.4 OLTP 及 OLAP

OLTP(online transaction processing)，即联机事务处理；而 OLAP(online analysis processing)，则为联机分析处理。

严格说来，OLTP 不是一种产品，而是指的一类应用。该类应用主要面向日常的业务数据管理，完成用户的事务处理，提高业务处理效率，通常要进行大量的更新操作，同时对响应时间要求比较高。

目前，各组织的各类 MIS(management information system，管理信息系统)，如民航订票系统、银行储蓄系统、百货商场的 POS 系统等，基本上都属于 OLTP 应用。

计算机转向数据管理，最初的需求也就是为了将业务用户，从繁重的日常事务管理中解脱出来。因此，OLTP 也是数据库应用的最初目标。

随着 OLTP 应用的深入和成熟，组织内部业务用户纷纷从人工事务管理中解放出来，工作效率和方式得以大大改善，这从一定程度上也刺激了组织内中、高层领导的信息化需求，于是 OLAP 应运而生。

OLAP 的概念，首次由 E. F. Codd 于 1993 年提出。E. F. Codd 在《Providing OLAP to User-Analysts》一文中，完整地定义了 OLAP 和多维分析的概念，并给出了数据分析从低级到高级的 4 种模型，以及 OLAP 的 12 条准则，这些都对 OLAP 技术的发展有着巨大的影响。

因此，与 OLTP 注重数据管理不同，OLAP 注重数据分析，主要是对用户当前及历史数据进行分析，辅助领导决策，通常要进行大量的查询操作，对时间的要求不太严格。像某些单位开发的 DSS(decision support system，决策支持系统)，就属于 OLAP 应用。

国内在 20 世纪 90 年代中期，曾掀起过开发 DSS 这类 OLAP 应用的热潮。然而，由于支撑开发 DSS 的技术还不成熟，无法建立 DSS 所需要的知识库、模型库、学习库和多维数据库，缺乏获取系统外界信息的渠道(因为许多单位还没有信息化，没有相应的 MIS 系统，网络基础设施不健全)，组织内部数据的积累还不丰富(因为所建立的 OLTP 应用，还没有运转几年)。所有这些，都使得 OLAP 的应用走进了死胡同。即使勉强建立，大都是在 OLTP 应用的基础上，为领导提供的查询系统。因此不久，开发 DSS 的浪潮就开始逐渐偃旗息鼓了。

1.5.5 数据仓库与数据挖掘

OLTP 类的应用运行十多年，甚至几十年后，积累了大量的历史数据。这些历史数据对于数据的分析是宝贵的财富。通过对历史数据的挖掘可以发掘出某些有价值的信息，如企业发展的历史趋势、市场变化的规律和产品的区域分布规律等，以利于领导做出有效的决策。然而，现有的数据库系统只能进行数据录入、查询和统计等事务性的处理，不能发现这些数据内部隐含的规则和规律。于是，人类亟须一种能从海量数据中发现潜在知识的工具，以解决数据爆炸与知识贫乏的矛盾。这些需求推动了数据仓库(data warehouse，DW)和数据挖掘(data mining，DM)的出现与发展。

说明："啤酒+尿布"这个经典事例非常形象地说明了数据仓库和数据挖掘的应用及产生的效益。美国加州某个超级连锁店通过数据挖掘,从记录着每天销售和顾客基本情况的数据库中发现:在下班后前来购买婴儿尿布的顾客多数是男性,他们往往也同时购买啤酒。于是,这个连锁店的经理当机立断重新布置了货架,把啤酒类商品布置在婴儿尿布货架附近,并在两者之间放上土豆片之类的佐酒小食品,同时把男士们需要的日常生活用品也就近布置。这样一来,上述几种商品的销量几乎马上成倍增长。

数据仓库的概念,由 W. H. Inmon 于 1991 年提出,其给出的数据仓库定义如下:数据仓库是面向主题的、集成的、稳定的、不同时间的数据集合,用以支持经营管理中的决策制订过程。面向主题、集成、稳定和随时间变化,是数据仓库 4 个最主要的特征。

目前,一些主流数据库厂商都推出有相应的数据仓库产品,例如,SAP 公司的HANA 等。

1995 年,在加拿大蒙特利尔召开了首届 KDD & Data Mining 国际学术会议。由此,数据挖掘这一术语被学术界正式提出。

数据挖掘是在大量的、不完整的、有噪声的数据中发现潜在的、有价值的模式和数据间关系(或知识)的过程。

此后,经过十多年的努力,数据挖掘技术的研究已经取得了丰硕的成果,不少软件公司已研制出数据挖掘软件产品,并在北美、欧洲等国家率先得到应用。例如,IBM 公司开发的 QUEST 和 Intelligent Miner;Angoss Software 开发的基于规则和决策树的Knowledge Seeker;Advanced Software Application 开发的基于人工神经网络的DBProfile;加拿大 SimonFraser 大学开发的 DBMinner;SGI 公司开发的 MineSet 等。

数据仓库与数据挖掘的出现并结合,正好为以前走入绝境的 DSS,找到了新的实现途径。

说明:不过,目前数据仓库和数据挖掘仍处在需要继续发展的阶段,离真正成熟和大量应用还有一段距离。特别是数据挖掘方面,系统内置的(built in)有效的挖掘算法还很少。

1.5.6　并行与分布式数据库系统

1. 并行数据库系统

随着企业 OLTP 系统长期运行,数据库的数据量越来越大,联机访问的用户数也越来越多,这时,提高数据库系统的吞吐量(throughput,用每秒可处理的事务数衡量)和减少事务的响应时间,成为数据库系统发展的关键问题。于是出现了将传统的数据库管理技术与并行处理技术结合的并行数据库系统(parallel database system)。

由多处理机和多磁盘构成的并行处理系统所支持的数据库系统,称为并行数据库系统。

一个理想的并行数据库系统,应能充分利用多处理机和多磁盘等硬件的并行性,采用多进程多线程结构,提供 4 种不同粒度的并行性,即不同用户事务间的并行性、同一事务内不同查询间的并行性、同一查询内不同操作间的并行性以及同一操作内的并行性。

提高 RDBMS 性能的需求,使得各主要 RDBMS 厂商,先后在其产品中增加了并行处理功能,或推出并行化的版本。例如,IBM 公司的 Informix,就是一个优秀的、支持并行处理的 RDBMS。

2. 分布式数据库系统

随着全球经济一体化进程的加快，越来越多的全球性或跨国公司，会在全球各地设立越来越多的分支机构。这样，在总部设置一个集中式数据库，各地通过网络共享访问的这种方式，性能越来越差，通信开销也越来越大。于是，这些地理上分散的大公司，自然就提出了既能统一处理、又能独立操作其分散各地数据库的需求，加上计算机网络技术的成熟，导致了分布式数据库系统（distributed database system）的诞生和迅速发展。

不过，关于分布式数据库系统的定义，还未统一，比较典型的定义有如下几个。

（1）分布式数据库系统，就是数据库被划分成逻辑关联而物理地分散于不同场地的数据子集，并提供了充分操作这些子集的数据存取能力的数据库系统。

（2）分布式数据库系统，就是分布在计算机网络上的多个逻辑相关的数据库的集合。

（3）分布式数据库系统，是一组有关的数据，分布在计算机网中，由分布式 DBMS 统一管理的系统。

（4）分布式数据库系统，就是把数据库分散在各个地点，通过网络连接起来，在整体上形成一个统一的数据库系统。

（5）分布式数据库，是由一组数据库组成的，它们分散在计算机网络的不同计算机上，网络中的每个结点具有独立处理的能力（称为场地自治），可以执行局部应用，同时也可以通过网络通信子系统执行全局应用。

尽管对分布式数据库系统有多种理解和说法，但其本质在于，这种系统中的数据在逻辑上是集中的，而在物理上却是分散的，并且支持全局应用，即一个应用可以涉及两个或两个以上的计算机网络结点（即场地）上的数据库。这是分布式数据库系统与集中式数据库系统的根本区别。

把集中式数据库用网络连接起来，只是集中式数据库的联网；使分散在各个场地的集中式数据库，可被网络上的用户通过远程登录访问，或者通过网络传输数据库中的数据，这些都不是分布式数据库系统。因为这类远程数据库的访问，用户均需指出其所在的位置。而在分布式数据库系统中，用户无须指出所要访问的数据库的物理位置。

20 世纪 80 年代，一些公司研制了许多分布式数据库管理系统（distributed DBMS，DDBMS）的原型，如 IBM 公司的 R*，攻克了分布式数据库中的许多理论和技术难点。

从 20 世纪 90 年代开始，主要的数据库厂商，对集中式 DBMS 的核心加以改造，逐步加入分布式处理功能，向分布式 DBMS 发展。

一般说来，分布式数据库系统应具有以下特点：数据的物理分布性、数据的逻辑整体性、数据的分布独立性、场地自治与协调、数据的冗余与冗余透明性。

而作为分布式数据库系统核心的 DDBMS，应解决以下技术问题：数据的分布、分割与冗余，分布式查询处理，分布式并发控制，更新传播，目录表管理，恢复控制。

1.5.7 Internet/Web 数据库

关系数据库自从 20 世纪 70 年代被推出以来，在全球信息系统中得到了极为广泛的应用，基本上满足了企业对数据管理的需求。

然而,随着 Internet 的发展及迅速普及,涌现出大量非结构化的数据类型,如图形、图像、声音、大文本、时间序列和地理信息等复杂数据类型,使得传统的关系数据库系统无法或很难描述这些数据类型,对此类数据的处理,只是停留在简单的二进制代码文件的存储上,根本谈不上实现对这些数据的查询和检索。例如,对存储有职工标准照片的数据库应用系统,就无法执行"双眼皮职工"的查询。

在 Internet 成为计算的核心平台后,基于 Internet 的 Web 数据库应用开发、Web 内容管理、安全性、丰富的多媒体数据的处理以及响应时间等方面的新需求,推动了 Internet/Web 数据库的出现与发展。

所谓 Internet/Web 数据库,其实质是在传统的关系数据库技术基础上,对数据模型、存储机制和检索技术等方面进行改进,而构造出基于 Internet/Web 应用的数据库系统。

Internet/Web 数据库的主要特征,是采用多维处理、变长存储以及面向对象等新技术,使数据库应用转为全面基于 Internet 的应用。一方面,Internet/Web 数据库采用多维处理方式,支持包括结构化数据以及大量非结构化的多媒体等类型的数据,使组成用户业务的各种类型数据能够存储在同一个数据库中,从而让执行复杂处理的时间大大缩短;另一方面,Internet/Web 数据库需支持 ActiveX、XML(extensible markup language,可扩展标记语言)等新的编程技术,并提供相应的开发工具,以支持越来越复杂的事务处理应用的快速开发,简化系统开发和管理的难度。

对于 Internet/Web 数据库的实现,有如下两种途径。

一种是开发一个全新的、融当今最先进的网络技术、数据库技术、存储技术和检索技术为一体的、能存储、检索和处理非结构化数据的 Internet/Web 数据库产品。其代表有国信贝斯公司推出的 iBASE 数据库。

另一种是对原来传统的关系数据库产品进行改进,增强其面向 Internet/Web 和多媒体方面的功能,推出基于 Internet/Web 环境下应用的数据库产品,通过提供中间件、Web 服务器开发环境、编程接口、管理工具、专用 Web 服务器与浏览器等一整套方案,来实现数据库基于 Internet 的应用,达到传统关系数据库向 Internet/Web 数据库的转换。各大数据库厂商是该阵营的代表,如 Oracle、IBM 等,它们的产品也均经过改进并推出新的开发工具后,基本上能够适应基于 Internet/Intranet/Extranet(因特网/内网/外网)的 Web 应用。

1.5.8　面向对象的数据库系统

伴随着关系数据库应用领域的不断扩大,出现了关系数据库在一些领域能力欠缺的问题,如 CAD/CAM(computer-aided design/computer-aided manufacturing,计算机辅助设计/计算机辅助制造)、CIM(computer integrated manufacturing,计算机集成制造)、CASE(computer-aided software engineering,计算机辅助软件工程)、GIS(geographic information system,地理信息系统)、知识库系统,以及过程控制与实时应用等。在这些领域有着关系数据库无法处理的需求,如复杂对象(图形、图像和声音等多媒体数据和工程数据)、长事务处理和版本管理等。

由于对象数据模型本身的各种特性,如对象、类、对象标识、封装、继承、多态性和类层次等,使得它在表达和处理复杂对象方面,有着得天独厚的优越性。同时,面向对象程序设计(object oriented programming, OOP)、OOA&OOD(object oriented analysis & design,面向对象的分析与设计)技术的深入与成熟,自然会让人想到面向对象技术与数据库技术的结合。

所有这些,使得新一代数据库系统的出现成为必然,这就是面向对象的数据库系统(object oriented database system, OODBS)。由于 OODBS 是在一种新的数据模型基础上建立,因此称它为第三代数据库系统。

OODBS 概念是 1989 年,以英国 Glasgow 大学的 Atkinson 为首的 6 名学者,在其发表的《面向对象的数据库系统宣言》的论文中正式提出的,即以面向对象的程序设计语言为基础,引入数据库技术,建立新一代的面向对象数据库系统。

1990 年,以美国 Berkeley 大学 Stonebraker 为首的高级 DBMS 功能委员会,发表了《第三代数据库系统宣言》的论文,则提出以关系数据库系统为基础,建立第三代的数据库系统,即对象—关系数据库系统(object-relation database systems, ORDBS)。

广义上讲,不论是 OODBS 还是 ORDBS,都可归入面向对象的数据库系统,只不过实现的途径不同而已。也有人将 ORDBS 归入第三代数据库系统,而将 OODBS 归入第四代数据库系统。

如上所述,面向对象的数据库系统有不同的实现途径,主要有以下 3 种。

(1) 以关系数据库和 SQL 为基础,扩展关系数据模型,增加面向对象数据类型和特性的 ORDBS 方式,其核心是对象—关系数据库管理系统(object-relation DBMS, ORDBMS)。例如,目前主流数据库厂商(如 IBM、Oracle 等)的产品都是 ORDBMS。

(2) 以面向对象的程序设计语言为基础,扩充面向对象的数据模型建立数据库系统。例如,美国 Ontologic 公司的 Ontos(以 C++ 为基础)、Serviologic 公司的 GemStone(以 Smalltalk 为基础)。

(3) 以对象数据模型为基础的"纯"面向对象数据库系统。例如,法国 O_2 Technology 公司的 O_2,美国 Itasca Systems 公司的 Itasca,美国 Computer Associates(CA)公司的 Jasmine(1997 年底发布)等。

面向对象数据库系统与关系数据库系统各有所长,相辅相成,各有用武之地。兼顾两者长处的 ORDBMS 可望成为 21 世纪 DBMS 产品的主流,而 OODBMS 将主要用于一些特定的领域,如 CAD/CAM、多媒体应用等。

小　结

DBMS 的基本功能包括数据独立性、完整性、安全性、并发控制和故障恢复。数据库系统的抽象层次在一定程度上,反映了数据库设计的过程,通过三级模式,DBMS 提供了数据的独立性。数据库语言是 DBMS 提供给用户定义模式、操作数据和管理系统的一个界面,一般由 DDL、DML 和 DCL 组成。SQL 是 RDBMS 上的数据库语言。ODBC、JDBC、OLE DB 和 ADO 是为了屏蔽不同 RDBMS 产品之间在 SQL 语法上的差异,而设置的数据库中间件。

数据库系统的总体结构将数据库中的主要内容和框架有机地组织起来,说明了原理、应用和设计三者之间的联系和区别,是对数据库总体内容的一个框架性的总结。

本章详细阐述了一些关键的术语及观点,如数据库管理系统、数据库系统、数据库应用系统和关系数据库中的 4 个数据操作、大中型 DBMS 与微型计算机 DBMS 之间的区别、数据字典、视图、数据抽象、数据模型和数据模式等。

一个数据库系统中,存在有多类用户,包括业务用户、开发人员、数据库管理员(DBA)和系统程序员等。

组件技术和分布式对象技术,是目前 B/S 模式和 C/S 模式下分布式应用开发的主流技术,具有代表性的有 CORBA、COM、DCOM、COM + 、Java Beans、EJB、J2EE。Web 服务器与应用服务器的接口技术有 CGI、ISAPI 和 NSAPI 3 种。ASP、JSP 和 PHP 是制作动态网页和编制应用业务逻辑的主流技术。而 .NET 与 Java EE 则是目前信息系统开发的主流平台。同时,在 Web 应用开发中更多采用 MVC 架构。

数据的管理,经历了人工管理、文件系统和数据库系统 3 个阶段。数据库技术,以数据模型的发展为主线,则从以层次模型和网状模型为代表的第一代、以关系模型为代表的第二代,进入到以对象模型为代表的第三代,数据库技术不断地与其他新技术和环境结合,演绎出新的生机。

习 题

一、简答题

1. 解释术语:数据、数据库、数据管理系统、数据库系统、数据库应用系统、视图、数据字典。

2. 简述数据抽象、数据模型及数据模式之间的关系。

3. DBMS 应具备的基本功能有哪些?

4. 数据库中对数据最基本的 4 种操作是什么?

5. 评价数据模型的 3 个标准是什么?

6. 数据模型的 3 个要素是什么?

7. 简述 SQL 语言的使用方式。

8. 在数据库设计时,为什么涉及多种数据模型?

9. 数据库系统中的用户类型有哪些?

10. 数据库系统中的数据独立性是如何实现的?

11. 简述 OLTP 与 OLAP 间的区别。

二、单项选择题

1. ( )不是 SQL 语言的标准。

    A. SQL-84   B. SQL-86   C. SQL-89   D. SQL-92

2. ( )数据模型没有被商用 DBMS 实现。

    A. 关系模型   B. 层次模型   C. 网状模型   D. E-R 模型

3. ( )不是数据模型应满足的要求。

    A. 真实描述现实世界   B. 用户易理解

    C. 有相当理论基础   D. 计算机易实现

4. （　　）最早使用 SQL 语言。

    A. DB2   B. System R   C. Oracle   D. Ingres

三、判断题（正确打√，错误打×）

1. 一个数据库系统设计中，概念模式只有一个，而外模式则可有多个。（　　）

2. 每一种 DBMS 的实现，均是建立在某一种数据模型基础之上。（　　）

第 2 章 高级（概念）数据模型

CHAPTER

实体联系模型（entity-relationship model，ERM），又叫 E-R 模型，是一种高级数据模型，广泛用于对现实系统的数据抽象，以及数据库的子模式及概念模式设计中。

数据模型包括 3 项内容，即数据结构、数据操作和数据约束。由于 E-R 模型仅用于数据库的设计，不被 DBMS 支持，因此，对 E-R 模型的介绍只限于数据结构和数据约束，而没有数据操作。

本章主要从数据结构与数据约束两个方面，对 E-R 模型作详细介绍。同时，由于在实际使用中，出现了 E-R 模型无法描述的问题，于是需要对 E-R 模型进行扩展，从而产生了扩展 E-R 模型（extended ERM，EERM），本章将对扩展实体联系模型的扩展部分进行介绍。

本章介绍了一款非常优秀的 E-R 模型建模工具——ERwin。利用它，不仅可以建立概念模型，还可以实现从概念模型到逻辑模型的转换。

对象模型也是一种高级数据模型，而统一建模语言（unified modeling language，UML）是一种标准的对象模型图形化建模语言。本章最后介绍了用 UML 描述的对象模型。

本章学习目的和要求：

（1）数据模型的来源、评价、内容、层次性及方向；

（2）基本 E-R 模型的内容；

（3）扩展实体联系模型的扩展内容；

（4）利用 ERwin 的 ERM 设计；

（5）UML 对象模型。

2.1 关于数据模型的几个重要问题

下面通过阐述关于数据模型的几个重要问题，使读者进一步加深对数据模型的理解。

1. 为什么需要数据模型

由第 1 章可知，数据结构与数据文件，应从应用程序中剥离出来，交由 DBMS 来定义和管理。因此，DBMS 需要采用某种数据结构来定义、存储所要管理的数据。狭义上讲，这个数据结构就是 DBMS 的数据模型。

另外，现实系统要向计算机化的管理转变，因此，在数据库设计时，也必须用某种方式将其所关心、管理的数据抽取出来并组织起来，数据模型也正是起到这种作用。

因此，不论是数据库的设计，还是 DBMS 的实现，都需要数据模型，以达到将现实系统向计算机化管理转变的目标。

2. 数据模型含有哪些内容

以上从狭义角度，认为数据结构即是数据模型。事实上，一个完善的、可被实现的数据模型，应该包括如下 3 个方面的内容：

（1）数据的静态结构，包括数据本身、数据间的联系；

（2）数据的动态操作，即增、删、改、查询；

（3）数据的完整性约束。

说明：对于仅用于设计的数据模型来说，由于不涉及其动态操作的实现，因此，其所包含的内容主要是结构与约束，即应描述数据、数据之间联系、数据语义及完整性限制。

3. 如何评价数据模型

一种数据模型本身的优劣，一般是从其能够满足的要求来评价。由第 1 章内容可知，对数据模型有如下 3 个评价指标：

（1）真实地描述现实系统；

（2）容易被业务用户所理解；

（3）易于计算机实现。

第 1 个指标是任何一个数据模型必须满足的最基本的要求，如果数据模型不满足这个最起码的要求，则其没有任何存在的价值；第 3 个指标是由现实系统向计算机化的系统转化这个目标决定的，因为最终要计算机化，所以数据模型应易于计算机实现；第 2 个指标也是由现实系统向计算机化的系统转化这个目标决定的，只不过在转化过程中，由于开发人员对现实系统业务不熟悉，使得其对现实系统数据描述的结果是否正确和完善无法得到证实，在这种情况下，就需要现实系统的业务用户能够理解开发人员所用的数据模型，从而能起到评判数据描述结果是否正确和完善的作用。如果一个数据模型，能同时满足这 3 项要求，则可认为其是一个优秀的数据模型。

4. 数据模型为什么有层次性

数据模型的层次性，可从如下两个方面来看。

（1）从与数据抽象的关系看。数据模型是数据库设计时，数据抽象的工具，由于抽象层次的存在，相应地，数据模型也会有层次性。

（2）从后两个评价指标的互斥性看。数据模型的评价指标中，后两个指标是互斥的，即是一对矛盾，使得目前已被商用化 DBMS 支持的数据模型中，没有一个能够同时满足这 3 个指标的要求。也就是说，传统数据模型只满足第 1 个和第 3 个指标的要求。因此无法在数据库应用系统开发时，从设计到实现只使用一个数据模型。为此，人们不得不走折中路线,即设计高级数据模型,如以 E-R 模型和对象数据模型(object data model, ODM)等作为视图抽象和概念抽象阶段的设计工具。在从概念抽象到物理抽象的过程中,再将高级数据模型转换成具体的 DBMS 所支持的数据模型。由此,形成了数据模型的层次性。

因此,在目前数据库应用系统的数据库设计中,一般会用到多种数据模型。即开发人员利用 E-R 模型、对象模型或其他高级数据模型,描述现实系统、完成现实系统中数据的抽象;其间,要求业务用户对所描述的结果(即数据模式)进行评价,判断结果数据模式是否正确、完整;如存在不完整或错误,开发人员需要对此进行修正、补充和完善,直到得到正确、完整的数据模式为止。

有了用高级数据模型描述的、正确和完整的数据模式后,开发人员还需要将其转换为具体 DBMS 所支持数据模型的对应模式,并对转换的模式优化、处理后,才能通过数据库语言中的数据定义子语言,将优化后的模式定义到 DBMS 中。

5. 数据模型努力的方向

由上所述,目前还无法在设计和实现时,只使用一个数据模型。为此,人们想从两个方向,来努力简化设计与实现时使用多个数据模型的问题。

(1) 设计与实现一统的数据模型。这是最理想的一种方向,也就是说,在设计与实现时,只使用一个数据模型,这样可从根本上简化问题。目前,也已有这样的候选数据模型,这就是对象数据模型,它也是第三代数据库系统实现的基础,只不过目前 OODBMS 仍处在研究阶段,还未达到商用化程度。不过,相信经过人们的努力,在不久的将来,这个目标就会实现。

(2) 层次共存、自动转换。另外一个方向,是采取"层次共存、自动转换"策略,也能够达到简化开发的目的。具体方法如下:使用一种高级数据模型向 DBMS 支持的数据模型的自动转换 CASE 工具,这样在设计时,仍用一种高级数据模型,然后利用该转换工具,将高级数据模型描述的数据模式,转换为 DBMS 可支持的数据模式,从而减轻开发人员的工作量,实现快速应用开发。

6. 支持数据模型转换的工具

目前,已有许多实现数据模型自动转换的工具,如实现 ERM 向关系模型相互转换的工具,它们是 SAP 公司的 Power Designer,Computer Association 公司的 ERwin 等,这些工具可实现 ERM 向关系模型转换的正向工程(forward engineering)、关系模型向 ERM 转换的逆向工程(reverse engineering)。

另外,也有实现对象模型向关系模型转换的工具,如 Rational 公司(2002 年 12 月 6 日,被 IBM 以 21 亿美元现金收购)的 Rose,以及 Microsoft 公司的 Visio 等。

2.2　数据库设计综述

由于高级数据模型主要用于数据库设计,为使读者更清楚高级数据模型的作用,以及对数据库设计有一个初步的总印象,在此特对照第 1 章的数据库抽象层次,简略地介绍数据库设计的步骤。关于数据库设计的详细内容,参见第 7 章。

1. 需求分析（requirements analysis）

了解：数据信息需求、业务需求和性能需求等。

方法：调查、讨论、座谈、收集、DFD（data flow diagram，数据流程图）和 DD（data dictionary，数据字典）等。

对应：抽象层次的现实系统描述。

2. 概念数据库设计（conceptual DB design）

任务：将收集的信息，变成数据高级描述以及对数据的约束限制。

工具：高级数据模型，如 E-R 图（E-R 模型的图形表示）或对象模型。

结果：概念 DB 设计。

对应：现实系统到外模式的视图抽象以及外模式到概念模式的概念抽象。

3. 逻辑数据库设计（logical DB design）

任务：选择一种 RDBMS 产品，将概念 DB 设计的 E-R 模型或对象模型，转换为关系模型对应的模式（schema）。

结果：为抽象层次的内模式。

对应：数据库抽象层次的物理抽象及内模式。

4. 模式优化（schema refinement）

任务：为解决关系模式潜在问题，需要利用规范化（normalization）理论，对由 E-R 模型转换而来的关系模式进行优化。关于关系模式规范化的内容，请参见第 6 章。

对应：数据库抽象层次的物理抽象及内模式。

5. 物理数据库设计（physical DB design）

考虑：负载、性能要求，设计并选择物理存取方式等。

说明：如无 DBMS 或文件系统（FS），则需要对如何实现内模式进行设计，此时就相当复杂。

6. 安全设计（security design）

任务：确定哪些用户（组）可访问哪些数据。

说明：

① 以上各步可能需不断反复，直到满意为止。

② 以上过程着重于 DB 的设计，即数据的抽取及设计工作，而对业务逻辑的内容涉及较少。在实际数据库应用的开发过程中，除了数据库的设计外，还应对实现业务逻辑的应用系统进行分析、设计和编码。而业务逻辑的分析部分，在实际开发时，一般与数据库的设计一起进行。

③ 数据抽象的过程，实际上是一个对数据建模的过程。

2.3　基本实体联系模型

正如前面所述，任何一个数据模型，一般都应包含 3 个方面的内容：数据结构、数据操作和数据约束。也就是说，凡是涉及一个数据模型的内容，一般都会从这 3 个方面来描述。

说明：对任何数据模型的学习，只要抓住了它的 3 个要素，就能很好地掌握其内容。

如果某个数据模型不能被计算机实现,即不被 DBMS 支持,则数据操作这个要素就不需要了,这时只需掌握它的两个要素,即数据结构和约束。

由于实体联系模型不被 DBMS 支持,介绍其数据的操作是没有意义的。因此,对 E-R 模型的描述也就着重在结构和约束方面。本节将介绍 E-R 模型在结构和约束方面,提供哪些机制和描述元素(元件),以便于利用这些机制和元件,去描述现实系统中的数据和约束。

2.3.1　实体、实体型及属性

1. 实体(entity)

概念:实体是现实世界(或客观世界)中有别于其他对象的对象。

注意:这种对象可以是具体的,也可以是抽象的。

示例:具体的实体,如某某学生(如"张三"、"李四")、某某老师(如"陶老师"、"周老师")、某所高校(如"西南交通大学"、"清华大学")等;而抽象的实体,如某门课程(如"数据库"、"计算机网络")、某份合同等。

2. 实体型(entity set)

概念:实体型是同类实体的集合。在不混淆的情况下,简称实体。

示例:"学生"、"教师"、"高校"、"课程"、"合同"。

说明:

① 实体指具体的个体,而实体型是对有共同特性的实体进行归类。打个比方,实体型就像是 C++ 中的类(class),而实体则是类的实例(instance)。

② 读者应该注意到,现正在从事建模或数据抽象工作,即是将现实世界中的事物,转换成信息世界中的对象。

③ 既然是建模,就必然要考虑如何描述现实世界中的事物或概念。而 E-R 模型中的实体和实体型,正是对这些事物或概念的抽象,也是 E-R 模型中基本的描述元件。

3. 属性(attribute)

概念:属性是实体型的特征或性质,即实体用属性描述。

示例:"学生"实体型的属性有"学号"、"姓名"、"生日"、"年龄"、"性别"和"住址"等;"课程"实体型的属性有"课程号"、"课程名"、"学时"、"学分"和"开课学院"等。

分类:按结构分,属性有简单属性(simple attribute)、复合属性(compound attribute)和子属性(sub-attribute)。简单属性表示属性不可再分;复合属性表示该属性还可再分为子属性。

示例:复合属性如"姓名"(由"现用名"、"曾用名"、"昵称"、"英文名"等子属性构成)、"住址"(由"省"、"市"、"区"、"街道"、"门牌号"、"邮政编码"等子属性构成);简单属性如"学号"、"生日"、"性别"等。

属性的取值范围称为域(domain)。

按取值分,属性有单值属性(single value attribute)、多值属性(multivalue attribute)、导出(或称派生)属性(derived attribute)和空值(NULL)属性等。只有一个取值的属性称单值属性;多于一个取值的属性为多值属性;值不确定或还没有取值的属性称为空值属性;其值可由另一个属性的取值推导出来的属性为导出属性。

示例：多值属性如"学位"（某个人可能获得多个学位，如"学士"、"硕士"、"博士"）；导出属性如"年龄"（其值可由生日属性的值推导出来）；空值属性如"学位"（当还未取得学位时，其值不定）；单值属性如"学号"（一个学生只有一个学号）。

说明：

① 实体用属性描述，实体型中的所有实体具有相同的属性。

② 某个属性，可能属于多个分类。例如，"学位"既可属空值属性，也可属多值属性；而年龄既可属简单属性（如果不区分"实岁"和"虚岁"的话），也可属导出属性。

③ 空值（NULL）是数据库中的一个特殊的值，它不同于"零"值，而是表示不确定的值或未知值。

4. 键（key）

概念：具有唯一标识特性的一个或一组属性，用于唯一标识实体型中的实体。有些教材对应地将此概念称作码（key）或超码（superkey）。

说明：实体概念中的"有别于其他对象"就是通过键来体现的。

示例：学生的"学号"、课程的"课程号"、"学号＋姓名"或"学号＋姓名＋性别"都可作为学生的键，即键可能存在冗余属性。

说明：键的概念中并没有要求一定是最小属性集。

分类：键按属性个数可分为简单键、复合键。由一个属性构成的键，称为简单键；由多个属性构成的键，则称为复合键。

候选键（candidate key）：最小属性集合的键。

说明：与键不一样的是，候选键要求的是最小属性集，即不允许有冗余的属性。

主键（primary key，PK）：当存在多个候选键时，需选定一个作为实体的主键，将其作为描述实体的唯一标识。

示例："学生"实体型有多个候选键，如"学号"、"身份证号"，如果条件允许的话，还有"指纹"、"眼波"、"虹膜"等，一般指定"学号"为"学生"的主键。

说明：

① E-R 模型可图示，实体型用长方形表示，属性用椭圆表示，主键用下划线表示。

② 正是由于 E-R 模型可图示化，使得用 E-R 图来描述现实系统中的数据及联系，非常直观、易懂，受到众多开发人员的喜爱。

图 2-1 为"学生"实体型及其属性描述的 E-R 图。其中，"姓名"和"家庭住址"为复合属性。

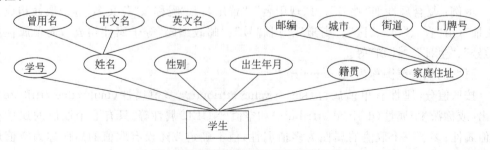

图 2-1　"学生"实体型及其属性描述 E-R 图

2.3.2 联系及联系型

1. 联系(relationship)

概念：联系是两个或多个实体间的关联(association)。

示例："选课"是"学生"实体型与"课程"实体型两者之间的联系；"门市零售"是"客户"实体型、"售货员"实体型和"商品"实体型三者之间的联系。

联系的描述属性：联系也可有描述属性(description attribute)，用于记录联系的信息而非实体的信息。

说明：实体的描述用属性，联系的描述也是用属性。

示例："成绩"和"修课学期"是"选课"联系的两个描述属性；"零售数量"和"销售日期"是"门市零售"联系的描述属性。

联系的识别：联系由所参与实体的键来确定。

说明：实体有主键，联系也应有主键，其主键一般由所关联实体的主键组成。

示例："选课"联系由"学号"和"课程号"共同决定，即"学号"与"课程号"组成"选课"联系的主键；"售货员号"、"客户号"和"商品条码"组成"门市零售"联系的主键。

2. 联系型(relationship set)

概念：相似的一组联系，称为联系型。联系和联系型的关系，与实体和实体型的关系类似。联系型的实例(instance)是联系的集合。在不混淆的情况下，联系型简称为联系。

联系型的阶：表示一个联系型所关联的实体型的数量。阶为 n 的联系型，称为 n 元(n-ary)联系型。

示例："选课"是"学生"实体型与"课程"实体型两者之间的联系，故为二元(binary)联系；"门市零售"是"客户"实体型、"售货员"实体型和"商品"实体型三者之间的联系，故为三元(ternary)联系。

说明：联系型用菱形表示。

图 2-2 为"选课"联系和"门市零售"联系的图示。

注意：各联系所关联实体型的属性未画出。

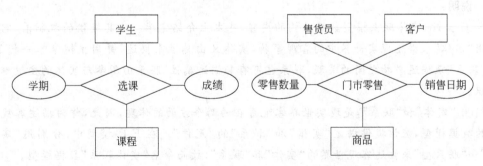

图 2-2 "选课"联系与"门市零售"联系图示

3. 联系型存在的各种情况

联系型可存在于如下 4 种情况。

（1）二元联系(binary relationship)。二元联系是指两个实体型之间的联系，这种联系比较常见，如图 2-2 所示的"选课"联系。

（2）三元联系(ternary relationship)。三元联系指 3 个实体型之间的联系，这种联系也比较常见，如图 2-2 所示的"门市零售"联系。

（3）两个实体型之间可能有多个不同的联系。这种情况应该注意，不要以为两个实体型之间只有一种联系。

如图 2-3(a)所示，在"员工"实体型和"部门"实体型之间存在两种联系，一种是"工作"联系，表示员工在部门工作；另一种为"管理"联系，表示某个员工作为主管来管理某个部门。

（4）有时一个联系型所关联的是同一个实体型中的两个实体。这种情况比较特殊，但在现实生活中也是存在的，有时，称此联系型为递归联系型(recursive relationship set)。

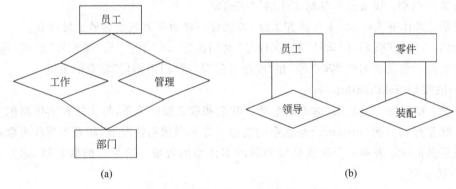

图 2-3   联系型存在的情况图示

如图 2-3(b)所示，在"员工"实体型中，某些员工是领导者，而其他员工是非领导者，他们都属"员工"实体型，但作为领导者的员工与非领导者员工之间，存在一种"领导"联系。同样，在"零件"实体型中，某些零件由另一些零件装配而成，于是，在同一个"零件"实体型内，某些零件与另一些零件之间存在"装配"联系。

说明：

① 至此，实体联系模型数据结构的内容，基本上介绍完毕。从其提供的机制看，它是利用"实体"来描述现实世界中的客观事物，实体又由属性来描述，并用主键来唯一标识；用"联系"来描述事物之间的关联，联系也可有其描述属性，联系由所参与实体的主键唯一标识。

② "实体"和"联系"，是现实世界客观存在的两个方面的体现，因此，作为描述客观世界的数据模型，应该提供描述"实体"和"联系"的"元件"。在 E-R 模型中，分别用"实体型"和"联系型"来描述客观世界的"实体"和"联系"，故而命名"实体联系"数据模型。

2.3.3   E-R 模型中的完整性约束

本节介绍 E-R 模型的第二个内容——数据约束。E-R 模型中的约束有 3 种，分别是一般性约束、键约束和参与约束。

1. 一般性约束

实体联系数据模型中的联系型,存在 3 种一般性约束:一对一(one to one,1∶1)约束、一对多(one to many,1∶n)约束和多对多(many to many,m∶n)约束。它们用来描述联系中关联实体之间的数量约束。

定义 2-1　设联系型 R 关联实体型 A 和 B,如果 A 中的一个实体,只与 B 中的一个实体关联,反过来,B 中的一个实体,也只与 A 中的一个实体关联,两个方向综合起来后,称 R 是一对一联系型,简记作 1∶1 联系;如果 A 中的一个实体,与 B 中的 n 个实体($n \geqslant 0$)关联,反过来,B 中的一个实体,只与 A 中的一个实体关联,则称 R 是一对多联系型,简记作 1∶n 联系;如果 A 中的一个实体,与 B 中的 n 个实体($n \geqslant 0$)关联,反过来,B 中的一个实体,又与 A 中的 m 个实体($m \geqslant 0$)关联,则称 R 是多对多联系型,简记作 $m∶n$ 联系。

说明:在确定是 1∶1 联系、1∶n 联系(或 $n∶1$ 联系),还是 $m∶n$ 联系时,不能只看一个方向上的数量约束,一定要综合正反两个方向上的数量约束。

例如,假定某单位这样规定领导干部的任职,即一个部门只能由一个主任管理,而一个主任只能管理一个部门,不能同时管理多个部门,那么,"部门"与"主任"之间的"管理"联系,即是一对一的联系,如图 2-4 所示。其中,管理联系中的日期为各部门主任起始任职日期。

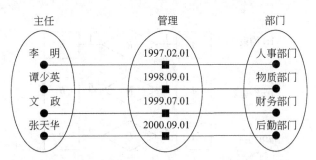

图 2-4　"部门"和"主任"之间的 1∶1"管理"联系实例

再例如,在现实生活中,假如有这样的情况,即一个单位可以拥有多个电话号码,而一个电话号码只能为一个单位所拥有,这时,"单位"与"电话号码"之间的"拥有"联系,就是一对多的联系;在高校的"系"和"专业"这两个实体型之间,也存在一对多的联系,即一个系可以设置多个专业,而一个专业只能由一个系来设置,如图 2-5 所示。

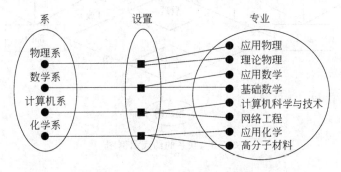

图 2-5　"系"和"专业"之间的 1∶n 的"设置"联系实例

对于多对多联系的例子就比较多了。例如，"教师"与"课程"之间的"讲授"联系，就是一个多对多的联系，因为一名教师可以讲授多门课程，而一门课程也可由多名教师讲授；"学生"与"课程"之间的"选课"联系，也是一个多对多的联系，因为一个学生可以选修多门课程，而一门课程可由多个学生选修，如图 2-6 所示。

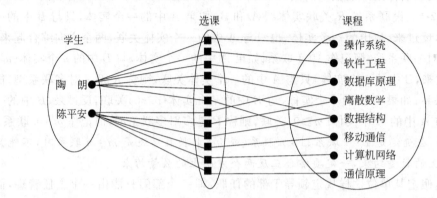

图 2-6 "学生"和"课程"之间 $m:n$ 的"选课"联系实例

3 种一般性约束也可用图示方式表示，如图 2-7 所示。其中，A、B 表示实体，R 表示联系。

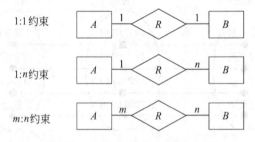

图 2-7 3 种一般性约束图示方法

图 2-8 为 3 种一般性联系约束的示例图。其中，假如有如下 3 种语义规定。

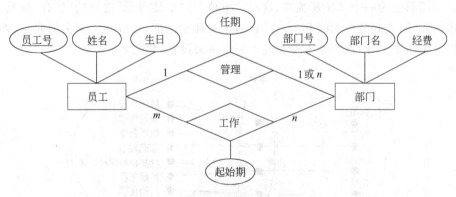

图 2-8 联系的约束示例图

（1）一个部门只有一个经理，而一名员工只能是一个部门的经理，则"部门"与"员工"

之间的"管理"联系为 1∶1 的联系。

（2）一名员工可以同时是多个部门的经理,而一个部门只能有一个经理,则这种规定下"员工"与"部门"之间的"管理"联系就是 1∶n 的联系了。正是由于"管理"联系约束,随语义的变化而不同,故在图中"部门"实体一侧,标明的约束数为 1 或 n。

（3）一个员工可以同时在多个部门工作,而一个部门有多个员工在其中工作,则"员工"与"部门"的"工作"联系为 m∶n 的联系。这种规定在实际生活中不多见,在此使用,只是为了举例。

2. 键约束或键限制（key constraints）

前面所介绍的 3 种约束,是 E-R 模型中一般性的约束,而键约束是在一般性约束的基础上,更细致的约束。

概念：键约束指的是在一个联系 R 的实例中,一个关联的实体 A 最多只能出现在一个联系实例中。在某些教材中,也有将键约束称为"实体对应约束"的。

由上概念可知,只有 1∶1 约束和 1∶n 约束才存在键约束。

说明：键约束在图示时,用箭头表示。

如图 2-9 所示,对于 1∶n 约束,箭头应标在 1∶n 的 n 方,表明给定一个该实体,即可唯一确定其间的联系。

(a) 1:1的键约束　　　　　　　　(b) 1:n的键约束

图 2-9　键约束图示方法

图 2-10 为键约束的示例图,假如有如下两种语义规定。

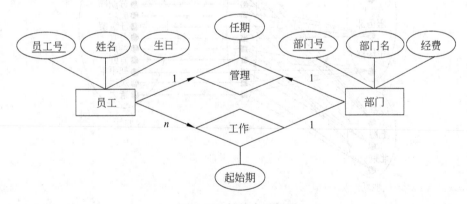

图 2-10　键约束示例图

（1）对于图中的 1∶1"管理"联系,说明给定一个"部门"实体,即可唯一地确定一个"管理"联系的实例。这时,"管理"联系可用"部门"的主键（"部门号"）唯一地确定,而不需要由"部门号"和"员工号"共同来确定,这也是使用"键约束"的原因。或者给定一个"员工"实体,也可唯一地确定一个"管理"联系的实例,即"管理"联系也可用"员工"的主键（"员工号"）唯一地确定。

（2）对于图中的 1∶n"工作"联系,说明给定一个"员工"实体,即可唯一地确定一个

"工作"联系的实例。这时，"工作"联系可用"员工"的主键（"员工号"）唯一地确定。

前面曾经指出，联系由其所关联实体的主键确定。对存在键约束的联系，只需用一个关联实体（即带有箭头一方的实体）的主键，即可唯一地确定该联系。这就是键约束的好处，也是为什么叫实体对应约束的原因。

说明：键约束对于联系型主键的确定有重要作用。对于1∶1联系，其主键可取关联的任一实体的主键独立担当；对于 $1∶n$ 联系，其主键只需由 n 方实体的主键担当；对于 $m∶n$ 联系，其主键必须由关联的所有实体的主键共同组成。

扩展：多个实体间的联系也存在有键约束的情况，如图 2-11 所示。其中规定每个员工最多在一个部门工作，并且在一个地点。图 2-12 给出了此种情况下的一个实例。

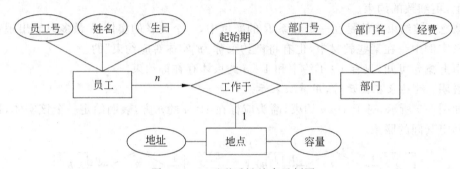

图 2-11　三元联系键约束示例图

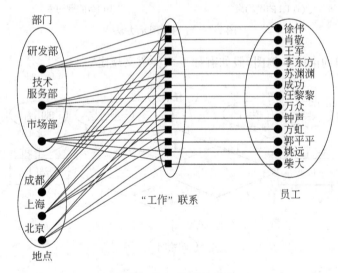

图 2-12　三元联系实例

3. 参与约束（participation constraints）

概念：参与约束是实体与联系之间的约束，即实体型中的实体如何参与到联系中。在有些教材中，也称为实体关联约束。

参与约束分为完全参与（total participation）约束和部分参与（partial participation）约束。

完全参与约束表示与联系关联的某个实体型中的所有实体，全部参与到联系中来。在有些教材中，也叫全域实体关联约束。

例如,"员工"实体型与"工作"联系之间就是一个完全参与约束,因为只要是企业的在职员工,企业都会为其安排工作,如图 2-12 中没有哪一个员工是不参与到"工作"联系中的;同样,"部门"实体型与"工作"联系之间也是完全参与约束,因为只要是企业中的部门,企业都会安排员工到该部门工作,从图 2-12 也可看出这一点。

部分参与约束则表示与联系关联的某个实体型,只有部分实体参与到联系中来。在有些教材中,也叫部分关联约束。

例如,"员工"实体型与"管理"联系之间就是一个部分参与约束,因为只有作为领导者的部分员工,才会参与到部门的管理中去。但"部门"实体型与"管理"联系之间则是完全参与约束,因为只要是企业中的部门,企业都会安排一个管理者员工来管理该部门。如图 2-13 所示,为实体的参与约束实例。

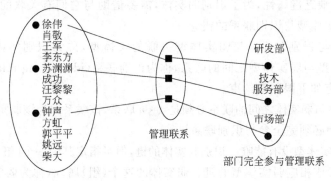

图 2-13　实体的参与约束实例

说明:完全参与约束图示时,用粗线表示。

图 2-14 为键约束和参与约束的综合示例图。

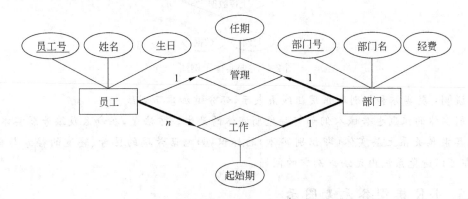

图 2-14　键约束和参与约束的综合示例图

2.3.4　弱实体

前面所涉及的实体型,均基于这种假设:总有一个属性是键。然而,在实际情况中并不总是如此。为对这类情况进行描述,在 E-R 模型中引入了弱实体(weak entity)元素。

概念：没有键属性的实体型。对应地，存在键属性的实体型则为强实体型（strong entity set）。

说明：在一个系统内，如果某实体没有全局性的编号或名称，则会形成弱实体。因为其自身的局部命名或编号在系统范围内不是唯一的，所以就没有键属性。这种情况常见于具有层次关系的下层实体中。

例如，在一个利用传感器采集数据的系统中，可能存在若干个数据采集区域。如果传感器的编号或命名只是在其自身所处的局部区域范围之内，譬如，各个区域内的传感器均按"01，02，…"这种方式编号，则各传感器编号仅在局部范围内唯一，而在全局范围内不唯一。于是，在数据采集系统这个全局范围内传感器就没有键属性，为弱实体。弱实体的例子还有很多，如本地电话号码、寝室（如果其仅按顺序编号的话）等。

由于弱实体缺乏键属性，为了识别弱实体，需要借助与它们有关联的实体和联系，于是，就有了识别实体型与识别联系的概念。

识别实体型与识别联系：与弱实体型关联的实体型，称为识别实体型（identifying entity set）；实体型与弱实体型之间的联系，称为识别联系（identifying relationship）。

对弱实体，有如下限制或约束。

① 识别实体与弱实体之间的联系必须是 1∶n 联系，该联系即为该弱实体的识别联系。

② 弱实体型必须完全参与识别联系。

部分键：弱实体型没有能唯一识别其实体的键，但可指定其中一个（组）属性，与识别实体型的键结合，形成相应弱实体型的键。弱实体的这个（组）属性，称为弱实体型的部分键（partial key）。图 2-15 为弱实体型示例图。图中，传感器为弱实体，管理联系为识别联系。

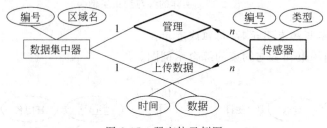

图 2-15 弱实体示例图

说明：弱实体和识别联系用粗线条表示，部分键加虚下划线。

弱实体的识别也告诫人们如何避免弱实体的产生。方法是，在命名或编号弱实体时，加上其隶属关系上层实体（即识别实体）的标识，如电话号码的区号、寝室的楼号与楼层号，即可以避免系统内无法识别它的问题。

2.3.5 E-R 模型各元素图示

至此，基本 E-R 模型的全部内容介绍完毕。图 2-16 为 E-R 模型中涉及的各个元素（或元件）的图示总结。其中，元素（或元件）是指 E-R 模型中提供的一些可图示的概念，如实体型、属性、键、联系型、一般性的约束（1∶1 约束、1∶n 约束和 m∶n 约束）、键约束、参与约束、弱实体、识别联系型等。

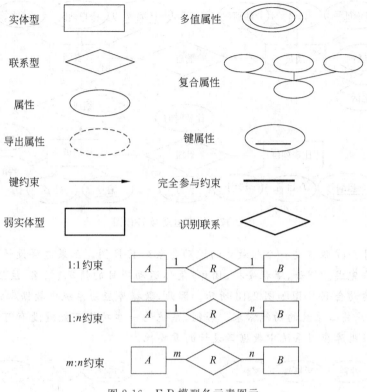

图 2-16　E-R 模型各元素图示

说明:

① 不同教材,所用 E-R 模型各元素的图示可能不同。

② 在进行数据库设计时,如果决定使用 E-R 模型,则设计小组必须统一 E-R 模型各元素的图示。

2.3.6　应用示例

例 2-1　体育运动会 E-R 图。

假定通过调研得到某体育运动会有 4 个实体,分别是"代表团"、"团长"、"运动员"和"比赛项目"。"代表团"的属性有"团编号"、"来自地区"、"住所";"团长"的属性有"身份证号"、"姓名"、"性别"、"年龄"、"电话";"运动员"的属性有"编号"、"姓名"、"性别"、"年龄";"比赛项目"的属性有"项目编号"、"项目名"、"级别"。

这些实体间的联系及它们的属性有 3 个:团长"管理"代表团;代表团由运动员"组成";运动员"参加"比赛项目。"参加"的属性是比赛时间和得分。

根据以上描述,可画出如图 2-17 所示的 E-R 图。其中,"团长"和"代表团"之间的"管理"联系为 1:1 联系,因为一个代表团通常只有一个团长,而一个团长只管理一个代表团,故存在 2 个键约束;"组成"联系为 1:n 联系,即一个代表团由多名运动员组成,而一名运动员只属于一个代表团,故有 1 个键约束;"参加"为 m:n 联系,即一名运动员可参加多个比赛项目,而一个比赛项目可有多名运动员参加。

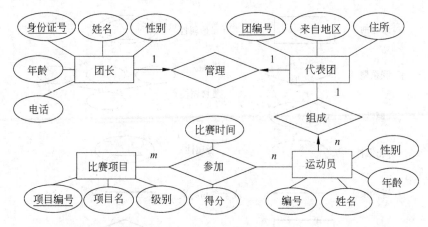

图 2-17　体育运动会 E-R 图

说明：图 2-17 仅仅是一个粗放式的运动会系统 E-R 图。如果这样设计系统，则会有许多应用无法完成。例如，赛程安排、团体/集体运动项目的情况、报名/注册等。稍详细致一点儿的运动会 E-R 图如图 2-18 所示。因此，数据库应用系统中数据库的设计不能只关心数据，还应关心系统的功能需求。否则，系统的一些功能可能就没有可操作的数据。这也说明了数据库应用系统中数据库设计的重要性。

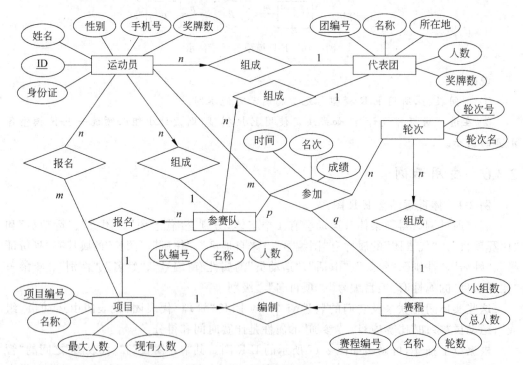

图 2-18　稍详细些的运动会 E-R 图

例 2-2　原材料库房管理 E-R 图。

（1）系统调研。通过调研可以了解到如下数据信息。

① 该公司有多个原材料库房,每个库房分布在不同的地方,每个库房有不同的编号,公司对这些库房进行统一管理。

② 每个库房可以存放多种不同的原材料,为了便于管理,各种原材料分类存放,同一种原材料集中存放在同一个库房里。

③ 每一个库房可安排一名或多名员工管理库房,在这些库房,每一个管理员有且仅有一名员工是他的直接领导。

④ 同一种原材料可以供应多个不同的工程项目,同一个工程项目要使用多种不同的原材料。

⑤ 同一种原材料可由多个不同的厂家生产,同一个生产厂家可生产多种不同的原材料。

(2)确定实体与联系。对调研结果分析后,可以归纳出相应的实体型、联系型及其属性。

① 实体型及属性。

- "库房"实体型,具有属性如下:"库房号"、"地点"、"库房面积"、"库房类型";
- "员工"实体型,具有属性如下:"员工号"、"姓名"、"性别"、"出生年月"、"职称";
- "原材料"实体型,具有属性如下:"材料号"、"名称"、"规格"、"单价"、"说明";
- "工程项目"实体型,具有属性如下:"项目号"、"预算资金"、"开工日期"、"竣工日期";
- "生产厂家"实体型,具有属性如下:"厂家号"、"厂家名称"、"通信地址"、"联系电话"。

② 联系型及属性。

- "工作"联系型是 1:n 联系;
- "领导"联系型是 1:n 联系,且是一种递归联系型;
- "存放"联系型是 1:n 联系,且具有"库存量"属性;
- "供应"联系型是一个三元联系型,且具有"供应量"属性。

由此,可得到如图 2-19 所示的 E-R 模型。

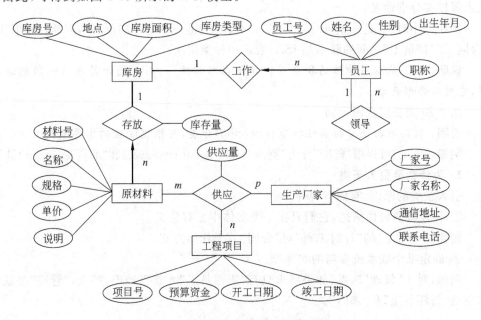

图 2-19　原材料库存管理 E-R 模型图

说明：如果某个实体型的属性太多，可以将实体型的属性分离出来单独表示；当实体型比较多而联系又特别复杂时，可以分解成几个子图来表示。

2.4　扩展实体联系模型

在用 E-R 模型描述现实系统的过程中，出现了一些超出 E-R 模型描述能力的问题，如"类层次"等。因此，需要对 E-R 模型进行扩展，这就是扩展实体联系模型（extended ERM，EERM）的由来。

扩展实体联系模型是对 E-R 模型的扩展，它包括 E-R 模型的所有概念，同时引入新的概念和机制，以增强其描述能力。EERM 主要是从两个方面对 E-R 模型进行了扩展，一是类层次，二是聚集。

2.4.1　类层次

1．子类

概念：有时，需要将实体型中的实体分成子类（sub class）。分类后，体现为一种类层次（class hierarchies），最上层为超类（super class），下层即为子类。

例如，将"员工"按"合同制"分为"合同工"和"小时工"，这样，"小时工"和"合同工"就是"员工"的子类。

子类，除可继承超类的属性外，还可有自己独特的属性。这与面向对象技术中超类与子类的概念类似。

本质上，类层次也是一种联系，但它是一种特殊的联系，即"层次"联系。为体现这种特殊性，故用一个统一的名称 ISA（is a）来表示类层次联系，而不再像 E-R 模型中的其他联系那样要分别命名。

例如，"小时工"是一个（is a）"员工"，"合同工"是一个（is a）"员工"，因此，"小时工"和"合同工"与"员工"之间的联系是 ISA，表示一种类层次。

说明：类层次这种特殊的联系不但体现在名称统一，而且图示符也与一般的联系不同，它用三角形表示。

图 2-20 为类层次图示例。

说明：实体有时还可按其他标准（criterion）分类，可根据管理的需要来定。

例如，"员工"可根据"资历"分为"资深员工"（senior employee）和"非资深（junior）员工"。

2．为什么要引入子类

引入子类的原因，有如下两种。

① 较独特的属性描述，它们只在子类实体中才有意义。

例如，"小时工"的"计时工资"对"合同工"无任何意义。

② 确定某个联系所参与的实体型。

例如，对于"管理"联系，如果要求只有"资深员工"才能当经理，那么，"管理"关联的实体应是"资深员工"和"部门"。

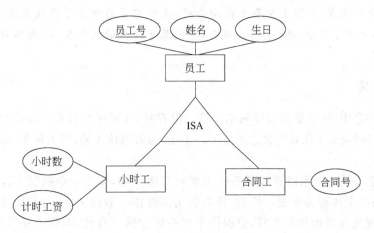

图 2-20 类层次图示例

2.4.2 演绎与归纳

演绎(specialization,或称特化)和归纳(generalization,或称泛化、概化、一般化)是类层次的二种处理方法,因此,它们是伴随着类层次的引入而提出的。

1. 演绎

概念:演绎是根据超类来识别子类的处理过程。

方法:先定义超类,再由超类来定义子类,然后加入子类的特定属性,即由一般到特殊的方法。

例如,"员工"按工作性质,可分为"管理人员"(其特定属性为"职务级别")、"技术人员"(特定属性为"技术职称")、"销售人员"("销售业绩"是其特定属性)。

2. 归纳

概念:归纳出对实体型集合的共同特征,并形成由这些共同特征构成的新实体型。

方法:先定义子类,再定义超类,即由特殊到一般。

例如,通过对"博士生"、"硕士生"、"本科生"、"专科生"、"预科生"、"硕博连读生"、"本硕博连读生"等子类进行归纳,得出"学生"这个超类。

2.4.3 演绎的原则

为避免演绎的随意性和盲目性,在使用"演绎"方法的过程中,一般应遵循两个原则或约束,即重叠约束(overlap)和包容约束(covering)。

1. 重叠约束

概念:重叠约束是演绎过程中的一个约束或原则,要求演绎出的子类实体不能有重叠或交叉,又名"正交约束"。它是演绎时应遵守的默认原则。

与正交约束相反的概念,是"相交约束",它允许一个超类的演绎子类可以重叠。

2. 包容约束

概念:包容约束是演绎过程中的另一个约束或原则,要求超类中的每个实体,必须属于某一个子类。也就是说,子类的所有实体,构成超类中的所有实体,又名"完全性约束"。

说明：包容约束，实际上是要求在演绎时，应将超类的所有子类找出来。也就是说，要找全，而不要少了某个（些）子类。否则，会使属于超类的某些实体，找不到自己所属的"子类"类别。

2.4.4 聚集

在前面内容中，联系是指实体间的关联。但有时，在实体和联系之间也存在联系的情况，这样，就与前面关于联系的概念矛盾了。于是，为解决该矛盾，引入聚集（aggregation）的概念。

概念：聚集是将联系以及该联系所关联的实体一起，作为一个高层实体（或虚实体）来对待，该高层实体即为聚集。然后，将高层实体看作一般的实体，与其他实体一起建立新的联系。通过这种抽象处理后，仍保持了联系概念的一致性，即联系是实体间的关联，从而解决了矛盾。

例如，某部门"资助"某项目后，该部门会指定某个员工去"监督"该"资助"，以保证该资助不被挪作他用。由该叙述可知，"部门"实体与"项目"实体间的联系为"资助"，"员工"与"资助"之间的联系为"监督"，而"资助"本身是联系。于是，出现联系概念的不一致。

通过引入"聚集"概念后，可将"部门"、"项目"以及它们之间的联系"资助"组合起来，形成一个"聚集"，将此聚集当做一个"虚实体"，然后再与"员工"实体构成"监督"联系，如图 2-21 所示，其中，"项目"与"资助"间存在完全参与约束。

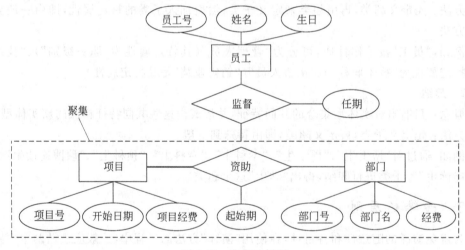

图 2-21 聚集示例图

2.5 利用 E-R 模型的概念数据库设计

前面，已对 E-R 模型的数据结构及约束作了全面介绍，对其中涉及的各个元素，如实体、联系、属性、键约束等，也作了详细讲解。读者应掌握各元素的用途及画法，以便在数据库设计中熟练运用。

利用 E-R 模型进行概念数据库设计,关键是确定:

(1) 一个概念是用实体还是属性表示?

(2) 一个概念是作实体的属性还是联系的属性?

(3) 是用两个实体之间的联系,还是用两个以上实体间的联系?

(4) 是否要用聚集?

说明:一般说来,在大多数情况下,"一个概念用什么来表示,或表示成什么"是比较明确的,只是在个别情况下较难取舍。

2.5.1　实体与属性的取舍

一般情况下,一个概念是用实体描述还是用属性描述是比较明确的,只是在少数情况下较难取舍。

例如,地址这个概念,在前面内容中,有时将它作为属性,有时又将它作为实体。如何对它进行取舍?

1. 用属性表示

如果每个"员工"只需记录一个"地址",则将其作为"员工"实体的属性是合适的。

2. 用实体而非属性

如果有下列情况之一,则可考虑使用实体:

(1) 需记录多个值。

例如,"员工"在同一部门的不同"地址"工作。

(2) 需表达其结构或作细分查询。

例如,"地址"需按"国家"、"省"、"市"、"区"、"街道"等查询。

2.5.2　属性在实体与联系间的取舍

本小节对第二个问题进行解答,即一个概念是作实体的属性还是联系的属性?

例如,部门经理与所管理部门间的"管理"联系,其中,"经费"这个属性,是作为实体的属性还是作为联系的属性,如何取舍?

1. 用做实体的属性

如果假定某个部门经理可能会同时管理多个部门,且其可支配的经费是所有管理部门经费之和,则可构造一个"任命"实体,将"经费"作为"任命"实体的属性,如图 2-22 所示。

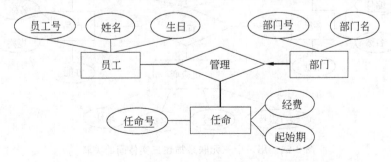

图 2-22　"经费"作实体的属性

2. 用做联系的属性

如果假定同时管理多个部门的部门经理，要求各部门经费必须分开管理时，则应将"经费"作为"管理"联系的属性，如图 2-23 所示。

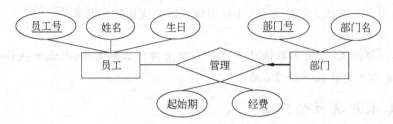

图 2-23   "经费"作联系的属性

2.5.3 二元联系与三元联系的取舍

1. 用一个三元联系

例如，一个"客户"可购买多种"产品"，一种"产品"可以由多个"供应商"提供，一个"客户"与多个"供应商"有业务往来。如果要求表达"某'客户'从特定的'供应商'购买某种'产品'"，那么，"客户"、"产品"及"供应商"这 3 个实体之间的联系，是用一个三元联系，还是用 3 个二元联系？

假定用 3 个二元联系，则这 3 个二元联系分别表示如下：

（1）一个"供应商"能供应某种"产品"；

（2）一个"客户"需要某些"产品"；

（3）一个"客户"与某个"供应商"有"业务往来"。

由上可知，通过组合这 3 个二元联系，难以表达"某客户从特定的供应商购买某种产品"。因为"供应商"(supplier)能供应"产品"(product)，"客户"(customer)需要"产品"，"客户"从"供应商"购买，不一定意味着"某'客户'是从特定的'供应商'处购买到某种'产品'"，也不能清晰表达出所购买的数量属性。因此，应用一个三元联系"合同"来表达，如图 2-24 所示。

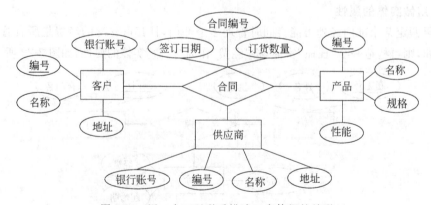

图 2-24   用一个三元联系描述三实体间的关联

说明：事实上，从"某'客户'从特定的'供应商'购买某种'产品'"这个表达要求看，其中涉及 3 个实体，从这一点也可以确定需要用一个三元联系来描述。

2．用二元联系

例如，"客户"、"担保人"和"贷款"3 个实体之间。如果规定：一个"客户"可有多笔"贷款"，每一笔"贷款"有且仅有一个"客户"；一笔"贷款"可有多个"担保人"，但一个"担保人"只能"担保"一笔"贷款"。

由于未对"客户"和"担保人"进行约束，故可分别用两个二元联系来描述之，如图 2-25 所示。

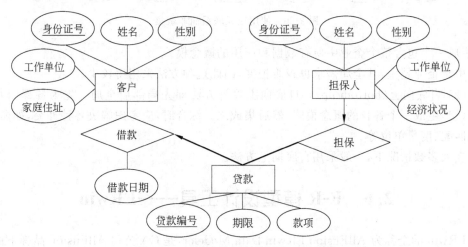

图 2-25　三个实体型间的两个二元联系

图 2-25 中，"贷款"与"借款"之间存在完全参与约束和键约束；"担保人"与"担保"之间存在键约束。

2.5.4　三元联系与聚集的取舍

回顾前面的聚集示例：员工监督部门资助的项目。如果不需要记录"监督"联系中的"任期"属性，则可用三元联系，如图 2-26 所示。其中，"项目"与"资助"间存在完全参与约束；但如果考虑这样一条限制，即每个"资助"最多由一个"员工"来监督，由于该限制指定的是"资助"和"员工"间的关联，因此，用三元联系无法表达出该限制的信息，此时就应用聚集来表达。

2.5.5　大型系统的概念数据库设计方法

对于较大型应用系统的开发，一般都会采用某个高级语义数据模型，作为概念数据库的设计工具。由于 E-R 模型易于图形表达、意义直观、易于为业务用户所理解，因此被广泛采用。

采用 E-R 模型设计大型系统 DB 时，其设计方法有如下两种。

(1) 自顶向下(top-down)。自顶向下设计方法即先全局后局部。也就是说，先了解企业的全局需求，然后再来考虑各部门用户(组)的局部需求，并解决各局部需求中的冲

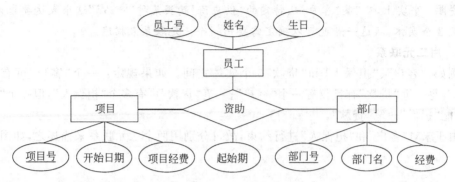

图 2-26　使用三元联系而非聚集

突,生成一个包含整个企业中所有数据和应用的概念模式。

由于企业越大,其全局需求也越难把握,因此这种方法采用得较少。

(2) 自底向上(bottom-up)。自底向上设计方法即先局部后全局。先为各部门每个用户(组)生成一个各自的概念模式,然后集成之。综合时,应考虑解决各种冲突,如命名、域不匹配、度量单位等。

在大多数情况下,一般采用自底向上方法。

2.6　E-R 模型设计工具——ERwin

ERwin 的全称为 AllFusion ERwin Data Modeler,是 CA 公司 AllFusion 品牌下的建模工具之一。ERwin 功能强大,为设计、生成、维护高水平的数据库应用程序提供非凡的工作效率。从描述信息需求和商务规则的逻辑模型,到针对特定目标数据库优化的物理模型,ERwin 帮助开发人员可视化地确定合理的结构、关键元素,并优化数据库。相对其他的建模工具,ERwin 目前在关系数据库的设计中有着比较广泛的应用。

说明:应特别注意,ERwin 中的逻辑模型和物理模型分别对应前面内容中的概念模型与逻辑模型,本书尊重 ERwin 工具中的叫法。不过,严格说来,此叫法不恰当。

2.6.1　ERwin 建模方法

常用的建模方法有 IDEF1x 和 Information Engineering。其中,IDEF 系列由美国军方研究完成,IDEF1x 作为 IDEF 方法之一,被用来建立信息模型,其他的功能模型和过程模型分别由 IDEF0 和 IDEF3 来实现。下面,将采用 IDEF1x 建模方法来完成本节的建模过程。

人们解决复杂问题时,常采用分层、分级别、分模块等方法。IDEF1x 建模就是一个分层、逐步求精的过程。按照分层的思想,ERwin 总体上可分为逻辑模型和物理模型。

逻辑模型包括实体联系、基于键的模型和全属性模型。其中,实体联系和基于键的模型属于高层的领域级模型,因为它们从总体上描述了系统包含哪些实体以及这些实体的联系。全属性模型属于项目级的模型,用于详细描述一个实体的各种属性。

物理模型包括转化模型和 DBMS 模型。物理模型的工作是理解逻辑模型和业务需求并将其实现为特定的数据库。物理模型部分内容请读者在学完第 3 章和第 6 章后,再回过头来阅读。

1. 实体联系模型

实体联系模型与前面介绍的 E-R 图不太一样。一般的 E-R 图描述了实体的详细属

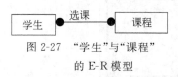

图 2-27　"学生"与"课程"
的 E-R 模型

性以及它们之间的联系。而实体联系模型则仅仅包含了系统主要的实体以及它们的之间的联系,没有详细的属性描述信息。此模型主要用于初期的讨论和展示,完成对系统的粗略描述,所以信息不需要太详细。图 2-27 所示为"学生选课"的实体联系模型,"学生"和"课程"之间是多对多的联系。

2. 基于键的模型

基于键的模型包含了所有的实体、主键,以及实体的主要属性。此模型做的工作包括建立主键属性、候选键、主要属性、查询项,分析关系类型,解决多对多的联系等。ERwin 中有主题域的概念,将所关心的实体组合为一个主题域便于分析和管理。

主键及候选键与前面的概念一样。对于查询项,一般是对那些经常查询的、既非主键也非候选键的属性,可创建一个查询项。在向物理模型转化时,查询项映射为索引项。

图 2-28　ERwin 中 4 种
联系表示

在 ERwin 中有 4 种联系:分类联系、标识联系、多对多联系、非标识联系,如图 2-28 所示。分类联系将一些有共同特征的实体进行分类,例如,"客户"可分类为"贵宾"、"高级"、"普通",可与前面的类层次对应。"标识"联系属于一对多联系,例如,一个"订单"包括多个"明细项目","订单"和"明细项目"就属于标识联系;多对多联系比较常见,例如,"学生"与"选课"就是一个多对多联系;非标识联系表明实体间没有强制的联系,只是普通的包含联系,例如,学校的"协会成员"列表包含"学生"和"教职工","学生"和"协会成员"之间就是一个非标识联系。

实际情况下,一般会将多对多联系进行转化,创建一个它们的联系型。例如,对"学生选课"会创建"学生选课成绩"这样的联系型,如图 2-29 所示。

图 2-29　创建"学生选课成绩"联系型

3. 全属性模型

全属性模型是包含了实体全部属性的模型,为向物理模型转换打下基础。建立该模型的工作包括添加完整属性和通过 Attributes(属性)对话框编辑属性的定义,如图 2-30 所示。

在属性对话框中可以设定属性的类型域、数据类型、定义信息、注释和自定义属性。

类型域(domain)是指用户自定的属性和字段特征值,表明字段的特征是概括性的。类型域可以自己定义,一般用系统自带的就可以了。ERwin 本身包含了默认的几种类型,如 Blob、String、Number、Datetime 和〈Unknown〉。

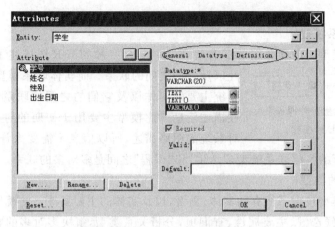

图 2-30   属性对话框

一般说来，逻辑模式下的数据类型和物理模式下的数据类型不一样。另外，各个 DBMS 产品之间的数据类型也不完全一样，在向物理模型转换时应注意这一点。图 2-31 所示为设置了类型的"学生选课"模型。

图 2-31   "学生选课"模型

添加、设定并检查了属性及其定义后，接下来还需要按照关系模型的规范化理论，对模型进行规范化处理。关于关系模型的规范化，请参见第 6 章。

4. 转化模型

转化模型存在于 ERwin 文件中，用来描述将要生成的物理数据库的模型。图 2-32 所示为"学生选课"的转化模型。转化模型的设计包括物理表设计、键和索引设计、视图设计、存储过程，以及触发器。

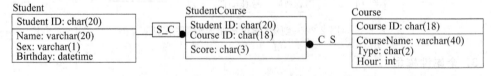

图 2-32   学生选课的转化模型

物理表设计包括反规范化、物理字段设计和表属性设置。

逻辑模型设计采用的是规范化理论，目的在于减少数据冗余，消除关系模式中存在的异常。不过，当表联结操作频繁时，效率就会比较差。因此，实际开发时可能会保留一定的数据冗余，以提高系统的查询性能，此即反规范化。ERwin 中提供了多种类型转化方法，如垂直分割表、水平分割表、解决多对多联系等。ERwin 可以自动维护逻辑模型和物理模型之间的对照关系。对字段的设计包括数据字段名（可能需要更改为英文单词或者汉语拼音)、细化数据类型(细化为数据库的具体类型)、空值选项、有效性规则、默认值。
打开如图 2-33 所示的表属性对话框,可以
设置注释信息、容量信息、物理存储特性
等。键值用来保证实体数据的唯一性,索
引用来提高查询的性能。一般,对于键都
会创建唯一索引。不过,索引是一把双刃
剑,它提高查询性能的同时也降低了数据
更新的性能,增加了数据库容量。因此,建
立适当的索引,平衡它的利弊,也是转化模
型的一个重要工作。实际情况下,系统在
运行一段时间后还需要调整索引。

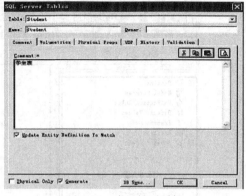

图 2-33　表属性对话框

　　视图可以简化对复杂数据的访问,提
供一定的数据安全性。在 ERwin 中,有多种创建视图的方法,既可通过工具栏中的 █ 图
标创建,也可以通过模型导航中的 View 菜单等。ERwin 可以自动维护视图和表之间的
联系,当表中列被删除时,也会删除视图中的对应列。

　　存储过程是存放在数据库服务器上的一组包含控制处理语句和 SQL 语句的集合体。
它可以封装业务逻辑用来提高系统维护性,减少网络传输和执行时间。缺点是出现错误
时调试较为繁琐。建立转化模型可能需要建立相关的存储过程。

　　触发器可用来维护数据的完整性,通过分析默认设置下 ERwin 生成的脚本,可以看
出,它使用了大量的触发器来保证数据的完整性。

5. DBMS 模型

　　DBMS 模型可以是项目级的,针对一个主题域;也可以是领域级的,包含多个主题
域。DBMS 模型一般存在于数据库的系统表中,例如,SQL Server 数据库对象定义都存
在于 Master 数据库的系统表中。针对特定 DBMS 产品,转化模型可以直接在目的数据
库上自动生成对象。转化时,主键转化为唯一索引,候选键和查询项转化为普通索引。实
体间的完整性可以通过数据库的参照完整性或触发器来实现。业务逻辑一般用存储过程
来实现。ERwin 可以提供生成数据库对象的 SQL DDL 脚本文件,可以通过 ERwin 来执
行脚本,也可以在数据库中执行修改后的脚本文件。

2.6.2　ERwin 应用实例

　　前面介绍了 ERwin 的主要概念,下面将利用 ERwin 来完成一个简单的"学生选课"
建模:创建逻辑模型和物理模型,并将模型转化为具体的数据库脚本。

1. ERwin 工作空间

　　ERwin 的工作区间包括菜单、工具栏、模型导航器和绘图区,如图 2-34 所示。

　　说明:第一次使用 ERwin 时,会出现 ModelMart 登录对话框,可以不用填写取消即可。

2. 创建一个新的模型

　　执行 File|New 菜单命令,在弹出的对话框中单击 Logical/Physical 单选按钮,如
图 2-35 所示。

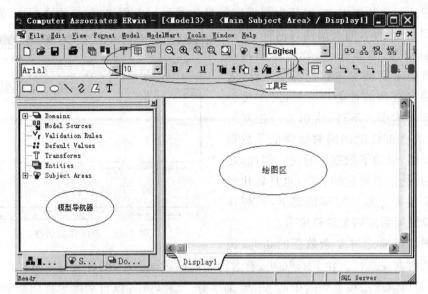

图 2-34　ERwin 工作区间

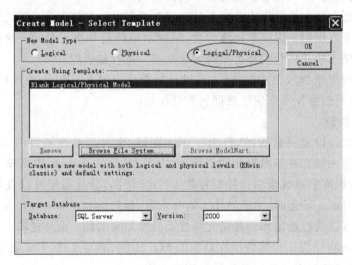

图 2-35　创建一个新模型

3. 创建实体

单击工具栏中如图 2-36 所示的创建实体按钮，然后在绘图区中单击，便得到一个新建的实体。新建实体的默认名字为"E\1"，"1"为添加实体的顺序号。可以通过两次单击实体名称，即可修改实体的名称。

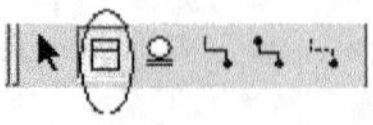

图 2-36　创建实体的按钮

4. 添加实体的属性

更改完实体名称后，按 Enter 键即可输入实体的属性。图 2-37 所示为创建的"学生"和"课程"两个实体。

5. 创建实体间联系

通过在联系上右击,打开联系的属性对话框,默认的联系名为"R/1"。修改"Verb phrase"中的"R/1"为"学生选课",图 2-38 所示为创建的学生与课程间的多对多联系。

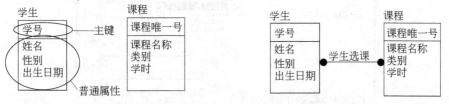

图 2-37　学生和课程两个实体　　　　　　图 2-38　学生与课程间的多对多的联系

对于多对多联系,一般采用新建一个联系型来存储实体间的联系。右击"学生选课"联系,在快捷菜单中执行 Create Association Entity 命令。通过向导即可创建联系型,如图 2-39 所示。然后,添加"成绩"属性。

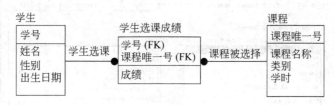

图 2-39　创建学生与课程间的联系型

6. 设置属性的类型

用快捷键 Ctrl＋↓ 或者执行 Model|Physical Model 菜单命令,切换到物理模型视图,这时可看到如图 2-40 所示的模型。

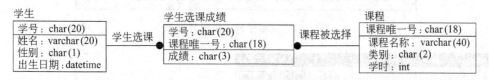

图 2-40　学生选课的物理模型

双击"学生"实体,打开"学生"的列属性对话框,如图 2-41 所示。选择 Column 区域中的列,即可在 SQL Server 选项页中设置列的属性。

7. 生成数据库

至此,已完成"学生选课"的逻辑模型和物理模型。现在,需要在目的数据库中生成"学生"表、"课程"表以及"学生选课"表。选择 Tools|Forward Engineer/Schema 菜单项,弹出如图 2-42 所示 Generation 对话框。

在该对话框的左边可选择表、索引、列、触发器等选项,右边则是生成这些对象的属性选项。设置好属性后,可通过单击 Preview 按钮来查看生成的脚本,如图 2-43 所示。仔细观察会发现,脚本除了包含表定义外,还通过触发器、存储过程完成了数据的一致性定义。最后,单击图 2-43 中的 Generate 按钮,打开数据库连接对话框,如图 2-44 所示。填

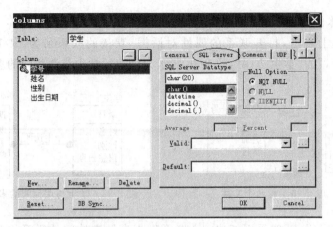

图 2-41　修改列属性对话框

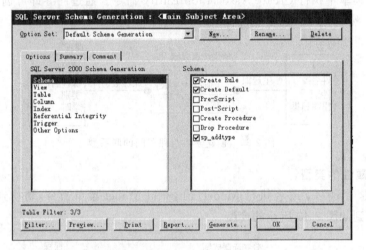

图 2-42　数据库模式生成对话框

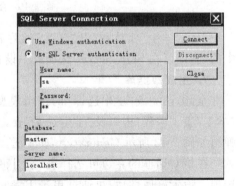

图 2-43　预览脚本窗口　　　　　　　　图 2-44　连接数据库对话框

写信息数据库的连接信息后,单击 Connect 按钮,即可在目的数据库生成对象。

至此,完成了"学生选课"的数据库。该应用尽管简单,但它是复杂应用的基础。通过工具建立逻辑模型和物理模型,方便后续的开发和维护。

2.7　UML 对象模型

对象模型(object-oriented model)是用面向对象观点来描述现实实体(对象)的逻辑组织、对象间约束、联系等的模型。UML 是一种标准的图形化建模语言,支持从需求分析开始的软件开发全过程,UML 中的图形标记尤其适用于面向对象的分析与设计。在面向对象程序设计中,对象模型始终都是最基本、最核心的。用 UML 来描述对象模型,通过可视化建模,可更好地提高模型的重用性。

2.7.1　对象模型的核心概念

1. 对象(object)

对象是对象模型中基本的运行实体。客观世界的任一具体或抽象的实体都可被统一地模型化为一个对象。对象有两种用处:一是促进对现实世界的理解;二是为计算机实现提供实际基础。

对象由一组属性(attribution)和一组方法(method)构成,每个对象都有一个系统赋予的、以区分不同对象的唯一对象标识(object identifier, OID)。

属性反映了对象的状态和特征,是对象固有的静态表示。属性的取值可以是单值或多值的,甚至是一个对象,即可以嵌套。利用这种对象嵌套机制,可以形成各种复杂对象。

方法反映了对象的行为和功能,是对象固有的动态行为表示。方法的定义包括两部分,一是方法的接口,二是方法的实现。方法的接口用来说明方法的名称、参数和结果返回值的类型,又称调用说明。方法的实现是一段程序编码,用来实现方法的功能,即对象操作的算法。

说明:

① 对象标识可作为对象的属性,它与关系模型中的键有本质区别,因为它是独立于值的、系统全局唯一的。

② 对象标识由系统产生,用户不得修改。OID 一般分两大类:一类是逻辑 OID,即包含对象的类标识;另一类是物理标识,即对象的存储地址。

③ 对象的属性和方法可能会随着时间的推移而发生变化,但对象标识不会变。两个对象即使属性值和方法都完全相同,如果 OID 不同则认为是两个不同的对象,它们只是值相等而已。因此,"唯一标识"指的是对象由其内在本质区分而不是通过其描述性质来区分。

2. 消息(message)

如上所述,对象描述的是客观实体,其间的关联通过联系来描述。当一个对象需要另外一个对象提供服务时,就需要向对方发出服务请求,被请求的对象响应该请求并完成指定的服务。这种向对象发出的服务请求称为消息。

消息的格式如下:

$$TYPE\ A.O_p(O_1,O_2,\cdots,O_n)$$

其中，A 为被请求的对象，O_p 为请求的操作，$O_1,O_2,\cdots,O_n$ 为操作参数，TYPE 为返回类型。

　　说明：

　　① 消息是对象向外提供的界面，消息由对象来接收和响应，它是对象间操作请求的传递，不考虑操作实现的细节。

　　② 消息与方法的比较：方法是对象的内部操作，它包括方法的外部调用接口和内部实现细节两个部分；消息则是跨对象的对象间操作。

3. 类（class）

　　类是一组相似的对象集合。类的属性和方法描述的是一组对象的共同方法和属性。对象是类的一个实例（instance）。

　　例如，"学生"是一个类，其组成如表 2-1 所示。如果"张三"是一个学生，那么他就是这个学生类的一个实例，即一个对象。

表 2-1　类的一个示例

类　名	属　性	方　法
学生	"学号"、"姓名"、"性别"、"出生年月"、"地址"、"系别"、"选修课程"等	"选课"、"登记成绩"、"统计学分"、"升级"、"转系"等

　　说明：

　　① 在数据库系统中，应注意区分"型"和"值"。在对象模型中，类是型，对象则是类的值。

　　② 类属性的定义域可以是任意类，即可以是基本类，如整数、字符串、布尔型，也可以是包含属性和方法的一般类。特别地，类的某一属性的定义也可是类自身。

　　③ 把一组对象的共同特征加以抽象并存储在一个类中的能力，是面向对象技术最重要的特点。

4. 封装（encapsulation）

　　每个对象都是其状态与行为的封装，封装把对象的属性和方法看成一个密不可分的整体。对象的封装性将对象划分为两个部分：一是对象的内部表示，即对象中的属性组成和方法实现；二是对象的外部表示，即方法接口，又称对象界面。

　　封装是对象的内部界面与内部实现之间实行清晰隔离的一种抽象，外部与对象的通信只能通过消息，这是对象模型的主要特征之一。封装的意义在于将对象的实现与对象应用互相隔离，这样对内部操作的实现算法和数据结构修改时，不会影响外部接口，也不会影响使用接口的应用，这有利于提高数据独立性。

5. 继承（inheritance）

　　定义和实现类可在已有类的基础上进行，将已有类所定义的特性（包括属性、方法和消息）作为自己的特性，并加入一些自己特有的特性，这一过程即为继承。已有的类称为超类，也叫父类，新定义和实现的类称为子类。继承是超类与子类之间共享属性和方法的机制，是类之间的一种联系。继承分两种：单继承和多继承。

　　（1）单继承。若子类只能继承超类的特性，这种继承称为单继承。单继承的层次结构图是一棵树。图 2-45 所示为单继承的例子。

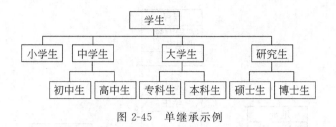

图 2-45 单继承示例

（2）多继承。若子类能继承多个超类的特性，这种继承称为多继承。多继承的层次结构图是一个带根的有向无回路图。图 2-46 所示为多继承的例子。

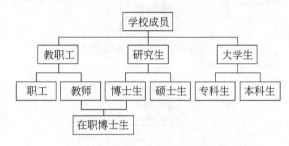

图 2-46 多继承示例

说明：

① 从子类到超类是对子类共有特性的抽取，是一种泛化(generalization)过程；从超类到子类是一个特殊化、具体化的过程，即特化(specialization)。继承性是数据间的泛化/特化关系，是一种"IS A"联系。

② 继承具有传递性。继承关系相当于 UML 中的泛化关系，见后续内容。

6. 类层次结构

类与类之间存在着 3 种关系：继承、合成与消息。合成用于反映类中属性与另一个类的联系；继承用于反映类与类之间的联系；消息是根据应用需要而定义的一种类与类之间的协作机制。其中，继承与合成都具有特定的语义信息，而消息本身并不具有某种特定的语义含义。因此，下面将主要考虑类的合成与继承关系，它们构成了类层次结构。继承关系及其类层次结构图参见前面介绍。

类合成用于反映对象的分解与组成关系(嵌套)，它具有以下 3 种语义信息。

（1）组成语义(is-part-of)，即一个类可以由若干个合成类组成；嵌套语义，即一个类中属性的值域可以是另一个类(包括自己)。

（2）联系语义，即通过类中属性建立与其他类的联系。

（3）类合成关系一般而言是一种层次结构，即由下层的类合成上层的类，但它不是树结构，即在合成关系中允许一个类可以是上层多个类的组成类。合成关系允许循环，类合成层次结构图是一个网状结构。图 2-47 所示为合成关系示例。

说明： 合成关系相当于与 UML 中的关联关系，见后续内容。

客观世界中的任何事物都可以用合成和继承这两种方式构造出来。图 2-48 所示即是综合继承与合成关系的示例。

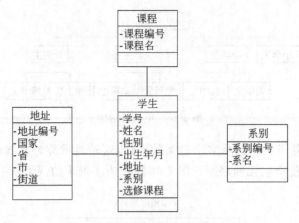

图 2-47　合成关系示例

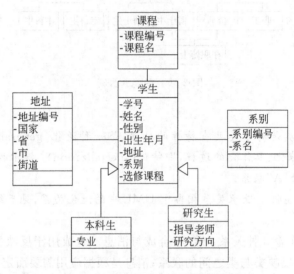

图 2-48　综合继承与合成关系示例

2.7.2　对象模型的组成

任何一个数据模型,均会包括静态数据结构、动态数据操作和完整性约束 3 方面的内容,对象模型也不例外。

1. 静态数据结构

对象模型用类和对象来表达数据本身,用类层次结构来表达数据间的联系。对象模型中的类相当于关系模型中的表,而类中的一个对象则相当于表中的一条记录。对象标识唯一地决定一个对象,相当于关系模型中的主键。对象模型中的类层次结构主要考虑类的继承与合成关系。

2. 动态数据操作

动态数据操作即是指类中方法的操作和消息的操作。方法的操作一般分 3 类:以某种方式(如增、删、改等)处理数据;执行一次计算;监控对象某个事件的发生。

3. 完整性约束

关系模型的数据完整性主要体现在两个方面:表本身的完整性和表间完整性(或引用完整性)。由于表间通过外键关联,是一种间接的引用联系,因而存在引用完整性的问题,这种表间的引用完整性一般通过外键约束来维护。但在对象模型中,对象彼此之间是直接引用,因而不存在引用完整性约束的问题。对象模型的完整性约束主要体现在用户自定义完整性约束上,涉及的是用户对方法和消息的约束。

2.7.3 UML 概述

一个软件开发项目的成功,离不开一个好的建模语言。然而,在 UML 之前,没有明确主导的建模语言,大多数建模语言共用一套被普遍接受的概念集。统一建模语言(UML)的出现彻底地改变了这一现状,并成了面向对象建模的标准语言。UML 结合了Booch、OMT 和 Jacobson 方法的优点,统一了符号体系,并从其他的方法和工程实践中吸收了许多经过实践检验的概念和技术。UML 作为一种标准的建模语言已经得到软件开发界的认可,成为面向对象开发的行业标准。

UML 是一种图形化、可视化的建模语言,可用于建立系统模型,从企业信息系统到基于 Web 的分布式应用程序和实时系统。

UML 词汇表中的基本词汇有事物、联系和图。事物是模型中最有代表性的成分的抽象;联系把事物结合在一起;图聚集了相关的事物。在 UML 中,事物分为结构事物(包括类、接口、协作、用况、主动类、组件和结点)、动作事物(包括交互和状态机)、分组事物(即包)和注释事物(即注解)。联系分为 4 种:依赖联系、关联联系、泛化联系、实现联系;图则分为两类共 9 种图:一类是结构图,用于描述系统的静态方面,包括用况图、类图、对象图、组件图和部署图;另一类是行为图,用语描述系统的动态方面,包括顺序图、协作图、状态图和活动图。本节仅对其中与数据库设计直接相关的类图进行介绍。

2.7.4 对象模型的 UML 表示

对象模型的静态结构,一般用 UML 类图来表示。对象模型的 UML 类图类似于E-R 模型的 E-R 图,只是所用术语和符号略有不同。表 2-2 所示为类图和 E-R 图间的对应关系。

表 2-2　类图和 E-R 图的对比

E-R 图	类 图
实体型(entity set)	类(class)
实体(entity)	对象(object)
联系型(relationship set)	关联(association)

(1) 对象模型中的类(class)相当于 E-R 模型中的实体型(entity set)。类在 UML 中表示为一个方框,由 3 部分组成:上面的部分是类的名称;中间部分是类的属性;下面部

分是类的方法。图 2-49 所示为用 UML 表示的"学生"类。

（2）对象模型中的关联（association）相当于 E-R 模型中的联系型（relationship set）。

UML 中的关联是一种结构化的关系，指一个类的对象和另一个类的对象有联系。给定关联的两个类，可以从一个类的对象导航到另一个类的对象。在 UML 中，关联的表示方法是在有关联关系的类间画一条线，关联可能是单向，也可能是双向。双向关联以一条无箭头的直线表示，而单向关联则用单向箭头的直线表示。单向关联的意思是箭头发出类（即无箭头端的类）的对象，可以调用箭头指向类中的方法。绝大多数的关联都是单向关联，但有些关联也可以是双向关联。双向关联表示类中的每个对象都可以调用对方类中的方法。

关联有二元关系和多元关系，其中的"元"表示关联类的个数。例如，二元关系是有两个类与关联有关，而多元关系是有 3 个或以上的类与关联有关。

关联关系的多重性指给定关联的某一端有多少对象参与，类似于 E-R 模型中的参与约束。多重性可用一个特定的值（如 0、1、6）或一个整数区间（如 $0\ldots1$、$1\ldots5$、$1\ldots*$）描述，其中的星号（*）表示无穷大。常用的多重性是 $0\ldots1$、*、1。多重性 $0\ldots1$ 表示 0 和 1 随便取一个，*（或 $0\ldots*$）表示范围从 0 到无穷大，1 表示关联中参与的对象个数恰好是 1。假设类 A 和类 B 有关联关系，类 A 和类 B 的一对一关联、一对多关联和多对多关联表示如图 2-50 所示。

图 2-49   用类图表示类

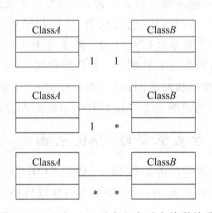

图 2-50   一对一、一对多和多对多关联关系

（3）像 E-R 模型中的联系可以有描述属性一样，在某些情况下，对象模型的关联也可带有自己的属性。这时，需要引入关联类来描述。关联类和一般类的表示形式类似，所不同的是，关联类与关联之间需要用一条虚线连接。假设类 A 和类 B 为多对多关联，且关联本身带有自己的属性 c1 和 c2，则引入关联类 C，如图 2-51 所示。

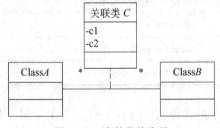

图 2-51   关联类的表示

图 2-52 所示为一个学生管理对象模型的

UML 表示示例。图中有 5 个类：学生类、系别类、地址类、课程类和成绩类(关联类)，其中学生类和地址类是一对一关联，学生类和系别类是一对多关联，学生类和课程类是多对多关联，关联自带属性，于是引入一个关联类成绩类。

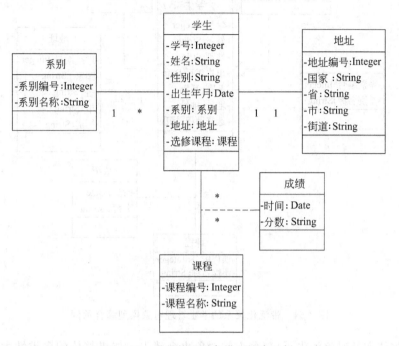

图 2-52　学生管理对象模型综合示例

2.7.5　用类图表达泛化

UML 中的泛化(generalization)相当于面向对象中的继承关系，是"is-a-kind-of"的关系。在 UML 中，泛化可以用一个带有三角的线条(三角的顶端指向超类)来表示，如图 2-53 所示。

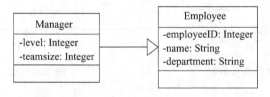

图 2-53　泛化关系的表示

图 2-54 所示为一个带泛化关系的学生管理对象模型的示例。

2.7.6　用类图表达聚合与组合

UML 中的聚合(aggregation)关系是关联关系的一种强化形式，表示两个类的对象之间有整体与部分的关系，是"is a part of"关系，且部分与整体相对独立。聚合关系用带空心菱形符号的直线表示，空心菱形端的类是整体，另一端则是部分。聚合关系并不隐含

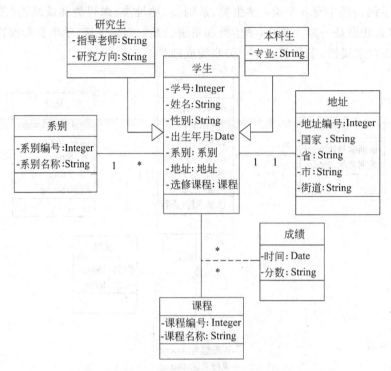

图 2-54　带泛化关系的学生管理对象模型综合示例

表示如果整体方的对象消失了，部分方的对象也会消失。如果整体的多重性大于 1，表示部分的对象可以被多个整体的对象共享。如图 2-55 所示，培训班和学员即是聚合关系，且一个学员可以是不同培训班的学员。不过，如果培训班消失了，学员仍然可以存在。

　　UML 中的组合（composition）关系是进一步强化的聚合关系，它要求部分不能独立于整体而存在。也就是说，部分参与了整体的生命周期，它随着整体的出现而出现，随着整体的消亡而消亡。组合关系用带实心菱形符号的直线表示，实心菱形端的类为整体。

　　图 2-56 所示为组合关系示例，四肢是人身体的一部分，不可能脱离人而存在。

图 2-55　聚合关系示例　　　　　　图 2-56　组合关系示例

2.7.7　用类图表达依赖

　　UML 中的依赖（dependencies）关系是一种使用关系，特定事物的改变有可能会影响到使用该事物的事物，反之不成立。显示一个事物使用另一个事物时用依赖关系。依赖关系用带有箭头的虚线表示，如图 2-57 所示。

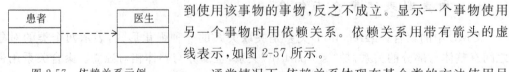

图 2-57　依赖关系示例

　　通常情况下，依赖关系体现在某个类的方法使用另一个类作为参数。在 UML 中,也可以在其他地方使用依赖关系,例如包和结点之间。

2.7.8　用类图表达实现

UML 中的实现(realization)关系是指类可以实现一个或多个接口。实现关系可用两种方法表示:如用构造型的方法表示接口,则实现关系由一条带有指向接口的三角的虚线表示;如用圆圈表示接口,那么实现关系就用一条实线来连接接口的实现类。

图 2-58 和图 2-59 所示即是实现关系的两种表示方法。图 2-59 中所显示的方法是图 2-58 的简略形式,最好不要将这两种方法混着使用。实现关系一般使用图 2-59 的方式表示。

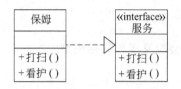
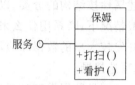

图 2-58　实现关系的表示 1 的示例　　　　图 2-59　实现关系的表示 2 的示例

小　　结

本章较详细地介绍了广泛作为概念数据库设计工具的 E-R 模型和对象模型。

E-R 模型的结构部分的描述元素有实体、实体型、属性、键(主键、候选键)、联系、联系型。其中,实体主要是指单独存在的具体事物或抽象概念的个体,而实体型是指同一类型的实体集合。实体用属性来描述,实体型中的实体用相同的属性集合来描述。属性按结构分为简单属性、复合属性和子属性,按取值分为单值属性、多值属性、导出属性和空值属性。键用于唯一标识实体型中的实体,可能是一个属性,也可能是多个属性的集合,按其具有的属性个数,分为简单键和复合键。如果存在多个候选键,则应指定其中一个作为主键。联系是两个或多个实体间的关联,也可以有其描述属性。一般情况下,联系由所参与实体的键决定。

E-R 模型的数据约束,包括一般性的约束、键约束和参与约束。只有 1∶1 联系和 1∶n 联系,才存在键约束。

EERM 是对 E-R 模型的扩展,新扩展的元件,包括类层次与聚集。

用 E-R 模型进行概念数据库设计,主要是对某个概念用什么元件来表示或表示成什么元件进行考虑。对大型系统的数据库设计,一般有两种方法可用:自顶向下和自底向上。

ERwin 是一种成熟的 E-R 模型建模工具,可用来设计数据库的概念模型,并支持概念模型到逻辑模型的双向转换,即支持正向工程与逆向工程。

对象模型也是一种目前采用较多的高级数据模型,主要使用 UML 进行描述。在 UML 中与数据库设计直接相关的部分是类图。

习　题

一、简答题

1. 名词解释

（1）实体、实体型、属性、键、联系、联系型、二元联系和三元联系；

（2）1∶1 联系型、1∶n 联系型和 m∶n 联系型；

（3）键约束和参与约束；

（4）子类、超类、演绎、归纳和聚集。

2. 简述属性按结构的分类，以及按取值的分类。

3. 一般情况下，联系用什么来唯一标识？

4. 在开发较大型的数据库应用系统中，为什么会涉及多种数据模型？

二、单项选择题

1. （　　）不是数据模型的要素。

　　A. 数据结构　　　B. 数据操作　　　C. 数据类型　　　D. 完整性约束

2. （　　）是高级语义数据模型。

　　A. 关系模型　　　B. 层次模型　　　C. 网状模型　　　D. E-R 模型

三、判断题（正确打√，错误打×）

1. 候选键不一定是主键，而主键必定是候选键之一。（　　）

2. E-R 模型中，实体有属性，而联系没有属性。（　　）

3. 同一个实体型不可能存在联系。（　　）

4. 在扩展实体联系模型中，子类与超类的演绎与归纳应遵循的约束是动态约束。（　　）

第 3 章　关系数据模型

CHAPTER

关系数据模型是目前数据库领域占主导地位的数据模型,它与以前的层次模型和网状模型最大的不同在于,关系模型有着坚实、严格的理论基础。基于关系模型的 RDBMS,也是当前数据库市场上占据绝对地位的数据库产品。

因此,本章将对关系数据模型中的主要技术作详细介绍。由于关系模型上的完整性约束(或限制),在实际项目的设计与开发中应用普遍,为使读者能学以致用,掌握该实用技术,本章将结合目前数据库市场上较流行且易于上手的 Microsoft SQL Server 产品,详细讲解关系模型上的完整性约束,及其在 SQL Server 上的具体体现和使用。在数据库应用开发中,常常要将高级数据模型向关系模型转换,本章将详细重点地介绍实体联系模型和对象模型分别向关系模型的转换方法。之后,还将对关系数据模型的理论基础之一——关系代数和关系运算,结合 SQL 语言进行全面描述。

本章学习目的和要求:

(1) 关系数据模型的基本概念;

(2) 关系模型上的完整性约束;

(3) 实体联系模型向关系模型的转换;

(4) 对象模型向关系模型的转换;

(5) 关系代数;

(6) 关系运算。

3.1　SQL 语言简介

由于本章涉及关系模型完整性约束的设定和使用,而完整性约束的设定需要用到关系数据库语言——SQL(structured query language,结构化查询语言),它是一种用得最为广泛的关系数据库语言,因此,本节将首先简要地对 SQL 语言及基本命令进行介绍。同时,本章中所使用的均是最基本的 SQL 命令,容易接受,这些 SQL 命令的使用,也将为下一章 SQL 语言的学习打下良好的基础。

SQL 语言是最早在 IBM System-R RDBMS 上使用的查询语言，由于其广泛的使用，出现了标准化需求，于是形成 SQL 标准。有了 SQL 标准，用户可评判厂家的 SQL 版本。

第一个 SQL 标准，由 ANSI(American National Standards Institute，美国国家标准协会)于 1986 年制订，称为 SQL-86。1989 年作了些许改进，推出的版本称为 SQL-89。1992 年，由 ANSI 和 ISO(International Organization for Standardization，国际标准化组织)合作，作了较大改动，推出的版本称为 SQL-92，以前曾称作 SQL2(表示 SQL 的第 2个版本)，这是目前大多数商用 RDBMS 支持的版本。相应地，SQL-86 和 SQL-89 属于 SQL 的第 1 个版本，可记为 SQL1。1999 年提出 SQL:1999，曾称作 SQL3(表示 SQL 的第 3 个版本)，是 SQL-92 的扩展，引入了对象关系特征及其他许多新的功能。2003 年提出的 SQL:2003，对 SQL:1999 标准做了细微的扩充。SQL:2006 标准增加了几个与XML 相关的特性，SQL:2008 标准则引入了许多对 SQL 语言的扩展。

说明：SQL 版本改进更方便于 SQL 的使用。作为一个有说服力的例子是，用SQL-89 创建表，如果在表创建完后需要增加一列或多列，由于 SQL-89 没有提供此修改功能，因此要完成此项工作，就必须先删除要修改的表，然后再创建一张同名的加入了新列的表。而 SQL-92 则具有在表创建好后增加列的功能。正是由于此原因，有人将SQL-89 称作是"刚性"的，而 SQL-92 则较"柔性"。

SQL 语言一般分成 3 个子语言，即数据定义语言(data definition language，DDL)、数据操纵语言(data manipulation language，DML)和数据控制语言(data control language，DCL)。

DDL 用来定义数据库、数据结构及完整性约束等；DML 用来操纵数据，主要包括增加、删除、修改和查询数据；而 DCL 则用来对数据库的事务、安全性等进行控制。

由此可见，SQL 尽管称为查询语言，但其功能远远不只是查询，还可定义数据结构、定义完整性约束、对数据进行增加、删除和修改、实施事务控制、安全控制等。之所以称其为查询语言，可能是因为用户在数据的管理活动中，查询操作所占的比重比较大。

关系模型中的关系(relation)利用支持 SQL-92 标准的 SQL 命令来定义和操纵。SQL-92 标准中，用表(table)来代表关系模型中的关系。SQL 中，用于创建(其命令关键字为create)、删除(drop)和修改(alter)表结构的部分，属 DDL；而对表中数据进行增加(其命令关键字为 insert)、删除(delete)、修改(update)和查询(其命令关键字为 select)的部分，属 DML。关于 DCL 的命令，将在第 5 章涉及，主要包含安全授权中的 GRANT 和 REVOKE，以及事务控制中的 BEGIN TRAN、COMMIT 和 ROLLBACK，详细内容请参见第 5 章。

说明：

① 在 DDL 和 DML 中，均有修改和删除命令，但各自的命令关键字不同，应该注意。

② 本章将在相应的部分使用性地介绍 SQL 的定义与操纵子语言中最常用的几个命令的最基本的语法，以使读者对 SQL 命令先有一个感性认识，详细的命令语法将在第 4章具体介绍。

③ 再次强调，关系模型的学习仍然应抓住数据模型的 3 个要素，即数据结构(主要是数据和联系的描述)、数据操作(增、删、改、查询)和约束。本章将主要介绍关系模型的数

据结构和约束,数据操作将在第 4 章通过 SQL 操纵语言介绍。

3.2　关系数据模型的数据结构

关系数据模型 RM(relational model),于 1970 年首次由 E. F. Codd 提出,而当时大多数数据库系统 DBS(database system),均基于层次或网状模型。关系模型带来了数据库领域的革命,并大量替换了以前的模型。20 世纪 70 年代中期,最早的 RDBMS(relational database management system,关系型数据库管理系统),在 IBM 和加州大学伯克利分校开发,不久即有一些厂家提供关系数据库产品。目前,RM 已成为决定地位的数据模型,并成为目前最流行的 RDBMS 的基础。

任何一个数据模型,其内容均会包括 3 个方面,即静态数据结构、动态数据操作和完整性约束(integrity constraints, ICs)。在学习过程中,应始终抓住这三点,才不至于因内容的繁多而迷失方向。

在静态数据结构方面,主要是介绍,该数据模型如何表达数据本身(借用第 2 章的概念,即为实体)和数据间的联系;在动态数据操作方面,一般只会涉及 4 个操作,即对数据模型中的数据的增加、删除、修改和查询,俗称"增删改查询";在完整性约束方面,则会因具体的数据模型的不同而不同。

在关系数据模型的数据结构方面,数据本身和数据之间的联系都是利用关系来表达的。

关系:用于描述数据本身、数据之间的联系,俗称表。

构成:由行(row)和列(column)组成。

列:有时也称字段(field),与属性(attribute)、数据项、成员(member)同义。

行:有时也称元组(tuple)、记录(record)。

说明:与第 2 章的实体联系模型相比,关系模型在表达数据及其联系方面相对要简单些。因为在 ERM 中,数据本身和数据间的联系是分别用实体和联系这两个概念来表达,并且可以图示,所以 ERM 的表达更直观、更易于理解。而在关系模型中,则只用关系这一个概念,既可表达数据本身(即实体),又可表达数据间的联系(即联系)。关系模型这种表达上的简单,导致对其理解就比 ERM 较困难些。当然,这种表达上的简单更便于计算机的实现。

例 3-1　关系示例。

"学生信息表"这个关系,表达的是"学生"这个实体数据本身,而"学生选课表"这个关系,表达的是"学生"实体与"课程"实体间的联系。尽管一个是实体,而另一个是联系,但它们都可用表(即关系)来表达。

域(domain):指列(或属性)的取值范围。

关系模式(schema):是对关系的描述,由关系名及各个列构成。其描述的一般形式为:$R(A_1, A_2, \cdots, A_n)$,其中,R 为关系名,$A_i(i=1, 2, \cdots, n)$ 为关系 R 的属性。

例如,学生模式可表示如下:学生(学号,姓名,性别,生日,所属学院)。

说明:关系模型与关系模式之间的关系,对应数据模型与数据模式之间的关系。

关系实例(instance):记录或元组的集合。如用 t 表示元组,则 $t=<a_1, a_2, \cdots, a_n>$,其中,$a_i(i=1, 2, \cdots, n)$ 为对应属性 A_i 的值,则关系实例可描述为 $\{<a_1, a_2, \cdots, a_n>\}$。

一个学生关系的实例为 $\{<0001,张三,男,1987.10.12,计算机学院>,<0002,李四,$

男,1986.05.28,理学院＞,…}。

在不引起混淆的情况下,关系实例经常简称为关系。一般,列的顺序要比行的顺序重要些,在后续的关系代数中会看到这一点。因为在关系代数中,有时用列顺序号来代表列名。每个元组的字段必须对应关系模式中的字段。

候选键(candidate key):能唯一识别关系实例元组的最小字段集。一个关系可能有多个候选键。它与 E-R 模型中候选键的概念相同。

主键(primary key,PK):一个唯一识别关系实例元组的最小字段集合。可从关系的候选键中,指定其中一个作为关系的主键。一个关系最多只能指定一个主键。它也与ERM 中主键的概念相同。

说明:事实上,关系模型中的很多概念,如主键、候选键、属性和域等,与实体联系模型中的对应概念意义基本相同。

以上所介绍的都是围绕一张表来进行的。在关系模式中,对于表与表之间的关系有一个重要的概念,此即外键,它是表间联系的重要纽带。这是 ERM 中所没有涉及的。

外键(foreign key,FK):一张表中的某个属性(组)是另一张表中的候选键或主键,则称该属性(组)为此张表的外键。

例如,图 3-1 的主键、外键示意图中,若指定"班号"为"班级表"中的主键,而它又出现在"学生表"中,则称其为"学生表"的外键。

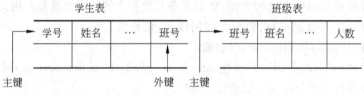

图 3-1　主键、外键示意图

说明:要使某张表中的某个属性(组),成为另一张表的外键,必须指定该属性(组)为该张表的主键或候选键。如何指定？这就是"关系模型上的完整性约束"所要介绍的。

至此,关系模型中关于静态数据结构的描述即告结束。可以看出,这一部分相当简单。由于关系模型的动态数据操作只是增、删、改、查询 4 个操作,非常简单,在此就不再介绍。在第 4 章的 SQL 数据操纵语言部分,会看到与其对应的 4 个命令(即 INSERT、DELETE、UPDATE 和 SELECT)的具体语法,而且本章会用到这 4 个数据操纵命令最基本的使用方法。

3.3　关系模型上的完整性约束

下面,将重点介绍关系模型的完整性约束部分。

3.3.1　完整性约束简介

利用完整性约束(或限制),DBMS 可帮助用户阻止非法(invalid)数据的输入。完整性约束 ICs 实际上指出了要求存入 DB 的数据应满足的约束条件。

SQL-92 标准规定,关系模型中可被指定的完整性约束,包括域约束(domain constraint)、主键约束(primary key constraint)、唯一约束(unique constraint)、外键约束(foreign key constraint)、一般性约束(general constraint)等。

为什么要用完整性约束? 其实,用一个简单的例子即可说明。

例如,前面谈到的主键,对它的描述是"一个唯一识别关系实例元组的最小字段集合"。由于关系模型中的完整性约束,不仅用来描述现实系统中的一些规定,关键是要拿来用(使这些约束发生作用),而不像 ERM 基本上只是用来描述,因此,应说到做到。要做到唯一识别关系实例元组,必须要求主键的值既不能重复,又不能为空值。但如何在实现中保证主键的值不重复且不为空的条件呢? 当然,可以由程序员在程序中对主键值进行判断,以使其满足这一条件,但这样会增加程序员的工作量及程序的代码量。

另一种方法是由 RDBMS 来帮助判断主键值,使其满足指定的条件,这样做还可减少程序员的工作量和程序的代码量。RDBMS 通过给定主键约束来实现这一功能,用户只要将某一表中的主键设定主键约束,即可让 RDBMS 帮助判断该主键的值是否重复和为空。因此,主键约束是 RDBMS 中保证主键完整性的一种措施。

指定完整性约束的时间:可在定义一个关系模式的同时定义完整性约束,或在定义完关系模式后再追加约束的定义。

完整性约束的实施:完整性约束一旦指定,当 DB 应用程序运行时,DBMS 检查插入或修改的数据,看其是否满足相应完整性约束指定的条件。如满足,则接受该插入或修改的数据;否则,拒绝接受,并返回出错信息。

下面,将分别介绍 SQL-92 标准规定的关系模型上的几种完整性约束。

3.3.2　域约束

域约束是指对列数据类型的约束,这是关系模型中最基本的约束。例如,某列的数据类型为"整数型",那么,该列的值就不能为字符或字符串,否则就出错。

这种约束一般不需要显式指定,它是根据列数据类型的定义而自动起作用。

3.3.3　主键约束

主键约束主要是针对主键,以保证主键值的完整性。主键约束要求主键值必须满足两个条件:

(1) 值唯一;

(2) 不能为空值。

主键约束需要显式指定,但不需要指明约束的条件,因为 RDBMS 知道主键约束要求主键值应满足的条件。显式指定主键约束的方法,在后续的内容中有介绍。

说明:

① 指定了表中的主键约束,也即是指定了该表的主键。

② 一张表只能指定一个主键约束,因为一张表只允许有一个主键。

3.3.4　唯一约束

唯一约束主要是针对候选键，以保证候选键值的完整性。唯一约束要求候选键满足 2 个条件：

（1）值唯一；

（2）可有一个且仅有一个空值。

对于候选键，由于它也是一种键，也能唯一地识别关系实例元组。但其中只能有一个作为主键，该主键可用主键约束来保证其值的完整，其他的候选键也应有相应的约束来保证其值的唯一，这就是唯一约束。因此，表中的候选键可设定为唯一约束。反过来说，设定为唯一约束的属性（组）就是该表的候选键。

唯一约束也需要显式指定，但不需要指明约束的条件，因为 RDBMS 也知道唯一约束要求候选键应满足的条件。

说明：

① 指定了表中的唯一约束，也即是指定了该表的候选键。

② 一张表可以指定多个唯一约束，因为一张表允许有多个候选键。

3.3.5　外键约束

1. 简介

如果将关系模型上的完整性约束按属于"表本身"还是属于"表间"来分类，则以上的域约束、主键约束和唯一约束属"表本身"的完整性约束，而外键约束则属"表间"的完整性约束。

为描述外键约束的方便，首先定义两个概念，即主表和从表。从表是指含有外键的表，或外键所在的表，而主表是指外键在另一张表中作为主键或候选键的表。

以图 3-1 为例，"班级表"为主表，而"学生表"则为从表。

外键约束的目的是维护表与表之间外键所对应属性（组）数据的一致性，即一张表这个属性（组）值的改动，可能要求另一张表对应属性（组）的值要作相应改动；或一张表这个属性（组）值的改动，应参照另一张表对应属性（组）的值，以保持两表中对应属性（组）数据的一致。为使 RDBMS 能帮助完成这样的功能，则应指定这种涉及两个表的完整性约束，此即外键约束，有时又称参照完整性约束（reference integrity constraints）。

为说明这种表间完整性的维护方法，首先应了解两个通过外键联系的表（即主表和从表），对它们分别进行外键所对应属性（组）的插入、删除和修改，这 3 种数据操作对完整性的影响。

2. 主表主键/候选键的操作对从表的影响

为叙述和理解的方便，特以图 3-2 中的两张关系实例为例进行说明。其中，学生表中的学号为主键、班号为外键，班级表中的班号为主键。

对班级表（即主表）的班号进行如下操作。

（1）插入（INSERT）。插入一新班级＜计 0009，计算机 09 班，…，70＞，从图 3-2 可以看出，该班级信息的插入符合该表主键约束要求，并且对"学生表"（从表）中的记录不产生任何影响。

学生表			
学　号	姓　名	…	班　号
0101	张三	…	计 0001
0102	赵一	…	计 0001
0201	李四	…	计 0002
0601	王五	…	计 0006
⋮	⋮	⋮	⋮

班级表			
班　号	班　名	…	人　数
计 0001	计算机 01 班	…	60
计 0002	计算机 02 班	…	65
计 0006	计算机 06 班	…	66
⋮	⋮	⋮	⋮

图 3-2　学生表和班级表实例

因此,主表中主键值的插入,不会影响从表中的外键值。

(2) 修改(UPDATE)。图 3-2 班级表中,班号是按序号编排的,假定想将班号按"计 xxyy"样式进行修改,其中,xx 表示"年"的后两位,yy 表示序号,则除了要修改班级表中的所有班号外,还要修改学生表中对应的班号。例如,两张表中的班号"计 0001"、"计 0002"、"计 0006",分别改为"计 9801"、"计 9802"和"计 9901"。

因此,如果从表中的外键值与主表中的主键值一样的话,主表中的主键值的修改要影响从表中的外键值。那么,在这种情况下,如何保证两表数据的一致性呢?

事实上,SQL-92 标准提供了此种情况下可选用的 4 种行动策略:其一,改变从表中所有对应的外键值,使之与主表中的主键值一致,此即级联修改,所用的命令为"CASCADE";其二,将受到影响的外键值修改为空值(NULL),所用命令为"SET NULL";其三,将受到影响的外键值修改为该属性的默认值(DEFAULT),所用命令为"SET DEFAULT";其四,当从表中存在相应的外键值时,不允许修改主表中的主键值,此即"禁止"修改,所用命令为"NO ACTION"。不过,SQL Server 和 Sybase 只实现了其中的两种,即"CASCADE"和"NO ACTION"。

(3) 删除(DELETE)。假如要删除班级表中的"计 0006"班级的信息,则由于该班级在学生表中已分配有学生,如"王五",因此,为保证表间数据一致性,需要删除学生表中所有外键值"计 0006"对应的元组,或采取其他能保证一致性的行动。

因此,主表中主键值的删除,可能会对从表中的外键值产生影响,除非主表中的主键值没有在从表中的外键值中出现。

同样,SQL-92 标准提供了此种情况下可选用的 4 种行动策略:其一,删除从表中、所有与主表主键值相同的外键值对应的元组,此即级联删除,所用的命令为"CASCADE";其二,将受到影响的外键值修改为空值,所用命令为"SET NULL";其三,将受到影响的外键值修改为默认值,所用命令为"SET DEFAULT";其四,当从表中存在相应的外键值时,不允许删除主表中的主键值对应的元组,此即"禁止"删除,所用命令为"NO ACTION"。不过,SQL Server 和 Sybase 也只实现了其中的两种,即"CASCADE"和"NO ACTION"。

3. 从表外键的操作对完整性的影响

如果对学生表（即从表）的班号做如下操作，看看会发生什么情况：

（1）插入（INSERT）。假定要向学生表插入一学生＜0901，高九，…，计0009＞，由于要插入的外键值"计0009"不在班级表主键值的范围之内，因此，要插入的外键值"计0009"是非法数据，应拒绝此类插入。而如果插入的是＜0901，高九，…，计0006＞，则由于要插入的外键值"计0006"在班级表主键值的范围之内，因此，应接受此类插入。

所以插入从表的外键值时，要求插入的外键值应"参照"（REFERENCE）主表中的主键值。

（2）修改（UPDATE）。假定要将学生"王五"的班号"计0006"改为"计0005"，由于要修改的外键值"计0005"不在班级表主键值的范围之内，因此，要修改的外键值"计0005"是非法数据，应拒绝此类修改。而如果是改为"计0002"，则由于该外键值"计0002"在班级表主键值的范围之内，因此，应接受此类修改。

所以修改从表的外键值时，要求修改的外键值应"参照"主表中的主键值。

（3）删除（DELETE）。如果要删除学生表中"王五"的信息，不需要参照主表中的主键值。

因此，从表中元组的删除不需要参照主表中的主键值。

综上所述，维护表间的完整性实际上是从以下两个方向完成的。

① 主表→从表。表示主表中的主键值在修改和删除时，从表中与该主键值相同的外键值可级联（CASCADE）修改和删除，或改为空值（SET NULL）或默认值（SET DEFAULT），或禁止（NO ACTION）主表主键值的修改和删除，如图3-3（a）所示。

② 从表→主表。表示从表中的外键值在插入和修改时，其值应参照（REFERENCE）主表中的主键值，如图3-3（b）所示。

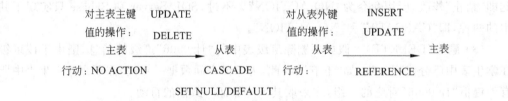

(a) 主表→从表方向的数据完整性　　　　(b) 从表→主表方向的数据完整性

图 3-3　表间完整性的维护

实现表间数据完整性的维护，可有以下两种方式。

① 利用外键约束定义，即在从表上定义外键约束，来完成主表和从表间两个方向的数据完整性。一般，现有的商用RDBMS都支持这种方式。

② 利用触发器（TRIGGER）完成两表间数据完整性的维护，即主表的触发器维护主表到从表方向的数据完整性，而从表的触发器维护从表到主表方向的参照完整性。关于触发器的使用，将在后续内容介绍。

说明：

① 两种实现方式，可任选其一。且不论哪种方式，均应按图 3-3 所示作两个方向的完整性维护。

② 在表间数据完整性维护方面，SQL-92 标准只推荐外键约束方式，未定义触发器方式。因此，在决定使用触发器方式时，应查阅所用 RDBMS 技术资料，看其是否支持利用触发器来实现表间数据完整性。

③ 正是由于 SQL-92 未定义触发器的标准语法，因此许多实现了触发器的 RDBMS，其触发器的语法可能相差比较大，在学习和使用各个 RDBMS 的触发器时应注意这一点。

外键约束需要显式定义。具体定义方法，在后面介绍。

说明：

① 要定义外键约束的一个或多个列，必须在另一张表中定义成主键约束或唯一约束，以符合外键定义的条件。

② 应在从表上定义外键约束。

3.3.6　一般性约束

域约束、主键约束、唯一约束和外键约束是关系数据模型中最基本的约束，也是 SQL-92 标准推荐的几种完整性约束，大多数商用 RDBMS 产品均支持这 4 种约束。除此之外，还有更一般的约束，如检查约束（check constraint）和断言（assertion）。

说明：如果说主键约束、唯一约束和外键约束分别是保证表中 3 个（或组）特殊列（主键、候选键和外键）的完整性，那么一般性约束则主要是保证表中其他一般性列的完整性。

检查约束，有时亦称表约束（table constraint）或表限制，可用来检查：

（1）表中某一列的值是否在某一取值范围之内；

（2）表中某几列之间是否满足指定的条件。

断言可检查表中个别列、整个表、或表与表之间是否满足指定的条件。

一般，表约束用于单个表的检查，而断言用于对多个表的检查。

说明：

① 表约束和断言，均应显式定义。

② 不像主键约束和唯一约束的定义，定义表约束和断言时，条件应显式指出，因为 RDBMS 预先不知道它们的条件。

③ 断言是 SQL-92 标准推荐的，但不是所有的商用 RDBMS 都支持，例如 SQL Server 和 Sybase 就不支持断言。因此，在决定使用断言之前，应查阅所用 RDBMS 技术资料，看其是否支持断言。

④ 由③可知，SQL-92 标准推荐的标准，商用产品不一定支持；而有时商用产品中具有的功能，在 SQL-92 标准中也不一定有。例如，SQL Server、Oracle 等支持触发器，而 SQL-92 标准中没有触发器定义。不过，在 SQL 1999 标准中增加了对触发器的定义。

3.3.7　完整性约束的实施

关系创建并指定了完整性约束后，当关系更新（包括插入、删除和修改，以后凡是谈到更新操作时，均是指这 3 种操作，除非特别说明）时，由 RDBMS 对该关系实施完整性约束的检查。由于各个完整性约束对关系中数据影响的不同，以及条件复杂性程度的不一样，因此，RDBMS 对各完整性约束的实施也有所不同。

1. 对域约束、主键约束和唯一约束的实施

这 3 种完整性约束，由于影响直接、条件简单，故只要插入、删除和修改的 SQL 命令，在执行过程中违背了这些约束，就会立即被 RDBMS 拒绝执行，并返回被违背的约束名称及其他信息。

2. 外键约束的实施

从前面的介绍可知，外键约束包含两个方向的内容，影响较复杂。因此，RDBMS 对外键约束的检查，也是从两个方向分别进行的，但不是同时进行。

尽管外键约束只是在从表上定义，根据前面对外键约束的讨论可知，主表中的主键值在被删除和修改时，可能会影响到从表中的外键值。因此，当主表中的主键值在被删除和修改时，RDBMS 就会检查这种主键值的变化是否影响到了从表中的外键值。如果是，则会根据预先设定的行动策略（如 NO ACTION 或 CASCADE），进行相应的动作；否则，RDBMS 将接受主表中主键值的变化。

而对从表，RDBMS 会在从表中的外键值进行插入或修改时，检查该外键值的变化是否在主表的主键值范围之内。如果是，RDBMS 将接受从表中外键值的变化；否则，将拒绝对应的 SQL 语句的执行，并返回该外键约束的名称及相关信息。

说明：

① 外键约束一旦设定，与该约束有关的主表和从表，都会成为 RDBMS 检查的目标。

② 对从表，外键值的删除不会触发 RDBMS 进行表间完整性检查，但插入和修改会。

③ 对主表，主键值的插入不会触发 RDBMS 进行表间完整性检查，但删除和修改会。

3. 一般性约束的实施

对一般性约束的实施通常是在每个 SQL 语句之后，由 RDBMS 根据预先设定的条件，对条件中指定的数据进行检查。

3.4 SQL Server 和 Sybase 支持的 完整性约束及其设定

前面介绍的是 SQL-92 中推荐的关系模型上的一些完整性约束。本节将以 MS SQL Server 及 Sybase 产品为例，来介绍这两个具体的数据库产品中所支持的完整性约束及其设定方法。

3.4.1 SQL Server 和 Sybase 支持的完整性约束

SQL Server 和 Sybase 数据库产品支持的完整性约束相同，如表 3-1 所示。

下面，将分别就表 3-1 中的 7 种完整性约束的设定方式进行介绍。其中，会逐渐涉及一些简单实用的 SQL 命令，读者可在实验环境下实际运行，体验其实际效果，以加深对关系模型完整性约束的理解，并掌握其使用方法。

表 3-1　SQL Server 和 Sybase 支持的完整性约束

完整性分类	实现方式	含义	备注
表本身的完整性	DEFAULT	默认	指定列的默认值
	RULE	规则	指定列的取值范围
	CHECK CONSTRAINT	检查约束	均有列级（即只涉及一列）和表级（涉及表中多列）两种写法
	PRIMARY KEY	主键约束	
	UNIQUE	唯一约束	
表间的完整性	FOREIGN KEY	外键约束	外键约束亦称参照完整性约束
	TRIGGER	触发器	可利用触发器来维护表间数据完整性

3.4.2　DEFAULT 的设定

DEFAULT 主要是用来为列或用户自定义数据类型指定默认值。每一个列或自定义类型只能有一个默认值。

作用及效果：当用户没有给指定有默认值的列输入数据时，RDBMS 自动用该默认值代替。

对于默认，有两种设定方式，分别是表定义时设定方式和创建默认的设定方式。

1. 表定义时设定 DEFAULT

该方式是在创建表的同时，对需要默认值的列设定其相应的默认值。

例 3-2　表定义时的默认设定示例。

```
CREATE TABLE publishers
( pub_id          char(4)              NOT NULL,
  pub_name        varchar(40)          NULL,
  city            varchar(20)          DEFAULT 'Pasadena',
  state           char(2)              DEFAULT 'CA')
```

例 3-2 为表 publishers 创建了 4 个列，分别是 pub_id、pub_name、city 和 state。其中，pub_id 和 state 是长度分别为 4 和 2 的字符型，pub_name 和 city 是长度分别为 40 和 20 的可变长度字符型，关于 SQL Server 中可用的系统数据类型请参见第 4.4.2 小节。另外，pub_id 的值必须为非空（NOT NULL），而 pub_name 的值可为空值（NULL）。该 SQL 语句将 city 和 state 列的默认值分别设定为"Pasadena"和"CA"，其中的 DEFAULT 是命令关键字，不能少。

说明：

① CREATE TABLE 是 CREATE 中最常用的命令之一，用来创建表的结构，包括各个属性的名称、数据类型、数据长度及其他特性，如各种完整性约束等。

② 在 SQL Server 中，对字符型数据须用单引号（'　'）括起。

③ publishers 是 SQL Server 样例库 pubs 中的表，关于 SQL Server 样例库表结构请参见附录。

验证：读者可利用例 3-3 中的 2 条 SQL 语句，来验证默认的作用与效果。

例 3-3 默认作用的验证示例。

```
INSERT publishers (pub_id) VALUES ('0001')
SELECT * FROM publishers
```

其中，第一条语句用来向表 publishers，插入一条记录，且只给出了 pub_id 的值为 0001，其他的列均未赋值。第二条语句用来查询 publishers 表中现在有哪些记录，查询的结果中应该有＜0001，null，Pasadena，CA＞。如果是，则说明指定的两个默认值都起作用了。

说明：

① INSERT 是 SQL 数据操纵中的插入命令，VALUES 为关键字，其后的部分是给对应的各列赋值。如果在其前面没有列出要赋值的列，则其后的部分应按表中列的顺序，给所有的列赋值。

② SELECT 是 SQL 中的数据查询命令，主要由一些子句（clause）构成，各子句由一关键字及其相应的表达式组成，例如，SELECT 子句由 SELECT 及其后的各个属性构成（如用 * ，则表示表中所有列），FROM 子句由 FROM 关键字及其后的一个或多个表构成，还有 WHERE 条件子句，它是由 WHERE 关键字及其后的条件表达式构成。这 3 个子句构成最基本的 SELECT 查询命令。

2. 创建 DEFAULT

当多个表中的列其默认值相同时，这种设定方式很有用。其创建命令如下：

```
CREATE DEFAULT 默认名 AS '默认值'
```

要使该默认值起作用，必须将其绑定到表中相应的列上，绑定方法如下：

```
sp_bindefault '默认名', '表名.列名'
```

其中，sp_bindefault 为 SQL Server 中的系统存储过程（stored procedure），表示将默认名所代表的默认值绑定（bind）到表中某个列上。这类存储过程可以直接在交互方式下使用。关于存储过程，请参见第 4.4.6 小节。

因此，这种设定方式下的默认设定，需要以上两步来完成。

例 3-4 创建默认示例。先按例 3-2 所示，创建表 publishers，但不为 state 列指定默认值。

```
CREATE DEFAULT dft_state AS 'CA'
sp_bindefault 'dft_state', 'publishers.state'
```

读者可自行按例 3-3 的方法，来验证此种方式下设定的默认。

说明：

① 绑定时，要求绑定的列名数据类型与默认值相同；

② 绑定了默认值后，不会对绑定默认值之前表中已存在的值产生影响，而只对绑定之后的值产生影响。

要取消某列的默认,可用 sp_unbindefault 解除绑定:

sp_unbindefault '表名.列名'

要删除默认,可用如下命令:

DROP DEFAULT 默认名

说明:应保证该默认已从所有绑定的列上摘除,否则删除不会成功。

3.4.3　RULE 的设定

RULE 主要是针对表中的某一列,指明该列的取值范围。

作用及效果:当该列值变化时,RDBMS 将检查变化的值是否在该规则规定的范围内。如是,则接受新列值;否则,拒绝该列值的改变,并返回该列值违反的规则名称及相关信息。

对于规则,只有一种设定方式,即创建规则的设定方式。其创建命令如下:

CREATE RULE 规则名 AS 规则

例 3-5　创建规则示例。

CREATE RULE state_rule AS @state IN ('CA', 'CO', 'WA')

说明:

① 规则可用 IN(…)、BETWEEN…AND…,关系式 $<$、$>$、$<=$、$>=$、$<>$、$=$、$!=$、$!>$、$!<$ 和 LIKE 等操作符描述,各操作符的具体内容参见第 4 章;

② 创建规则时,应注意 AS 后有一个以 @ 开头的局部变量,如例 3-5 中的 @state 即为局部变量。

要使该规则起作用,必须将其绑定到表中相应的列上,绑定方法如下:

sp_bindrule　规则名, '表名.列名'

其中,sp_bindrule 也是 SQL Server 中的系统存储过程,表示将规则名所代表的规则绑定到表中某个列上。

例 3-6　绑定规则示例。先按例 3-2 所示,创建表 publishers,但不为 state 列指定默认值。再按例 3-5 创建规则 state_rule,然后用如下方式绑定规则。

sp_bindrule state_rule, 'publishers.state'

验证:读者可利用例 3-7 中的 SQL 语句,来验证规则的作用与效果。

例 3-7　规则作用的验证示例。语句如下:

INSERT publishers VALUES ('0002', 'WWWU Press', 'San Francisco', 'IL')

由于该 SQL 语句向表 publishers 插入的记录中,state 列的值"IL",不在该列所绑定规则规定的范围之内,因此,SQL Server 会返回错误信息,拒绝本记录的插入。如果将例 3-7 中的"IL"改为"CA",则该语句可成功执行,该条记录即可出现于 publishers 表中。

要取消某列的规则，可用 sp_unbindrule 解除绑定：

sp_unbindrule '表名.列名'

要删除创建的规则，可用：

DROP RULE 规则名

扩展用法：将创建好的默认和规则绑定到用户自定义类型上，方法分别如下：

sp_bindrule   规则名 用户自定义类型
sp_bindefault   默认名 用户自定义类型

要求：先应创建好用户自定义类型，然后再绑定。关于"用户自定义类型"的内容，请参见第 4.4.2 小节。

这样，只要使用该用户定义类型，其规则和默认即可发挥作用，从而简化了绑定规则和默认的操作。

要将默认和规则从用户定义类型摘除，则分别用如下存储过程：

sp_unbindefault   用户定义类型
sp_unbindrule   用户定义类型

查看创建规则和默认的过程，用如下存储过程：

sp_helptext   规则名或默认名

说明：
① 默认值必须满足规则的要求。
② 一般，在绑定一个新规则或默认时，应先摘除旧规则或旧默认。如没有摘除，则自动用新规则或新默认替换旧的。

3.4.4 检查约束的设定

检查约束类似于规则，要求用户对列或表中数据的更新应满足约束条件，条件也是用与规则类似的 IN、BETWEEN…AND 或 LIKE 等操作符来表达。

分类：分列级和表级两种定义方法。列级检查约束（column check constraint）针对表中一列，表级检查约束（table check constraint）则针对同一表中多列。

1. 列级检查约束

例 3-8 列级检查约束示例。

```
CREATE TABLE publishers1
(pub_id     char(4)      NOT NULL
 CONSTRAINT pub_id_constraint
 CHECK (pub_id IN ('234', '3344', '564') OR pub_id LIKE '43[0-9][0-9]'),
 city       varchar(20) NULL,
 state      char(2)      NULL)
```

其中，pub_id_constraint 为检查约束名，CONSTRAINT 和 CHECK 为定义检查约束的命

令关键字。"CONSTRAINT pub_id_constraint"可省略，即用户如果不命名定义的检查约束，这时，SQL Server 将自动为该检查约束给定一个随机生成的名字。由于该名字是 DBMS 随机生成的，用户不容易记忆，故建议用户最好还是自己为定义的检查约束起一个利于记忆的名字。

说明：列级方式，表示在要定义约束的列本身定义完后，紧接其后定义其约束。

2. 表级检查约束

例 3-9　表级检查约束示例。

```
CREATE       TABLE  discounts1
( discounttype  varchar(40)        NOT NULL,
  store_id      char(4)            NULL,
  lowqty        smallint           NULL,
  highqty       smallint           NULL,
  discount      float              NOT NULL,
  CONSTRAINT low_high_check
  CHECK (lowqty <= highqty))
```

说明：

① 表级约束方式，表示在表中所有的列都定义完后，再来定义所要的约束。

② 表级和列级仅仅表示两种写法，没有其他含义。列级检查约束可用表级方式写，表级约束也能用列级方式写。

③ 默认值须满足检查约束要求。

3.4.5　主键约束的设定

主键约束要求主键值不能出现空值，且所有的值唯一。在定义了主键约束后，系统自动为该表生成一个聚簇索引（clustered index）。关于聚簇索引的内容，请参见第 4.2.5 小节。

分类：分列级和表级两种定义方式。列级针对表中一列，而表级则针对同一表中多列。

1. 列级主键约束

例 3-10　列级主键约束示例。

```
CREATE TABLE publishers2
( pub_id        char(4)            PRIMARY KEY,
  pub_name      char(30),
  city          varchar(20)        NULL,
  state         char(2)            NULL)
```

其中，PRIMARY KEY 为定义主键约束的命令关键字，此种方式下，系统会自动为该主键约束生成一个随机的名称，并生成一个基于该主键的聚簇索引。

2. 表级主键约束

例 3-11　表级主键约束示例。

```
CREATE TABLE sales1
( stor_id          char(4)                NOT NULL,
  date             datetime               NOT NULL,
  ord_num          varchar(20)            NOT NULL,
  CONSTRAINT       pk_sales_constr
  PRIMARY KEY NONCLUSTERED (stor_id, ord_num))
```

其中,pk_sales_constr 为该主键约束的名称,NONCLUSTERED 表示非聚簇索引(non-clustered index)。默认情况下,系统会自动为该表生成一个基于主键的聚簇索引,但用户可利用命令关键字 NONCLUSTERED,将该索引改为非聚簇索引。

例 3-11 将 sales1 表中的(stor_id, ord_num)定义为主键,这是一个复合键。

3.4.6 唯一约束的设定

唯一约束主要是针对候选键的约束。在定义了唯一约束后,系统自动为该表生成一个非聚簇索引,当然在定义时可改成聚簇索引。不过,要注意:一张表只能有一个聚簇索引。

与主键约束之区别:所有值唯一,最多只能有一个空值;默认索引为非聚簇索引。

分类:分列级和表级两种。列级针对表中一列,表级则针对同一表中多列。

1. 列级唯一约束

例 3-12 列级唯一约束示例。

```
CREATE TABLE publishers3
( pub_id           char(4)                UNIQUE,
  pub_name         char(30))
```

其中,UNIQUE 为定义唯一约束的命令关键字。此种方式下,系统会自动为该唯一约束生成一个随机的名称,并生成一个基于该候选键的非聚簇索引。

2. 表级唯一约束

例 3-13 表级唯一约束示例。

```
CREATE TABLE sales2
( stor_id          char(4)                NOT NULL,
  ord_num          varchar(20)            NOT NULL,
  date             datetime               NOT NULL,
  CONSTRAINT uq_sales_constr
  UNIQUE CLUSTERED (stor_id, ord_num))
```

其中,uq_sales_constr 为该唯一约束的名称,CLUSTERED 指示系统为该表生成一个基于候选键的聚簇索引。默认情况下,系统会自动为该表生成一个基于候选键的非聚簇索引,但用户可利用命令关键字 CLUSTERED,将该索引改为聚簇索引。

例 3-13 将 sales2 表中的(stor_id, ord_num)定义为候选键。

3.4.7 外键约束的设定

外键约束是用来维护通过外键联系的主表和从表间、两个方向的数据完整性。定义外键约束的列,必须是另一个表中的主键或候选键。

分类:分列级和表级两种。列级针对表中一列,表级则针对同一表中多列。

1. 列级外键约束

例 3-14 列级外键约束示例。

```
CREATE TABLE titles
( title_id        tid                PRIMARY KEY,
  title           varchar(4)         NULL,
  pub_id          char(4)            NULL
  CONSTRAINT pub_id_const
  REFERENCES publishers3 (pub_id)
  ON DELETE CASCADE
  ON UPDATE CASCADE,
  notes           varchar(23)        NULL)
```

其中,pub_id_const 为该外键约束的名称,tid 是一种用户自定义类型,其定义是长度为 6 的不能为空值的字符型。关于用户自定义类型,请参见第 4.4.2 小节。

说明:

① 例 3-14 定义的外键约束中,publishers3 表中的 pub_id 在例 3-12 中被定义成候选键,则 titles 中的 pub_id 即为外键,故 publishers3 为主表,titles 为从表。

② 既然 titles 为从表,故外键约束应在其上定义。

③ REFERENCES publishers3(pub_id)用于定义"从表→主表"方向的参照完整性,表示 titles 表中的 pub_id 在插入和修改时应参照(REFERENCE)publishers3 表中的 pub_id。

④ ON DELETE CASCADE 和 ON UPDATE CASCADE 用于定义"主表→从表"方向的完整性,定义为维护"主表→从表"方向的完整性而采取的行动,表示当主表 publishers3 中的 pub_id 在删除(DELETE)或修改(UPDATE)时,如果影响到从表,则应级联(CASCADE)删除从表 titles 中具有相同 pub_id 值所在的元组,或修改从表 titles 中的 pub_id。

⑤ 级联删除 titles 中的 pub_id,实际上是删除 pub_id 所在的行。

⑥ 如果不定义行动,即不要 ON DELETE CASCADE 和 ON UPDATE CASCADE,SQL Server 的默认行动是 NO ACTION。

2. 表级外键约束

例 3-15 表级外键约束示例。

```
CREATE TABLE salesdetail
( stor_id         char(4)            NOT NULL,
  ord_num         varchar(20)        NOT NULL,
  title_id        tid                NOT NULL,
  qty             smallint           NOT NULL,
  discount        float              NOT NULL,
  CONSTRAINT sales_constr
  FOREIGN KEY (stor_id, ord_num)
```

```
REFERENCES sales2 (stor_id, ord_num)
ON DELETE CASCADE
ON UPDATE CASCADE,

CONSTRAINT titles_constr
FOREIGN KEY (title_id)
REFERENCES titles (title_id)
ON DELETE CASCADE
ON UPDATE CASCADE)
```

例 3-15 中，定义了两个外键约束。由表 salesdetail 中的列，可以看出，(stor_id, ord_num)这两列在例 3-13 中被定义成表 sales2 的候选键，所以（stor_id，ord_num）为 salesdetail 的外键。另外，title_id 在例 3-14 中被定义成表 titles 的主键，所以 title_id 也是 salesdetail 的外键。因此，salesdetail 有两个外键，于是，可定义两个外键约束。

与例 3-14 中的列级外键约束定义不同的是，本例中多了 FOREIGN KEY 所在的行。这也算是列级与表级的另一区别。因为在例 3-14 的列级方式中，外键约束是紧接着 pub_id 写的，这也就表明 pub_id 是外键。而在例 3-15 的表级方式中，外键约束是在所有的列都定义完后才写，因此必须通过命令关键字 FOREIGN KEY 显式指出所定义的外键。

说明：CASCADE 和 NO ACTION 两种策略是 MS SQL Server 及 Sybase 中支持的。事实上，在 SQL-92 标准中定义有 4 种策略，分别是 CASCADE、NO ACTION、SET NULL 及 SET DEFAULT。由此也说明，具体的数据库产品不一定完全支持 SQL 标准。这是在学习和使用数据库时应特别注意的。

3.4.8 触发器的定义

触发器是一种特殊的过程，它不带参数，不被用户和程序调用，只能由用户对 DB 中表的操作（即插入、删除和修改 3 种操作）触发。也就是说，它是由操作激发的过程。正因如此，可以利用触发器，来维护表间的数据一致性。本小节将重点介绍如何定义触发器来维护表间数据一致性。

说明：触发器不仅可用来维护表间数据一致性，还可用来完成更复杂的功能。

触发器分 AFTER 触发器和 INSTEAD OF 触发器两种。

AFTER 触发器表示其执行是在触发它的操作（INSERT、UPDATE 和 DELETE）之后，如果触发的操作失败，则此触发器不会执行。该触发器只有在表上建立。每个触发操作可定义多个 AFTER 触发器，可用 sp_settriggerorder 指定第一个和最后一个 AFTER 触发器的触发顺序，其他的则不确定。

INSTEAD OF 触发器可在表或视图上定义，每个触发操作只能定义一个 INSTEAD OF 触发器。INSTEAD OF 触发器主要是用来替换触发的操作（如 INSERT、UPDATE 或 DELETE），即不执行触发操作的语句，而是执行此触发器。

可利用 AFTER 触发器来维护表间的数据一致性。具体做法是：主表和从表应分别建立各自的触发器，主表的触发器维护主表到从表方向的数据完整性，而从表的触发器维护从表到主表方向的参照完整性。当然，这里的主表和从表，不需要定义外键，只要有共同的列即可,只是为区分和与前面叙述对应起见,仍沿用关于外键约束中的"主表和从表"、"主键和外键"的说法。

应用示例:例 3-2 中创建的 publishers 表中的 pub_id,也出现在例 3-14 中创建的 titles 表中。借助外键约束中的说法,publishers 为主表,而 titles 为从表。要维护两表间的完整性,有两种方法可供选用,一种方法是利用外键约束,此方法需要首先定义 publishers 表中的 pub_id 为主键或候选键,使 pub_id 成为 titles 表的外键,然后在 titles 表中定义外键约束;另一种方法就是分别建立 publishers 和 titles 表的触发器,来维护它们间的完整性。

触发器创建的语法如下:

```
CREATE TRIGGER 触发器名
ON {表名|视图名}
{FOR|AFTER|INSTEAD OF} {[INSERT] [,] [UPDATE] [,] [DELETE]}
AS
     SQL 语句块
RETURN
```

其中,"表名"指要建立触发器的表。FOR 是为与早期版本兼容而保留,其默认类型即是 AFTER 触发器。FOR 后列出的是触发该触发器的操作,可只列一个操作,也可列两个或 3 个,但最多只能列 3 个操作。如果把 INSERT、UPDATE 和 DELETE 这 3 个操作都列上,表示 3 个操作都可触发该触发器。"SQL 语句块"表示用户编写的一段 SQL 语句,要求该触发器被触发后应做的事情。

说明:

① 一旦某操作触发了某个触发器,系统就会将该操作与该操作触发的触发器,作为一个事务提交或回退。关于事务、提交和回退的内容,请参见第 5.4 节和第 5.5 节。

② 系统为触发器提供有两张表,即 inserted 表和 deleted 表,其表结构与定义该触发器的表的结构一致,以便于程序员在编程时引用,但其中的数据不允许被修改。当触发的操作是"插入"时,新数据也会写入 inserted 表中;当触发的操作是"删除"时,删除的数据会保存在 deleted 表中;而当触发的操作是"修改"时,会同时用到这两张表,系统会采取先"删除"后"写入"的方式,先将删除的数据保存在 deleted 表中,而将修改的新数据写入 inserted 表中,即"新"数据会放到 inserted 表中,而"老"数据放到 deleted 表中。inserted 表和 deleted 表存储于内存,一旦触发器工作完成,它们即被删除。

根据前面关于表间完整性维护的讨论可知,对主表中的主键值进行删除和修改时,可能会影响从表中的外键值,但插入不会影响从表;而对从表的外键值进行插入和修改时,需要参照主表中的主键值,但删除不需要参照主表。

也就是说,主表只需建立两个触发器,即"删除"和"修改"触发器,就能维护主表到从表方向的数据完整性;而从表也只需建立两个触发器,即"插入"和"修改"触发器,就能维护从表到主表方向的参照完整性。下面将通过示例,分别建立主表和从表所需的几个触发器,读者在实际项目的开发中,可借鉴这 4 种触发器的写法。

例 3-16 由删除操作触发的主表删除触发器示例。

```
CREATE TRIGGER pub_del
ON publishers
AFTER DELETE
AS
    IF @@rowcount = 0 RETURN
    DELETE titles
    FROM titles t, deleted d
    WHERE t.pub_id = d.pub_id
RETURN
```

其中，@@rowcount 是 SQL Server 提供的系统变量（或称全局变量），以@@开头，其值表示表中有几行记录被删除了。

说明：

① 该触发器的功能表示，当删除了 publishers 表中的数据后，级联删除 titles 表中对应的行，实际上是模拟了外键约束中的 CASCADE 行动。如果要模拟 No Action 行动，则可用 Rollback Transaction 替换 pub_del 触发器中的 DELETE 语句。该触发器中 deleted 表的结构与 publishers 表结构一致。事实上，由于触发器中的行动是由用户定义的，因此利用触发器可以完成更加灵活的表间数据一致性维护。而这是外键约束无法做到的，因为外键约束的行动是被 DBMS 固定的，例如在 SQL Server 中只有两个行动（CASCADE 和 NO ACTION）可供选用。

② DELETE 是 SQL 数据操纵中的数据删除命令，DELETE 引出要操纵的表，FROM 指明要引用的表，WHERE 指出条件。只有满足该条件的元组才会被删除。一般在删除命令中都会带有条件，否则将删除表中所有的元组。

③ 例 3-16 中的 t 和 d，分别作为 titles 和 deleted 的别名，以便于简化较长表名的书写。别名的另一个用途是当引用的两张表是同一张表时，可用别名的形式来区分。

④ SQL Server 中也提供有类似高级语言中的流程控制语句，如 IF、WHILE 等，相关内容参见第 4.4 节。

例 3-17 由修改操作触发的主表修改触发器示例。

```
CREATE TRIGGER pub_update
ON publishers
AFTER UPDATE
AS
    DECLARE @num_rows INT
    SELECT @num_rows =@@rowcount
    IF @num_rows =0 RETURN
    IF UPDATE (pub_id)
    BEGIN
        IF @num_rows >1
        BEGIN
            RAISERROR 53333    '不支持多个 pub_id 值的修改'
            ROLLBACK TRANSACTION
```

```
            RETURN
        END
        UPDATE titles
        SET pub_id = i.pub_id
        FROM titles t, deleted d, inserted i
        WHERE t.pub_id = d.pub_id
    END
RETURN
```

其中,"DECLARE @ num_rows INT"申明 @ num_rows 为局部整型变量;"SELECT @num_rows = @@rowcount"用于将全局变量@@rowcount 的值赋给@num_rows;"IF UPTATE(pub_id)"是用来测试在 pub_id 列上进行的 INSERT 或 UPDATE 操作(不能用于 DELETE 操作),即检查 pub_id 的值是否发生了变化,如是,返回逻辑"真"值,否则返回"假"值;"ROLLBACK TRANSACTION"表示"回退事务",相关内容参见第 5 章;"BEGIN…END"为语句块界符;"RAISERROR"为出错信息提示命令。

说明:

① 该触发器的功能表示,当 publishers 表中的 pub_id 被修改后,级联修改 titles 表中对应的行,类似于外键约束中的 CASCADE 行动。

② UPDATE 是 SQL 数据操纵中的数据修改命令,UPDATE 引出要操纵的表,SET 用于对列值进行修改,FROM 指明要引用的表,WHERE 指出条件,只有满足该条件的元组的列才会被修改。一般,在修改命令中,也都会带有条件,否则将修改表中所有元组中对应的列。

③ TRANSACTION 表示事务,是数据库中的重要概念,将在第 5 章介绍。对于触发器,DBMS 一般将触发器以及触发它的操作作为一个事务处理,即操作和触发器要么都成功执行,要么都不执行。上例中的 ROLLBACK 表示回退事务,即操作和触发器都不执行。如果是用 COMMIT,则表示将提交事务执行。

以上两个例子是关于主表的触发器示例,下面的例 3-18 则为从表的触发器示例。例 3-18 将从表的两个触发器合并为一个。

例 3-18 由插入和修改操作触发的从表插入及修改触发器示例。

```
CREATE TRIGGER title_iu
ON titles
FOR INSERT, UPDATE
AS
    DECLARE @num_rows INT
    SELECT @num_rows = @@rowcount
    IF @num_rows = 0 RETURN
    IF ( SELECT count(*)
        FROM publishers p, inserted i
        WHERE p.pub_id = i.pub_id) != @num_rows
    BEGIN
        RAISERROR 53334    '试图插入或修改非法的 pub_id 值到 titles 表中'
```

```
        ROLLBACK TRANSACTION
        RETURN
    END
RETURN
```

说明：

① 该触发器的功能表示，当 titles 表中插入或修改的 pub_id 值，不在 publishers 表的 pub_id 值的范围之内时，将拒绝该值的插入或修改；否则，接受该值的插入或修改，起到了参照（reference）作用。

② count(*)是 SQL 语言中提供的一种聚集函数，用来计算元组的个数。相关内容参见第 4.4.4 小节。

查看触发器的创建过程可用如下存储过程：

```
sp_helptext  触发器名
```

查看表依赖的触发器或触发器涉及的表，则用如下存储过程：

```
sp_depends  表名或触发器名
```

删除触发器可用如下方法：

```
DROP TRIGGER  触发器名
```

说明：

① 不能对临时表创建触发器；

② 有关修改触发器的命令语法请参见相关的技术资料；

③ 如果建立触发器的表被删除，那么其上的触发器将被自动删除。

正如前面所述，触发器不仅可完成与外键约束一样的表间数据一致性维护工作，还可完成更灵活的功能。以图 3-2 为例，假如学生表（students）的某个学生被删除了，那么班级表（classes）中该学生所在的班级人数将减 1。我们可以利用触发器来完成此功能，假定学号字段用 sid 表示，班号用 classID 表示，人数用 numb 表示，同时假定一次只删一名学生，则代码如下：

```
CREATE TRIGGER student_del
ON students
FOR DELETE
AS
    IF @@rowcount = 0 RETURN
    IF @@rowcount != 1 ROLLBACK
    UPDATE classes
    SET numb=numb-1
    FROM classes C, deleted d
    WHERE d.classID=C.classID
RETURN
```

该触发器一旦创建好，当用户利用下面的删除语句从 students 表删除一名学生时，触发器将被触发,并将该学生对应班级的人数减 1。

```
DELETE students WHERE sid='x001'
```

3.5　视图及其操作

3.5.1　基本概念

由第 1 章可知,视图(view)是关系数据库系统中的一个重要概念。除了理论上的概念外,视图在 RDBMS 中也是一个重要的操作工具。在 RDBMS 中,视图也是一张表,但其数据不存储于视图中,而是由视图定义从表中查询出来,故有时称其为虚表。事实上,它是构建在表上的查询。而创建视图基于的表,称作基表(base table)。

说明:目前,有一些 DBMS(如 Oracle)允许将视图中 SQL 查询的结果以表的形式存储起来,以用于以后的查询处理,这种视图称作物化视图(materialized view)。除非特别说明,本教材讨论的视图一般都指非物化的视图,即其结果不存储。

既然视图是一张虚表,故而可像表一样用于定义新的查询或视图,也可以通过视图来对其基表进行更新操作(即增删改)。不过,由于视图毕竟是一张虚表,因此,对视图的更新与对表的更新还是有区别的。实际上,是对视图的更新有所限制。这个限制就是,SQL-92 标准只允许对基于一张表的视图进行更新。在操作视图时,应时刻注意这一点。

说明:从原理上说,涉及多表的视图可安全更新,只要视图中包含有所涉及基表的主键。但实际上,处理多表视图的更新相当复杂,所以 SQL-92 限制对多表视图进行更新。

正因为视图是建立在表的基础上,所以视图机制对安全性可提供一定的支持。从第 1 章可知,可以从纵向和横向"裁剪"表中的数据,形成视图,于是可只让用户操作视图,而不是操作基表,以此来提高基表中其他数据的安全性。

3.5.2　视图的创建

知道了视图的基本概念后,再来看视图的创建就好理解了。视图创建的 SQL 语法如下:

```
CREATE VIEW 视图名 [列名表]
AS SELECT 语句
```

从上语法可以看出,创建的视图实际上就是一个查询语句,这与前面介绍的概念是吻合的。

例 3-19　视图创建示例。

以 SQL Server 中提供的 pubs 数据库为基础。该数据库中,有一张 authors 表,其关系模式参见附录。以下 SQL 语句,即是基于 authors 表,创建了一个 ca_authors 视图,该视图将 authors 表中 state = 'CA'的作者信息(au_id, au_lname, au_fname, phone, state, contract)查询出来。

```
CREATE VIEW ca_authors
```

```
AS SELECT au_id, au_lname, au_fname, phone, state, contract
    FROM authors
    WHERE state = 'CA'
```

要查看视图信息，可用如下存储过程：

```
sp_help    视图名
```

查看视图的创建过程，方法如下：

```
sp_helptext    视图名
```

删除视图定义的 SQL 语句如下：

```
DROP VIEW    视图名
```

3.5.3 视图的修改与删除

SQL-92 允许对基于一张表的视图进行更新。可进行更新操作的视图，称为可更新视图。对这种视图的更新，也就是对其基表更新，即通过插入、修改和删除视图中的行，可插入、修改和删除基表中对应的行。此部分先对视图的修改与删除进行讨论。

说明：如果不是可更新视图，就不能通过视图来更新与其相关的表中的数据。也就是说，这时只有直接对表进行操作来更新数据，而不能通过视图间接地更新表中的数据。

例 3-20 修改视图数据示例。

```
UPDATE ca_authors
SET phone = '888 496-7223'
WHERE au_id = '172-32-1176'
```

例 3-20 是对例 3-19 中创建的 ca_authors 视图，进行数据修改操作，这种修改也会反映到基表 authors 中去。验证方法参见例 3-21。

例 3-21 视图中修改的数据会反映到基表的验证示例。

```
SELECT * FROM au_authors
SELECT * FROM authors
```

其中，第一条语句是查看视图中的数据，第二条语句则是查看基表中的数据。

例 3-22 删除视图数据示例。

```
DELETE ca_authors
WHERE au_id = '172-32-1176'
```

读者可用例 3-21 来验证。

3.5.4 视图的数据插入

对视图插入一行，也会在基表中插入一行。对于表中没有出现在视图中的列，以 NULL 代替。

例 3-23 向视图插入数据示例。

```
INSERT INTO ca_authors
VALUES ('888-88-8888', 'Tao', 'Hongcai', '008 888-8888', 'CA', 1)
```

读者也可用例 3-21 来验证,表 authors 中新插入的一行中其他列的值是否是 NULL。

由于主键不能用 NULL 值,因此,如果视图中没有包括表的主键,那么对视图的插入将被拒绝。同样,如果创建视图时,没有将表中所有非空列包含进去,那么对视图的插入亦将被拒绝。

例 3-24 向无主键的视图插入数据示例。

分两步做。第一步,先创建视图 ca_authors1,该视图中不包含表 authors 的主键 au_id,代码如下:

```
CREATE VIEW ca_authors1 AS
SELECT au_lname, au_fname, phone, state, contract
FROM authors
WHERE state = 'CA'
```

第二步,对视图 ca_authors1 插入数据,代码如下:

```
INSERT INTO ca_authors1
VALUES ('Wang', 'Wu', '008 666-6666', 'CA', 1)
```

第二步运行后,系统会给出如下错误信息:

```
Cannot insert the value NULL into column 'au_id', table 'authors';
Column does not allow nulls. INSERT fails. The statement has been terminated.
```

特别注意,对视图的插入,有可能插入的数据出现在基表中,而没有出现在视图中。SQL-92 标准的默认行为,是允许这种插入的。

例 3-25 向视图插入的数据不在视图中。

```
INSERT INTO ca_authors
VALUES ('666-66-6688', 'Zhang', 'Shan', '008 666-6688', 'UT', 1)
```

读者也可用例 3-21 来验证,新插入的数据是否在表 authors 中,而不在 ca_authors 中。

要避免这种情况的发生,可在视图定义时,加入 WITH CHECK OPTION 选项即可。该选项的功能是,创建视图时一般都带有 WHERE 条件,如例 3-24 中的"WHERE state＝'CA'",该条件用来从表中筛选数据,如果在创建视图时加了 WITH CHECK OPTION 选项,那么向视图插入和修改的数据,也要满足这一条件,否则将被拒绝插入和修改。

例 3-26 带 WITH CHECK OPTION 的视图禁止插入不满足 WHERE 条件的数据。

分两步做。第一步,先创建带 WITH CHECK OPTION 选项的视图 ca_authors2,代码如下:

```
CREATE VIEW ca_authors2 AS
SELECT au_id, au_lname, au_fname, phone, state, contract
```

```
FROM authors
WHERE state='CA'
WITH CHECK OPTION
```

第二步，对视图 ca_authors2 插入数据，代码如下：

```
INSERT INTO ca_authors2
VALUES ('777-77-6688', 'Zhang', 'Shan', '008 666-6688', 'UT', 1)
```

第二步运行后，系统会给出如下错误信息：

The attempted insert or update failed because the target view either specifies WITH CHECK OPTION or spans a view that specifies WITH CHECK OPTION and one or more rows resulting from the operation did not qualify under the CHECK OPTION constraint. The statement has been terminated.

3.6 实体联系模型向关系模型的转换

在第 2 章，读者学习了实体联系数据模型，知道了它是高级语义数据模型，主要用来做设计的。利用 E-R 模型可先将现实系统的数据抽象出来，形成用 E-R 图表示的概念模式。为了实现概念模式，必须将其转换成关系模型，也就是将 E-R 模型向关系模型转换。这正是本节将要讨论的内容。

3.6.1 转换的一般方法

ERM 向关系模型的转换，是将 E-R 图转换成带有相关约束的表的集合。也就是说，ERM 中的实体和联系，包括约束，如何映射成关系模型中的表和约束？一般采用如下的具体映射方法。

1. 实体型映射为表

这种映射直接将实体型映射为表，实体型中的每个属性对应为表的列，实体型的主键也即是表的主键，实体型的候选键也作为表的候选键。

2. 联系型的转换

一般，联系型的转换方法有两种。一种是将联系型映射为关系（即表），另一种则是不将联系型转换为表，但应将其所包含的属性移动到具有键约束的实体所映射的表中。也就是说，如果不存在键约束，则联系型应转换为表，即此时只有一种转换方法。

不管是采用哪种转换方法，转换前都应首先确定联系型本身所包含的属性。由于联系与实体关联，因此不论联系型是 $1:1$ 联系、$1:n$ 联系，还是 $m:n$ 联系，其具有的属性均应包含以下内容：

（1）每个参与实体的主键；

（2）联系型的描述属性。

说明：转换前明确联系的属性很重要。

由上转换方法，可以看出实体型的转换非常简单和直接，而联系型的转换稍微复杂些，因为它的转换需要考虑相应的完整性约束,如键约束,有时可能还会影响其所关联实体的转换。下面将分别介绍联系型的两种转换方法,即联系型转换为表、联系型不转换为表。

3.6.2 联系型转换为表

下面将分别介绍此种转换方法下 1∶1、1∶n 和 $m∶n$ 这 3 种联系的转换过程与结果。

1. 1∶1 联系的转换

图 3-4 为一个 1∶1 联系的示例图,其中 A 和 B 为实体,R 为联系。A 的属性有 Ka、a1 和 a2,Ka 为主键;B 的属性有 Kb、b1 和 b2,Kb 为主键;R 有两个描述属性,分别为 r1 和 r2。我们知道,1∶1 联系存在两个键约束,故图中有两个箭头。

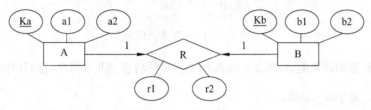

图 3-4　1∶1 联系示例图

如果联系型转换为表,那么对于此图,A 和 B 实体的转换就非常简单,它们转换的结果为

A(Ka, a1, a2),Ka 为主键。
B(Kb, b1, b2),Kb 为主键。

根据前面所述,联系型 R 所具有的属性,除了其本身的描述属性外,还有其所关联实体的主键。因此,图 3-4 联系 R 的属性包括 Ka、Kb、r1 和 r2。既然联系转换为表,而联系的属性也已确定,那么可得到转换后的关系:R(Ka, Kb, r1, r2)。

现在的问题是确定该关系的主键、外键和候选键(如果有的话)。显然,R 中的 Ka 和 Kb 是外键,因为 Ka 和 Kb 分别是 A 和 B 的主键。由于该联系含有键约束,因此根据键约束的作用,可将键约束方实体的主键作为联系的主键,而联系的主键即是转换后关系的主键。不过,由于该联系有两个键约束,因此 Ka、Kb 都能单独作为 R 的主键。如果指定 Ka 为主键,则 Kb 就为候选键;否则,如指定 Kb 为主键,则 Ka 就为候选键。

所以,图 3-4 的联系 R 可有如下两种可选的转换形式:

(1) R(Ka, Kb, r1, r2),Ka 为主键,Kb 为候选键,Ka 和 Kb 又各为外键。
(2) R(Ka, Kb, r1, r2),Kb 为主键,Ka 为候选键,Ka 和 Kb 又各为外键。

于是,图 3-4 的 ERM 向关系模型转换的最后的结果如下:

A(Ka, a1, a2),Ka 为主键。
B(Kb, b1, b2),Kb 为主键。
R(Ka, Kb, r1, r2),Ka 为主键,Kb 为候选键,Ka 和 Kb 又各为外键。

或

A(Ka, a1, a2),Ka 为主键。

B(<u>Kb</u>, b1, b2),Kb 为主键。

R(<u>Ka</u>,<u>Kb</u> r1, r2),Kb 为主键,Ka 为候选键,Ka 和 Kb 又各为外键。

2. 1∶n 联系的转换

图 3-5 为一个 1∶n 联系的示例图,其中 A 和 B 为实体,R 为联系,A、B 和 R 的属性如图 3-5 所示。另外,1∶n 联系存在一个键约束,故图中 n 方有一个箭头。

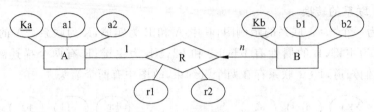

图 3-5　1∶n 联系示例图

与 1∶1 联系的转换类似,图 3-5 的 A 和 B 实体的转换也非常简单,它们转换的结果如下:

A(<u>Ka</u>, a1, a2),Ka 为主键。

B(<u>Kb</u>, b1, b2),Kb 为主键。

同样,我们可以确定联系 R 的属性为 Ka、Kb、r1 和 r2。由于联系转换为表,故可得到转换后的关系:R(Ka, Kb, r1, r2)。

现在再来确定该关系的主键、外键和候选键(如果有的话)。同样,R 中的 Ka 和 Kb 是外键,因为 Ka 和 Kb 分别是 A 和 B 的主键。由于该联系只有一个键约束,故只有 n 方的 Kb 可以作为 R 的主键,没有候选键。所以,图 3-5 的联系 R 转换的形式为:R(Ka, <u>Kb</u>, r1, r2),Kb 为主键,Ka 和 Kb 各为外键。

于是,图 3-5 的 ERM 向关系模型转换的最后的结果如下:

A(<u>Ka</u>, a1, a2),Ka 为主键。

B(<u>Kb</u>, b1, b2),Kb 为主键。

R(Ka, <u>Kb</u>, r1, r2),Kb 为主键,Ka 和 Kb 各为外键。

3. m∶n 联系的转换

图 3-6 为一个 m∶n 联系的示例图,其中 A 和 B 为实体,R 为联系,A、B 和 R 的属性如图 3-6 所示,没有键约束。

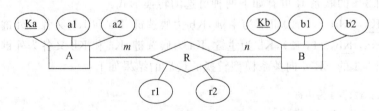

图 3-6　m∶n 联系示例图

图中 A 和 B 实体转换的结果如下:

A(<u>Ka</u>, a1, a2),Ka 为主键。

B(Kb, b1, b2)，Kb 为主键。

类似地，我们可以确定联系 R 的属性为 Ka、Kb、r1 和 r2。由于联系转换为表，故可得到转换后的关系如下：R(Ka，Kb，r1，r2)。

由于不存在键约束，故联系的主键只能由所参与实体的主键共同组成，即 R 的主键为 Ka 和 Kb。同样，R 中的 Ka 和 Kb 是外键，R 中没有候选键。所以，图中联系 R 转换的形式为：R(Ka，Kb，r1，r2)，(Ka，Kb) 为主键，Ka 和 Kb 各为外键。

于是，图 3-6 的 ERM 向关系模型转换的最后的结果如下：

A(Ka, a1, a2)，Ka 为主键。

B(Kb, b1, b2)，Kb 为主键。

R(Ka, Kb, r1, r2)，(Ka，Kb) 为主键，Ka 和 Kb 各为外键。

3.6.3　带键约束的联系型可不转换为表

如果联系型不转换为表，这时应将其所包含的属性移动到具有键约束的实体所映射的表中。由于键约束只存在于 1∶1 和 1∶n 联系中，因此只有这两种联系才能采用此转换方法。这也就是说，对于 m∶n 联系，必须将其转换为表。

下面将分别介绍此种转换方法下 1∶1 和 1∶n 两种联系的转换过程与结果。

1. 1∶1 联系的转换

仍以图 3-4 为例，由于存在两个键约束，因此联系的属性既可移动到 A 实体所映射的表中，也可以移动到 B 实体所映射的表中。

如果联系的属性向 A 实体所映射的表移动，那么对于图 3-4，B 实体的转换不受影响，直接转换为表，结果为：B(Kb, b1, b2)，Kb 为主键。

由于联系的属性要全部移动到 A 实体所映射的表中，而联系 R 的属性包括 Ka、Kb、r1 和 r2，因此，A 实体转换后其所映射的表包含的列为 Ka、a1、a2、r1、r2 和 Kb。其中，Ka、a1 和 a2 是 A 实体本身的属性，而 Kb、r1 和 r2 是从联系 R 移动过来的属性（由于 A 实体本身有一个 Ka，故从 R 联系移动过来的 Ka 被省略了）。

于是，当联系的属性向 A 实体所映射的表移动时，图 3-4 的 E-R 模型向关系模型转换的最后的结果如下：

A(Ka, a1, a2, r1, r2, Kb)，Ka 为主键，Kb 为外键同时也可作为候选键。

B(Kb, b1, b2)，Kb 为主键。

类似地，当联系的属性向 B 实体所映射的表移动时，图 3-4 的 E-R 模型向关系模型转换的最后的结果如下：

A(Ka, a1, a2)，Ka 为主键。

B(Kb, b1, b2, r1, r2, Ka)，Kb 为主键，Ka 为外键同时也可作为候选键。

2. 1∶n 联系的转换

以图 3-5 为例，由于只存在一个键约束，因此联系的属性只能向 B 实体所映射的表移动。这与上述 1∶1 联系转换中联系的属性向 B 实体所映射的表的移动处理完全一样。

图 3-5 的 E-R 模型向关系模型转换的最后的结果如下：

A(Ka, a1, a2)，Ka 为主键。

B(Kb, b1, b2, r1, r2, Ka)，Kb 为主键，Ka 为外键但不是候选键。

3.6.4 ERM 向 RM 转换方法小结

本小节对上述转换方法进行归纳，同时给出弱实体和与聚集相关的联系的转换方法。

1. 正常的实体与联系的转换

正常情况下，即除了虚实体和聚集之外，转换方法如下。

对于实体，直接转换为表，实体的属性作为表的列，实体的主键作为表的主键。

对于联系，可分以下两种情况转换。

(1) 如果联系带有描述属性，则将联系转换为表。联系的描述属性与涉及的各个实体的主键作为表的列，各实体的主键各自作为表的外键。表主键根据以下 3 种情况来分别确定：

① 1∶1 联系：选择任一关联实体的主键作为表的主键，其他关联实体的主键作为候选键。

② 1∶n 或 n∶1 联系：n 方（即带有键约束一方）的关联实体的主键作为表的主键。

③ m∶n 联系：表的主键由涉及实体的主键共同组成。

(2) 如果联系不带有描述属性，则转换方法按以下情况进行。

① 1∶1 联系：不转换为表。但需将联系所涉及实体的主键转移到任意带有键约束的实体转换的表中，并作为该表的候选键和外键。

② 1∶n(或 n∶1)联系：不转换为表。但需将联系所涉及实体的主键转移到由带有键约束的实体所转换的表中，并作为该表的外键。

③ m∶n 联系：转换为表。联系的描述属性与涉及的各个实体的主键作为表的列，表的主键由涉及实体的主键共同组成，各实体的主键各自作为表的外键。

图 3-7 所示归纳了正常情况下的 ERM 到 RM 的转换方法。

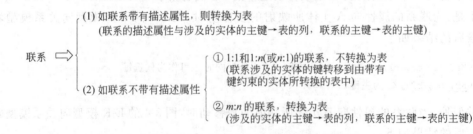

图 3-7　正常情况下的 ERM 到 RM 的转换

2. 弱实体的转换

弱实体可直接转换为表，但由于弱实体缺乏键属性，因此应将其识别实体的主键增加到此表中。表的主键由识别实体的主键与弱实体的部分键共同构成，同时识别实体的主键也是此表的外键。

弱实体与识别实体之间的联系不必转换。

3. 与聚集相关的联系的转换

聚集内的实体与联系的转换方法同正常情况下的实体与联系的转换。此处,主要说明与聚集相关的联系的转换。

事实上,如果将聚集看成是一个虚实体,则与聚集相关的联系的转换也与正常情况下联系的转换类似(但聚集内各实体的主键应加到该联系所转换的表中),关键是要确定此虚实体的主键。因此,问题就转变为虚实体主键的确定。

虚实体的主键主要取决于聚集内联系的类型。如聚集内的联系为 $m:n$,则该聚集形成的虚实体的主键由该联系所涉及实体的主键共同构成;如聚集内的联系为 $1:1$ 或 $1:n$,则虚实体的主键由该联系中带键约束的实体的主键确定。

关于与聚集相关的联系转换的例子请参见第 8.5.1 节。

说明:经过上述转换,在 ERM 中一目了然、意义明确的 $1:1$、$1:n$(或 $n:1$)和 $m:n$ 联系均隐形于各个表中,这可能是关系模型较难理解的原因之一。

3.6.5　E-R 模型向关系模型转换示例

1. 转换示例 1

将图 3-8 所示的 E-R 模型转换为关系模型。

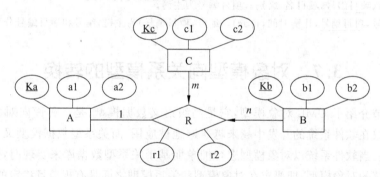

图 3-8　E-R 模型图例

图中的联系 R 为一个三元联系,存在两个键约束。由于联系本身带有描述属性 r1 和 r2,因此按图 3-7 所示方法将联系单独转换为关系更好些。3 个实体的转换比较简单,直接转换为关系即可。

根据前述的转换方法,联系 R 的属性包括 Ka、Kb、Kc、r1 和 r2。由于存在两个键约束,也就是说,Kb 和 Kc 都可单独作为联系 R 的主键。如果指定 Kb 为主键,则 Kc 为候选键;否则,若指定 Kc 为主键,则 Kb 就为候选键。显然,Ka、Kb 和 Kc 均为外键。最后,图 3-8 的 E-R 模型转换的关系模型如下:

A(<u>Ka</u>, a1, a2),Ka 为主键。

B(<u>Kb</u>, b1, b2),Kb 为主键。

C(<u>Kc</u>, c1, c2),Kc 为主键。

R(Ka, <u>Kb</u>, Kc, r1, r2),Kb 为主键,Kc 为候选键,Ka、Kb 和 Kc 均为外键。

或

R(Ka, Kb, <u>Kc</u>, r1, r2),Kc 为主键,Kb 为候选键,Ka、Kb 和 Kc 均为外键。

2. 转换示例 2

将第 2 章图 2-17 所示的 E-R 模型转换为关系模型。

图 2-17 的 E-R 模型有 4 个实体,3 个联系。其中,"管理"为 1∶1 联系,"组成"为 1∶n 联系,这两个联系均没有描述属性,"参加"为 m∶n 联系,且有两个描述属性,分别是"比赛时间"和"得分"。

由于"管理"和"组成"联系均无描述属性,且都存在键约束,因此最好不将这两个联系转换为表,而是将它们的属性移到键约束方的实体所映射的表中。"参加"是多对多联系,故必须转换为表。"管理"存在两个键约束,其属性既可向"团长"所映射的表移动,也可向"代表团"所映射的表移动,此处我们将"管理"的属性(即团长的身份证号和代表团的团编号)移动到"代表团"实体所映射的表中。"组成"存在一个键约束,故其属性(即代表团的团编号和运动员的编号)只能向"运动员"所映射的表移动。于是,可以得到的最终转换结果如下:

团长(<u>身份证号</u>,姓名,性别,年龄,电话),身份证号为主键。
代表团(<u>团编号</u>,来自地区,住所,身份证号),团编号为主键,身份证号既是候选键也为外键。
运动员(<u>编号</u>,姓名,性别,年龄,团编号),编号为主键,团编号为外键。
比赛项目(<u>项目编号</u>,项目名,级别),项目编号为主键。
参加(<u>编号</u>,<u>项目编号</u>,比赛时间,得分),(编号,项目编号)为主键,编号和项目编号分别为外键。

3.7　对象模型向关系模型的转换

第 2.7 节介绍了 UML 对象模型,它是高级语义数据模型,是一种面向对象的设计模型。面向对象在软件系统的开发中越来越普遍地被应用,而关系型数据模型又是信息存储的主导方式。当软件系统以对象模型进行抽象而基于关系型数据库来实现时,数据库的设计要支持系统的对象模型,即要求在对象模型和关系模型之间具有规范且稳定的转换方法。

3.7.1　关系模型的 UML 表示

在介绍对象模型和关系模型的转换方法之前,先给出关系模型的 UML 表示,便于读者与 UML 对象模型进行更直观的对比。

在关系模型中,关系就是一张表,由若干行和列组成。每行是表的一条记录,每列是表的一个属性,有相应的属性名称和数据类型。UML 中用类的构造型≪table≫描述表的概念,如图 3-9 所示。其中,构造型≪PK≫表示 Ka 是表 A 的主键。

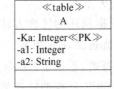

图 3-9　关系模型的 UML 表示

3.7.2　转换的一般方法

一般,对象模型向关系模型的转换采用如下的映射方法,注意,这些方法只是最普遍的映射规则。

1. 类的转换

对象模型的类直接映射为关系模型的表。类的对象标识符映射为表的主键,类的属性映射为表的列。关于类转换的详细内容将在下文介绍。

2. 关系的转换

类之间的关系如下:关联、聚合、组合、泛化、依赖和实现关系。关系的转换就是把类之间的这些关系分别映射为表。由于对象模型中的依赖关系和实现关系都是非结构化的关系,因而这两种关系不需要作转换。于是,关系的转换就只涉及关联、聚合、组合和泛化。关于关系转换的详细过程将在下文介绍。

3.7.3 类的转换

通常,一个类可以映射成一张或多张表。如果只是一个独立的类,即既无超类又无子类,则映射成一张表。

1. 对象标识符的映射

对象标识符映射成表的主键。实际上,无论类中是否包含有标识对象唯一性的属性,在创建类时,系统都会为类自动生成标识其唯一性的对象标识符。

2. 属性的映射

类的属性一般映射成表的列,具体映射规则如下。

(1)当类的一个属性是非持久化的,则该属性不需要映射成列。例如,发票类可能会有"合计"属性,这个属性可由计算得出,是一个派生(或导出)属性,并不需要保存到数据库中,所以无须对其进行映射。

(2)当类属性的数据类型是关系数据库支持的简单数据类型时(如日期型或字符串型时),可以直接进行一对一的映射。当类属性的数据类型不是关系数据库支持的简单数据类型时,需把类属性的数据类型转化成关系数据库支持的简单数据类型,再映射成表的列。例如,大多数关系数据库并不支持类属性中常见的 Boolean 类型,这时就要将其映射成字符型或数值型的列。

(3)如果类的属性指向的是一个类的对象,则该属性指向的类应转换为一个独立的表,同时应在属性所在的类中添加外键,指向该属性所指类的主键。例如,如果 Student 类中有一个属性,是指向 Department 类的对象,则转换时,应将 Department 类映射成一个独立的表,Student 表添加外键,指向 Department 表的主键。当然,此种情况下会涉及两个类之间关联关系的处理,将在下文详细介绍。

(4)如果类的某些隐含信息(shadow information)需要保存,则该类转换的表中也应包含这些信息的列。所谓类的隐含信息,是那些不属于类的业务数据但仍需要维护和保存的信息,通常是指对象标识符、用作同步控制标志的对象时间戳等。

图 3-10 是 Student 类到表的映射。关于 Student 类的映射,说明如下。

(1)Student 类的 studentID、name、sex 和 born 属性被映射为 Student 表的对应列,数据类型不变。

(2)Student 类的 department、course 和 address 属性,分别映射为 Student 表的

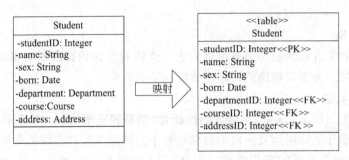

图 3-10　类到表的映射

departmentID、CourseID 和 addressID 列，数据类型分别由 Department 类、Course 类和 Address 类均变为 Integer 类型。而 Department 类、Course 类和 Address 类均分别映射成 Department 表、Course 表和 Address 表。这样，Student 表中的 departmentID、CourseID 和 addressID 列均为外键。

（3）Student 类的 studentID 属性是 Student 类的对象标识符，属于该类隐含信息，需要保存，故 Student 表要包含 studentID 列，并且 studentID 列是 Student 表的主键。

3.7.4　关联关系的转换

下面，将分别介绍一对一、一对多和多对多 3 种关联关系的转换过程与结果。

1．一对一关联的转换

假设类 A 和类 B 为一对一关联的两个类，类 A 的属性有 Ka、a1 和 a2，Ka 为类 A 的对象标识符；类 B 的属性有 Kb、b1 和 b2，Kb 为类 B 的对象标识符。

若类 A 与类 B 为单向关联，即由类 A 可以导航到类 B，关联方向由类 A 到类 B，则在类 A 所映射的表中添加外键 Kb，如图 3-11 所示。

若类 A 与类 B 为双向关联，即由类 A 可以导航到类 B，也可以由类 B 导航到类 A，则或者在类 A 所映射的表中添加外键 Kb，或者在类 B 所映射的表中添加外键 Ka，二者选一即可，如图 3-12 所示。

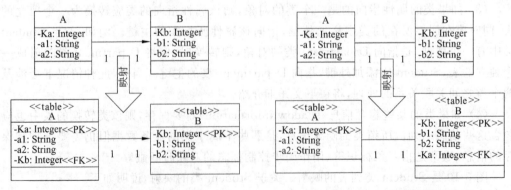

图 3-11　一对一单向关联的转换　　　　图 3-12　一对一双向关联的转换

2. 一对多关联的转换

假设类 A 和类 B 为一对多关联的两个类,类 A 的属性有 Ka、a1 和 a2,Ka 为类 A 的对象标识符;类 B 的属性有 Kb、b1 和 b2,Kb 为类 B 的对象标识符。映射时,无论是单向关联还是双向关联,应在关系中"多"的一方,即类 B 所映射的表中添加外键 Ka,如图 3-13 所示。

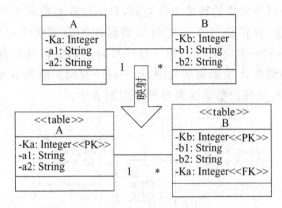

图 3-13 一对多关联的转换

3. 多对多关联的转换

假设类 A 和类 B 为多对多关联的两个类,类 A 的属性有 Ka、a1 和 a2,Ka 为类 A 的对象标识符;类 B 的属性有 Kb、b1 和 b2,Kb 为类 B 的对象标识符。映射时,需要建立一个关联表 A_B,关联表是一种数据实体,作用是维护两个或多个表之间的关联。关联表 A_B 中添加外键 Ka 和 Kb,同时 Ka 和 Kb 组合成关联表 A_B 的主键。关联表的名称通常是所关联的表名称的组合,或者是所实现的关联的名称。一旦引入了关联表,多重性进行交叉,值为"1"的多重性总是在边缘引入,以保留原始关联的整体多重性,如图 3-14 所示。

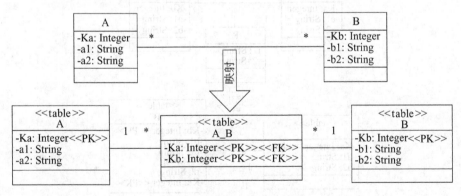

图 3-14 多对多关联的转换

3.7.5 关联类的转换

在某些情况下,如果关联本身带有自己的一些信息,这时,需要引入关联类来描述。

关联类和一般的类一样表示，所不同的是，关联类与关联之间需要用一条虚线连接。在一对一、一对多和多对多关联中，只要关联带有自己的信息，均应使用关联类来描述关联。

下面分别介绍一对一、一对多和多对多关联下关联类的转换。

1. 一对一关联类的转换

一对一关联类的转换可有两种方法。

第一种方法与一对一关联的转换非常类似，只不过在对象模型中有一个关联类用来描述关联本身的信息，该信息将在映射时移动到相关的类所映射的表中。图 3-15 和图 3-16 所示分别是一对一单向关联类和一对一双向关联类转换示意图。一对一单向关联类本身的信息移动到类 A 所映射的表中，而一对一双向关联类本身的信息既可以移动到类 A 所映射的表中，也可以移动到类 B 所映射的表中。

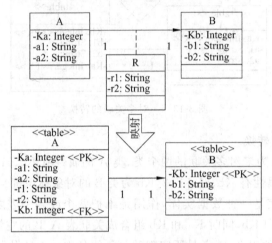

图 3-15　一对一单向关联类的转换

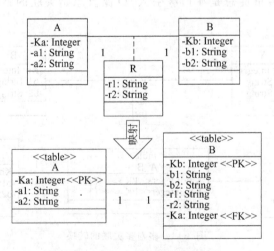

图 3-16　一对一双向关联类的转换

第二种方法则是将关联类直接映射为表，不管是一对一单向关联类还是一对一双向关联类。由于关联类本身带有自己的信息，因此采用第二种方法更好些。图 3-17 所示即为一对一关联类直接映射为表的示意图,图中表 R 指定 Ka 为主键,故 Kb 为候选键。当然,也可以指定 Kb 为主键,而 Ka 则为候选键。

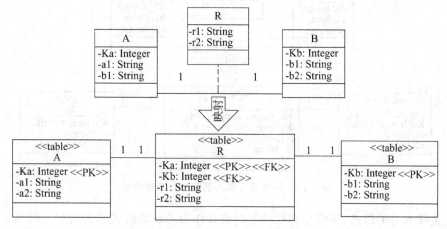

图 3-17　一对一关联类的第二种转换方法

2. 一对多关联类的转换

一对多关联类的转换也有两种方法。

第一种与一对多关联的转换类似,只是在对象模型中有一个关联类用来描述关联本身的信息,该信息将在映射时移动到多方类所映射的表中。图 3-18 所示为一对多关联类的第一种转换示意图。

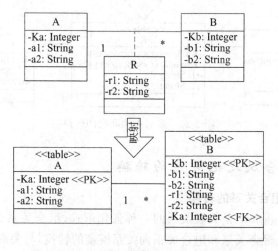

图 3-18　一对多关联类的第一种转换方法

第二种方法则是将关联类直接映射为表。由于关联类本身带有自己的信息,因此建议采用第二种转换方法。图 3-19 所示即为一对多关联类直接映射为表的示意图,其中表 R 的主键为 Kb。

3. 多对多关联类的转换

多对多关联类的转换与多对多关联的转换类似,只是在对象模型中有一个关联类用

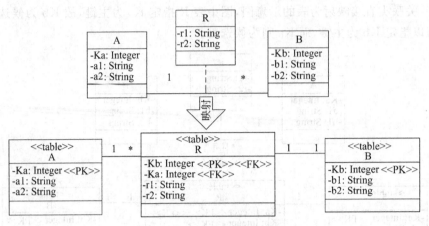

图 3-19　一对多关联类的第二种转换方法

来描述关联本身的信息，该信息将在映射时直接作为关联类所映射表的列。图 3-20 所示为多对多关联类的转换示意图，其中表 R 的主键为（Ka，Kb）。

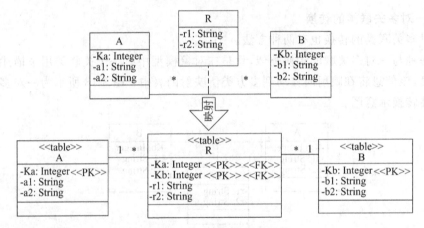

图 3-20　多对多关联类的转换

3.7.6　聚合、组合及泛化关系的转换

1. 聚合关系与组合关系的转换

聚合关系（aggregation）是关联关系的一种强化形式，组合关系（composition）是进一步强化的聚合关系。聚合关系和组合关系向关系模型的转换，与关联关系的转换类似，在此不再详述。

2. 泛化关系的转换

假设类 A、类 B 和类 C 组成一个泛化关系的类层次，类 A 为基类，类 B 和类 C 为 A 的子类。类 A 的属性有 Ka、a1 和 a2，Ka 为类 A 的对象标识符；类 B 的属性有 Kb、b1 和 b2，Kb 为类 B 的对象标识符；类 C 的属性有 Kc、c1 和 c2，Kc 为类 C 的对象标识符。概念上，关系模型并不能直接表述泛化关系，但是可以采用变通方式实现。一般来讲，泛化关系的转换有 3 种方法：

（1）合并法。合并法就是将整个类层次映射为一个表，表中保存所有类（基类、子类）的属性。如图 3-21 所示，类 A、类 B 和类 C 映射成一个表 A，Ka 为主键。表 A 中增加了一个属性 type，用来表示一个实例属于类 B 还是类 C。合并法实现泛化关系转换的优点是实现简单，操作方便，缺点是会产生大量的数据冗余。

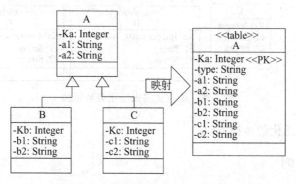

图 3-21　用合并法实现泛化关系转换

（2）分解法。分解法就是将每个具体子类映射成单个表，基类的属性将复制到各子类中。子类映射的表包括子类的属性和从基类继承的属性。抽象的基类不参与映射。如图 3-22 所示，类 A 由于是抽象类，未映射成表；类 B 映射为表 B，Kb 为主键；类 C 映射为表 C，Kc 为主键。利用分解法得来的表中包含了具体子类的所有信息，操作实现简单，但基类的修改会导致映射表的更改，这会增加数据完整性维护的复杂性。

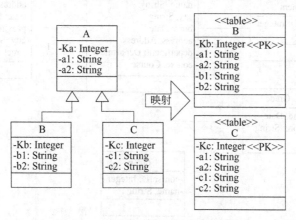

图 3-22　用分解法实现泛化关系转换

（3）单表法。单表法是将类层次中的每一个类映射为表，表中包含对应类的属性和对象标识。如图 3-23 所示，类 A、类 B 和类 C 映射为表 A、表 B 和表 C，3 张表的主键均为 Ka。子类映射的表和基类映射的表通过外键关联。单表法与面向对象的概念是一致的，支持多态，易于修改基类和增加新的类。不过，该方法得到的表较多，表间的关联也较多，因此会降低数据访问效率。

以上 3 种方法各有优缺点，没有一种是绝对完美的。因此，数据库设计人员可根据模

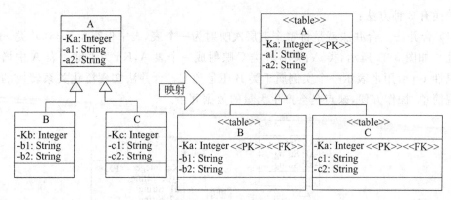

图 3-23 单表法实现泛化关系转换

型的具体情况选择泛化的转换方法。

3.7.7 转换实例

1. 转换示例 1

图 3-24 给出的是一个学生管理的对象模型。图中有 5 个类：Student、Department、Address、Course 和 Grade(关联类)，其中 Student 和 Address 是一对一关联，Student 和 Department 是一对多关联，Student 和 Course 是多对多关联，引入一个关联类 Grade。

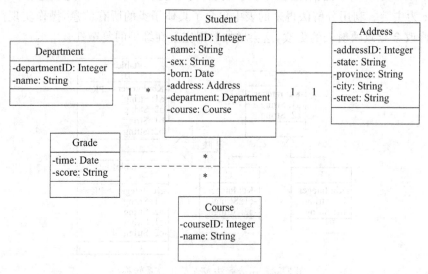

图 3-24 学生管理对象模型

对图 3-24 中的 Student 类、Department 类、Address 类和 Course 类，以及它们之间的一对一、一对多、多对多的关联进行映射可以得到如图 3-25 所示的关系模型。

下面结合图 3-24 和图 3-25，具体说明它们之间的转换。

(1) 一对一关联的转换。在 Student 类和 Address 类之间有一个一对一关联。映射时，因为是单向关联，在 Student 表中添加外键 AddressID，对应 Address 表的主键。

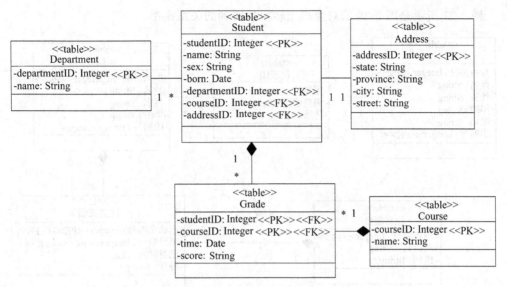

图 3-25 转换后的学生管理关系模型

（2）一对多关联的转换。在 Department 类和 Student 类之间有一个一对多关联，映射时，在一对多关系的"多"方 Student 类映射的 Student 表中添加外键 departmentID，对应 Department 表的主键。

（3）多对多关联的转换。在 Student 类和 Course 类之间是一个多对多关联，且引入了一个关联类 Grade。映射时，关联类 Grade 映射为一个 Grade 表，添加外键 StudentID 和 CourseID，它们的组合构成 Grade 表的主键。

2. 转换示例 2

图 3-26 是某体育运动会对象模型。图中有 5 个类："团长"、"代表团"、"运动员"、"比赛项目"和"比赛成绩"（关联类），其中"团长"类和"代表团"类是一对一关联，"代表团"类和"运动员"类是一对多关联，"运动员"类和"比赛项目"类是多对多关联，引入一个关联类"比赛成绩"类。

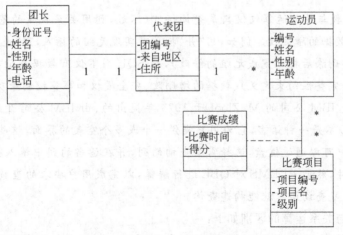

图 3-26 体育运动会对象模型

图 3-27 所示是图 3-26 的对象模型转换后得到的关系模型。

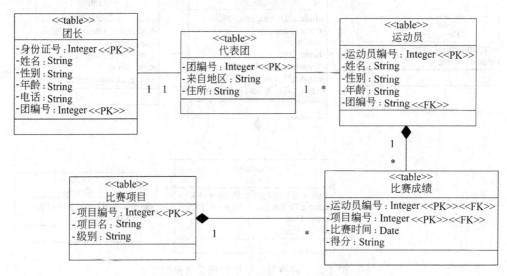

图 3-27 转换后的体育运动会关系模型

3.8 关系代数

3.8.1 简介

关系代数(relational algebra)与关系运算(relational calculus)是两个与关系模型有关的查询语言。前面谈到,关系数据库有其坚实的理论基础,而关系代数与关系运算正是关系数据库理论的基础之一,第 6 章的关系数据库设计理论则是关系数据库理论的基础之二。关系代数与关系运算也是商用查询语言,如 SQL、QBE(query by example,范例查询),形成的基础。

说明:

① 关系代数与关系运算仅仅只是查询语言(不过,利用关系代数的基本操作符也能够实现对表中数据的增删改。例如,用"并"操作可实现元组的插入,用"差"操作完成元组的删除,通过先删除后插入完成元组的修改),而 SQL 则不仅有数据查询功能,还有数据结构定义(包括完整性约束定义)、数据的增删改、安全授权和事务控制等功能。

② QBE 是 IBM 公司的 M. Zloof 于 1975 年提出的、由 IBM 公司开发的查询技术。严格地说,QBE 不是一种语言,它为用户提供一个或多个空表的界面,这些空表对应数据库中的表。用户可以通过键盘,选择需要查询的列,并在适当的列中填入条件,从而定义查询的检索条件,然后 RDBMS 对 QBE 进行解释,以完成用户要求的查询任务。其优点在于,不需要学习查询语言就能构建查询。

关系代数与关系运算的区别如下:

(1) 关系代数查询着重过程是过程化的查询,因此,关系代数查询由操作符

(operator)和操作数(operand)组成,类似于数学中的四则运算;

(2) 而关系运算查询侧重于结果,因此其查询是描述所需结果应满足的条件,是非过程化的查询。本节主要介绍关系代数的内容,而关系运算将在下一节介绍。

注意:对于关系查询,不论是关系代数查询还是关系运算查询应该注意下面两点:

① 查询的输入输出均是关系,即输入为关系,结果输出仍为关系;

② 查询时,既可用字段名也可用字段位置来表示字段。

说明:用字段名表示字段,可读性强;而用字段位置表示字段,更便利。因为查询常常会涉及中间结果计算,如用字段名表示字段,则查询语言就要为所有的中间结果指定字段的名字。两种字段的表示方法,在关系查询中都可以使用。

3.8.2　关系代数概述

如上所述,关系代数查询由操作符和操作数组成,其基本特性是,每个操作符接受一个或两个关系实例作为它的操作数,计算后返回一个关系实例作为结果。

说明:由于参与关系代数的操作数是关系的实例,而关系实例是一个集合值(不仅有多行,还有多列),因此,关系代数查询实际上是一些类似于数学中集合的运算。

关系代数的操作符(或称运算符)按所需的操作数个数可分为一元(unary)操作符和二元(binary)操作符两种。

一元关系操作符只需要一个关系实例作为其操作数,类似于数学中的阶乘(如 5!);而二元关系操作符则需要两个关系实例作为其操作数,类似于数学中的加(如 3+5)。

由关系代数操作符和操作数组合形成的查询表达式称为关系代数表达式。关系代数表达式可递归(recursive)定义,即一个关系代数表达式又可作为另一个关系代数表达式的操作数。类似于数学四则运算表达式的递归定义,例如,90-(80/(4+(2 * 2))),就具有 3 层递归。

关系代数操作符按基本性又可分为基本的代数操作符、特殊的代数操作符和附加的代数操作符。

(1) 基本的代数操作符有 SELECTION(选择)、PROJECTION(投影)、UNION(并,或称联合)、INTERSECTION(交)、DIFFERENCE(差)和 CROSS PRODUCT(积,或称笛卡儿乘积)。

说明:由于集合中的"交"运算可用"差"运算定义,因此严格来说,基本的代数操作符应是除了"交"操作符之外的其他 5 种操作符。

(2) 特殊的代数操作符有 RENAME(改名)操作符。

(3) 附加的代数操作符由以上基本操作符来定义,有 JOIN(联结)和 DIVISION(商)。

类似于算术运算描述的是四则运算的过程,每个关系代数描述的是逐步查询过程,即结果的查询是基于所用操作符的顺序。关系代数的这种过程化特性,可将关系代数表达式当作查询执行的一个计划。事实上,关系数据库系统正是使用代数表达式来表示查询执行的计划。

下面将分别介绍关系代数的各个操作符。为便于举例,假定有如下 3 种关系模式,即

Students(学生)、Courses(课程)和 Enrollments(选课)，结构如下：

Students(sid(学号)：integer, sname(姓名)：string, age(年龄)：real, grade(年级)：integer)

Courses(cid(课程号)：integer, cname(课程名)：string, credit(学分)：integer)

Enrollments(sid：integer, cid：integer, score(成绩)：real)

3 个关系实例：S1、S2 和 E1。其中，S1 和 S2 为"学生"模式的两个实例，E1 为"选课"模式的一个实例，如图 3-28 所示。同时，为了与 SQL 查询进行比较，一般，在各关系代数表达式后，均会给出对应的用 SQL-92 标准书写的 SQL 查询语句。

S1	sid	sname	age	grade		S2	sid	sname	age	grade		E1	sid	cid	score
	8	赵一昊	19	2			6	李英明	18	1			8	101	91
	11	钱 途	20	3			11	钱 途	20	3			66	108	80
	35	孙笑天	21	4			52	吴索为	21	3					
							66	孙笑天	23	4					

图 3-28 关系模式实例

3.8.3 选择与投影

选择和投影操作的共同点是，均为一元关系操作符。

1. 选择

选择是从关系实例中选择出满足条件的行，操作符为 σ_c，其中 c 表示条件(condition)表达式。用于表示条件的比较操作符有＞，＞＝，＜，＜＝，＝ 和 !＝（或＜＞，表示不等于）。

说明：

① 利用比较操作符表示的表达式为关系表达式，如 $a>2$，$b=5$，$c!=6$ 等。

② 对关系表达式可用逻辑运算符"与"、"或"、"非"，在关系代数和关系运算中分别用"$\wedge$"、"$\vee$"、"$\neg$"表示，如 $a>2 \wedge (b=5 \vee c!=6)$，而在 SQL 语言中用"AND"、"OR"和"NOT"表示。

例 3-27 选择操作示例。

$$\sigma_{grade>=3}(S2)$$

查询结果如下：{〈11,钱途,20,3〉,〈52,吴索为,21,3〉,〈66,孙笑天,23,4〉}。

相应的 SQL 查询语句也很简单，代码如下：

```
SELECT * FROM S2 WHERE grade >= 3
```

该示例表达式表示从 S2 实例中，选择出 3 年级及以上年级的学生信息。从对应的 SQL 语句可以看出，SQL 查询中的条件与关系代数选择操作中的条件是一样的。因此，如果说关系代数的选择操作要与 SQL 查询中的子句对应的话，可以对应为其中的 WHERE 子句。做这种对应，是为了能更容易写出相应的 SQL 查询语句。

2. 投影

投影是从关系实例中抽出所需的一列或多列，操作符为 π。

例 3-28 投影操作示例。

$$\pi_{\text{grade}}(S2)$$

查询结果为 {1，3，4}。

相应的 SQL 查询语句为

```
SELECT grade FROM S2
```

该示例表达式表示从 S2 实例中将 grade 列投影出来。从对应的 SQL 查询语句可以看出,关系代数的投影操作与 SQL 查询中的 SELECT 子句对应。

说明:

① 对关系代数和关系运算,如结果中有重复元组,将去掉重复元组。上例的结果,如果不去掉重复元组,结果应为 {1,3,3,4}。因此,去掉了一个重复的 3 后,最后的结果为 {1,3,4}。

② 在实际 DBMS 中,由于去掉重复元组开销较大,故重复元组将保留。

③ 如果说选择操作是对表进行横向裁剪(或切割),那么投影操作则是纵向裁剪。

由于关系代数的结果仍是关系实例,故其结果还可作为关系代数操作符的操作数。

例 3-29 关系代数的结果又作为关系代数操作符的操作数示例。

$$\pi_{\text{sname,grade}}(\sigma_{\text{grade}>=3}(S2))$$

查询结果为 {〈钱途,3〉,〈吴索为,3〉,〈孙笑天,4〉}。

相应的 SQL 查询语句为

```
SELECT sname, grade FROM S2 WHERE grade >= 3
```

示例中,表达式 $\sigma_{\text{grade}>=3}(S2)$ 的结果又作为投影的操作数。根据前面所说的与 SQL 查询中子句的对应关系,可以很容易写出相应的 SQL 查询。

3.8.4 集合操作

UNION(并)、INTERSECTION(交)、DIFFERENCE(差)和 CROSS PRODUCT (积)与数学中所学的集合运算(其中也有并、交、差、积运算)相似,所用的操作符也一样,故将它们归属于集合操作中。它们均为二元操作符。

为便于各个集合操作符的描述,假定:R 和 S 为两个关系实例,并且 R 和 S 本身也可以是关系代数表达式,t 为结果元组,$r_i(i=1,2,\cdots,n)$ 为 R 的属性,$s_j(j=1,2,\cdots,m)$ 为 S 的属性。

1. UNION: $R \cup S$

概念:其结果包含 R 和 S 关系实例中的所有元组,结果模式与 R 一致,操作符为 $\cup$。用数学描述为

$$R \cup S = \{t \mid t \in R \lor t \in S\}$$

要求:R 和 S 关系模式兼容。所谓兼容,即要求两个关系模式中的字段个数相同、对应字段的类型一致,对应字段的名字不要求一致。

例 3-30 UNION 操作示例。

$$S1 \cup S2$$

查询结果为{⟨8,赵一昊,19,2⟩,⟨11,钱途,20,3⟩,⟨35,孙笑天,21,4⟩,⟨6,李英明,18,1⟩,⟨52,吴索为,21,3⟩,⟨66,孙笑天,23,4⟩}。

相应的 SQL 组合查询语句如下：

```
SELECT * FROM S1
UNION
SELECT * FROM S2
```

上例的查询结果中，只保留了一个⟨11,钱途,20,3⟩,另一个重复的元组被去掉了。

说明：在 SQL 语言中，实现了与关系代数中 UNION 操作符相同的功能，也是用 UNION 关键字，由于它是将两个关系实例进行合并，故称其为组合查询。其使用要求与关系代数中 UNION 的要求一样，默认情况下，最后的结果也会去掉重复行。关于 SQL 语言中的 UNION 操作，参见本书第 4.3.5 小节。

2. INTERSECTION：$R \cap S$

概念：其结果包含 R 和 S 中相同的元组，即既出现在 R 中又出现在 S 中的元组，结果模式与 R 一致，操作符为 $\cap$。用数学描述为

$$R \cap S = \{t \mid t \in R \wedge t \in S\}$$

要求：R 与 S 须兼容。

例 3-31 INTERSECTION 操作示例。

$$S1 \cap S2$$

查询结果为{⟨11,钱途,20,3⟩}。

相应的 SQL 组合查询语句如下：

```
SELECT * FROM S1
INTERSECT
SELECT * FROM S2
```

或

```
SELECT * FROM S1 WHERE S1.sid IN(SELECT S2.sid FROM S2)
```

说明：SQL-92 标准，推荐实现与关系代数中 INTERSECTION 操作符相同的功能，用 INTERSECT 关键字，其使用要求也与关系代数中 INTERSECTION 的要求一样。但要注意的是，尽管 SQL-92 标准推荐此操作符，但实际的商用 RDBMS 不一定支持，在使用之前，一定要查阅所用 RDBMS 的相关技术资料。

3. SET-DIFFERENCE：$R - S$

概念：其结果只包含所有出现在 R 中而不在 S 中的元组，结果模式与 R 一致，操作符为"-"。用数学描述如下：

$$R - S = \{t \mid t \in R \wedge t \notin S\}$$

要求：R 与 S 兼容。

例 3-32 DIFFERENCE 操作示例。

$$S1 - S2$$

查询结果为{⟨8,赵一昊,19,2⟩,⟨35,孙笑天,21,4⟩}。

相应的 SQL 组合查询语句如下：

```
SELECT * FROM S1
EXCEPT
SELECT * FROM S2
```

或

```
SELECT * FROM S1 WHERE S1.sid NOT IN(SELECT S2.sid FROM S2)
```

说明：

① SQL-92 标准，推荐实现与关系代数中 DIFFERENCE 操作符相同的功能，用 EXCEPT 或 MINUS 关键字，其使用要求也与关系代数中 DIFFERENCE 的要求一样。但要注意的是，尽管 SQL-92 标准推荐此操作符，但实际的商用 RDBMS 不一定支持，在使用之前，一定要查阅所用 RDBMS 的相关技术资料。

② 由于 $R \cap S = R - (R - S)$，故 $R \cap S$ 实际上是一种多余的基本操作符。

4. CROSS-PRODUCT：$R \times S$

概念： 查询结果包含 R 和 S 中的所有字段，如果有相同的字段名（即产生名字冲突），则在结果字段中不命名，只用位置表示。它又称笛卡儿乘积（cartesian product），操作符为"$\times$"。用数学描述为

$$R \times S = \{\langle r_1, r_2, \cdots, r_n, s_1, s_2, \cdots, s_m \rangle \mid \langle r_1, r_2, \cdots, r_n \rangle \in R \wedge \langle s_1, s_2, \cdots, s_m \rangle \in S\}$$

说明： 如果 R 中有 p 个元组（每个元组为 n 列），S 中有 q 个元组（每个元组为 m 列），则 $R \times S$ 的结果有 $p \times q$ 个元组（每个元组为 $n + m$ 列）。也就是说，R 中的每一个元组都要与 S 中的 q 个元组联结一遍。

例 3-33 PRODUCT 操作示例。

$$S1 \times E1$$

查询结果如图 3-29 所示，其中 E1 中的 sid 与 S1 中的 sid 冲突，结果中的 sid 均用 (sid) 表示，以示冲突。

S1×E1	(sid)	sname	age	grade	(sid)	cid	score
	8	赵一昊	19	2	8	101	91
	8	赵一昊	19	2	66	108	80
	11	钱 途	20	3	8	101	91
	11	钱 途	20	3	66	108	80
	35	孙笑天	21	4	8	101	91
	35	孙笑天	21	4	66	108	80

图 3-29 S1×E1 乘积结果

相应的 SQL 组合查询语句如下：

```
SELECT S1.sid, sname, age, grade, E1.sid, cid, score
FROM S1, E1
```

说明：

① 由于 E1 和 S1 中均有 sid 列，故在 SQL 查询的 SELECT 子句中，利用"表名.列名"方式来说明是哪个表的哪个列，如 S1.sid 表示 S1 表中的 sid 列。

② 从对应的 SQL 查询语句，可以看出，关系代数的笛卡儿乘积与 SQL 查询中的 FROM 子句对应。综上，SQL 查询中的 3 个基本子句，即 SELECT 子句、FROM 子句和 WHERE 子句，分别对应关系代数中的投影、笛卡儿乘积和选择操作。

③ 从笛卡儿乘积的定义与效果看，笛卡儿乘积最大的好处是，可将两张或多张有关联（即有相同的列）或无关联的表的数据组合起来，尽管组合后可能有许多无意义的数据组合。从图 3-29 也可看出这一点，S1 表和 E1 表通过笛卡儿乘积组合后，既包括有用的关联信息，如第一行都是学生"赵一昊"的信息，也包括大量无用的信息，如剩余各行都是无意的信息组合。

④ 用关系模型描述数据，常常会将相关的信息分散到多张表中存放，而在实际查询时又需要将这些有相关信息的表关联起来，笛卡儿乘积正好能够做到这一点。

3.8.5 改名操作

为解决 $R \times S$ 中产生的名字冲突，而引入改名（renaming）操作，其操作符为 ρ。表示如下：

$$\rho(R(F), E)$$

其中，E 为任意代数表达式（expression），$\rho(R(F), E)$ 返回一个新的关系实例 R，其元组与 E 相同，模式与 E 也相同，但某些字段被改名。改名通过 F 来进行，F 的形式如下：

旧名→新名，或位置→新名

例 3-34 改名操作示例。

$$\rho(D(1 \rightarrow sid1, 5 \rightarrow sid2), S1 \times E1)$$

查询结果如图 3-30 所示，由于 $S1 \times E1$ 的结果中，第 1 个字段和第 5 个字段的名字 sid 冲突，通过改名操作，用 D 来命名所得的查询结果，并将位置 1 的字段命名为 sid1，位置 5 的字段命名为 sid2。

D	sid1	sname	age	grade	sid2	cid	score
	8	赵一昊	19	2	8	101	91
	8	赵一昊	19	2	66	108	80
	11	钱 途	20	3	8	101	91
	11	钱 途	20	3	66	108	80
	35	孙笑天	21	4	8	101	91
	35	孙笑天	21	4	66	108	80

图 3-30 改名操作结果

说明：

① 改名操作是为解决笛卡儿乘积中的字段名字冲突而引入的。事实上，它除了可以改名，还可以用 R 来临时存放表达式 E 的结果，而 R 可作为操作数参与到其他关系代数表达式中。

② 如果只想利用改名操作的临时存放表达式结果的功能,而表达式 E 中没有字段名冲突,则 F 可省略,只写成:$\rho(R,E)$。

3.8.6 联结操作

联结是关系与关系的连接,可定义为 $R \times S$ 后再做选择操作。它是关系代数(也是 SQL 操作)中使用最频繁的操作之一,是从两个或多个关系组合中,获取数据信息最常用的方法。

说明:尽管联结可定义为 $R \times S$ 后跟选择,但由于乘积的结果比联结要大,因此联结比乘积用得更频繁、广泛。

联结操作有许多种,分别是条件联结(condition join)、等联结(equijoin)、自然联结(natural join)和外联结(outer join)。

1. 条件联结

条件联结是最常见和常用的联结,即加入联结条件 c(condition),对两个关系实施联结。形式上,联结条件与选择条件相同,定义如下:

$$R \bowtie_c S = \sigma_c(R \times S)$$

其中,R 和 S 为两个关系实例,条件 c 会用到 R 和 S 的属性,表示关系属性的方法为:"关系名. 属性名",或"关系名. 属性位置",例如,$R.\text{sname}$,$R.i$(i 表示位置)等。

例 3-35 条件联结示例。

$$S1 \bowtie_{S1.sid < E1.sid} E1$$

相应的 SQL 查询语句如下:

```
SELECT S1.sid, sname, age, grade, E1.sid, cid, score
FROM S1 CROSS JOIN E1
WHERE S1.sid <  E1.sid
```

或

```
SELECT S1.sid, sname, age, grade, E1.sid, cid, score
FROM S1, E1
WHERE S1.sid <  E1.sid
```

查询结果如图 3-31(b)所示。按条件联结概念,应先做 $S1 \times E1$ 操作,得到中间结果,如图 3-31(a)所示。为便于比较,特将第 1、5 列分别写成 S1. sid 和 E1. sid,然后对该中间结果,利用选择操作,从中选择出满足条件"S1. sid < E1. sid"的行。

说明:从例 3-35 可知,FROM S1 CROSS JOIN E1 等效于 FROM S1,E1。

2. 等联结

概念:是条件联结的特例。其特殊性表现在,等联结要求"联结条件由等式组成",即条件表达式中只能有"=",不能包含 >、>=、<、<= 或!= 这些比较符,如 $R.\text{name1} = S.\text{name2}$。

由于有两个或多个字段相等,故结果实例中有字段名和值重复的列。为此,等联结定

S1×E1

S1.sid	sname	age	grade	E1.sid	cid	score
8	赵一昊	19	2	8	101	91
8	赵一昊	19	2	66	108	80
11	钱 途	20	3	8	101	91
11	钱 途	20	3	66	108	80
35	孙笑天	21	4	8	101	91
35	孙笑天	21	4	66	108	80

$\sigma_{S1.sid<E1.sid}(S1\times E1)$

(sid)	sname	age	grade	(sid)	cid	score
8	赵一昊	19	2	66	108	80
11	钱 途	20	3	66	108	80
35	孙笑天	21	4	66	108	80

(a) 条件联结的中间结果　　　　　　(b) 条件联结的最终结果

图 3-31　条件联结操作的中间结果和最终结果

义中，对重复的列只保留其一在最后的结果模式中。

例 3-36　等联结示例。

$$S1\bowtie_{S1.sid=E1.sid}E1$$

相应的 SQL 查询语句如下：

```
SELECT S1.sid, sname, age, grade, cid, score
FROM S1, E1
WHERE S1.sid = E1.sid
```

查询结果如图 3-32 所示，其中，sid 只保留了
一列。从图 3-31(a)可以看出，只有第一行满足条
件 S1. sid＝E1. sid。

sid	sname	age	grade	cid	score
8	赵一昊	19	2	101	91

图 3-32　等联结操作结果

3. 自然联结

概念：自然联结是等联结的特例。特殊在于，自然联结不仅要求条件表达式由等式
组成，而且等式中所涉及的字段名也必须相同。这时，可将联结条件隐去不写，记为：
$R\bowtie S$。

说明：

① 没有写条件不等于"无条件"，而是把条件隐含起来了。其条件是，参与自然联结
的两个关系实例中，名字相同的两个或多个列的列值相等。

② 自然联结的结果，是从两个关系实例的笛卡儿乘积中，选出同时满足一个或多个条
件等式的行，每个条件等式中的列名相同。同时，在结果模式中，对重复的字段只保留一个。

例 3-37　自然联结示例。

$$S1\bowtie E1$$

相应的 SQL 查询语句如下：

```
SELECT S1.sid, sname, age, grade, cid, score
FROM S1 NATURAL JOIN E1
```

或

```
SELECT S1.sid, sname, age, grade, E1.sid, cid, score
```

```
FROM S1, E1
WHERE S1.sid = E1.sid
```

查询结果如图 3-33 所示,其中,sid 只保留了
一列。

说明:在例 3-37 的 SQL 语句中,如果按第一
种方式写,则条件可不必写,因为既然写了
"NATURAL JOIN",则系统自动按隐含等式条件去做。而第二种方式则必须写条件。

sid	sname	age	grade	cid	score
8	赵一昊	19	2	101	91

图 3-33　自然联结操作结果

4. 外联结

概念:外联结是涉及有空值的自然联结。是自然联结的扩展,也可以说是自然联结
的特例。

说明:

① 自然联结是在两个关系实例中,寻找同名字段值相等的行。如果一个实例中的某
个字段与另一实例中的某一字段同名,但是,没有值相等的对应行,自然联结不会显示该
行,而外联结则将以 NULL 值形式显示该行。

② 与外联结对应,前面 3 种连接均属"内联结"(inner join)。

外联结的种类:左外联结(left outer join)、右外联结(right outer join)和全外联结
(full outer join)。由于外联结也属自然联结,相应地,3 个分类也称为自然左外联结
(natural left outer join)、自然右外联结(natural right outer join)和自然全外联结(natural
full outer join)。

说明:SQL-92 标准中有相应的 3 种外联结查询语句,而且在商用 RDBMS(如 SQL
Server)中也有支持,因此,外联结也是一个比较实用的操作。

(1) 左外联结。

概念:对于 $R \bowtie S$,如果在 S 中没有匹配 R 的行,则以 NULL 值表示之。因 R 在 S
的左边得名,用符号表示为 $R \bowtie S$。

说明:实际上,左外联结最后的结果,是以左边的关系 R 为准,即在右边的 S 中寻找
与左边的 R 中行的对应行。如果在 S 中没有对应的行,则以 NULL 表示之。或者说,左
外联结的结果除包括所有由自然联结返回的行外,还包括所有来自左边表的不满足自然
联结条件的行。

例 3-38　左外联结的 SQL 语句示例。

```
SELECT S1.sid, cid
FROM S1 NATURAL LEFT OUTER JOIN E11 ON S1.sid=E11.sid
```

说明:SQL Server 要求联结的条件通过 ON 引出。

S1 和 E11 实例,以及它们的左外联结查询结果如图 3-34 所示。

说明:

① 在例 3-38 和图 3-34 中,S1 处于左外联结的左边,最后的结果以 S1 中的元组为
准,分别在 E11 中寻找与其对应的元组。由图 3-34 可知,S1 的第 1 个元组在 E11 中有两
个元组与其对应,S1 的第 2 个元组在 E11 中没有对应的元组,S1 的第 3 个元组在 E11 中

S1	sid	sname	age	grade	E11	sid	cid	score	结果：	sid	cid
	8	赵一昊	19	2		8	101	91		8	101
	11	钱　途	20	3		8	106	99		8	106
	35	孙笑天	21	4		35	106	84		11	null
										35	106

图 3-34　S1 与 E11 的左外自然联结结果

有 1 个元组与其对应。因此，最后的结果中第 3 个元组的第 2 列的值为空，表示没有对应值存在。

② 通过这种查询，可以直观地知道，S1 的所有行中，哪些在 E11 中有对应行，哪些没有对应行，这也是使用外联结查询的好处。

③ NATUAL 关键词表明连接条件是基于同名属性的相等，因此，无须 WHERE 子句来指定联结条件。

（2）右外联结。

概念：对于 $R \bowtie S$，如果在 R 中没有匹配 S 的行，则以 NULL 值表示之。因 S 在 R 的右边得名，用符号表示为 $R \bowtie S$。

说明：实际上，右外联结最后的结果，是以右边的关系 S 为准，即在左边的 R 中寻找与右边的 S 中元组的对应行。如果在 R 中没有对应的行，则以 NULL 表示之。或者说，右外联结的结果除包括所有由自然联结返回的行外，还包括所有来自右边表的不满足自然联结条件的行。

例 3-39　右外联结的 SQL 语句示例。

```
SELECT E12.sid, cid, sname
FROM S1 NATURAL RIGHT OUTER JOIN E12 ON S1.sid=E12.sid
```

S1 和 E12 实例，以及它们的右外联结查询结果如图 3-35 所示。

S1	sid	sname	age	grade	E12	sid	cid	score	结果：	sid	cid	sname
	8	赵一昊	19	2		8	101	91		8	101	赵一昊
	11	钱　途	20	3		35	106	84		35	106	孙笑天
	35	孙笑天	21	4		35	119	93		35	119	孙笑天
						66	119	88		66	119	null

图 3-35　S1 与 E12 的右外自然联结结果

说明：在例 3-39 和图 3-35 中，E12 处于右外联结的右边，最后的结果以 E12 中的元组为准，分别在 S1 中寻找与其对应的元组。由图 3-35 可知，E12 的第 1、第 2 和第 3 个元组在 S1 中分别有 1 个元组与它们对应，E12 的第 4 个元组在 S1 中没有对应的元组。因此，最后的结果中第 4 个元组的第 3 列的值为空，表示没有对应值存在。

（3）全外联结。

概念：对于 $R \bowtie S$，没有匹配的 R 和 S 中的所有行，都出现于结果中，用符号表示为 $R \bowtie S$。

说明：实际上，全外联结的结果是左外联结和右外联结结果的并集，并去掉其中的重复元组。

例 3-40 全外联结的 SQL 语句示例。

```
SELECT S1.sid, cid, sname
FROM S1 NATURAL FULL OUTER JOIN E12 ON S1.sid=E12.sid
```

S1 和 E12 实例,以及它们的全外联结查询结果如图 3-36 所示。

S1	sid	sname	age	grade
	8	赵一昊	19	2
	11	钱 途	20	3
	35	孙笑天	21	4

E12	sid	cid	score
	8	101	91
	35	106	84
	35	119	93
	66	119	88

结果:	sid	cid	sname
	8	101	赵一昊
	11	null	钱 途
	35	106	孙笑天
	35	119	孙笑天
	66	119	null

图 3-36　S1 与 E12 的全外自然联结结果

3.8.7　除(商)操作

除(或称商)在表达某些查询时有用,例如,"查询已注册选修了所有课程的学生名字"。不过,商并不经常使用,所以,商用 RDBMS 一般并没有将其作为一个操作符来实现。

概念:如存在 $R(x, y)$ 和 $S(y)$ 两个关系,即 R 有两个字段 x 和 y,S 有一个与 R 中相同的字段 y,则 R 与 S 商的结果为,S 中的 y 出现于 $R(x, y)$ 中的元组 x。商的操作符为"/"。

说明:概念中所说的字段一般都是指类似主键或外键的字段。

商也可用前面的关系代数基本操作符来表示,即

$$R/S = \pi_x(R) - \pi_x((\pi_x(R) \times S) - R)$$

图 3-37 能很好地说明商的概念。

说明:

① 图 3-37 中 R 表示某学生 sid 选修了某门课程 cid,S11、S12 和 S13 分别是课程信息(不过,此处只有一个字段 cid)的 3 个实例。

R	sid	cid
	3	101
	3	102
	3	103
	3	104
	5	101
	5	102
	8	102
	10	102
	10	104

S11	cid
	102

S12	cid
	102
	104

S13	cid
	101
	102
	104

R/S11	sid
	3
	5
	8
	10

R/S12	sid
	3
	10

R/S13	sid
	3

图 3-37　商操作结果

② R/S11 用于查询选修了 102 课程的所有学生,结果是四名学生;R/S12 用于查询同时选修了 102 和 104 课程的所有学生,结果是两名学生;而 R/S13 则用于查询同时选修了三门课程(即 101、102 和 104)的所有学生,结果是只有一名学号为 3 的学生。

3.8.8　关系代数查询表达式示例

本小节主要是给出若干查询问题,通过适当地综合运用关系代数的各个操作,来书写

各查询问题的关系代数表达式。如果能够做到熟练地书写关系代数的查询表达式，那么对今后书写 SQL 查询命令（或语句）有很大帮助。

为便于举例，仍用前面的 3 个关系模式，即 Students、Courses 和 Enrollments，并利用如图 3-38 所示的关系实例。另外，为了更深刻地领会与 SQL 之间的关系，对大部分示例也提供了对应的 SQL 查询语句。

S3	sid	sname	age	grade		C1	cid	cname	credit		E2	sid	cid	score
	6	李英明	18	1			101	操作系统	2			8	101	91
	8	赵一昊	19	2			102	操作系统	4			8	102	93
	11	钱　途	20	3			103	VC++语言	4			8	103	86
	35	孙笑天	21	4			104	数据库	3			8	104	88
	52	吴索为	21	3								11	102	80
	66	孙笑天	23	4								11	104	75
											35	101	81
											35	102	85
											66	103	83

图 3-38　关系模式实例 S3、C1 及 E2

为掌握关系代数查询表达式的书写方法，先来说明书写一个查询问题关系代数表达式的详细过程。

假定要写出"查询选修 103 课程的学生名"的关系代数表达式，下面来看看其书写过程。

要写出该问题的关系代数表达式，首先应通过分析问题，确定以下内容：

（1）最后的结果中所要的字段；

（2）该查询涉及几个关系；

（3）制订查询思路。

知道了这"三部曲"，再来写表达式就会容易得多。

现在利用以上的三部曲来确定本查询各步的答案。

（1）从问题的要求看，最后所要的字段是"学生名"（sname）。

（2）由于"选修课程"的信息在 E2 中，从 E2 只能得到选修 103 课程的"学生学号"（sid），不是"学生名"（sname），而"学生名"（sname）的信息在 S3 中，因此，该查询要涉及 E2 和 S3 两个关系实例。

（3）从 E2 可以通过选择操作选出选修 103 课程学生的学号（sid），这是第一步；然后，再将此结果与 S3 做自然联结（因为中间结果中有 sid，而 S3 中也有 sid）；最后，对自然联结的结果做投影，将 sname 投影出来。

根据以上制定的查询思路，要得到最后的结果，需分三步来完成，因此中间的结果必须保存下来，这就可以借用改名操作的保存临时结果的功能了。用下面的三步代码，即可得到该问题所需的查询结果。

（1）$\rho(\text{Temp1}, \sigma_{cid=103}(\text{E2}))$。其中，Temp1 用来保存 $\sigma_{cid=103}(\text{E2})$ 操作的结果，由于不存在改名，故 Temp1 后不带括号。由此也可看出，改名操作符可用来为中间结果的关系

命名。

该步操作得到的 Temp1,结果如图 3-39 所示。

(2) ρ(Temp2,Temp1 $\bowtie$ S3)。同样,Temp2 用来保存 Temp1 $\bowtie$ S3 操作的中间结果。

该步操作得到的 Temp2,结果如图 3-40 所示。

Temp1	sid	cid	score
	8	103	86
	66	103	83

图 3-39　Temp1 结果

Temp2	sid	cid	score	sname	age	grade
	8	103	86	赵一昊	19	2
	66	103	83	孙笑天	23	4

图 3-40　Temp2 结果

(3) π_{sname}(Temp2)。查询结果为{赵一昊,孙笑天}。

在练习熟练后,可以将上三步的表达式,综合成一个表达式,这样,可省略对"改名"操作的使用,即

$$\pi_{\text{sname}}((\sigma_{\text{cid}=103}(E2))\bowtie S3)$$

其具有与图 3-39 和图 3-40 一样的中间结果。

如果想把表达式写得更简捷些,可以先做 E2 和 S3 的"自然联结",然后做"选择",最后做"投影",也就是将第一步和第二步颠倒过来做,最后的结果仍然一样,表达式如下:

$$\pi_{\text{sname}}(\sigma_{\text{cid}=103}(E2 \bowtie S3))$$

不过,此表达式在执行效率方面比前一表达式要差些,因为它的中间结果要大得多,如图 3-41 所示。

E2 $\bowtie$ S3

sid	cid	score	sname	age	grade
8	101	91	赵一昊	19	2
8	102	93	赵一昊	19	2
8	103	86	赵一昊	19	2
8	104	88	赵一昊	19	2
11	102	80	钱　途	20	3
11	104	75	钱　途	20	3
35	101	81	孙笑天	21	4
35	102	85	孙笑天	21	4
66	103	83	孙笑天	23	4

$\sigma_{\text{cid}=103}(E2 \bowtie S3)$

sid	cid	score	sname	age	grade
8	103	86	赵一昊	19	2
66	103	83	孙笑天	23	4

图 3-41　表达式 $\pi_{\text{sname}}(\sigma_{\text{cid}=103}(E2 \bowtie S3))$ 的中间结果

为减小表达式中间结果,还可将上问题的查询表达式写成如下形式:

$$\pi_{\text{sname}}(\pi_{\text{sid}}((\sigma_{\text{cid}=103}(E2)))\bowtie \pi_{\text{sid, sname}}(S3))$$

此表达式看起来虽然复杂,然而它产生的中间结果最小,原因在于它通过纵向和横向的"切割",将参与自然联结操作的关系变得最小。

由上讨论,可以看出,一个查询问题表达式的写法有多种。也就是说,一个查询问题可以采用多种查询方式,都可取得同样的结果。然而,各个查询表达式的执行效率是不同

的。对于 RDBMS 来说,应该尽量选用中间结果最小的那个查询表达式来执行。于是,对 RDBMS 而言,就有一个查询优化的问题。对查询优化有兴趣的读者,可以查阅相关资料。在此,仅仅是说明产生查询优化问题的背景,理解了这样的背景,读者再看具体的内容就会清楚许多。

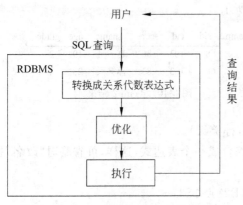

图 3-42 RDBMS 执行 SQL 查询的过程

由此,就很清楚关系代数在 RDBMS 中所起的作用,即用户可用 SQL 查询语言来表达查询,RDBMS 将 SQL 查询翻译成一种对应的关系代数表达式,然后再优化成一个执行效率更高的关系代数表达式,最后执行并将结果返回给用户。图 3-42 表示了这一查询的执行过程。

例如,对上一查询问题,如果用户的查询首先被翻译成

$$\pi_{\text{sname}}(\sigma_{\text{cid}=103}(E2 \bowtie S3))$$

一个较好的 RDBMS 查询优化器,会找到另一个开销更小的优化代数查询表达式:

$$\pi_{\text{sname}}(\pi_{\text{sid}}((\sigma_{\text{cid}=103}(E2))) \bowtie \pi_{\text{sid, sname}}(S3))$$

上一查询问题对应的 SQL 查询语句如下:

```
SELECT sname
FROM S3, E2
WHERE S3.sid=E2.sid AND cid=103
```

说明:细心的读者可以发现,以上 SQL 查询语句的形式与书写关系代数表达式的三部曲有着惊人的相似。SQL 查询的第 1 个子句对应三部曲的第 1 步,即确定最后结果中所要的字段;第 2 个子句对应第 2 步,即确定查询涉及几个关系;第 3 个子句对应第 3 步,相当于查询的思路。

下面,将以示例形式给出若干个查询问题的关系代数表达式及其对应的 SQL 查询语句。读者可利用前面所介绍的书写表达式的方法,对照分析,写出较优的关系代数表达式,以掌握关系代数表达式的写法。特别是书写关系代数表达式的三部曲,对实际编写 SQL 语句也是有帮助的。

例 3-41 写出查询选修学分为 3 课程的学生名的代数表达式。

$$\pi_{\text{sname}}(\sigma_{\text{credit}=3}(C1) \bowtie E2 \bowtie S3)$$

或

$$\pi_{\text{sname}}(\pi_{\text{sid}}(\sigma_{\text{credit}=3}(C1) \bowtie E2) \bowtie S3)$$

查询结果为{赵一昊,钱途}。

对应的 SQL 查询语句如下:

```
SELECT sname
FROM S3, E2, C1
```

```
WHERE S3.sid=E2.sid AND E2.cid=C1.cid AND C1.credit=3
```

说明：

① 要判断哪一个查询表达式更好，可通过比较两个查询的中间结果。从上查询可看出，第二个查询的中间结果更小些，因此，第二个查询表达式更优。

② 第一个表达式中是连续的两个自然联结操作，其执行顺序为自左向右方向。

③ SQL 查询中的 FROM 子句中有 3 张表，表示 3 张表的笛卡儿乘积。

例 3-42　写出学生"钱途"所选课程学分的代数表达式。

$$\pi_{credit}\left(\sigma_{sname=\text{"钱途"}}(S3)\bowtie E2\bowtie C1\right)$$

查询结果为{4,3}。

对应的 SQL 查询语句如下：

```
SELECT credit
FROM S3, E2, C1
WHERE S3.sid=E2.sid AND E2.cid=C1.cid AND S3.sname='钱途'
```

例 3-43　写出至少选修了一门课程的学生的名字的代数表达式。

$$\pi_{sname}(S3\bowtie E2)$$

查询结果为{赵一昊,钱途,孙笑天}。

对应的 SQL 查询语句如下：

```
SELECT sname
FROM S3, E2
WHERE S3.sid=E2.sid
```

由此可以看出，自然联结用得相当普遍。当两个关系通过外键联系时，自然联结将用得非常频繁。

例 3-44　写出选修了学分为 3 或为 4 课程的学生名字的代数表达式。

$$\rho\left(TempCourses,\ (\sigma_{credit=3}(C1))\bigcup(\sigma_{credit=4}(C1))\right)$$
$$\pi_{sname}(TempCourses\bowtie E2\bowtie S3)$$

或

$$\rho\left(TempCourses,\ \sigma_{credit=3\vee credit=4}(C1)\right)$$
$$\pi_{sname}(TempCourses\bowtie E2\bowtie S3)$$

查询结果为{赵一昊,钱途,孙笑天}。

对应的 SQL 查询语句如下：

```
SELECT sname
FROM S3, E2, C1
WHERE S3.sid=E2.sid AND E2.cid=C1.cid AND (C1.credit=3 OR C1.credit=4)
```

或

```
SELECT S31.sname
FROM S3 S31, E2 E21, C1 C11
```

```
WHERE S31.sid=E21.sid AND E21.cid=C11.cid AND C11.credit=3
UNION
SELECT S32.sname
FROM S3 S32, E2 E22, C1 C12
WHERE S32.sid=E22.sid AND E22.cid=C12.cid AND C12.credit=4
```

上例的第二个 SQL 查询语句中，可以体现表别名的作用。因为 3 张表 S3、E2 和 C1 都用了两次，需要用别名来区分之。

例 3-45 写出选修了学分为 3 和 4 课程的学生名字的代数表达式。

$$\rho(\text{Temp3}, \pi_{\text{sid}}(\sigma_{\text{credit}=3}(\text{C1}) \bowtie \text{E2}))$$

$$\rho(\text{Temp4}, \pi_{\text{sid}}(\sigma_{\text{credit}=4}(\text{C1}) \bowtie \text{E2}))$$

$$\pi_{\text{sname}}((\text{Temp3} \cap \text{Temp4}) \bowtie \text{S3})$$

查询结果为{赵一昊，钱途}。

对应的 SQL 查询语句如下：

```
SELECT sname
FROM S3, E2 E21, C1 C11, E2 E22, C1 C12,
WHERE S3.sid=E21.sid AND E21.cid=C11.cid AND S3.sid=E22.sid AND
    E22.cid=C12.cid AND C11.credit=3 AND C12.credit=4
```

或

```
SELECT S31.sname
FROM S3 S31, E2 E21, C1 C11
WHERE S31.sid=E21.sid AND E21.cid=C11.cid AND C11.credit=3 AND
    S31.sid IN ( SELECT S32.sid
                 FROM S3 S32, E2 E22, C1 C12
                 WHERE S32.sid=E22.sid AND E22.cid=C12.cid
                     AND C12.credit=4)
```

说明：

① 上例的两个 SQL 查询语句中，也体现了表别名的作用。因为两张表 E2 和 C1 甚至在同一个 FROM 子句中都用了两次，需要用别名来区分之。

② 第二个 SQL 查询语句使用了嵌套查询，即在一个 SQL 查询（称为主查询）中又嵌套有另一个 SQL 查询（称为子查询）。有关嵌套查询内容，请参见第 4.3.5 小节。

思考：如果用如下表达式是否正确：

$$\rho(\text{TempCourses}, \sigma_{\text{credit}=3}(\text{C1}) \cap \sigma_{\text{credit}=4}(\text{C1}))$$

$$\pi_{\text{sname}}(\text{TempCourses} \bowtie \text{E2} \bowtie \text{S3})$$

例 3-46 写出至少选修了两门课程的学生名字的代数表达式。

$$\rho(\text{Temp1}, \pi_{\text{sid, sname, cid}}(\text{S3} \bowtie \text{E2}))$$

$$\rho(\text{Temp2}(1 \to \text{sid1}, 2 \to \text{sname1}, 3 \to \text{cid1}, 4 \to \text{sid2}, 5 \to \text{sname2}, 6 \to \text{cid2}), \text{Temp1} \times \text{Temp1})$$

$$\pi_{\text{sname1}}(\sigma_{\text{sid1}=\text{sid2} \wedge \text{cid1} <> \text{cid2}}(\text{Temp2}))$$

查询结果为{赵一昊，钱途，孙笑天}。

例 3-47 写出没有选修学分为 3 的课程的、年龄大于 20 岁的学生学号的代数表达式。

$$\pi_{sid}(\sigma_{age>20}(S3)) - \pi_{sid}(\sigma_{credit=3}(C1) \bowtie E2)$$

查询结果为{35，52，66}。

对应的 SQL 查询语句如下：

```
SELECT sid FROM S3
WHERE age>20 AND sid NOT IN(SELECT sid FROM E2,C1
                       WHERE E2.cid=C1.cid AND credit=3)
```

例 3-48 写出选修了所有课程的学生名字的代数表达式。

$$\rho(TempSids, \pi_{sid,cid}(E2) / \pi_{cid}(C1))$$

$$\pi_{sname}(TempSids \bowtie S3)$$

查询结果为{赵一昊}。

对应的 SQL 查询语句如下：

```
SELECT sname
FROM S3 S
WHERE NOT EXISTS ((SELECT C.cid FROM C1 C) EXCEPT
                (SELECT E.cid FROM E2 E WHERE E.sid=S.sid))
```

或

```
SELECT sname
FROM S3 S
WHERE NOT EXISTS (SELECT C.cid FROM C1 C
                   WHERE NOT EXISTS (SELECT E.cid FROM E2 E
                                  WHERE E.sid=S.sid AND E.cid=C.cid))
```

说明：后面两个 SQL 查询语句都使用了"相关子查询"。相关子查询是一种特殊的嵌套查询，其特殊性在于主查询中涉及的表出现在子查询的条件表达式中。有关相关子查询内容，请参见第 4.3.5 小节。

3.9 关 系 运 算

基本特性：关系运算是关系代数的另一种解决方法。与过程化的关系代数相反，关系运算不是过程化的，而是申明式的，即通过描述条件来描述结果，而不管计算过程。

种类：TRC（tuple relational calculus）元组关系运算；DRC（domain relational calculus）域关系运算。

TRC 与 DRC 的区别如下。

（1）TRC 中的变量为元组变量，其值为元组；而 DRC 中的变量为域变量，其值为字段取值范围。

（2）TRC 对 SQL 查询语言影响大，而 DRC 对 QBE 查询语言影响大。

3.9.1　元组关系运算

1. 基本概念

元组变量的值：元组变量的值就是关系模式中的元组。

TRC 查询的形式：$\{T \mid P(T)\}$。

其中，T 为元组变量，$P(T)$ 表示以 T 为变量的公式，其查询的结果是令 $P(T=t)$ 为真的 t 的集合。

TRC 的关键：TRC 的关键是描述公式 $P(T)$ 的语言。

2. TRC 查询语法

约定：用 Rel 表示关系名，R、S 表示元组变量，a 为 R 中的属性，b 为 S 中的属性，op 表示算术比较操作符，C 表示常量（constant）。

TRC 查询的原子公式如下：

① $R \in \text{Rel}$；

② $R.a$ op $S.b$；

③ $R.a$ op C 或 C op $R.a$。

TRC 查询公式定义：可用如下形式递归定义：

① 任一原子公式；

② $\neg P$（P 的非），$P \wedge Q$（P 与 Q），$P \vee Q$（P 或 Q），或 $P \Rightarrow Q$（P 蕴涵 Q）；

③ $\exists R(P(R))$；

④ $\forall R(P(R))$。

其中，P、Q 为公式，R 为元组变量，$P(R)$ 表示以 R 为变量的查询公式。

说明：

① 公式 $P(R)$ 包含 $R \in \text{Rel}$；

② $\exists$ 和 $\forall$ 均为量词，$\exists$ 为存在（exist）量词，其符号 $\exists$ 可以看成是 E（exist）向左转 $180°$ 的形状，其含义是，只要有一个 R 使 $P(R)$ 为真，$\exists R(P(R))$ 就为真，否则为假；$\forall$ 为全称（all）量词，其符号 $\forall$ 可以看成是 A（all）向上转 $180°$ 的形状，其含义是，只有所有的 R 使 $P(R)$ 为真，$\forall R(P(R))$ 才为真，否则为假。

③ 对于 $\exists R(R \in \text{Rel} \wedge P(R))$，可用 $\exists R \in \text{Rel}\ (P(R))$ 代替；而对 $\forall R(R \in \text{Rel} \Rightarrow P(R))$ 则用 $\forall R \in \text{Rel}(P(R))$ 代替。

④ $P \Rightarrow Q$ 等价于 $\neg P \vee Q$。

3. TRC 查询示例

以下所有示例所用的关系模式为 Students、Courses 和 Enrollments。

例 3-49　写出查询所有 2 年级及以上年级学生名字和年龄的 TRC 表达式。

$$\{P \mid \exists S \in \text{Students}(S.\text{grade} \geq 2 \wedge P.\text{sname} = S.\text{sname} \wedge P.\text{age} = S.\text{age})\}$$

其中，P、S 均为元组变量，而 P 为结果元组变量，它有两个字段，即 sname 和 age。

对应的 SQL 查询语句为

```
SELECT sname, age FROM Students WHERE grade>=2
```

例 3-50 写出查询每个选课学生名字、课程号和成绩的 TRC 表达式。

$$\{P \mid \exists E \in Enrollments \, \exists S \in Students(E.\,sid = S.\,sid \wedge P.\,cid$$
$$= E.\,cid \wedge P.\,score = E.\,score \wedge P.\,sname = S.\,sname)\}$$

其中，P 为结果元组变量，它有 3 个字段，即 cid，sname 和 score。

对应的 SQL 查询语句为

```
SELECT sname, cid, score FROM Students S, Enrollments E
WHERE S.sid=E.sid
```

由上两例可以看出，TRC 表达式中的条件对书写 SQL 查询语句的条件表达式有帮助。

例 3-51 写出查询选修 103 课程的学生名的 TRC 表达式。

$$\{P \mid \exists E \in Enrollments \, \exists S \in Students(E.\,sid = S.\,sid \wedge E.\,cid$$
$$= 103 \wedge P.\,sname = S.\,sname)\}$$

其中，P 为结果元组变量，它有一个字段，即 sname。

对应的 SQL 查询语句为

```
SELECT sname FROM Students S, Enrollments E
WHERE S.sid=E.sid AND E.cid=103
```

例 3-52 写出查询选修 3 学分课程学生名的 TRC 表达式。

$$\{P \mid \exists E \in Enrollments \, \exists S \in Students(E.\,sid = S.\,sid \wedge P.\,sname$$
$$= S.\,sname \wedge \exists C \in Courses(E.\,cid = C.\,cid \wedge C.\,credit = 3))\}$$

或

$$\{P \mid \exists E \in Enrollments \, \exists S \in Students \, \exists C \in Courses(E.\,sid = S.\,sid \wedge P.\,sname$$
$$= S.\,sname \wedge E.\,cid = C.\,cid \wedge C.\,credit = 3)\}$$

其中，P 为结果元组变量，它有一个字段，即 sname。

对应的 SQL 查询语句为

```
SELECT sname FROM Students S, Enrollments E, Courses C
WHERE S.sid=E.sid AND E.cid=C.cid AND C.credit=3
```

例 3-53 写出至少选修了两门课程的学生名字的 TRC 表达式。

$$\{P \mid \exists S \in Students \, \exists E1 \in Enrollments \, \exists E2 \in Enrollments(E1.\,sid$$
$$= S.\,sid \wedge E2.\,sid = S.\,sid \wedge E1.\,cid! = E2.\,cid \wedge P.\,sname = S.\,sname)\}$$

其中，P 为结果元组变量，它有一个字段，即 sname。

对应的 SQL 查询语句为

```
SELECT sname FROM Students S, Enrollments E1, Enrollments E2
WHERE S.sid=E1.sid AND S.sid=E2.sid AND E1.cid<>E2.cid
```

例 3-54 写出选修了所有课程的学生名字的 TRC 表达式。

$$\{P \mid \exists S \in Students \, \forall C \in Courses(\exists E \in Enrollments(E.\,sid$$
$$= S.\,sid \wedge E.\,cid = C.\,cid \wedge P.\,sname = S.\,sname))\}$$

对应的 SQL 查询语句为

```
SELECT sname FROM Students S, Enrollments E, Courses C
WHERE S.sid=E.sid AND E.cid=ALL(SELECT C.cid FROM Courses C
```

例 3-55 写出选修了所有 4 学分课程学生的 TRC 表达式。

$$\{S \mid \exists S \in \text{Students} \forall C \in \text{Courses} \ (C.\text{credit}=4 \Rightarrow (\exists E \in \text{Enrollments}$$
$$(E.\text{sid}=S.\text{sid} \land E.\text{cid}=C.\text{cid})))\}$$

其中，由于结果元组变量的关系模式与 Students 相同，为避免引入一个新的元组变量，可以直接使用 S 作为结果元组变量。

对应的 SQL 查询语句为

```
SELECT sid, sname, age, grade
FROM Students S, Enrollments E
WHERE S.sid=E.sid AND E.cid=ALL (SELECT C.cid FROM Courses C WHERE C.credit=4)
```

说明：

① SQL 查询语句中的"=ALL"为 SQL 查询 WHERE 子句中的特殊运算符，表示 E.cid 所有的值必须与 ALL 后引出括号内的值完全一样。关于特殊运算符的内容，请参见第 4.3.5 小节。

② 总之，与关系代数表达式比较，关系运算 TRC 的表达要简单、直观得多。

3.9.2 域关系运算

1. 基本概念

DRC 的查询形式如下：

$$\{\langle x_1, x_2, \cdots, x_n \rangle \mid p(\langle x_1, x_2, \cdots, x_n \rangle)\}$$

其中，x_i 要么为域变量，要么为常量，$p(\langle x_1, x_2, \cdots, x_n \rangle)$ 为 DRC 公式。

查询结果：使公式为真的所有 $\langle x_1, x_2, \cdots, x_n \rangle$ 元组集合。

DRC 与 TRC 之区别：公式定义类似，主要区别在于变量。

说明： 从查询的形式看，DRC 与 TRC 基本相同。因为 $\langle x_1, x_2, \cdots, x_n \rangle$ 为元组，而 TRC 查询形式 $\{T \mid P(T)\}$ 中的 T 也为元组。只不过在 DRC 中，元组是通过域变量来定义的，即用 $\langle x_1, x_2, \cdots, x_n \rangle$ 的形式。

2. DRC 语法

约定：用 Rel 表示具有 n 个属性的关系，X、Y 表示域变量，C 表示常量，op 表示算术比较操作符。

DRC 查询的原子公式如下：

① $\langle x_1, x_2, \cdots, x_n \rangle \in \text{Rel}$，每个 x_i 或为域变量，或为常量；

② X op Y；

③ X op C，或 C op X。

DRC 查询公式定义：可用如下形式递归定义。其中，P、Q 本身也为公式，X 为域变量，$P(X)$ 是以 X 为变量的公式。

① 任一原子公式；

② $\neg P(P\,的非)$，$P\wedge Q(P\,与\,Q)$，$P\vee Q(P\,或\,Q)$，或 $P\Rightarrow Q(P\,蕴涵\,Q)$；

③ $\exists X(P(X))$；

④ $\forall X(P(X))$。

3. DRC 查询示例

例 3-56　写出查询所有 2 年级及以上年级学生的 DRC 表达式。

$$\{\langle I,N,G,A\rangle\mid \exists I,N,G,A(\langle I,N,G,A\rangle\in \text{Students}\wedge G\geqslant 2)\}$$

说明：

① 与 TRC 不同的是，要表示结果元组，必须给出每个字段的变量或常量，也就是说，元组的表示必须为每个属性指定一个变量或常量，即域变量。

② 上例中，I 为代表 sid 的域变量，N 为代表 sname 的域变量，G 为代表 grade 的域变量，A 为代表 age 的域变量。

③ 要表示 Students 的结果元组，应用 $\langle I,N,G,A\rangle$，而不用 TRC 中的 S 或 P。

例 3-57　写出查询选修 103 课程的学生名的 DRC 表达式。

$$\{\langle N\rangle\mid \exists I,N(\langle I,N,G,A\rangle\in \text{Students}\wedge \exists I_e,C(\langle I_e,C,S\rangle$$
$$\in \text{Enrollments}\wedge I_e=I\wedge C=103))\}$$

说明：

① 结果中只需 sname 域，故只有 N 为代表该域的域变量。

② 式中，I,N,G,A 与上例中的表示相同，I_e 表示 Enrollment 中的 sid，以便与 Students 中的 sid 表示 I 区别，C 为代表 cid 的域变量，S 为代表 score 的域变量。

③ 式中，$\exists I_e,C(\cdots)$ 为 $\exists I_e(\exists C(\cdots))$ 的简写形式。

上例还可用更简单的写法：

$$\{\langle N\rangle\mid \exists I,N(\langle I,N,G,A\rangle\in \text{Students}\wedge \exists I(\langle I,103,S\rangle\in \text{Enrollments}))\}$$

式中只用一个 I 代表 sid，且用了一个常量 103。

例 3-58　写出查询选修 3 学分课程学生名的 DRC 表达式。

$$\{\langle N\rangle\mid \exists I,N(\langle I,N,G,A\rangle\in \text{Students}\wedge \exists I,C(\langle I,C,S\rangle$$
$$\in \text{Enrollments}\wedge \exists C(\langle C,N_c,3\rangle\in \text{Courses})))\}$$

例 3-59　写出至少选修了两门课程的学生名字的 DRC 表达式。

$$\{\langle N\rangle\mid \exists I,N(\langle I,N,G,A\rangle\in \text{Students}\wedge \exists I,C_{e_1},C_{e_2}(\langle I,C_{e_1},S1\rangle$$
$$\in \text{Enrollments}\wedge \langle I,C_{e_2},S2\rangle\in \text{Enrollments}\wedge C_{e_1}!=C_{e_2}))\}$$

例 3-60　写出选修了所有课程的学生名字的 DRC 表达式。

$$\{\langle N\rangle\mid \exists I,N(\langle I,N,G,A\rangle\in \text{Students}\wedge \forall C(\langle C,N_c,CR\rangle\in \text{Courses}$$
$$\Rightarrow \exists I_e,C_e(\langle I_e,C_e,S\rangle\in \text{Enrollments}\wedge I=I_e\wedge C=C_e)))\}$$

例 3-61　写出选修了所有 3 学分课程学生的 DRC 表达式。

$$\{\langle I,N,G,A\rangle\mid \exists I,N,G,A(\langle I,N,G,A\rangle\in \text{Students}\wedge \forall C,CR(\langle C,N_c,CR\rangle$$
$$\in \text{Courses}\wedge(CR=3\Rightarrow \exists I_e,C_e(\langle I_e,C_e,S\rangle$$
$$\in \text{Enrollments}\wedge I=I_e\wedge C=C_e))))\}$$

小　结

在关系模型中，实体与联系都用关系来描述。关系模式是对关系的具体描述，关系实例为关系中的元组集合。候选键、主键与 E-R 模型中的概念相同。外键是关系模型中表与表之间的纽带。

关系模型一般提供域约束、主键约束、唯一约束、外键约束和一般性约束等完整性约束机制。

MS SQL Server 及 Sybase 数据库产品，除断言外，支持 SQL-92 推荐的关系模型上的几乎所有完整性约束，并且还增加了几项，如默认、规则和触发器等。需要注意的是，商用产品支持的完整性约束与标准推荐的不完全一样。

在 RDBMS 中，视图既是一个重要概念，同时更是一个有用的工具。它是一张虚表，可以像表一样操作，但有一定限制。

E-R 模型向关系模型转换时，一般将实体直接转换成表，而联系可转（多对多联系必须转）、也可不转（一对一联系和一对多联系可不转）。

对象模型向关系模型的转换，与 E-R 模型向关系模型的转换极为相似。一个独立的类一般直接转换为表；一对一和一对多关联关系不转换成表，多对多关联关系需单独转换为表；关联类可转（多对多的关联类必须转）、也可不转（针对一对一和一对多的关联类）；聚合关系和组合关系向关系模型的转换，与关联关系的转换类似；泛化关系的转换有 3 种方法：合并法、分解法和单表法。

关系代数和关系运算是与关系模型有关的两个查询语言，是 SQL 语言形成的基础。关系代数着重过程，而关系运算着重结果。关系代数的查询表达式由操作数与操作符构成。关系运算分元组关系运算（TRC）和域关系运算（DRC），其查询表达式基本上都是带谓词运算的条件表达式。

习　题

一、简答题

1. 简述表间数据完整性的实现方式。

2. 简述主键约束的要求。

3. 简述唯一约束的要求。

4. SQL-92 标准推荐的完整性约束是否一定会在 SQL Server 中实现，举例说明？

5. SQL Server 中规则的目的。

6. SQL Server 中在定义某些约束时分列级与表级，其分类的原则是什么？

7. 简述外键约束定义的条件。

8. 一张表上可定义的触发器个数是多少？

9. 简述关系代数的基本操作符。

10. 关系代数中对结果有重复元组时，如何处理？

11. 简述联结的分类。

12. 简述关系运算的种类。

二、单项选择题

1. （　　）不是关系代数的基本操作。

    A. selection   B. projection   C. join   D. intersection

2. （　　）用唯一约束来约束。

    A. 主键   B. 外键   C. 候选键   D. 简单键

3. （　　）与"列"不同义。

    A. 字段   B. 元组   C. —   D. 属性

三、判断题（正确打√,错误打×）

1. 关系代数中的改名操作既可用于改名也可用于存放临时关系模式结果。（　　）

2. 对主表的主键,插入操作可能会影响从表,但删除和更新不会。（　　）

3. 等联结是自然联结的特例。（　　）

4. 关系代数和关系运算是两个与关系模型有关的查询语言。（　　）

四、设有如下 3 个关系:

S(Sid(学号),Sname(姓名),Age(年龄),Sex(性别))

SC(Sid(学号),Cid(课程号),Score(成绩))

C(Cid(课程号),Cname(课程名),Teacher(教师))

试用关系代数表达式表达下列查询,并且写出前 4 个的 SQL 查询语句:

    (1) 检索 LIU 老师所授课程的课程号和课程名。

    (2) 检索年龄大于 23 岁的男学生的学号和姓名。

    (3) 检索学号为 S3 学生所学课程的课程名与任课教师名。

    (4) 检索至少选修 LIU 老师所授课程中一门课的女学生姓名。

    (5) 检索 WANG 同学不学的课程的课程号。

    (6) 检索至少选修两门课的学生学号。

    (7) 检索全部学生都选修的课程的课程号与课程名。

    (8) 检索选修课程包含 LIU 老师所授全部课程的学生学号。

第 **4** 章　SQL 语言及其操作

　　SQL(structured query language,结构化查询语言),是关系数据库系统为用户提供的、对关系模式进行定义、对关系实例进行操纵的一种语言,为在关系数据库系统中建立、存储、修改、检索和管理其数据化信息提供的语言工具。目前,SQL 已经发展成一种工业标准化的数据库查询语言,广泛用于商用关系数据库管理系统(如 SQL Server、Oracle、Sybase 等)中。各家的 RDBMS 产品还根据各自的需要,对标准的 SQL 语言进行了相应的扩展。

　　本章将结合目前数据库市场上较流行且易于上手的 Microsoft SQL Server 产品,对 SQL 语言中最精华的部分作详细介绍。同时从应用和操作的角度,详细讲解该产品支持的数据库语言 Transact-SQL(简称 T-SQL),从中可以看出其对 SQL 语言奇妙的扩展。读者可结合本教材第 11 章的数据库上机实验及指导,以及 SQL Server 的联机技术资料,加强对本章各种 SQL 语句的使用。

　　与其他程序语言不同,SQL 数据库语言只专注于数据库的操作功能,不具备用户界面设计和其他功能。而 RDBMS 又不支持其他具备界面设计的程序设计语言,如C/C++、PowerBuilder、Delphi 等。因此,为了给用户提供一个友好和人性化的数据库操作界面,必须将高级程序设计语言的界面设计功能和 SQL 语言的数据库操作功能结合起来,于是出现了 SQL 语言的嵌入式使用,即将 SQL 语言作为子语言嵌入到作为宿主语言的高级程序设计语言中,以完成数据库操作功能。因此,除了 SQL 语言的交互式操作外,本章也对 SQL 语言在C/C++及 PowerBuilder 中的嵌入式使用进行详细介绍。

　　本章学习目的和要求:

　　(1) 定义子语言;

　　(2) 操纵子语言;

　　(3) MS SQL Server 和 Sybase 中的 T-SQL;

　　(4) SQL 在C/C++中的嵌入式使用;

　　(5) SQL 在 PowerBuilder 中的嵌入式使用。

4.1 SQL 语言概况

4.1.1 SQL 语言及其标准

1970 年 6 月，IBM 公司的 San Jose 实验室的研究员 Edgar Frank Codd，在 Communications of ACM 上发表了题为《大型共享数据库数据的关系模型》论文，首次提出了关系数据模型，开创了关系数据库理论和方法的先河，为关系数据库技术的应用和发展奠定了理论基础。在此基础上，许多公司开始了关系数据库系统的理论、产品和应用开发研究。SQL 最初由 Boyce 和 Chamberlin 于 1974 年提出。20 世纪 70 年代中期，IBM 公司在研制 System R 关系数据库系统的过程中，开发了世界上最早的 SQL（structured query language）语言。1979 年，Oracle 公司最先提出了商用的 SQL 语言，后来在其他几种数据库系统中得以实现。

由于 SQL 广泛地被多种 RDBMS 支持和使用，为避免 SQL 语言的不兼容，以便基于 SQL 语言的程序易移植，于是在权威标准机构多年的工作和努力下，制订了不断完善的 SQL 标准。

第一个 SQL 标准，由 ANSI（American National Standards Institute，美国国家标准协会）于 1986 年 10 月制订，标准文本为 ANSI X3.135-1986，简称为 SQL-86。1989 年作了些许改进，推出的版本为 ANSI X3.135-1989，简称为 SQL-89。非正式的，SQL-86 和 SQL-89 统属 SQL1，表示是第一代 SQL 语言。1992 年，由 ANSI 和 ISO（International Organization for Standardization，国际标准化组织）合作，对 SQL-89 作了较大改动和完善，推出的版本为 ANSI X3.135-1992，简称为 SQL-92，这是目前绝大多数商用 RDBMS 支持的版本。非正式的，SQL-92 可称作 SQL2。1999 年提出 SQL:1999，曾称作 SQL3，表示是第三代 SQL 语言，是在 SQL-92 的基础上增加了面向对象特征扩展而成。2003 年提出 SQL 2003，之后又分别提出了 SQL:2006 和 SQL:2008。

本章将参照 ANSI SQL-92 标准，以微软公司的 SQL Server 关系数据库系统为背景，来介绍 SQL 语言的一些基本特征。读者在使用不同的关系数据库管理系统时，请参照其相应 RDBMS 技术手册。因为大多数商用 RDBMS 只是遵循 SQL-92 的大部分特性，为了提高系统性能，还提供有针对各自系统的、特定的、非 SQL 标准的功能。

4.1.2 SQL 语言的特点

SQL 语言是基于关系模型的数据库查询语言，但它的功能远不只是具有查询功能，它还具有数据模式定义、数据的"增、删、改"以及安全和事务控制功能。说它是"查询语言"，也许是由于用户平时的管理工作中，查询（query）功能用得更多些。

SQL 语言是一种非过程化的程序语言，也就是说，没有必要写出"如何做某事情"，只需写出"要做什么"就可以了。写出的语句可看作是一个问题，一般称为"查询"。将此查询交 RDBMS 去解释执行，即可得到所需的查询结果。

把 SQL 描述为"子语言"更适当一些，因为它没有任何屏幕处理或用户输入输出的能力。它的主要目的是提供访问数据库的标准方法,而不管数据库应用的其余部分是用什么语言编写的。它既是为数据库的交互式(interactive)查询而设计的,故被称为动态 SQL,同时也可嵌入(embedded)到过程化语言(称宿主语言)编写的数据库应用程序中使用,故被称为嵌入式 SQL。

正如第 4.1.1 小节所述,SQL 语言的广泛使用导致了 SQL 语言的标准化,使得 SQL 语言的使用更易于移植。

归结起来,SQL 语言具有如下功能特点。

(1) 功能一体化。SQL 语言一般由 3 个子语言构成,分别是数据定义子语言(data definition language,DDL)、数据操纵子语言(data manipulation language,DML)和数据控制子语言(data control language,DCL)。

DDL 具有对数据库、表、视图及完整性约束的定义功能;DML 具有插入、删除、修改和查询表中数据的功能;而 DCL 则可用于实现数据库安全授权、事务控制及系统维护功能。

本章将只对 DDL 和 DML 中的精华部分进行介绍,关于 DCL 部分的安全授权语句和事务控制语句,将在第 5 章的相关章节介绍。

(2) 语言非过程化。SQL 语言是一种结构化语言,是相对过程化来讲的。过程化的语言要求用户在程序设计中不仅要指明程序“做什么”(What to do?),而且需要程序员按照一定的算法编写出“怎样做”(How to do?)的程序来。对于 SQL 语言,用户只需定义“做什么”,至于“怎样做”,则留给 RDBMS 系统内部去解决。

SQL 语言不要求用户指定数据的存取路径和方法,例如,用户无须指出所操作表的存储目录,也无须用户指出按什么样的算法去搜索数据。这些也都由 RDBMS 帮助解决,用户不需要关心。

(3) 交互式与嵌入式使用。SQL 语言既可独立地交互式使用,又可以通过与宿主语言结合起来,发挥各自长处,构成操作界面友好的数据库应用系统。目前,许多流行的开发工具都支持 SQL 语句的嵌入使用,如 Visual C++ 、Visual Basic、Delphi、Power Builder 等。

(4) 标准化与易移植性。目前,几乎所有的 RDBMS 都支持 SQL 语言,所以使用标准 SQL 语言的程序可以方便地从一种 RDBMS 移植到另一种 RDBMS 上。

4.1.3　SQL-92 标准的分级

为便于评价数据库厂商的 RDBMS 产品对 SQL-92 标准的支持情况,一般将 SQL-92 标准分成 3 个级别,分别是入门(entry)级 SQL、中间(intermediate)级 SQL 和完全(full)版 SQL。

入门级 SQL,其功能特性接近于 SQL-89;中间级 SQL,包含 SQL-92 近一半的新特点;而完全版 SQL,则是 SQL-92 标准的完整版。

一般说来,绝大多数 RDBMS 产品不是完全支持 SQL-92 标准的,即不支持完全版 SQL,很多情况下,只支持中间级 SQL。

4.1.4　标准 SQL 语言与实际数据库产品中的 SQL 语言

正如第 4.1.3 小节所述,绝大多数 RDBMS 产品不是完全支持 SQL-92 标准的,也就是说，SQL-92 中的某些功能，在实际数据库产品中可能没有得到支持。反过来，实际 RDBMS 产品的 SQL 语言，也有可能出现 SQL-92 中所没有的功能或特性，也就是说，商用 RDBMS 实现了超越 SQL-92 标准的功能或特性。例如，在 MS SQL Server 和 Sybase 中，均实现了触发器功能，而在 SQL-92 标准中却没有，触发器功能直到 SQL-1999 标准才得以推荐。

这些在标准支持上的差异，一般也会在 SQL 命令的语法上得到体现，例如 MS SQL Server 的 T-SQL 在命令的语法上与 SQL-92 标准有一点差异，当然这种语法上的差异一般也比较微小。因此，在具体使用某个 RDBMS 产品时，一定要注意到这一点，同时应在使用前查阅产品的技术资料。

另外，对于有可能需要移植的 SQL 代码，最好采用在 SQL 标准中也推荐的功能，尽量少采用具体 RDBMS 中提供的特殊功能。

4.2 数据定义子语言及其操作

DDL 语言，主要用于对关系模式及相关对象的定义（包括创建、删除和修改），也使得数据库（特别是关系模型）中的一些概念，如数据库、表、视图等，不再是抽象的，而是可以通过 DDL 语言能"触摸"、可操作的。或者可以说，DDL 语言为将抽象的概念具体化提供了转换的桥梁。读者在学习本章时，也应时刻注意概念这样的转换。

另外，通过前面的学习，已经知道，关系模型包括 3 个方面的内容，即数据结构、完整性约束和数据操纵。利用 SQL 语言，可完成关系模型的具体化，实际上就需要将其所包含的 3 个方面的内容具体化。这个具体化分别由两个子语言承担，即 DDL 完成数据结构和完整性约束的定义，而 DML 完成数据的操纵。

本节将介绍 DDL 在数据结构和完整性约束方面定义的命令语法及操作，包括 DDL 的 3 个命令关键字、数据库定义、表定义（包括完整性约束定义）、索引定义和视图定义。

说明：DDL 中，数据定义中的"数据"是指数据结构和环境（如数据库）这类数据，而"定义"是指利用创建、删除和修改这 3 个命令，来完成数据结构、约束和环境的建立与维护。

4.2.1 定义子语言的 3 个命令关键字

定义子语言主要使用创建、删除和修改这 3 个命令来完成关系模型数据结构、约束和数据库环境的建立与维护。这 3 个命令的关键字分别是 CREATE（创建）、DROP（删除）和 ALTER（修改）。

CREATE 命令用来创建数据结构和环境类型的对象，例如数据库、表、视图和索引等；DROP 命令则将所创建的对象删除；而 ALTER 命令则用来对对象的结构进行改动。

说明：在商用 RDBMS 中，一般将这种通过 DDL 命令建立的、用于存储数据或约束数据或操作数据的实体称作数据库对象，如表、视图、索引、默认、规则、触发器、函数等都称作数据库对象。不同厂家的 RDBMS，其所包含的数据库对象有可能存在小差别。

由于这 3 个命令可用来定义多种对象，为区分不同对象的定义，要求在各个命令关键字后紧跟所要定义对象的关键字，如 DATABASE（数据库）、TABLE（表）、VIEW（视图）、

INDEX(索引)、DEFAULT(默认)、RULE(规则)和 TRIGGER(触发器)等。例如 CREATE DATABASE、DROP DATABASE、ALTER DATABASE 等。

说明:在 SQL 语言中的关键字,不论是命令关键字(如 CREATE、ALTER),还是对象关键字(如 TRIGGER、TABLE),一般都是系统的保留字,不能再作其他用途,如用作表名等。

SQL Server 中,可用此 3 个命令定义的对象,有:DATABASE、TABLE、VIEW、INDEX、TRIGGER(触发器)、PROCEDURE(存储过程)、RULE(规则)、DEFAULT(默认)和 FUNCTION(函数)。在第 3 章,已见到过一半以上的对象,如表、视图、触发器、规则和默认。

说明:SQL Server 中,有几个数据库对象不用 ALTER 命令,如 INDEX、RULE 和 DEFAULT。如果要修改,可先删除,然后再重新创建一个同名的对象即可。

4.2.2 定义数据库

1. 数据库及日志

(1) 数据库(database,DB)。在中、大型数据库系统中,数据库是一个存储空间,用于存放数据库中的数据库对象(如表、视图等)与数据库安全性有关的控制机制,以及其他对象等。

(2) 日志(log)。日志是数据库故障恢复的重要手段和方法。用于记录对数据库的各种操作及所涉及的相关数据,对这些数据的保存也需要一个存储空间。为安全起见,一般把日志放在与数据库不同的磁盘或磁盘分区上。

说明:

① 在 RDBMS 中,数据库一般是指一个存储空间,用于存放相关数据集合。这与第 1 章中关于数据库的概念有一点区别,主要是有存储空间含义。实际上,这也是概念具体化的一个表现。在学习中,应注意这种理论概念与应用概念上的区别。

② 关于日志在故障恢复中的作用,请参见第 5.4 节。

2. 创建数据库(CREATE DATABASE)

CREATE DATABASE 命令语法:

```
CREATE DATABASE 数据库名
[ ON
[<filespec>[,…n]]
]                ,
[ LOG ON {<filespec>[,…n]}]
<filespec>::=    [ PRIMARY ]
                ([NAME=逻辑名,]
                 FILENAME='OS 文件的路径及名字'
                 [,SIZE=文件初始大小]
                 [,MAXSIZE={最大值|UNLIMITED}]
                 [,FILEGROWTH=文件大小增量值])
```

SQL 语法定义采用了变形的巴科斯范式(Backus-Naur form,BNF)符号,约定如下:

"∷＝"用于定义运算符，将所定义的语法元素与定义分隔。"［］"表示其中的内容可选。"＜＞"表示其中是语法元素的名称。"｜"用来将语法元素分开，表示必选其一。"｛｝"表示必选其中的一项或多项。"［，…n］"表示可按它前面部分（或块）的样式重复。其中，"＜＞"、"｛｝"和"…"不能出现在构造的 SQL 语句中。

创建数据库命令语法分为两大部分，第一部分为命令主框架，第二部分，从"＜filespec＞∷＝"开始到最后，是对主框架中的"＜filespec＞"做进一步说明，filespec 为 File Specification（文件描述）的缩写。

主框架中又分两部分，第一部分，从命令语法的第二行到第四行，用于定义存放"数据"的空间；第二部分，即"［LOG ON｛＜filespec＞［，…n］｝］"，用于定义存储"日志"的空间。如果没有指定 LOG ON，系统将自动创建一个日志文件。

数据和日志空间均以文件形式定义，都可以定义多个文件。数据空间中的第一个文件一般默认为"主文件"，也可用"PRIMARY"关键字显式指定其中一个数据文件为主文件，其他数据文件则为"次文件"（或称辅助文件），每个文件用"＜filespec＞"描述。

每个文件中，NAME 用来指定文件的逻辑名，该名称可在使用 SQL 语句时引用；FILENAME 用来指定操作系统（operating system，OS）下文件的路径和名字；SIZE 指定文件的初始大小，以 MB 为单位，默认大小为 1MB；MAXSIZE 指定文件大小的最大值，默认值是无限制（unlimited）；FILEGROWTH 用来指定文件大小的递增量，每当文件中的数据存满设定的空间时，可按此设定值递增，直到到达最大值，递增值可以用绝对数值方式（如 2MB），也可用百分比形式，如 10%，表示在原空间大小基础上增长 10% 的磁盘空间。

说明：一个数据库只能有一个主文件。主文件用来存放数据库的启动信息、部分或全部数据；辅助数据文件用于存放主文件中未存储的数据和数据库对象。

例 4-1 创建数据库示例。

```
CREATE DATABASE StuData
    ON PRIMARY
        ( NAME          =StuFile1,
          FILENAME      ='c:\production\data\StuFile1.mdf',
          SIZE          =10MB,
          MAXSIZE       =1000MB,
          FILEGROWTH    =10MB )
        ( NAME          =StuFile2,
          FILENAME      ='c:\production\data\StuFile2.ndf',
          SIZE          =10MB,
          MAXSIZE       =1000MB,
          FILEGROWTH    =10%)
        LOG ON
        ( NAME          =Stulog,
          FILENAME      ='d:\production\data\Stulog.ldf',
          SIZE          =10MB,
          MAXSIZE       =1000MB,
          FILEGROWTH    =10MB)
```

说明：

① 主数据文件扩展名为.mdf，表示 main data file；次数据文件扩展名为.ndf，表示 next data file；日志文件扩展名均为.ldf，表示 log data file。

② MS SQL Server 中，除可用例 4-1 的方法（即用书写命令的方式）在 Query Analyzer（查询分析器）中创建数据库外，还可在 Enterprise Manager（企业管理器）中利用图形界面的方式创建。

3. 修改数据库（ALTER DATABASE）

在数据库创建之后，可以使用 ALTER DATABASE 命令，增加新的数据或日志文件、删除已有的文件、修改文件的设置。

ALTER DATABASE 命令语法：

```
ALTER DATABASE 数据库名
{ ADD FILE <filespec>[ , …n ]
 | MODIFY FILE <filespec>
 | REMOVE FILE 逻辑文件名
 | ADD LOG FILE <filespec>[ , …n ]
 | MODIFY NAME=新数据库名
}
<filespec>∷= ( NAME=逻辑文件名
                [ , NEWNAME=新逻辑文件名]
                [ , FILENAME= 'OS 文件的路径及名字' ]
                [ , SIZE=文件的初始大小]
                [ , MAXSIZE=最大的文件尺寸
                [ , FILEGROWTH=文件大小增量])
```

其中，ADD FILE 用来增加数据文件；MODIFY FILE 用于修改数据或日志文件；REMOVE FILE 用于删除文件；ADD LOG FILE 用于增加日志文件；MODIFY NAME 则用于修改数据库名；<filespec>中各项的含义，与"创建数据库"语法中<filespec>的各项含义相同，只是多了一个用于修改文件逻辑名的 NEWNAME 项。

例 4-2　修改数据库示例之一。

```
ALTER DATABASE StuData
    ADD FILE
        ( NAME          =StuFile3,
          FILENAME      ='c:\production\data\StuFile3.ndf',
          SIZE          =10MB,
          MAXSIZE       =1000MB,
          FILEGROWTH    =10%)
    MODIFY FILE
        ( NAME          =StuFile1,
          MAXSIZE       =3000MB)
```

例 4-2 中，利用 ADD FILE 增加了一数据文件 StuFile3，同时利用"MODIFY FILE"

修改了主数据文件 StuFile1 中的"MaxSize"项的设置。

例 4-3 修改数据库示例之二。

```
ALTER DATABASE StuData
REMOVE FILE StuFile2
```

例 4-3 中，利用 REMOVE FILE 删除了数据文件 StuFile2。

4. 删除数据库（DROP DATABASE）

相对于创建和修改数据库命令来说，删除数据库的命令语法相当简单。其命令语法如下：

```
DROP DATABASE 数据库名[,…n]
```

说明：尽管语法简单，但其带来的危害则是最大的，应慎用。因为，数据库的删除，意味着其中的各种数据和日志文件等，也将全部被删除。

5. MS SQL Server 中与数据库有关的系统存储过程

在 MS SQL Server 中，还可利用某些系统存储过程来实现对数据库的操作。在此，仅给出如下常用的两个系统存储过程，其余的系统存储过程，读者可在企业管理器或查询分析器中查看。

（1）sp_helpdb［数据库名］。利用该系统存储过程，可以查看某个（或所有）数据库的相关信息。如不带后面的参数"数据库名"，则表示查看所有数据库的信息；否则表示查看指定的数据库信息。

（2）sp_renamedb 数据库旧名，数据库新名。该存储过程可用来修改数据库名。

4.2.3 定义表

关系模型中的关系，在 RDBMS 中被具体化为表。要操作（删除、修改、查询）表中的数据，首先应建立表的结构，即表。附带地，还应定义好相关的完整性约束。下面将介绍表结构建立和维护的命令及语法。

1. 创建表（CREATE TABLE）

CREATE TABLE 命令语法：

```
CREATE TABLE [数据库名.[拥有者] . |拥有者. ] 表名
({<列定义>
    | 列名 AS 列计算表达式
    | <表级约束>}
    | [ { PRIMARY KEY | UNIQUE } [ ,…n] ]
)
[ ON { filegroup | DEFAULT } ]
<列定义>::={<列名><列类型>[NULL|NOT NULL] }
            [ [ DEFAULT 常数表达式]
                | [ IDENTITY [ (初值,步长) [ NOT FOR REPLICATION ] ] ] ]
                [<列级约束>] [ ,…n]
```

```
<列级约束>::=[ CONSTRAINT 约束名]
              { [ NULL | NOT NULL ]
                | [ { PRIMARY KEY | UNIQUE } [CLUSTERED | NONCLUSTERED ] ]
                | [ [ FOREIGN KEY ]
                    REFERENCES 参照表 [ (参照列) ]
                    [ ON DELETE { CASCADE | NO ACTION } ]
                    [ ON UPDATE { CASCADE | NO ACTION } ] ]
              | CHECK ( 逻辑表达式) }
<表级约束>::=[ CONSTRAINT 约束名]
              { [ { PRIMARY KEY | UNIQUE }
              [ CLUSTERED | NONCLUSTERED ] {(列名 [ASC | DESC] [ ,…n])} ]
              | FOREIGN KEY [ (列名 [ ,…n] ) ]
              REFERENCES 参照表 [ ( 参照列 [ ,…n] ) ]
              [ ON DELETE { CASCADE | NO ACTION } ]
              [ ON UPDATE { CASCADE | NO ACTION } ]
              | CHECK ( 条件表达式) }
```

在第 3 章,已经知道了创建表和定义约束(包括主键约束、唯一约束、检查约束和外键约束)的最基本用法,因此,对此命令语法应不难理解。在此,只对新出现的、不熟悉的部分进行说明。

说明:

① 该命令语法分成四大部分,第一部分为命令主框架,其余 3 部分,即"<列定义>::="、"<列级约束>::="和"<表级约束>::=",分别对主框架中的"<列定义>"、"<列级约束>"和"<表级约束>"做进一步说明。

② 主框架中又分两部分,第一部分,从命令语法的第二行到第六行,用于对表结构及约束进行定义;第二部分,即"[ON {*filegroup* | DEFAULT}]",用于说明该表放在数据库中的哪个数据文件,默认情况下为主文件。

③ 主框架中的"[数据库名.[拥有者].|拥有者.]表名",表示所创建的"表"放在何"数据库"中,由哪个"拥有者"所有。

④ 主框架第一部分中的"列名 AS 列计算表达式",用于定义"计算列",相当于 ERM 中的"导出属性",表示该列的值由其他列计算得到。

⑤ <列定义>中的"列类型"使用系统提供的数据类型,或用户自定义类型。不同的 RDBMS,其所提供的数据类型可能不一样,使用时一定要查阅所用 RDBMS 的技术资料。有关 SQL Server 和 Sybase 数据库的系统数据类型,请参见第 4.4.2 小节。

⑥ <列定义>中的"IDENTITY [(初值,步长)[NOT FOR REPLICATION]]",表示该列的值(只能是数值类型)由系统自动从初值按步长递增(减)产生,而无须用户输入,"NOT FOR REPLICATION"表示该列的值在数据库复制时,不由系统自动产生。关于数据库复制的内容,请参见第 5.4 节。

⑦ <表级约束>中的"[CLUSTERED|NONCLUSTERED]{(列名 [ASC|DESC] [,…n])}"只是针对主键约束和唯一约束,表示创建基于主键或候选键的"聚簇"(clustered)或"非聚簇"(nonclustered)索引,其后的"ASC|DESC"表示索引排序是按递增

(ascending，ASC)方式还是递减(descending，DESC)方式。

⑧ 其他关于＜列级约束＞和＜表级约束＞的内容,请参见第 3.4.4 小节。

例 4-4 表创建示例。

```
CREATE TABLE StuData.DBO.StuInfo
   (  Stu_id        char(8)         NOT NULL,
      Stu_name      varchar(10)     NOT NULL,
      From_city     varchar(40)     NOT NULL,
      Street        varchar(20)     NOT NULL,
      Postcode      char(6)         NOT NULL,
      Birthday      datetime        NOT NULL,
      Sex           char(2)         NOT NULL  DEFAULT '男',
      Department    varchar(20)     NOT NULL,
      En_date       datetime        NOT NULL,
      Address  AS  FROM_city+Street+Postcode,
      CONSTRAINT Stu_id_Key  PRIMARY KEY (Stu_id))
```

其中,"Address"为计算列,其值为 From_city、Street 和 Postcode 3 列的字符串连接的结果。另外,DBO 表示数据库拥有者(database owner，DBO),关于 DBO 的内容,请参见第 5.2.3 小节。

2. 修改表(ALTER TABLE)

ALTER TABLE 命令语法:

```
ALTER TABLE 表名
{ [ ALTER COLUMN 列名 { 新数据类型 [ NULL | NOT NULL ] } ]
  | ADD { [ <列定义> ] | 列名 AS 计算表达式 } [ , …n]
  | [ WITH CHECK | WITH NOCHECK ] ADD { <表级约束> } [ , … n]
  | DROP { [ CONSTRAINT ] 约束名 | COLUMN 列名 } [ , … n]
  | { CHECK | NOCHECK } CONSTRAINT { ALL | 约束名 [ , …n ] }
  | { ENABLE | DISABLE } TRIGGER { ALL | 触发器名 [ , …n ] }
}
```

其中,"＜列定义＞"和"＜表级约束＞"与创建表命令语法中的"＜列定义＞"和"＜表级约束＞"含义相同。

说明:

① "ALTER COLUMN"用于对表中原有的列进行修改;"ADD{[＜列定义＞]|列名 AS 计算表达式}"用于增加列或计算列。

② "[WITH CHECK | WITH NOCHECK]ADD{＜表级约束＞}"用于增加新的表级约束,"WITH CHECK"表示激活新增的约束,而"WITH NOCHECK"表示暂时禁止新增的约束起作用。

③ "DROP{[CONSTRAINT]约束名|COLUMN 列名}"用于删除约束或列。

④ "{CHECK|NOCHECK} CONSTRAINT {ALL|约束名[, …n]}"用于激活(CHECK)或禁止(NOCHECK)表中原有的约束,或所有的(ALL)约束。

⑤ "{ ENABLE | DISABLE } TRIGGER {ALL|触发器名［,…n］}" 用于激活（ENABLE）或禁止（DISABLE）该表的某个或所有（ALL）触发器。

使用 ALTER TABLE 语句在一个已有数据的表中增加新的列时，应注意新增列要么允许空，要么用 DEFAULT 设定默认值。因为新增列如果没有指定默认值，则表中原有数据记录的新增列值均被设为 NULL。如果该新增列定义为 NOT NULL，则会出现错误。

ALTER TABLE 允许改变已有列的数据类型、大小和可空性。但要注意如下几点：

（1）一般不能修改数据类型为 TEXT、NTEXT、IMAGE 或 TIMESTAMP 的列。

（2）不能修改计算的列、约束、默认值或者索引中引用的列。

（3）不能对已有空值的列设为 NOT NULL。

使用 ALTER TABLE 语句，可以从表中删除一个已有的列。在删除这样的列之前，必须删除任何引用该列的约束、默认表达式、计算列表达式或者索引。

3. 删除表（DROP TABLE）

同删除数据库的命令一样，删除表的命令也非常简单。然而，其带来的破坏性却很大，因为数据库或表结构的删除，意味着其中的数据也将全部被删除。因此，使用这类删除命令时，一定要非常小心，特别是表的拥有者、或有 DBA（database administrator，数据库管理员）权限的用户，尤需慎用。

Drop Table 命令语法如下：

```
DROP TABLE 表名
```

当表删除生效后，表中的所有数据亦将不复存在，而直接或间接地建立在该表之上的视图，也将不能正常运行，并且与该表相关的所有授权将被自动撤销。

4.2.4 定义视图

第 1 章曾给出过视图的概念，在这里，也存在一个概念具体化的过程。也就是说，在 RDBMS 中，视图不仅仅是一个概念，更是一个可以使用的工具。该工具保留了其概念中的含义，当然，它将它所"视"的对象局限在表上，而不像概念那样可以扩大、延伸到各种对象，甚至是抽象的对象上，如第 1 章数据库分层视图中所谈的各种视图。

具体化后的视图，在 RDBMS 中起着比较重要的作用，也带来一些好处。例如，定义视图可以限制用户直接存取基表的某些列或行，从而为基表带来附加的安全性；视图可定义在一个或多个基表，甚至其他视图上；通过视图可得到多个表经计算后的数据，从而隐藏数据的复杂性。

1. 创建/修改视图（CREATE/ALTER VIEW）

视图的创建与修改命令的语法，基本上是一样的，除了一个是用 CREATE 关键字，另一个是用 ALTER 关键字外。故将两个命令的语法一并介绍，命令语法如下：

```
CREATE/ALTER VIEW [数据库名.] [拥有者.] 视图名 [ (视图列表) ]
AS
    SQL 查询语句
[ WITH CHECK OPTION ]
```

其中，"视图列表"为视图中的各列命名，这些列应分别与"SQL 查询语句"中选出的列对应。如果省略"视图列表"，则视图中的各列将沿用"SQL 查询语句"中选出列的列名。

说明：

① 如果没有指定视图的拥有者，那么数据库系统默认其拥有者为当前的用户名。

② 视图不能为列指定数据类型和长度，而是默认原表中列的数据类型和长度。

③ 从关键字 AS 后的语句可看出，视图是通过一个查询语句的查询结果来定义的。这也说明视图不是一张真正的表，否则它就要像表创建那样定义各个列，因此它是一张"虚"表。

④ WITH CHECK OPTION 是一个选项，如使用该项，则在对该视图进行插入或修改数据时，必须保证该数据应满足视图定义中的 SELECT 语句的 WHERE 子句所指定的条件。

⑤ 视图可基于一张表创建，也可在多个表基础上创建。不过，SQL-92 规定：只能对基于一张表上的视图进行插入、修改和删除等更新操作，对定义在多个基表之上或视图之上的视图，不允许进行更新操作。

例 4-5 基于一张表的视图创建示例。

```
CREATE VIEW DBO.DataStu (Sid, Cid, Grade)
AS
    SELECT Stu_id, Course_id, Grade
    FROM StuData.DBO.StuGrade
    WHERE Course_id='3243210'
    WITH CHECK OPTION
```

例 4-6 基于两张表的视图创建示例。

```
CREATE VIEW DBO.StuGrade
AS
SELECT  Stu_id, Stu_name,Sex,Birthday,Department,Course_id, Grade,Address
FROM  StuData.DBO.StuInfo A,StuData.DBO.StuGrade  B
WHERE A.Stu_id=B.Stu_id
```

2. 删除视图（DROP VIEW）

DROP VIEW 命令语法如下：

```
DROP VIEW 视图名
```

只有视图的拥有者或有 DBA 权限的用户才能删除视图。视图的删除，不会影响基表的数据，但与该视图相关的所有授权将被自动撤销。如果该视图已被其他视图引用，删除后引用视图将不能正常运行。

4.2.5 定义索引

1. 索引

索引（index）是关于数据位置信息的关键字表，是数据库系统中的数据存取方法之一。索引设计也是数据库物理设计的内容之一。利用索引,系统可较快地在磁盘上定位所需数据,而无须在磁盘上从头到尾或从后向前,一个数据一个数据地匹配和查找,从而加快了数据查询的速度。

说明: RDBMS 中,可能提供有多种数据存取方法,开发人员可根据各方法的特点和系统的要求进行选取。存取方法的选取,属"数据库物理设计"的内容。因此,相关内容可参见第 7 章。

索引可分为聚簇(clustered,或称聚集)索引、非聚簇(nonclustered)索引和唯一(unique)索引 3 类。

(1) 聚簇索引。磁盘上表的数据,与索引存储在相邻物理空间,并且表中行的物理顺序与索引列的顺序一致。也就是说,如果在表中建立了聚簇索引,则表中的元组将按索引顺序存放,表中数据一有变化,系统均须对表中数据重新排序。

说明: 由于表中的数据在磁盘上是按索引列顺序存放的,因此每张表最多只能建一个聚簇索引。

(2) 非聚簇索引。与聚簇索引不同,它不要求表中行的物理顺序与索引列的顺序一致。一张表可建多个非聚簇索引,但其检索效率比聚簇索引低。

(3) 唯一索引。该索引要求被索引的一个(或多个)列不能有相同值出现,有时将对多个列的索引称为复合索引。唯一索引可用来限定聚簇索引和非聚簇索引,如唯一的聚簇索引、唯一的非聚簇索引,表示限定这两类索引所索引的列不能有相同的值。这类索引适合于限定基于主键或候选键的聚簇或非聚簇索引。

说明: 保证列值唯一性,最好是定义列为主键约束或唯一约束,因为系统自动会为定义成主键约束或唯一约束的列,建立唯一索引。

索引的建立和删除,必须要有 DBA 权限或是表的拥有者。一般说来,用户不能在存取数据时选择索引,索引的选择是由系统自动进行的。也就是说,索引建立后,由 DBMS 根据需要自动选择使用。

如何建立索引,一般可遵循如下原则。

(1) 为数据量大的表建立索引。一般说来,对于数据量较大的表,索引才显示出它明显的优势。而对数据量较小的表建立索引,速度提高不仅不明显,反而会增大系统的开销。

(2) 被索引列的数据值最好多且杂。索引对于数据多而杂的列特别有用,否则,因其存在大量重复值,对其索引反而会降低查询速度。例如,对"性别"列建索引,没有多大好处,因为其取值只有两个,存在大量重复值。

(3) 一张表所建索引个数应适当。尽管对一张表可以通过建立索引,来提高查询速度,但不宜建立太多的索引,一般最好不要超过 3 个。原因有二:其一,索引要占用磁盘空间;其二,系统为维护索引结构,需要花费一定的开销。尤其是对数据经常更新的表,系统维护其索引结构的代价较大。因此对这类表,索引建立过多,反而会减慢数据更新的速度。

所以,建立多少索引应在加快查询速度和降低更新速度之间做出权衡。对于一张仅用来查询的表来讲,建立多个索引是合适的。但对一个更新操作比较频繁的表来讲,最好控制建立索引的个数。

（4）掌握建立索引的时机。通常，在表装载完数据之后，再建立索引。如果先建立索引后装载数据，则在装载数据时，每插入一行数据，系统都要对表做一次索引排序，即要对索引进行更新，这样会浪费大量时间。

（5）优先建立基于主键的索引。当主键由多个列构成时，最好把数据差异最多的列放在索引命令列表的首位。如果各列数据种类相近，则最好把经常用到的列放在前面。

2. 创建索引（CREATE INDEX）

CREATE INDEX 命令语法：

```
CREATE [ UNIQUE ] [ CLUSTERED | NONCLUSTERED ] INDEX 索引名
   ON {表名 | 视图名}(列名 [ ASC | DESC ] [ , … n ])
```

其中，"表名 | 视图名"表示为哪个表或视图创建索引；"＜列名＞"指索引基于的列；"ASC | DESC"表示列值按"升序"或"降序"排序，系统默认为升序，如要为多个列建立索引，则可依次给出各列的列名和排序方式，中间用逗号隔开；"UNIQUE"表示唯一性的索引；"CLUSTERED | NONCLUSTERED"表示聚簇索引或非聚簇索引。

例 4-7　创建索引示例。

```
CREATE INDEX StuGraIdx
   ON StuGrade (Stu_id ASC, Course_id DESC)
```

3. 删除索引（DROP INDEX）

DROP INDEX 命令语法：

```
DROP INDEX 索引名
```

只有索引的拥有者和具有 DBA 权限的用户，可以删除索引。索引删除后，有关索引的定义将从系统的数据字典中删除，并且包含在索引中的全部索引项将被清除。索引的删除，不会影响其他表和索引的正常使用，只是在某种程度上影响系统的性能。

说明：DDL 中，没有索引的修改功能。要修改索引，可先删除要修改的索引，然后创建一个同名的索引即可。

4.3　数据操纵子语言及其操作

利用 DDL 定义完数据结构和约束后，就可以利用 DML 功能，向数据结构中插入数据，删除、修改和查询其中的数据。这些数据才真正是用户管理活动中所要管理和关心的数据，而插入、删除、修改和查询也正是 DML 提供的四大操纵数据的命令功能。

本节将介绍 DML 的 4 个命令关键字、数据插入、数据修改、数据删除和数据查询。读者可结合本教材第 11 章的内容以及 SQL Server 的联机技术资料，来掌握和加强对查询语句的使用。另外，对于本节及第 4.4 节提供的示例代码，读者可在 SQL Server 的 pubs 数据库上，通过查询分析器来执行验证。

4.3.1　数据操纵子语言的 4 个命令关键字

数据操纵子语言中的数据操纵,主要是使用 4 个命令,即插入、删除、修改和查询(简称:增、删、改、查询)来完成。这 4 个命令的关键字分别是 INSERT、DELETE、UPDATE 和 SELECT。

说明:

① 以上 4 个命令关键字,均是针对数据的操作。具体说来,其操纵的对象是表以及满足条件的视图(如基于一张表的视图)。

② 在定义了约束的情况下,数据的"增、删、改"操作必须遵守相关的约束条件。

③ 在 DDL 和 DML 中,均有删除和修改命令,但它们操作的对象不一样(DDL 中操作的对象是结构,而 DML 中操作的对象是结构中的数据),命令关键字和语法也不相同,应注意区分。

④ Insert、Delete 和 Update 这 3 个操作统称为更新(modification)操作。

4.3.2　数据插入

1. 数据插入命令的基本语法

INSERT [INTO] 表名或视图名 [(列名表)] <数据值>

其中,"列名表"可要可不要。如果有"列名表",则要求其后<数据值>中的数据在顺序、个数和类型上,应与其一一对应;如果没有"列名表",则要求插入的数据在顺序、个数和类型上,应与表或视图中的列一一对应。

说明:

① 插入数据时,如果表中的列在"列名表"中没有列出,那么这些列的值为空值。但是,这类插入空值的列,不能具有 NOT NULL 属性,不能违反相应的完整性约束。否则,系统将拒绝插入。

② <数据值>的写法决定具体的插入方式。

2. 数据插入的两种方式

(1) 插入一行。语法如下:

INSERT [INTO] 表名或视图名 [(列名表)] VALUES (列值表)

该方式在第 3 章已使用,具体示例请参见第 3.4.2 小节。

说明:该方式一次只能向表或视图中插入一行数据。不过,目前的一些数据库产品的较高版本(如 SQL Server 2008)可用这种方式插入多行数据,方法是将上述的"(列值表)"改为"(列值表)[,…n]"即可。

(2) 插入一行或多行。语法如下:

INSERT [INTO] 表名或视图名 [(列名表)] SELECT 查询语句

例 4-8　插入多行数据示例。

在 SQL Server 中,先创建一个与 Pubs 库中 publishers 表具有相同结构的表 publishers6，然后利用插入多行数据方式，将 publishers 表中的数据复制到 publisher6 表中。

```
INSERT publishers6 SELECT * FROM pubs..publishers
```

说明：如果是向视图插入数据，必须满足视图更新数据的限制，请参见第3.5节。

4.3.3　数据修改

1. 数据修改命令的语法

```
UPDATE 表名[ WITH ( <表更新选项>[ ,…n ] ) ] |视图名
SET 列名={ 表达式 | DEFAULT | NULL } [ ,…n ]
[ FROM { <源表> } [ ,…n ] ]
[ WHERE <条件表达式> ]
<表更新选项>::={ PAGLOCK | ROWLOCK |TABLOCK | TABLOCKX | UPDLOCK }
<源表>::=　表名[ [ AS ] 别名] [ WITH ( <表更新选项>[ ,…n ] ) ]
　　　　　　 | 视图名[ [ AS ] 别名] | <表联结>
<表联结>::=<源表><联结类型><源表>ON <条件表达式>
　　　　　　 | <源表>CROSS JOIN <源表> | <表联结>
<联结类型>::=[ INNER | { { LEFT | RIGHT | FULL } [ OUTER ] } ] JOIN
```

其中，UPDATE、SET、FROM 子句和 WHERE 子句构成修改命令的主框架；"<表更新选项>::="、"<源表>::="、"<表联结>::="和"<联结类型>::="这4部分，分别对相应项进行说明。

UPDATE 后的表名和视图名，指明要操作的表或视图。

对于表，有一个<表更新选项>。该选项主要是提供一些不同粒度大小和性质的锁(lock)，PAGLOCK 表示页级共享锁(page shared lock，简称页锁)，ROWLOCK 表示行级共享锁(row shared lock，简称行锁)，TABLOCK 表示表级共享锁(table shared lock，简称表锁)，TABLOCKX 表示表级排他锁(table exclusive lock，也称表级独占锁或写锁)，UPDLOCK 表示更新锁(update lock)。关于"锁"的内容，请参见第5.5.4小节。

一般，RDBMS 会自动对更新表进行优化的加锁控制，以实现多用户对表的更新操作。所以，建议用户不要使用该选项，而由系统自动完成加锁。但若是高级用户，如数据库管理员或开发人员，对加锁控制比较专业，则可以利用该选项对所要修改数据的表进行人工加锁的练习。关于"加锁"进一步的内容，请参见第5.5节。

说明：

① SET 中的"表达式"，除了有一般意义上的表达式外，在数据库中，还可以将"SELECT 子查询"作为表达式。

② 在第3章，曾经涉及过关系代数的"联结"操作，在 SQL 操纵语言中，可在 FROM 子句，具体来说，是在<表联结>和<联结类型>中得以体现。关于联结的示例，请参见第3.8.6小节。

2. 数据修改示例

例 4-9　简单的数据修改。

```
UPDATE publishers
SET city='Atlanta', state='GA'
```

由于不带 WHERE 条件子句,因此本例会将表 publishers 中所有行的 city 和 state,都分别改为"Atlanta"和"GA"。

例 4-10　利用简单表达式的数据修改。

```
UPDATE titles SET price=price * 2
```

本例将表 titles 中所有行 price 列的值改为原值的 2 倍。

例 4-11　带 WHERE 条件子句的数据修改。

```
UPDATE authors
SET state='PC', city='Bay City'
WHERE state='CA' AND city='Oakland'
```

例 4-12　利用 SELECT 查询子句表达式的数据修改。

```
UPDATE titles
SET ytd_sales=( SELECT SUM(qty) FROM sales
            WHERE sales.title_id=titles.title_id AND
                sales.ord_date IN ( SELECT MAX(ord_date) FROM sales ) )
FROM titles, sales
```

本例利用 SELECT 查询子句表达式进行数据修改,同时在其中还用到了嵌套子查询。示例中的 SUM 和 MAX,均为 SQL 中的聚集函数,关于聚集函数内容,请参见第 4.3.5 小节。

例 4-13　带联结的数据修改。

本例分 3 步完成:第一步,创建两张表 s 和 t;第二步,分别向 s 和 t 插入数据;第三步,联结 t 和 s,对 t 表数据进行修改。

第 1 步:

```
CREATE TABLE s (ColA INT, ColB DECIMAL(10,3))
CREATE TABLE t (ColA INT PRIMARY KEY, ColB DECIMAL(10,3))
```

第 2 步:

```
INSERT INTO s VALUES (1, 10.0)
INSERT INTO s VALUES (1, 20.0)
INSERT INTO t VALUES (1, 0.0)
```

第 3 步:

```
UPDATE t
SET t.ColB=t.ColB+s.ColB
FROM t INNER JOIN s ON (t.ColA=s.ColA)
```

最后,t 表中的数据为(1, 10.0)。

4.3.4　数据删除

1. 数据删除命令的语法

```
DELETE [ FROM ] 表名[WITH ( <表更新选项>[,…n ] )] | 视图名
```

```
[ FROM { <源表> } [ ,…n ] ]
[ WHERE { <条件表达式> } ]
```

其中的"〈表更新选项〉"和"〈源表〉"，与修改命令中相同。

2. 分别基于 SQL-92 和 T-SQL 的数据删除命令示例

下面的两个示例做同样的数据删除，但使用的分别是 SQL-92 标准和 T-SQL 写法，读者通过比较，可以了解其区别。

例 4-14 SQL-92 的写法。

```
DELETE FROM titleauthor
WHERE title_id IN ( SELECT title_id FROM titles WHERE title LIKE '%computers%' )
```

例 4-15 T-SQL 的写法。

```
DELETE titleauthor
FROM titleauthor INNER JOIN titles ON titleauthor.title_id=titles.title_id
WHERE titles.title LIKE '%computers%'
```

4.3.5 数据查询

前面第 3 章使用了最基本的查询语句，由 SELECT 子句、FROM 子句和 WHERE 子句组成，称为 SELECT…FROM…WHERE 基本语句块。通过基本的查询语句，可以得到一些满足条件的记录集合。在实际应用中，常常需要对这些记录集合进行某些简单处理，如排序、按某个（些）字段分组统计（求平均值、求和等）和最后的汇总统计，使得查询结果的显示与表达更一目了然。图 4-1 即是一种在实际应用中可能需要的查询结果显示。

按升序排 ↓ 省/地区	按降序排 ↓ 出版社	书名	单价/元	库存/元	
北京	清华大学出版社	数据库原理及设计	32.00	1000	
北京	电子工业出版社	现代密码学理论与实践	49.00	890	
北京	北京大学出版社	Visual C#.NET 程序设计	52.00	960	按地区分组统计
		平均价：44.33		库存量：2850	
四川	西南交通大学出版社	数据库原理与应用设计	28.00	200	
四川	四川大学出版社	计算机文化基础	26.00	800	
四川	电子科技大学出版社	网络安全体系结构	16.00	200	
		平均价：23.33		库存量：1200	按地区分组统计
云南	云南大学出版社	Visual Basic 程序设计教程	23.00	1100	
		平均价：23.00		库存量：1100	按地区分组统计
		总平均价：32.29		总库存量：5150	汇总统计

图 4-1 实际应用中的查询结果

完整的查询语句正是为了满足上面的处理需求而设置，例如为排序而设置的 ORDER

BY 子句,为分组统计而设置的 GROUP BY 子句和 COMPUTE BY 子句,为整个结果汇总而设置的 COMPUTE 子句等,下面将详细介绍之。

1. 查询命令语法

```
SELECT 查询列表
[INTO 新表名]
FROM <源表>
[WHERE 条件表达式]
[GROUP BY 分组表达式]
[HAVING 组内数据条件表达式]
[ORDER BY 排序表达式 [ ASC | DESC ] ]
[COMPUTE { { AVG | COUNT | MAX | MIN | SUM } (表达式) } [ ,…n ] [ BY 表达式 [ ,…n ] ] ]
```

查询命令由若干子句(clause)构成,包括 SELECT 子句、INTO 子句、FROM 子句、WHERE 子句、GROUP BY 子句、HAVING 子句、ORDER BY 子句和 COMPUTE 子句等。

各子句一般按以下次序执行:

① 对 FROM 中的表做笛卡儿乘积;

② 利用 WHERE 条件过滤上一步的结果;

③ 根据 GROUP BY 对结果分组,如果有 HAVING 子句,则用 HAVING 后的条件对分组的数据进一步过滤;

④ 根据 ORDER BY 对结果排序;

⑤ 按 SELECT 子句显示所要求的列。

说明:由于排序在 SELECT 子句前执行,因此,FROM 表中所有的列都可以出现在 ORDER BY 子句中,哪怕有些列没有出现在 SELECT 子句中也没有关系。

下面,将分别介绍各个子句的语法及相关内容。

2. SELECT 子句

```
SELECT [ ALL | DISTINCT ] <select_list>
<select_list>::={ *
                | {表名 | 视图名 | 表别名}.*
                | {列名 | 表达式} [ [ AS ] 列别名]
                | 列别名=表达式 } [ ,…n ]
```

说明:

① ALL 表示重复行可出现于结果中,DISTINCT 则去掉重复行,ALL 为默认设置。

② *表示 FROM 子句的表或视图中的所有列,均出现于结果中,其顺序遵照表或视图中列的顺序。

③ 表达式中可用聚集函数,关于聚集函数,请参见后续内容。

3. INTO 子句

作用:用于创建一张新表,并将满足查询的条件的结果数据插入新表中。

语法:

```
[ INTO 新表名]
```

说明：

① SELECT… INTO 不能与 COMPUTE 一起使用。

② 可用 SELECT…INTO 创建一张与 FROM 子句中的表具有相同结构的、名字不同的新表。如果不需要数据，可令 WHERE 子句条件为永假。

例 4-16　创建一张只要结构不要数据的新表示例。

```
SELECT *
INTO publishers7
FROM publishers
WHERE 1=2                    /* 条件永假 */
```

4. FROM 子句

作用：在 SELECT、DELETE 或 UPDATE 命令语句中，指明引用的表、视图及表联结等。

语法：同前面 DELETE 和 UPDATE 中的 FROM 语法。

5. WHERE 子句

作用：指定限定行的查询条件。

语法：

WHERE 条件表达式

条件表达式中，会用到各种比较符，如"算术比较符"、"逻辑比较符"和"特殊运算符"。

算术比较符包括＝、＜、＞、＜＝或！＞、＞＝或！＜、＜＞或！＝(不等于)。

逻辑比较符包括 AND(与)、OR(或)、NOT(非)。

特殊运算符包括 IN、NOT IN、BETWEEN…AND…、LIKE、NOT LIKE、IS NULL、IS NOT NULL、SOME 或 ANY、ALL、EXISTS、NOT EXISTS 等。

空值(NULL)在数据库中是一个较特殊的值，表示一个未知(unknown)的值。正是由于此空值的存在，对涉及空值的各种运算需特别注意。

(1) 涉及空值的算术运算

空值与任意数值(包括 NULL 值)进行算术运算，其结果仍为空值。

(2) 涉及空值的算术比较

空值与任意值(包括 NULL 值)进行算术比较，其结果都为空值。

(3) 涉及空值的逻辑比较

这时，数据库中的逻辑运算涉及 3 个值，分别是真(TRUE)、假(FALSE)和空(NULL)，它们之间的运算按表 4-1 所示的三值逻辑运算表进行。

说明：只有满足条件为 TRUE 的元组才出现在查询结果中，条件值为 FALSE 和 NULL 的元组则不会出现在查询结果中。

其他情况下，算术比较符和逻辑比较符，意义明确，在此不再介绍。下面，将对特殊运算符使用的语法加以介绍。

表 4-1　三值逻辑运算表

P	Q	P AND Q	P OR Q	NOT P
TRUE	TRUE	TRUE	TRUE	FALSE
TRUE	FALSE	FALSE	TRUE	FALSE
TRUE	NULL	NULL	TRUE	FALSE
FALSE	TRUE	FALSE	TRUE	TRUE
FALSE	FALSE	FALSE	FALSE	TRUE
FALSE	NULL	FALSE	NULL	TRUE
NULL	TRUE	NULL	TRUE	NULL
NULL	FALSE	FALSE	NULL	NULL
NULL	NULL	NULL	NULL	NULL

(1)［NOT］IN。

语法：

表达式［NOT］IN（子查询｜表达式［,…n］）

含义：检查表达式的值，是否在子查询或表达式列表中。若是，则为 TRUE；否则为 FALSE。若带 NOT 则相反。

说明："表达式"可为表中的列名。

(2)［NOT］LIKE。

语法：

表达式［NOT］LIKE '字符串匹配表达式'

含义：检查表达式的值（一般为字符型），是否与字符串匹配表达式的结果一致。若是，则为 TRUE；否则为 FALSE。若带 NOT 则相反。

字符匹配符包括：％（匹配任意一串字符）、_（匹配任意一个字符）、[ ]（取其中任意单个字符）、∧（非）、$（转义符）。恰当地使用这些匹配符，可完成一定的模糊查询功能。

说明：

① 如希望"％"和"_"以常规字符出现，则应用［ ］将其括起，或用转义符"$"。例如，要表示 70％，可用：LIKE '70 $ ％'，或 LIKE '70[％]'。

② "∧"应与"［ ］"联用，如[∧a—f]或[∧abcdef]表示 a～f 这几个字母不能在某一位置出现。

以下代码是查询作者电话不是以"415"开头的电话号码：

```
SELECT phone AS '电话号码'
FROM authors
WHERE phone NOT LIKE '415%'
```

说明：由于 IN 和 LIKE 执行效率较低，因此实际应用中尽量少用 IN，或在 LIKE 中尽量使用关键词精确查找方法。

(3) IS [NOT] NULL。

语法：

表达式 IS [NOT] NULL

含义：检查表达式的值，是否为空值。如是，则为 TRUE；否则为 FALSE。若带 NOT 则相反。

(4) SOME|ANY。

语法：

表达式 {=|<>|!=|>|>=|!>|<|<=|!<} { SOME | ANY } (子查询)

含义：检查表达式的值，是否"等于、不等于、大于或小于"子查询的某一个结果。若是，则为 TRUE；否则为 FALSE。

说明：

① SOME 和 ANY 含义一样，且必须与 =、<、>、<=或!>、>=或!<、<>或!= 联用。

② =ANY 等价于 IN，!=ANY 等价于 NOT IN。

(5) ALL。

语法：

表达式 {=|<>|!=|>|>=|!>|<|<=|!<} ALL (子查询)

含义：检查表达式的值，是否"等于、不等于、大于或小于"子查询的所有结果。若是，则为 TRUE；否则为 FALSE。

说明：

① ALL 必须与 =、<、>、<=或!>、>=或!<、<>或!= 联用。与关系运算中的 ∀ 含义相同。

② !=ALL 等价于!=ANY 和 NOT IN。

(6) [NOT] EXISTS。

语法：

[NOT] EXISTS (子查询)

含义：检查子查询的结果是否存在。若是，则为 TRUE；否则为 FALSE。若带 NOT 则相反。

说明：[NOT]EXIST 为一元运算符。与关系运算中的 ∃ 含义相同。

6. 聚集函数

作用：用于对数据集合进行统计，如求总和、平均值、最大值、最小值和行数等。

用法：一般用于 SELECT 子句、HAVING 子句、ORDER BY 和 COMPUTE 子句中。

常用的聚集函数的形式及功能，如表 4-2 所示。

表 4-2　聚集函数形式及功能

函 数 形 式	函 数 功 能
COUNT（DISTINCT | ALL 表达式）	返回非空表达式值的行数
COUNT（ * ）	返回结果的行数,含 NULL 行和重复行
MAX（DISTINCT | ALL 表达式）	非空表达式值的最大值
MIN（DISTINCT | ALL 表达式）	非空表达式值的最小值
SUM（DISTINCT | ALL 表达式）	非空表达式值的总和
AVG（DISTINCT | ALL 表达式）	非空表达式值的平均值

说明:

① 各函数(COUNT(*)除外)中,DISTINCT 表示不计重复行和 NULL 行,而 ALL 则应计重复行,但不计 NULL 行。默认为 ALL。

② 除 MIN、MAX 和 COUNT 这 3 个函数适合于任何数据类型外,其余的聚集函数一般都要求是数值型。

7. GROUP BY 子句与 HAVING 子句

GROUP BY 子句的作用:用于对查询的结果数据集合进行"分组"或"分组统计",如对各个分组求总和、平均值、最大值、最小值和行数。

GROUP BY 子句用法:用于指定分组的列,要求 SELECT 子句的列表中,除了使用聚集函数的列之外,其余各列都必须出现在 Group By 子句的列表中。如果要进行分组统计,则应在 SELECT 子句中包含对某列的聚集函数使用。

HAVING 子句的作用:用于对分组数据集合的再筛选。

HAVING 子句的用法:一般应与 GROUP BY 联用。

说明:注意 WHERE、GROUP BY 及 HAVING 这 3 个子句的执行顺序及含义。WHERE 用于对 FROM 子句结果设置过滤条件;GROUP BY 用于对 WHERE 子句的结果分组;HAVING 则对 GROUP BY 分组的结果再过滤。

以下代码是分组查询至少出版有 4 本书籍的出版商及其销售总量:

```
SELECT pub_id AS '出版商编号', SUM(ytd_sales) AS '销售总量'
FROM titles
GROUP BY pub_id
HAVING COUNT( * )>3
```

8. ORDER BY 子句

作用:用于对结果集进行排序。

语法:

```
ORDER BY {排序表达式 [ASC|DESC]} [ ,…n]
```

说明:ORDER BY 中的列,一般应在 SELECT 子句中。

9. COMPUTE 子句

概念：COMPUTE 用于对查询的结果数据集合最后进行"汇总"（如总平均值、总数、最大值、最小值等），如果带有 BY，则还可进行分组汇总，这时应与 ORDER BY 子句联用，分组"汇总"所用聚集函数与最后的"汇总"一样，即都在 COMPUTE 后指定。

说明：

① COMPUTE 后表达式的列必须在 SELECT 子句的列中选择。

② COMPUTE…BY 应与 ORDER BY 联用，且 COMPUTE…BY 后的表达式应与 ORDER BY 后的表达式（或其子集）内容与顺序一致。

以下代码是 ORDER BY 与 COMPUTE BY 和 COMPUTE 一起使用的综合查询示例：

```
SELECT type AS '类型', pub_id AS '出版商编号', price AS '价格'
FROM titles
WHERE type= 'psychology'
ORDER BY type, pub_id, price              /* 按 type、pub_id 和 price 排序 */
COMPUTE SUM(price) BY type, pub_id        /* 按 type 和 pub_id 分组统计价格之和 */
COMPUTE SUM(price)                        /* 汇总统计总价 */
```

10. 嵌套子查询与相关子查询

一个查询语句的查询结果作为另一个查询语句的条件，这时前者为子查询或内查询，又称嵌套子查询（nested sub-query），而后者为主查询，或称外查询。

嵌套子查询语法：

```
SELECT <查询列表>
[ INTO <新表名>]
FROM <表名|视图名>[别名] …
WHERE <列名或列表达式><比较运算符>
        (
                SELECT <查询列>
                FROM <表名|视图名>[别名] …
                WHERE <条件表达式>
                [ GROUP BY <分组内容>]
                [ HAVING <组内条件>]
        )
[ GROUP BY <分组内容>]
[ HAVING <组内条件>]
[ ORDER BY <排序列名>[ASC|DESC] ]
```

说明：

① 子查询之中允许嵌套另一个子查询，但最多嵌套 255 层，并且总是从嵌套层次最深的一层开始执行，然后再执行它的直接上一层，直至完成整个查询。

② 子查询返回为单值时，"<比较运算符>"可为算术比较符；返回多列或多行值，则用 IN、ANY、ALL、EXISTS 等运算符。

③ 由于 ORDER BY 子句、COMPUTE BY 子句和 COMPUTE 子句是为了使最终查询的结果显示得更一目了然而设置，因此对于不涉及结果显示美观的子查询就没有必要

使用这 3 个子句。这也是为什么上述子查询语法中没有这 3 个子句的原因。

在嵌套子查询中,有一种较特殊的查询,就是相关子查询,即外查询所用的表出现在内查询的条件表达式中。这时,查询的运行不再是由里向外进行,而是先取外查询所用表中的一行,该行与内查询所用表所有的行比较完之后,再取外查询表的下一行,此行与内查询所用表所有的行比较。如此下去,直到外查询表的每一行都与内查询表的所有行比较过为止。

说明:从相关子查询的运行方式看,它可实现内外查询的表之间的循环比较功能。

例 4-17　相关子查询示例。

```
SELECT au_lname, au_fname
FROM authors
WHERE 100 IN ( SELECT royaltyper FROM titleauthor
              WHERE titleauthor.au_id=authors.au_id )
```

11. UNION 查询

概念:将两个或多个查询的结果合并成一个结果返回。

语法:

```
<SELECT 语句>UNION [ALL] <SELECT 语句>
```

说明:

① 用 UNION 合并的结果集应有相同的结构,即列数相同、对应列数据类型兼容。这与关系代数中并集对参与运算的关系实例的要求一样,下面的 3 点也与关系代数中的并集一样。

② 最后结果的列名取自第一个 SELECT 语句返回的列名。

③ 默认情况下,最后结果会去掉重复行;但若有 ALL 选项,则保留重复行。

④ 一般,UNION 个数不限,且按从左至右顺序执行。

⑤ 当用 UNION 时,各个 SELECT 语句不能有 ORDER BY 和 COMPUTE 子句,而只能在最后一个 SELECT 语句后带一个 ORDER BY 和 COMPUTE 子句,它们是针对最后结果的。不过,各个 SELECT 语句可用 GROUP BY 和 HAVING 子句。

4.4　Sybase 和 MS SQL Server 中的 T-SQL 语言

4.4.1　T-SQL 语言简介

T-SQL,即事务 SQL(Transact-SQL),是 MS SQL Server 和 Sybase 对标准 SQL 的扩展版本。它不仅与 ANSI SQL 标准兼容,还在存储过程与触发器、附加的游标功能、完整性增强特性、用户定义和系统数据类型、错误处理命令、流程控制语句、默认与规则、附加的内置函数等方面作了扩充和增强。

其中,关于触发器、完整性约束、默认和规则已在第 3 章作了较详细介绍,下面将介绍 T-SQL 其他方面的实用特性,包括 T-SQL 的数据类型、T-SQL 编程、T-SQL 提供的函数、T-SQL 游标和 T-SQL 的存储过程等。

说明:T-SQL 之所以称事务 SQL,是因为该 SQL 语言不仅具有 SQL-92 标准所要求的 3 个子语言,即 DDL、DML 和 DCL,还具有一定的过程控制能力和事务控制能力,主要体现在它提供有基本的流程控制语句和事务控制语句。

4.4.2　T-SQL 的数据类型

数据类型用于为表中的列、过程参数和局部变量指定其类型、大小和存储形式。SQL Server 中的数据类型分为两类：系统数据类型和用户自定义类型。

1. 系统类型

SQL Server 中提供了如表 4-3 所示常用的系统数据类型。

表 4-3　系统数据类型

类型分类		长度/B	数值范围	示例或备注
整型	tinyint	1	$0 \sim 255$	99
	smallint	2	$-32\,768 \sim 32\,767$	12 345
	int	4	$-2\,147\,483\,648 \sim 2\,147\,483\,647$	6 643 221
	bigint	8	$-2^{63} \sim 2^{63}-1$	
小数	numeric(p,s)	$2 \sim 17$	$-10^{38} \sim 10^{38}$	88.296
	decimal(p,s)			-662.12
浮点数	float(precision)	4 或 8	与硬件相关	6.478
	double precision	8		
	real	4		
日期时间	smalldatetime	4	$1/1/1900 \sim 6/6/2079$	5-25-63
	datetime	8	$1/1/1753 \sim 12/31/9999$	
字符型	char(n)	n	$\leqslant 255\text{B}$	
	varchar(n)	输入的长度		
	nchar(n)			用于 Unicode 字符集，如汉字等
	nvarchar(n)	输入的长度		
	text(n)	$0 \sim 2\text{K}$ 倍数	$\leqslant 2\,147\,483\,647$	
货币	smallmoney	4	$-214\,748.3648 \sim 214\,748.3647$	
	money	8	$-922\,337\,203\,685\,477.5898 \sim$ $922\,337\,203\,685\,477.589\,7$	
二进制	binary(n)	n	$\leqslant 255$	0xf33d
	varbinary(n)	输入的长度		
	image	$0 \sim 2\text{k}$ 倍数	$\leqslant 2\,147\,483\,647$	存储图像
位	bit	1	0 或 1/8	0

注：numeric(p,s)中的 s 表示小数点后的位数，p 表示整个数值的位数（不含小数点）。

由表可以看出，系统为用户提供的数据类型比较丰富，涵盖了整型、小数型、浮点型、日期型、字符型、货币型、二进制型及位型，而且一些类型还分得较细。例如，整型又分tinyint(1B 长度的整型)、smallint(2B 长度的整型)、int(4B 长度的整型)和 bigint(8B 长度的整型)，用户可根据实际情况选用。

在数据管理中的一些特殊数据，一般都有对应的数据类型。例如，日期数据可用日期型；与精度有关的数据可用浮点类型；涉及货币的数据则可用货币型；对于备注类数据用text 类型；对图像数据则用 image 类型；对布尔型数据可用 bit 类型。

2. 用户自定义类型

类似于高级程序设计语言，SQL Server 也允许用户定义自己的数据类型，当然是利用系统数据类型来定义。

具体方法是，利用系统存储过程 sp_addtype、sp_droptype 和 sp_help，可创建、删除或查看用户定义类型。

（1）sp_addtype。

sp_addtype 的语法如下：

```
sp_addtype '类型名','系统数据类型名','属性'
```

其中，各参数如果不含空格、"( )"或"."时，可以不加单引号。

属性有以下 3 种选择。

① NULL。允许用户不输入确定的值，即允许该列为空值。

② NOT NULL。必须给定确定值，即不允许该列为空值。

③ IDENTITY。指定列为标识列，用户不能对该列的值进行给定或修改。

例如，假定 publishers 表中的 pub_id 列被定义为 IDENTITY，那么在给表 publishers 插入数据时，系统将按递增顺序，为 pub_id 列自动产生并插入数值，用户可以为其设置一个初值。每张表只能有一个标识列，只能为数值型，且小数部分为 0，不能为空。

IDNETITY 初值的设定，可在创建表的列定义时进行，也可用如下命令开启或关闭选项"identity_insert"来决定是否允许或禁止初值的修改：

```
SET  identity_insert 表名 ON/OFF
```

其中，ON 表示可改初值，而 OFF 则表示禁止改初值。

例 4-18　用户自定义类型示例。

```
EXEC sp_addtype notes, text, NULL
EXEC sp_addtype test, 'char(2) ','NOT NULL'
```

说明：

① 执行存储过程时，应加"EXEC"，除非存储过程是一段执行程序的第一条语句，则可以省略"EXEC"。

② 类型一旦定义，即可像系统数据类型一样地使用。

（2）sp_droptype。用户自定义的数据类型，如果不再使用，可用 sp_droptype 将其删除。该存储过程的命令语法如下：

```
sp_droptype '类型名'
```

（3）sp_help。利用 sp_help，可以查看某个自定义类型的创建过程，其语法如下：

```
sp_help '类型名'
```

4.4.3　T-SQL 编程

1. SQL Server 中的批

SQL Server 中，通过一个批（batch）将多条 SQL 语句用一个 Go 提交给服务器，由服务器按一个事务（transaction）来执行该批。如批中所有语句都成功，则将结果返回给客户机；如批中任一语句出错，则批中的所有语句均将回退（rollback）。关于事务和回退的概念，请参见第 5.4.1 小节。

因此，批由多条 T-SQL 语句组成，类似于 DOS 下的批命令。批中也允许含有T-SQL的流程控制语句。

批可分为两类：交互批和文件批。

交互批是在交互使用 SQL 命令的环境中，用 GO 作为一个批的结束，并提交系统执行。一般，交互方式下，一次只能提交一个批。

文件批则是将多个批放在一个文件中，提交给系统执行，其中的每一个批均以 GO 结束。

大多数（但不是所有）的 SQL 语句，可放在一个批中。

说明：

① 批中所有未注明所属数据库的对象，均基于当前数据库。

② 有些 SQL 语句不能与其他语句在一个批中。例如，"use 库名"，必须自成一个批，即应马上用 Go 提交，类似的语句还有"CREATE RULE/DEFAULT/TRIGGER/VIEW"、"DECLARE CURSOR"等。

③ 不能在一个批中删除一个对象的同时又创建同名的对象，但可将他们放在不同的批中进行。

④ 对存储过程的执行，如放在批文件中，且存储过程不是开头的第一条语句，那么应在其前加"EXEC"或"EXECUTE"。

2. 注释方式

在 T-SQL 的编程中，提供有如下两种注释方式。

（1）/ * …… * /。多行注释，与C/C++语言中的多行注释相同。

（2）- -。只用于单行注释，类似于C/C++中的"//"。

3. 变量

在 SQL Server 中，有两类变量：局部变量和全局变量。

（1）局部变量。局部变量用"@变量名"表示，一般由用户定义和使用。

① 局部变量的定义。局部变量定义的语法如下：

```
DECLARE  @变量名 数据类型 [, @变量名 数据类型, …]
```

例 4-19　局部变量定义示例。

```
DECLARE  @myqty  int, @msg  varchar(40)
```

变量一旦定义,系统自动赋 NULL 值。如果使用的是用户自定义类型,那么变量并不继承与该用户定义类型绑定的规则或默认。

② 局部变量的赋值。对局部变量的赋值用 SELECT 或 SET。分直接赋值和间接赋值两种。

直接赋值方式如下:

```
SELECT  { @变量名=值 } [, …n]
SET  @变量名=值
```

例 4-20　局部变量直接赋值示例。

```
SELECT  @myqty=60
```

说明:SET 一次只能为一个变量赋值,故"set @x=1, @y=2"不允许,而 SELECT 可一次为多个变量赋值。

间接赋值是从表中取值赋给变量,应保证类型一致,如从表中返回的是多个值,则取最后一个值赋给变量。

例 4-21　局部变量间接赋值示例。

```
SELECT @s=price FROM titles WHERE title_id='bu395'
```

或

```
SET @s=(SELECT price FROM titles WHERE title_id='bu395')
```

③ 查看变量值。变量值的查看,用如下方法:

```
SELECT  @变量名
```

说明:综合起来,SELECT 有 4 种用法:第一,查看表或视图的数据,此即 SELECT 查询语句;第二,给变量赋值;第三,查看变量的值;最后一种用法,是执行函数,返回值到客户端,如 SELECT db_name()。

(2) 全局变量。全局变量用"@@变量名"表示,由系统定义,用于表示系统运行过程中的运行状态,用户只能引用,不能修改、定义。

常用的全局变量有以下 5 种。

① @@error。返回执行的上一个语句产生的错误码。

② @@rowcount。返回受上一个语句影响的行数。任何不返回行的语句将置该变量的值为零。

③ @@version。返回当前的 SQL Server 安装的版本、处理器体系结构、生成日期和操作系统。

④ @@trancount。返回当前连接的活动事务数。

⑤ @@fetch_status。返回针对连接当前打开的任何游标发出的上一条游标 fetch 语句的状态。0：fetch 语句成功；-1：fetch 语句失败或行不在结果集中；-2：提取的行不存在。

4. 流程控制语句

T-SQL 中的流程控制语句是对 SQL 标准的扩展，使得 T-SQL 成为功能较强大的编程语言。其流程语句有如下几种。

(1) IF（布尔表达式）ELSE [IF]。

用途：条件分支。

用法：同C/C++中条件分支用法。

例 4-22 条件分支示例。

```
IF ( SELECT AVG(price) FROM titles) <20
    UPDATE titles SET price=price * 1.5
ELSE IF ( SELECT  AVG(price)  FROM  titles)>=20
    UPDATE titles SET price=price * 1.3
ELSE
    PRINT  '平均价格未知！'
```

说明：如果布尔表达式含有SELECT 语句，则该 SELECT 语句须用圆括号括起，其分支嵌套级别最多为150。

(2) CASE。

用途：多重选择分支。

用法：类似于C/C++中的 SWITCH 用法。

分类：分简单 CASE 和搜索 CASE。

① 简单 CASE。将某个表达式与一组简单的表达式比较以决定结果。其语法如下：

```
CASE 输入表达式
    WHEN 表达式 1 THEN 结果表达式 1
    [,…n]
    [ELSE 结果表达式]
END
```

当"输入表达式"等于第 i 个 WHEN 的"表达式"时，返回第 i 个"结果表达式"。当所有 WHEN 的比较都不满足时，如果有 ELSE，返回 ELSE 的结果表达式；否则，返回 NULL 值。以下代码片段即为此语句的用法示例：

```
SELECT '分类'=
    CASE type
        WHEN 'popular_comp' THEN '普适计算'
        WHEN 'mod_cook' THEN '现代烹饪'
        WHEN 'business' THEN '商务'
        WHEN 'psychology' THEN '心理学'
```

```
            WHEN 'trad_cook' THEN '传统烹饪'
            ELSE '未分类'
        END,
    CAST(title AS varchar(25)) AS '标题简要',  price AS '价格'
FROM titles
WHERE price IS NOT NULL
ORDER BY type, price
COMPUTE AVG(price)  BY type
```

以上代码可在 SQL Server 的 pubs 数据库上，利用查询分析器执行。

② 搜索 CASE。计算一组布尔表达式以决定结果。其语法如下：

```
CASE
    WHEN 布尔表达式 1 THEN 结果表达式 1
    [,…n]
    [ELSE 结果表达式]
END
```

当第 i 个 WHEN 的"布尔表达式"为"真"时，返回第 i 个"结果表达式"。当所有 WHEN 的布尔表达式都不为"真"时，如果有 ELSE，返回 ELSE 的结果表达式；否则，返回 NULL 值。以下代码片段即为此语句的用法示例：

```
SELECT '价格分类'=
        CASE
            WHEN price IS NULL THEN '未定价'
            WHEN price <10 THEN '价格适中'
            WHEN price>=10 and price <20 THEN '价格较高'
            ELSE '价格昂贵！'
        END,
    CAST(title AS varchar(20)) AS '标题简要'
FROM titles
ORDER BY price
```

以上代码可在 SQL Server 的 pubs 数据库上，利用查询分析器执行。

（3）BEGIN…END。

用途：界定由多条 SQL 语句组成的语句块。

用法：类似于C/C++中"{ }"或 Pascal 中的"Begin…End"的用法。

例 4-23　语句块界定示例。

```
DECLARE @avg_price money
SELECT @avg_price=AVG(price)  FROM  titles
IF @avg_price <20
BEGIN
    UPDATE titles SET price=price * 1.5
    PRINT  '价格提高 50%'
```

```
END
ELSE IF @ avg_price>=20
BEGIN
    UPDATE titles SET price=price * 1.3
    PRINT  '价格提高 30%'
END
ELSE
    PRINT  '平均价格未知！'
```

（4）WHILE…BREAK/CONTINUE。

用途：循环控制语句。

用法：同C/C++中的 WHILE…BREAK/CONTINUE。

例 4-24　循环控制示例。

```
WHILE ( SELECT AVG(price) FROM titles) <20
BEGIN
    UPDATE titles SET price=price+1
    IF ( SELECT MAX(price) FROM titles)>30
        BREAK
END
SELECT title_id, price FROM titles
```

（5）GOTO。

用途：跳到用户定义的标号处执行。

用法：同C/C++中 GOTO 的用法。

建议：尽量少用。

（6）RETURN。

用途：无条件退出。

用法：同C/C++中 RETURN 的用法。

（7）IF [NOT] EXISTS。

用途：判断是否有数据存在。

语法：

```
IF [NOT] EXISTS (SELECT 语句)
    语句块
```

例 4-25　IF NOT EXISTS 使用示例。

```
IF NOT EXISTS ( SELECT * FROM titles
                WHERE title_id=' 010101')
BEGIN
    PRINT '没有 010101 的任何记录'
    RETURN
END
```

(8) WAITFOR。

用途：延迟某段时间。

语法：

```
WAITFOR {DELAY 日期时间格式的时间值|TIME 时间| …}
```

例 4-26　WAITFOR 使用示例。

```
WAITFOR DELAY '00:30:00'                    /* 延迟 30 分钟 */
```

5. 信息显示

用途：SQL Server 中，可用 PRINT 进行信息显示。

语法：

```
PRINT '字符串' | 局部变量 | 字符串表达式
```

例如：

```
PRINT 'Hello!'                              /* 直接显示字符串 */
PRINT @msg                                  /* 显示局部变量的值 */
PRINT 'THIS MESSAGE WAS PRINTED ON '+RTRIM(CAST(GETDATE() AS NVARCHAR(30)))+'.'
```

例 4-27　PRINT 使用示例。

```
DECLARE @avg_price money, @book_count smallint
SELECT @avg_price=AVG(price) FROM titles
SELECT @book_count=COUNT(*) FROM titles
PRINT 'Total:'+cast(@book_count as nvarchar(10))+',Average Price:'
    +cast(@avg_price as nvarchar(20))+'.'
```

6. RAISERROR

用途：系统有很多系统信息及其代码（代码号为 50 000 以下），用户也可用 RAISER-ROR，自己定义错误信息及其代码（其代码值应在 50 000 以上）。

语法：

```
RAISERROR ({错误代码|'用户定义格式化错误信息'|字符型局部变量}
         {,严重级别,状态}[,参数[,…n]] )
```

说明：错误代码将放入全局变量@@error 中，且必须大于 50 000。当指定错误信息时，则引发代码为 50 000 的错误。格式化错误信息的定义类似于 C 的 printf 函数，错误信息最长为 2047 个字符。局部变量的类型须为 char 或 varchar。严重级别取值 0～25，其中用户可指定 0～18，其他由管理员指定，TRY 块中的 11～19 级错误将跳转到 CATCH 块。状态值取 0～255，如多个位置引发同样的用户定义错误，可用状态值找到引发错误的代码段。

例 4-28　RAISERROR 使用示例。

```
DECLARE@ table_name varchar(30)
```

```
SELECT@ table_name='TITLE'
RAISERROR('表%s不存在',8,1,@ table_name)
```

7. TRY…CATCH

用途：实现与 Microsoft Visual C++ 语言中的异常处理类似的错误处理。Transact-SQL 语句组可以包含在 TRY 块中。如果 TRY 块内部发生错误，则会将控制传递给 CATCH 块中包含的另一个语句组。TRY…CATCH 构造可对严重级别高于 10 但不关闭数据库连接的所有执行错误进行缓存。

语法：

```
BEGIN TRY
    {SQL 语句|语句块}
END TRY
BEGIN CATCH
    [{SQL 语句|语句块}]
END CATCH
```

在 CATCH 块作用域内，可使用以下系统函数来获取导致 CATCH 块执行的错误消息：

- ERROR_NUMBER() 返回错误号。
- ERROR_SEVERITY() 返回严重级别。
- ERROR_STATE() 返回错误状态号。
- ERROR_PROCEDURE() 返回出现错误的存储过程或触发器的名称。
- ERROR_LINE() 返回导致错误的程序中的行号。
- ERROR_MESSAGE() 返回错误消息。该消息可包括任何可替换参数所提供的值，如长度、对象名或时间。

例 4-29 从 CATCH 块返回错误消息使用示例。

```
BEGIN TRY
    RAISERROR('Error raised in TRY block',13,1);
END TRY
BEGIN CATCH
    DECLARE @ErrorMessage NVARCHAR(4000);
    DECLARE @ErrorSeverity INT;
    DECLARE @ErrorState INT;
    SELECT @ErrorMessage=ERROR_MESSAGE(),@ErrorSeverity=ERROR_SEVERITY(),
        @ErrorState=ERROR_STATE();
    RAISERROR(@ErrorMessage,@ErrorSeverity,@ErrorState);
END CATCH
```

4.4.4 T-SQL 提供的函数

T-SQL 中提供的函数包括字符串函数、日期函数、数据类型转换函数、数学函数、聚集函数和系统函数等。这些函数主要用于 DML 的 SELECT、INSERT、UPDATE 和 DELETE 语句中。

1. 字符串操作

字符串操作包括字符串的连接操作符和字符串函数。

(1) 连接操作符"＋"。

用途：使用"＋"连接字符串。结果字符串最大不超过 255 个字符。

如 'China' ＋ ', ' ＋ 'Chengdu' ＝ 'China, Chengdu'。

(2) 字符串函数。

T-SQL 中常用的字符串函数，如表 4-4 所示。

表 4-4 T-SQL 常用字符串函数

函　　数	语　　法	示　　例	结　　果
substring	substring(字符表达式,开始位置,长度)	substring('abcde',2,2)	'bc'
left	left(字符表达式,长度)	left('abcde',3)	'abc'
right	right(字符表达式,长度)	right('abcde',3)	'cde'
upper	upper(字符表达式)	upper('abcde')	'ABCDE'
lower	lower(字符表达式)	lower('aBcDE')	'abcde'
reverse	reverse(字符表达式)	reverse('ABCDE')	'EDCBA'
charindex	charindex(模式,字符表达式[,起始位置])	charindex('bc','abcde',1)	2
patindex	patindex('%模式%',字符表达式)	patindex('%c_e%','abcde')	3
ascii	ascii(字符表达式)	ascii('T')	84
char	char(整数表达式)	char(84)	'T'
ltrim	ltrim(字符表达式)	ltrim('　abcde')	'abcde '
rtrim	rtrim(字符表达式)	rtrim(' abcde ')	' abcde'
trim	trim(字符表达式)	trim(' abcde ')	'abcde'
len	len(字符表达式)	len('abcde')	5
space	space(整数表达式)	space(2)	' '
str	str(浮点表达式,总长度,小数位)	str(456.56,5,1)	'456.6'
replace	replace(字符表达式,搜索串,替换串)	replace('abcde','cd','fh')	'abfhe'
replicate	replicate(字符表达式,整数表达式)	replicate('abc',3)	'abcabcabc'

2. 类型转换

类型转换分显式(explict)和隐式(implict)两种。显式用 convert 函数,隐式由系统自

动进行。表 4-5 给出了 SQL Server 中可隐式和须显式转换的典型类型，其他请参见相关
技术文档。

表 4-5　SQL Server 的类型转换

从＼到	real	float	char	varchar	money	decimal	binary
real	—	i	i	i	i	i	i
float	i	—	i	i	i	i	i
char	i	i	—	i	i	i	e
varchar	i	i	i	—	i	i	e
money	i	i	i	i	—	i	i
decimal	i	i	i	i	e		i
binary	n	n	i	i	i	i	

注：—表示本身类型的转换；i 表示隐式转换；e 表示须显式转换；n 表示不允许转换。

（1）隐式转换。除了表 4-5 中所列出的隐式转换外，在如下几种类型间的比较或赋
值中，也会进行隐式转换：字符串（包括 char、varchar、nchar、nvarchar）到 datetime、
smallint 与 int。

例 4-30　类型比较时的隐式转换示例。

```
SELECT  title  FROM  titles
WHERE   pubdate< 'July 1,1921'
```

（2）显式转换。

用途：有些类型之间（如字符表达式与整数之间）不能直接比较，这些类型必须用
cast 函数或 convert 函数作显式转换。

cast 函数语法：

```
cast(表达式 as 数据类型 [(length)])
```

cast 函数将表达式的值转换成指定的数据类型。

例如，cast('ab' as binary(2))结果为 0x6162。

convert 函数语法：

```
convert(类型符,表达式[,style])
```

convert 函数用于将表达式从一种类型转换成另一种类型。当由日期型向字符串转
换时，还可用 style（样式）参数来指定日期时间的格式。

说明：style 参数主要针对表达式为日期类型数据。如是其他类型，其 style 的取值
请参考相关技术文档。

表 4-6 列出了 style 的典型取值及其对应的日期输出格式。

表 4-6　style 取值及格式

style 取值	输 出 格 式	style 取值	输 出 格 式
1	mm/dd/yy	101	mm/dd/yyyy
2	yy. mm. dd	102	yyyy. mm. dd
3	dd/mm/yy	103	dd/mm/yyyy
4	dd. mm. yy	104	dd. mm. yyyy
5	dd-mm-yy	105	dd-mm-yyyy

例 4-31　类型显式转换示例。

```
SELECT convert(char(10), pubdate,105)
FROM titles
WHERE title_id='PC1035'
```

其中,pubdate 为日期型,返回值为"30-06-1986"。

3. 有关日期的几个函数

(1) getdate()。

用途：返回服务器操作系统时间。

示例：

```
SELECT getdate()
```

(2) datename()与 datepart()。

datename()语法：

datename(日期元素,日期表达式)

datename()功能：以字符串形式返回日期元素指定的日期的名字。

datepart()语法：

datepart(日期元素,日期表达式)

datepart()功能：以数值形式返回日期元素指定的日期的名字。

日期元素的取值如下。

① yy。返回日期表达式中的年(year)或年数。

② qq。返回日期表达式表示的季(quarter)或季数。

③ mm。返回日期表达式中的月(month)或月数。

④ dw。返回日期表达式表示的星期几(weekday,day of week)。

⑤ dy。返回日期表达式表示的一年中的第几天(day of year)。

⑥ dd。返回日期表达式中的天或天数(day)。

⑦ wk。返回日期表达式表示的一年中的第几个星期(week)或星期数。

⑧ hh。返回日期表达式中的小时(hour)或小时数。

⑨ mi。返回日期表达式中的分（minute）或分钟数。

⑩ ss。返回日期表达式中的秒（second）或秒数。

例 4-32 datename( )应用示例。

```
SELECT datename(mm, pubdate)
FROM titles
WHERE title_id='BU1032'
```

其中，pubdate 为日期型，返回值为 June。如果用 datepart 函数，则返回数值 6。

（3）year( )、month( )与 day( )。

语法：

```
Year/Month/Day(日期表达式)
```

功能：分别返回日期表达式中的年、月、日，分别等同 datepart(yy/mm/dd，日期表达式)。

（4）dateadd( )与 datediff( )。

dateadd( )语法：

```
dateadd(日期元素,数值,日期表达式)
```

dateadd( )功能：将数值转换成日期元素指定的部分，加到日期表达式上后返回。

datediff( )语法：

```
datediff(日期元素,较早日期表达式,较晚日期表达式)
```

datediff( )功能：两个日期相减后，按日期元素指定部分转化后返回。

例 4-33 dateadd( )应用示例。

```
SELECT dateadd(dd, -4, pubdate)
FROM titles
WHERE title_id='BU1032'
```

返回值为 Jun 8 1986 12:00AM。

4. 数学函数

SQL Server 中提供的数学函数如表 4-7 所示。

表 4-7 SQL Server 数学函数

函　　数	示　　例	结　　果
abs(数值表达式)	abs(-100)	100
ceiling(数值表达式)	ceiling(99.2)	100
floor(数值表达式)	floor(99.2)	99
round(数值表达式,整数表达式)	round(66.2387,2)	66.24
exp(浮点表达式)	exp(0)	1

续表

函　　　　数	示　　　例	结　　　果
rand([整数])	rand(23)	
log(浮点表达式)	log(1)	0
pi()	pi()	3. 141 592 65…
power(数值表达式,指数表达式)	power(2,10)	1024
sqrt(数值表达式)	sqrt(4)	2
sin(浮点表达式),cos(浮点表达式),tan(浮点表达式)	sin(pi())	0

5. 聚集函数

聚集函数主要用于返回统计值。该类函数经常用在 SELECT 和 COMPUTE 子句中。

T-SQL 中的聚集函数,与本章的第 4.3.5 小节中聚集函数基本相同,在此不再介绍。

6. isnull()函数

语法:

```
isnull(列名,值)
```

功能:当列值为空(NULL)时,用指定的数值代替之。

用途:在聚集函数中,一般均会将空值的列排除在外。如果想将空值的列包含进来参加运算,即可用此函数。该函数不会替换表中的 NULL 值。

例 4-34　isnull()应用示例。

```
SELECT AVG( isnull (price, 0 ) )
FROM titles
```

先将 price 为空值的行用 0 代替,然后进行计算。此方法也可针对非数值型的列。

例 4-35　isnull()用于非数值列示例。

```
SELECT  title_id,  isnull(notes, 'No notes for this title')
FROM titles
```

7. 用户自定义函数

(1) 返回标量值的函数。

语法:

```
Create Function 函数名(@变量  类型[,….])
Returns 返回值的数据类型
[AS]
Begin
    函数体
    Return 表达式
End
```

（2）返回表的函数。

语法：

```
Create Function 函数名(@变量 类型[,….])
Returns TABLE
[AS]
Return Select 查询语句
```

（3）函数的执行。

用户自定义函数直接调用执行。

（4）示例。

① 创建：

```
CREATE FUNCTION SalesByStore
(@storeid varchar(30))
RETURNS TABLE
AS
RETURN(SELECT title,qty FROM sales s,titles t
       WHERE s.stor_id=@storeid and t.title_id=s.title_id)
```

② 执行：

```
select * from SalesByStore('6380')
```

4.4.5　T-SQL 游标

1. 游标的作用

由于 SQL 语言中的 SELECT 语句查询出的结果是一个行的集合，为能对该集合值按行按列处理，SQL Server 提供了游标（cursor）。

事实上，SQL Server 中的游标，是通过在内存开辟一段缓冲区，SELECT 查询的结果集合实际上是按行放入该缓冲区的。SQL Server 提供了存取该缓冲区数据的行指针（pointer），这样，用户利用该指针即可存取和处理各行的数据。这样的游标，既为 SQL Server 的存储过程、触发器和函数，也为高级编程语言提供了按行处理查询结果集合的途径。

2. 游标生命周期

游标的使用，必须按其生命周期进行。其生命周期包括定义、打开游标（open cursor）、存取（fetch）游标数据、关闭游标（close cursor）和释放（deallocate）游标缓冲区。

事实上，游标的生命周期，同C/C++语言中的"文件"（file）极为相似。从下面的对应关系，也可看出这一点。

（1）定义游标——创建文件。

（2）打开游标——打开文件。

（3）存取游标数据——存取文件。

（4）关闭游标——关闭文件。

（5）释放游标缓冲区——删除文件。

（6）游标指针——文件指针。

有了这种对应关系，以及文件使用的经验，对于游标的学习和掌握有极大帮助。

3. 定义游标

语法：

```
DECLARE 游标名 CURSOR
FOR SELECT 语句
[FOR { READ ONLY | UPDATE [ OF 列名表] }]
```

说明：该语法仅仅是 SQL-92 最基本的部分，事实上，T-SQL 对此标准作了较大扩展。要全面了解 T-SQL 游标的语法及使用，可参考 SQL Server 的联机技术资料。

从该语法可以看出，它体现了游标的思想，即把 SELECT 查询的结果放入内存缓冲区，为用户提供逐行处理的途径。

游标可分为两类：只读（read only）游标和更新（update）游标。

类似于通过更新视图来更新表的方法，也可通过更新游标来更新表，但此游标必须定义为更新游标。如定义成只读游标，则不能通过游标对表进行修改。如未指定 READ ONLY 选项，但如 SELECT 语句中含有 DISTINCT 选项、GROUP BY 子句、聚集函数或 UNION 集合操作，则该游标仍为只读游标。

游标的定义，须作为单独的事务批提交。

4. 打开游标

语法：

```
OPEN 游标名
```

游标一旦打开，即开始执行查询，并将查询结果集放入内存缓冲区。游标打开后，即可用 FETCH 语句检索数据。

5. FETCH

语法：

```
FETCH 游标名 INTO 局部变量列表
```

用法：执行一次 FETCH 操作，指针下移一行。一次只能存取一行。由于一行可能有多列，因此，FETCH 之前，需要为各列定义对应的局部变量，有几列就需要定义几个局部变量。

FETCH 命令发出后，可利用@@fetch_status 这个全局变量来检测最后一个 FETCH 语句的状态。它有 3 种状态取值：0（成功）、-1（失败或行超出结果集范围）、-2（数据行丢失）。通过检查该全局变量的值，来控制处理进程。

6. CLOSE 和 DEALLOCATE

CLOSE 语法：

```
CLOSE 游标名
```

DEALLOCATE 语法：

DEALLOCATE CURSOR 游标名

游标关闭后，还可再打开，再存取数据。但游标如果被释放（deallocate），则不能再打开，必须再按其生命周期的顺序，重新定义后再打开使用。

批中的游标在批结束时会自动关闭。

7. 用游标对数据操作

要求：必须是可更新游标。

功能：可利用更新游标，实现对表中数据的删除和修改。

（1）删除表中与当前游标位置对应的行。

语法：

DELETE 表名 WHERE CURRENT OF 游标名

要求：表具有唯一索引。

说明：删除后指针不动，下面的行自动上移。

（2）修改表中与当前游标位置对应的行。

语法

UPDATE 表名 SET 列名=值 [,…n] WHERE CURRENT OF 游标名

8. 事务中的游标

事务被提交/回退时，游标不会自动关闭，须用 CLOSE 关闭。但如果"SET CLOSE ON ENDTRAN"选项为 ON，则在事务被提交/回退时会自动关闭游标，SQL Server 对该选项默认为 OFF。

9. 游标示例

（1）游标定义

```
DECLARE books_csr CURSOR FOR
    SELECT title_id, type, price FROM titles
```

（2）游标使用

```
DECLARE  @title_id  tid, @type  char(12), @price  money
OPEN books_csr
FETCH books_csr INTO @title_id, @type, @price
while  @@fetch_status=0
begin
    if @@fetch_status<>0
    begin
        raiserror  50001  'select failed'
        return
    end
    if @type='business'
```

```
        SELECT @title_id, @type, @price, convert(money, @price * 1.08)
    else if @type='mod_cook'
        SELECT @title_id, @type, @price
    FETCH books_csr INTO @title_id, @type, @price
end
```

4.4.6 T-SQL 存储过程

1. 存储过程的提出

要了解存储过程(stored procedure),有必要与批的执行过程进行比较。

(1) 批的执行过程。一个批提交给系统后,第一,系统要对 SQL 语句逐条进行语法分析,看是否存在语法错误;第二,检查 SQL 语句中所引用数据库对象的有效性,即看这些对象是否存在;第三,要检查用户的相关权限;第四,对 SQL 语句进行优化;第五,编译 SQL 语句,形成可执行代码;第六,执行代码。

归结起来,每一个批都要经过如下执行过程:

逐条语法分析→检查对象有效性→检查权限→优化→形成可执行代码→执行。

即使是同一个批,它的每次执行也要按上过程,从头到尾进行一遍。

(2) 存储过程的执行过程。存储过程的处理,要分如下几步来完成。

① 定义存储过程。定义好的存储过程提交给系统后,系统对存储过程按如下步骤处理:逐条语法分析→检查对象有效性→将源代码放入系统表中。

② 第一次调用执行。存储过程类似于函数,可以供用户调用。用户第一次调用存储过程时,系统按如下步骤执行:从系统表中取出源代码→检查权限→优化→形成可执行代码→放入系统表中→执行。

③ 第二次及以后的调用执行。存储过程被执行过第一次后,由于其可执行代码放在系统表中,这样,用户以后对该存储过程的调用,系统均会按如下步骤执行:从系统表中取出执行代码→检查用户权限→执行。

于是,存储过程一旦被调用执行过一次,则以后的调用执行所花的时间、所处理的步骤,与"批"相比就要少许多。而且,同样的存储过程,不必再写同样的代码,直接用存储过程名字调用即可。

2. 存储过程概念

存储过程是存储于 RDBMS 中的一段由 SQL 语句组成的程序。在 Sybase 和 SQL Server 中,存储过程是一种数据库对象,它在建立时由 RDBMS 编译和优化、其执行代码存储于数据库中。

存储过程分为两类:系统存储过程和用户自定义存储过程。

系统存储过程:由 Sybase 或 SQL Server 系统提供,并在系统安装时被自动装载于系统数据库中,便于用户或数据库管理员管理和维护数据库中的各种数据信息和对象。系统存储过程均以"sp_"开头。此前章节内容中,读者已见过和使用了一些系统存储过程。

用户自定义存储过程:由用户定义,前面以及后面所谈存储过程的内容,基本上都是针对用户自定义存储过程。

存储过程,除了执行速度快以外,还具有以下优点:

(1) 可用于实现经常使用的数据操作。

(2) 实现较复杂的完整性约束,如动态完整性约束。

(3) 可在程序中被反复调用,有助于程序的模块化。

(4) 有助于提供安全性,即使用户没有直接执行存储过程中 SQL 语句的权限,但如被授予了执行存储过程的权限,该用户也可执行该存储过程中的 SQL 语句。

(5) 实现复杂、敏感事务的自动化。

(6) 减少网络流量,用户执行存储过程,只需在网络上传送一条调用存储过程的语句即可。

3. 系统存储过程

SQL Server 提供有大量系统存储过程,用于增强 Transact-SQL 语句功能。

系统存储过程,在功能上有如下分类:

(1) 安全类。这类系统存储过程用于维护数据库安全,常用的有 sp_addlogin、sp_addalias、sp_addrole、sp_addrolemember、sp_addgroup、sp_addserver、sp_adduser、sp_defaultdb、sp_password 等。

说明:各系统存储过程的具体使用方法,以及其他系统存储过程,读者可参考 SQL Server 联机技术资料。

(2) 系统类。这类存储过程用于维护 SQL Server 的系统管理,使用较频繁,常用的有 sp_addtype、sp_droptype、sp_bindefault、sp_unbindefault、sp_bindrule、sp_unbindrule、sp_helpdb、sp_help、sp_helptext、sp_rename、sp_renamedb、sp_appends、sp_who 等。

(3) 游标类。这类存储过程用于管理游标变量,包括 sp_cursor_list、sp_describe_cursor、sp_describe_cursor_colunms 和 sp_describe_cursor_tables 等。

(4) 代理类。这类存储过程用于管理 SQL Server 的代理管理计划和事件驱动活动,包括 sp_add_alert、sp_add_job、sp_add_jobschedule、sp_helptask、sp_addtask 和 sp_drop_task 等。

(5) 复制类。这类存储过程用于管理服务器复制工作,包括 sp_add_agent_parameter、sp_add_agent_profile、sp_addarticle、sp_articlefilter 和 sp_replcmds 等。

(6) 目录类。这类系统存储过程实现 ODBC 数据字典函数,包括 sp_databases、sp_tables、sp_pkeys、sp_fkeys、sp_columns 和 sp_colunm_privileges 等。

(7) 分布式查询类。这类存储过程用于执行和管理分布式查询,包括 sp_indexs、sp_catalogs、sp_foreignkeys、sp_primarykeys 和 sp_serveroptions 等。

(8) Web 辅助类。这类存储过程提供 Web 辅助功能,只有 4 个,即 sp_makewebtask、sp_dropwebtask、sp_runwebtask 和 sp_enumcodepages。

(9) XML 类。这类存储过程主要用于 XML(extensible markup language,可扩展标记语言)的文本管理,但只有两个过程,即 sp_xml_preparedocument 和 sp_xml_removedocument。

(10) 其他类。其他还有数据库维护类、全文检索类、日志类、OLE 类、MAIL 类、Profile 类,以及一般扩展类等。

4. 用户自定义存储过程

（1）创建。用户自定义存储过程，可像程序设计语言中的函数那样，进行 I/O 参数传递。创建语法如下：

```
CREATE  PROC    过程名
( @参数变量      类型 [=DEFAULT] [,…n]        /* 输入参数 */
  @参数变量      类型 OUTPUT )                /* 输出参数 */
  [WITH  RECOMPILE]                          /* 参见后面的说明 */
AS
     SQL 语句
RETURN [存储过程执行状态值]
```

说明：

① 输出参数需要用关键字 OUTPUT 标明。

② 输入参数可定义多个，但输出参数只能一个。

③ 创建存储过程时，如加了 WITH RECOMPILE 选项，则每次执行时均要重编译。

④ 存储过程本身执行状态的返回值，可放在 RETURN 后，如 RETURN 10。注意与输出参数区别。

（2）传递参数和调用执行。

语法：

```
[EXEC] [@状态接收变量=]过程名
[@参数变量=] {参数值|@局部变量} [,…n]
[, @接收输出的局部变量 OUTPUT]
```

说明：

① 调用前，应先定义一个接收输出的局部变量，当然类型应与输出参数一致。

② 调用时，参数的传递按存储过程中定义的顺序进行。但如果用参数赋值的方式（即@参数变量＝参数值，…）传递时，则参数顺序可以打乱。

③ 如有输出值，则接收输出的变量后应加关键字 OUTPUT。

④ 存储过程的 SQL 语句内部，也可定义局部变量。

⑤ "@状态接收变量"用于接收存储过程本身执行的状态，应在调用前先定义，一般要求是整型。

⑥ 可在命令行或批中调用。非第一条时，应加 EXEC，对系统存储过程也一样。

（3）查看。

语法：

```
sp_helptext   过程名
```

（4）改名。

语法：

```
sp_rename   旧过程名,新过程名
```

（5）删除。

语法：

```
DROP  PROC    过程名
```

5. 存储过程建立及使用示例

（1）创建。代码如下：

```
CREATE PROC num_sales
( @book_id char(6),                        /* 输入参数 */
  @tot_sales int OUTPUT)                    /* 输出参数 */
AS
    SELECT @tot_sales=sum(qty)
    FROM sales
    WHERE title_id=@book_id
RETURN 10
```

（2）调用。代码如下：

```
DECLARE  @ret  int                    /* 用于接收存储过程的返回值 */
DECLARE  @total  int                  /* 用于接收输出值 */
EXEC  @ret=num_sales @book_id='PC8888' , @tot_sales=@total OUTPUT
```

或

```
EXEC  @ret=num_sales 'PC8888', @total OUTPUT
```

说明：如果定义时，输入参数给了默认值，那么在调用时可以不给其确定值，否则一定要给确定值。

6. 存储过程的其他内容

（1）存储过程中的游标。批中游标的定义须单独作为一批，但存储过程中的游标定义则不能单独作一批。嵌套过程中，上层游标可在下层游标中使用，但如果与下层中定义的游标同名，则会暂时屏蔽掉上层的游标，除非退出下层游标。

（2）对存储过程的限制。SQL Server 对用户自定义存储过程，有如下限制。

① 某些命令不能放在过程中，如 CREATE VIEW、CREATE DEFAULT、CREATE RULE、CREATE TRIGGER 和 CREATE PROC 等。

② 不能在同一过程中删除一个数据库对象，又创建同名的对象。

③ 嵌套级数：小于等于 16。

4.5　在C/C++中使用SQL

由前面内容可知，SQL 语言是一种面向集合运算的结构化查询语言，在许多数据库系统环境中，一般是作为独立语言，由用户在交互环境下使用。例如，ORACLE 数据库系统的 SQL PLUS 和微软的 SQL Server 的 SQL Query Analyzer（查询分析器），简称 isqlw

实用工具，就是一种交互式的用户环境。

在交互式环境中，SQL 语句是独立执行的，与上下文无关，即不依赖于其他 SQL 语句的输入或输出。但是，许多实际事务的执行与条件有关，条件不同则导致 SQL 语句的执行过程不同。

SQL 语言仅在交互式环境中执行很难满足应用需求，因此，本节将介绍 SQL 语言的另一种执行形式，就是将 SQL 语言嵌入到C/C++ 中使用，与C/C++ 相辅相成，发挥各自优势，这种方式下使用的 SQL 语言称为嵌入式 SQL(embedded SQL)，而嵌入 SQL 的程序语言(如C/C++)称为宿主(host)语言。

说明：一般说来，在交互环境下使用的 SQL 语句也可用在应用程序中，但是不同类型的高级语言对 SQL 语句要做某些必要的扩充，因此这两种使用方式细节上会有许多差别。

4.5.1 嵌入式 SQL 语句的基本形式

对于嵌入式 SQL 语句，数据库系统可采用两种方法处理：一种是预编译方法；另一种是修改和扩充主语言，使主语言能够识别处理 SQL 语句。目前采用较多的是预编译的方法，即由 RDBMS 的预编译器扫描识别处理 SQL 语句，把 SQL 语句转换成主语言调用语句，以使主语言编译程序能识别它，最后由主语言的编译程序将整个源程序编译成目标码，然后连接(link)处理生成装载模块。

在应用程序的主语言中，可以自由地加入完整的 SQL 语句，可在 SQL 语句中使用主语言的变量。为了能够在嵌入式 SQL 中区别 SQL 语句与主语言语句，必须在 SQL 语句前加上前缀 EXEC SQL；而 SQL 语句的结束标志在不同的主语言中有所区别。以 C 语言为例，SQL 语句使用分号";"作为结束符(它也是 C 语言语句的结束符)。这样，以 C 作为主语言的嵌入式 SQL 语句的一般形式如下：

EXEC SQL <SQL 语句>;

例如：

EXEC SQL SELECT sname, age FROM Student;

嵌入 SQL 语句和一般的高级语言一样，根据其作用的不同分为可执行语句和说明性语句。

可执行语句又分为数据定义、数据控制和数据操纵 3 种：数据定义语句，即 DDL 中的 SQL 语句；数据操纵语句为 DML 中的 SQL 语句；数据控制语句指 DCL 中的控制语句。这些执行语句可以完成在交互式环境的 SQL 语句所能完成任务。嵌入式 SQL 的执行语句，可出现在高级语言的执行语句出现的地方。同样，说明性 SQL 语句(如变量的定义等)可以出现在高级语言的说明性语句出现的地方。

下面将用例子说明数据定义和数据控制的 SQL 语句。

1. 连接数据库和关闭连接

在存取数据库数据之前，每一个预编译程序必须与数据库系统连接(connection)。连接时，程序必须提供用户名和口令，由数据库系统进行校验。若口令和用户名正确，方可登录数据库，获得相应用户的使用权；否则，数据库系统拒绝登录，程序就不能使用数据库。

约定：在后面的例子中，均使用名字为 BDS 的数据库服务器，RDBMS 为 MS SQL Server，首先使用企业管理器建立一个名字为 SDB 的数据库。

连接数据库命令语法：

```
EXEC SQL CONNECT TO 服务器名.数据库名 AS 连接名 USER 用户.口令;
```

例如，有一个 USER1 用户，口令为 USER1，则其与数据库建立连接的方法如下：

```
EXEC SQL CONNECT TO BDS.SDB AS CONN1 USER USER1.USER1;
```

其中，CONN1 为连接名。

如果在同一个应用程序中建立了多个连接，需要在多个连接之间切换，可用以下语句将某个连接设为当前连接：

```
EXEC SQL SET CONNECTION 连接名;
```

由于连接需要占用系统资源，因此，处理完成后，应断开数据库连接。断开连接的语法如下：

```
EXEC SQL DISCONNECT 连接名;
```

说明：不同的数据库系统，其连接数据库和关闭连接的方法可能不完全一样。

2. 数据定义语句

嵌入式 SQL 语言，可以在标准 SQL 语言前加 EXEC SQL 使用数据定义语言，用来定义数据库的表、视图等数据库对象。

例 4-36　数据定义示例。

目的：建立一个 Student（学生信息表）、CourseGrade（成绩信息表）、Course（课程信息表）和 GradeView（学生成绩视图）。

```
EXEC SQL CREATE TABLE Student
(sid        CHAR(5)        NOT NULL UNIQUE,
sname       CHAR(20),
sex         CHAR(1),
age         INT,
dept        CHAR(15),
address     CHAR(30) );

EXEC SQL CREATE TABLE CourseGrade
(sid        CHAR(5),
cid         CHAR(5),
score       INT );

EXEC SQL CREATE TABLE Course
(cid        CHAR(5)   NOT NULL UNIQUE,
```

```
cname            CHAR(12),
tno              CHAR(5)  );               /* 任课教师编号 */

EXEC SQL CREATE View GradeView
AS   SELECT sname, cname, score
     FROM Student A, CourseGrade B, Course C
     WHERE A.sid=B.sid and B.cid=C.cid ;
```

说明：所有的嵌入 SQL 语句必须在主语言中进行编译连接后才能运行。不能使用嵌入式 SQL 来创建数据库，而创建存储过程和触发器等对象有时不能得到所期望的结果，请读者在使用前参考所用 RDBMS 技术文档。

3. 数据控制语言

SQL 语言的 DCL 子语言，具有安全权限管理功能。该功能也可用嵌入式 SQL 语句完成。例如，要给用户 USER1 授予对表 Student 的 SELECT 权限，可用如下语句：

```
EXEC SQL GRANT SELECT ON TABLE Student TO USER1;
```

而撤销该权限，可用如下语句：

```
EXEC SQL REVOKE GRANT OPTION FOR SELECT ON Student FROM USER1;
```

说明：有关详细的数据库权限管理，请参见第 5.2 节，并且运行含有该语句程序的用户必须有相应权限。

4.5.2　嵌入式 SQL 与宿主语言的通信

在宿主语言中嵌入 SQL 语句进行混合编程，其主要目的是为了发挥 SQL 语言和宿主语言各自优势。SQL 语句是面向集合的描述性、非过程化语言，负责与数据库的数据交换；宿主语言是过程化的、与运行环境有关的语言，主要负责用户界面及控制程序流程，而程序流程与程序语句所处的变量环境有关。程序执行过程中，宿主语言需要和 SQL 语句进行信息交换，其间的通信过程如下。

(1) SQL 语句将执行状态信息传递给宿主语言。宿主语言得到该状态信息后，可根据此状态信息来控制程序流程，以控制后面的 SQL 语句或宿主语言语句的执行。向宿主语言传递 SQL 执行状态信息，主要用 SQL 通信区(SQL communication area，SQLCA)实现。关于 SQLCA 的内容，在后续部分介绍。

(2) 宿主语言需要提供一些变量参数给 SQL 语句。该方法是在宿主语言中定义主变量(host variable)，在 SQL 语句中使用主变量，将参数值传递给 SQL 语句。

(3) 将 SQL 语句查询数据库的结果返回给宿主语言作进一步处理。如果 SQL 语句向宿主语言返回的是非数据库记录或者一条数据库记录，可使用主变量；若返回值为数据库的多条记录的集合，则使用游标。

4.5.3　SQL 通信区

SQL 语句执行后，系统要反馈给应用程序若干信息，主要包括描述系统当前工作状态和运行环境的各种参数，这些信息将送到 SQL 通信区 SQLCA 中。宿主语言的应用程序从 SQLCA 中取出这些状态信息，据此决定后面语句的执行。

SQLCA 是一个数据结构，在程序的宿主语言中用 EXEC SQL INCLUDE SQLCA 加以定义。SQLCA 中有一个存放每次执行 SQL 语句后返回代码的系统变量 SQLCODE。应用程序每执行完一条 SQL 语句，均应测试 SQLCODE 的值，以决定该 SQL 语句的执行情况并做相应处理。如果 SQLCODE 等于预定义的系统常量 SUCCESS，表示 SQL 语句成功执行，否则表示执行失败。

因此，系统变量 SQLCODE 用于向宿主语言提供 SQL 语句执行的状态。例如，在执行删除语句 DELETE 后，SQLCA 用如下状态之一返回其执行结果：

(1) 执行成功（SQLCODE＝SUCCESS），并有删除的行数；

(2) 违反完整性约束，删除操作被拒绝执行；

(3) 没有满足删除条件的行，一行也没有删除；

(4) 由于其他原因，执行出错。

说明：

① 不同 RDBMS 的 SQL 语言以及不同的 SQL 语句，所返回的 SQLCODE 值可能是不一样的，具体取值，请读者参考所用产品的技术资料。

② 在 SQL Server 中，系统变量 SQLCODE 的取值，有：SQLCODE＝0 时，表示当前 SQL 语句正确执行；SQLCODE＝1 时，当前 SQL 语句被执行，但出错；SQLCODE＜0 时，当前 SQL 语句由于数据库、系统或网络出错而未执行；SQLCODE＝100 时，对游标的 FECTH 没有记录返回。

4.5.4　主变量的定义与使用

1. 主变量概念

如前所述，嵌入式 SQL 语句的数据输入或输出，使用宿主语言的程序变量来实现，该变量称为"主变量"。

根据主变量作用的不同，可分为两类：输入主变量和输出主变量。

输入主变量由应用程序的宿主语言对其赋值，由 SQL 语句引用。输出主变量由 SQL 语句对其赋值或设置状态信息，返回给应用程序的主语言。一个主变量有可能既是输入主变量又是输出主变量。

利用输入主变量，可以指定向数据库插入的数据；可以将数据库中的数据修改为指定值；可以指定执行的操作；可以指定 WHERE 子句或 HAVING 子句中的条件。

利用输出主变量，可以得到 SQL 语句的结果数据和状态。

一个主变量可以附带一个任选的指示变量（indicator variable）。所谓指示变量，是一个整型变量，用来"指示"所指主变量的值或者条件。可以利用指示变量，使输入主变量为 NULL 值，可以检测输出主变量是否为 NULL 值，或值是否被截断。

说明：

① 主变量使用前，必须在嵌入 SQL 语句的说明部分明确定义。

② 应注意主变量是大小写敏感的（case sensitive）。

③ 在 SQL 语句中使用主变量时，必须在主变量前加一个冒号（:）。在不含 SQL 语句的宿主语言语句中，则不需要在主变量前加冒号。

④ 主变量不能是 SQL 命令的关键字（保留字），如 SELECT 等。

⑤ 在一条 SQL 语句中，主变量只能使用一次。

⑥ 在 SQL Server 中，主变量名不能超过 30 个字符。

2. 主变量的定义

使用主变量和指示变量之前，必须定义。所有主变量和指示变量，必须在 BEGIN DECLARE SECTION 与 END DECLARE SECTION 之间进行声明。声明之后，主变量可以在 SQL 语句中任何一个能够使用表达式的地方出现。为了与数据库对象名（表名、视图名、列名等）区别，应在 SQL 语句中的主变量名前加冒号（:）。同样，SQL 语句中的指示变量前也必须加冒号，并且要紧跟在所指主变量之后。而在 SQL 语句之外，主变量和指示变量均可以直接引用，不必加冒号。

说明：主变量定义时，所用的数据类型应为宿主语言提供的数据类型，而不是 SQL 的数据类型。

例 4-37　主变量定义示例。

```
EXEC SQL BEGIN DECLARE SECTION;
    char      Msno[5];
    char      Msname[20];
    char      Mssex[1];
    int       Msage;
    char      Msdept[15];
    char      Mgivensno[5];
    char      Mgivencno[5];
    int       Mgrade:Gradeid;
EXEC SQL END DECLARE SECTION;
```

其中，各个主变量定义的形式和数据类型，均遵照 C 语言标准；Gradeid 为 Mgrade 的指示变量。

3. 在 SELECT 语句中使用主变量

在嵌入式 SQL 中，如果查询结果为单记录，则 SELECT 语句需要用 INTO 子句指定查询结果的存放地点——主变量。该语句的一般格式如下：

```
EXEC SQL SELECT [ALL|DISTINCT] <列表达式>[, …n]
        INTO <主变量>[<指示变量>][, …n]
        FROM <表名或视图名>[, …n]
        [WHERE <条件表达式>]
        [GROUP BY <列名 1>[HAVING <条件表达式>]]
        [ORDER BY <列名 2>[ASC|DESC]];
```

该语句对交互式 SELECT 语句的扩充就是多了一个 INTO 子句，把从数据库中找到并符合条件的记录，放到 INTO 子句指出的主变量中去，其他子句的含义不变。

在嵌入式 SQL 中的 SELECT 语句有如下特征：

（1）INTO 子句、WHERE 子句的条件表达式、HAVING 的条件表达式中，均可以使用主变量，但这些主变量必须事先加以声明，并且引用时前面要加上冒号。

（2）查询返回的记录中，某些列的值可能为 NULL 值。如果 INTO 子句中主变量后面跟有指示变量，则当查询得出的某个数据项为 NULL 值时，系统不是向主变量执行赋值操作，而是自动置相应主变量后面的指示变量为负值。也就是说，主变量值仍保持执行 SQL 语句之前的值。因此当发现指示变量值为负值时，不管主变量为何值，均应认为主变量值为 NULL。指示变量只能用于 INTO 子句中，并且也必须事先加以声明，引用时前面要加上冒号。

（3）如果数据库中没有满足条件的记录，即查询结果为空，则 RDBMS 将 SQLCODE 的值置为 100。

（4）如果查询结果实际上并不是单条记录，而是多条记录，则程序出错，RDBMS 会在 SQLCA 中返回错误信息。

例 4-38　在 SELECT 查询中使用主变量示例。本例的目的是根据学生号码查询学生信息。

假设已将要查询的学生的学号赋给了主变量 Mgivensno，并通过主变量 Msno，Mname，Msex，Mage，Mdept 返回查询的结果。

```
EXEC SQL SELECT sid, sname, sex, age, dept
        INTO :Msno, :Mname, :Msex, :Mage, :Mdept
        FROM Student
        WHERE sid= :Mgivensno;
```

关于指示变量，将用示例来说明使用指示变量的环境。

例如，由于某学生选修一门课后，有可能没有参加考试而使成绩字段为 NULL 值。这时，可以使用指示变量 Gradeid，来指示主变量 Mgrade 是否为 NULL 值。例 4-39 是使用指示变量的示例代码。执行此语句后，如果 Gradeid 小于 0，则不论 Mgrade 是否为 NULL 值，均认为该学生成绩为 NULL 值。

例 4-39　在 SELECT 查询中指示变量使用示例。本例的目的是查询某个学生选修某门课程的成绩。

假设已将要查询的学生的学号赋给了主变量 Mgivensno，将课程号赋给了主变量 Mgivencno。

```
EXEC SQL SELECT sid, cid, score
        INTO :Msno, :Mcno, :Mgrade:Gradeid
        FROM CourseGrade
        WHERE sid= :Mgivensno AND cid= :Mgivencno;
```

说明：如果查询仅返回一条记录结果，在 SELECT 语句中可以使用主变量实现。但从应用程序独立性角度考虑，最好还是使用后面将要介绍的游标，这样可以适应 SELECT 语句可能会返回多行记录的情况。

4. 在 UPDATE 语句中使用主变量

在 UPDATE 语句中，SET 子句和 WHERE 子句中均可以使用主变量，其中 SET 子句中还可以使用指示变量。

例 4-40　在 UPDATE 中使用主变量示例。本例的目的是将全体学生 001 号课程的考试成绩增加若干分。

假设要增加的分数赋给预先定义的主变量 Raise。

```
EXEC SQL UPDATE CourseGrade
       SET score=score+:Raise
       WHERE cid='001';
```

下面用例子说明使用指示变量将字段置 NULL 值。

例 4-41　在 UPDATE 中使用指示变量示例。

将计算机系全体学生成绩初始化为 NULL 值，将指示变量 Gradeid 赋一个负值后，无论主变量 Mgrade 为何值，DBMS 都会将"计算机系"所有记录的成绩属性置为 NULL 值。

```
Gradeid=-1;
EXEC SQL UPDATE CourseGrade
       SET score=:Mgrade:Gradeid
       WHERE sid in (SELECT sid FROM Student WHERE dept='计算机');
```

5. 在 DELETE 语句中使用主变量

在 DELETE 语句的 WHERE 子句中，可以使用主变量指定删除条件。

例 4-42　在 DELETE 中使用主变量示例。本例的目的是若某个学生退学了，现要将有关他的所有选课记录删除掉。

假设该学生的姓名已赋给主变量 Msname，如果该学生选修了多门课程，执行下面的语句时，数据库系统会自动执行集合操作，把该学生所选修的所有课程都删除掉。

```
EXEC SQL DELETE FROM CourseGrade
       WHERE sid in (SELECT sid FROM Student WHERE sname=:Msname);
```

说明：使用上面的代码，如果有与:Msname 重名的学生，则他们的选课记录也会被删除。因此最好通过学号来查找学生。

6. 在 INSERT 语句中使用主变量

对于 INSERT 语句，除了可在 WHERE 语句中使用主变量外，还可以在 VALUES 子句中使用主变量和指示变量。

例 4-43　在 INSERT 中使用主变量和指示变量示例。本例的目的是若某个学生新选修了某门课程，将有关记录插入到 CourseGrade 表中。

假设学生的学号已赋给主变量 Msno，课程号已赋给主变量 Mcno。由于该学生刚选课，尚未考试，因此成绩列为 NULL，可以使用指示变量指示相应的主变量为 NULL 值。

```
Gradeid=-1;
```

```
EXEC SQL INSERT INTO CourseGrade (sid, cid, score) VALUES (:Msno, :Mcno, :Mgrade:
Gradeid);
```

4.5.5　嵌入 SQL 中的游标定义与使用

SQL 语言与主语言在数据处理方式上是不同的，SQL 语言是面向集合的，一条 SQL 语句可以产生或处理多条记录；而主语言是面向单一记录的，一次只能存放一条记录。所以，仅使用主变量，并不能完全满足 SQL 语句向应用程序输出数据的要求。为此，嵌入式 SQL 中，可以使用第 4.4.5 小节介绍的游标，用以协调这两种不同的处理方式。

游标的使用，也应遵照第 4.4.5 小节所介绍的游标生命周期，即定义游标、打开游标、FETCH 游标、关闭游标、释放游标。

1. 游标的定义

在嵌入式 SQL 语句中，DECLARE 语句定义游标的一般形式如下：

```
EXEC SQL DECLARE <游标名>CURSOR
        FOR < SELECT 语句>;
```

其中，SELECT 语句可以是简单查询，也可以是复杂的连接查询和嵌套查询。

例 4-44　嵌入式 SQL 的游标定义示例。

```
EXEC SQL DECLARE StdGrade CURSOR FOR
        SELECT sname, cname, score
        FROM Student A, CourseGrade B, Course C
        WHERE A.sid=B.sid and B.cid=C.cid;
```

2. 打开游标

在嵌入式 SQL 中，也是用 OPEN 语句打开游标。OPEN 语句的一般形式如下：

```
EXEC SQL OPEN <游标名>;
```

3. 提取游标中的记录

提取（fetch）游标，是指从缓冲区中将当前记录取出来，送至主变量供主语言进一步处理，同时移动游标指针。

在嵌入式 SQL 语句中，FETCH 语句的一般形式如下：

```
EXEC SQL FETCH <游标名>INTO <主变量>[<指示变量>][, …n];
```

其中，主变量必须与游标中 SELECT 语句的列表达式一一对应。FETCH 语句通常用在一个循环结构中，通过循环执行 FETCH 语句逐条取出结果集中的行进行处理。

例 4-45　循环提取游标记录示例。

```
EXEC SQL OPEN StdGrade;
while (SQLCODE==0)
    EXEC SQL FETCH StdGrade INTO :Msname, :Mcname, :Mgrade;
```

为进一步方便用户处理数据，现在许多 RDBMS 对 FETCH 语句做了扩充，允许用户向任意方向、以任意步长移动游标指针,而不仅仅是把游标指针向前推进一行。例如,在 MS SQL Server 中,扩展了游标记录提取语句的功能,其一般形式如下:

```
EXEC SQL FETCH [[ NEXT | PRIOR | FIRST | LAST] FROM] <游标名>
        INTO <主变量> [<指示变量>][, …n];
```

其中,NEXT 指定返回紧跟当前行之后的记录行,并且指针递增移动,如果 FETCH NEXT 是对游标的第一次提取操作,则返回游标中的第一行记录,NEXT 为默认的游标提取选项;PRIOR 指定返回紧临当前行前面的记录行,并且指针递减移动,如果 FETCH PRIOR 是对游标的第一次提取操作,则没有行返回并且游标置于第一行之前;FIRST 返回游标中的第一条记录,并将其作为当前行;LAST 返回游标中的最后一条记录,并将其作为当前行。

例 4-46　提取游标记录集合的最后一行。

代码如下:

```
EXEC SQL FETCH LAST StdGrade INTO :Msname, :Mcname, :Mgrade;
```

4. 关闭游标

在游标使用结束后,应关闭游标,以释放游标占用的缓冲区及其他资源。用 CLOSE 语句关闭游标,CLOSE 语句的一般形式如下:

```
EXEC SQL CLOSE <游标名>;
```

游标被关闭后,就不再与原来查询所返回的结果相联系。而被关闭的游标可以再次被打开,以返回新的查询结果。

4.5.6　C 语言中的嵌入式 SQL 实例

前面是对嵌入式 SQL 语句最基本语法及特点的介绍,并举了一些简单的例子。但是,这些例子不能用交互式 SQL 语句的运行方法来得到结果,要放到主语言中进行预编译处理后才能运行。本小节将用较为完整的实例,介绍在 C 语言中嵌入 SQL 语句的访问数据库程序,主语言本身的语法特点请参考有关参考书。

实例所用环境:操作系统为微软的 Windows XP,RDBMS 选用微软的 SQL Server,开发语言环境为 Visual C++ 6.0。

1. SQL Server 环境建立

在安装 SQL Server 时,使用客户定制安装,将开发工具选项下面的 4 个子选项都选中,包括:头文件和库文件、“MAC、SDK”、备份/还原 API 和调试程序界面。然后,利用 SQL Server 的企业管理器,创建名为 example 数据库,并将系统 sa 用户的密码改为 sa。

2. 实例工程构建

遵循以下步骤,可完成实例工程的构建。

(1) 打开 Visual C++ 6.0,新建名为 ESQL 的 WIN32 Console Application 工程文件。

(2) 执行 Tools|Options|Directories 菜单命令。

（3）在 Show directories for 下拉框中，选择 Include files，在 Directories 编辑框中输入 SQL Server 开发工具的头文件路径"C:\Program Files\Microsoft SQL Server\80\Tools \DevTools\Include"，如图 4-2 所示。

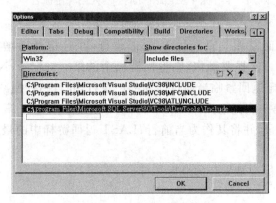

图 4-2　配置头文件目录路径

（4）用同样方法，在 Show directories for 下拉框，选择 Library files，在 Directories 编辑框中输入库文件的路径"C:\Program Files\Microsoft SQL Server\80\Tools \DevTools\LIB"。

（5）用同样方法，在 Show directories for 下拉框，选择 Executable files，并在 Directories 编辑框中输入可执行文件路径"C:\Program Files\Microsoft SQL Server\MSSQL\BINN"。

（6）在 ESQL 工程中的 Source Files 下，建立并添加文件 EsqlExample. sqc，编写嵌入式 SQL 的 C 源程序，如图 4-3 所示，完整的源程序请见后续内容。

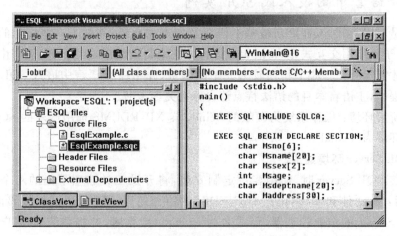

图 4-3　创建 EsqlExample. sqc 文件

（7）在 EsqlExample. sqc 上右击，选择 Settings，在 Commands 编辑框中输入"NSQLPREP EsqlExample. sqc"，在 Outputs 编辑框中，输入"EsqlExample. c"，如图 4-4 所示。NSQLPREP 文件在"Microsoft SQL Server\MSSQL \BINN"下，功能是将嵌入式程序预

编译成 C 语言。这一步配置完成后,可执行 Build|Compile EsqlExample. sqc 菜单命令,
将 EsqlExample. sqc 预编译成 EsqlExample. c。手工将 EsqlExample. c 加到 Source Files
中,并选择 EsqlExample. c 编译成目标文件。

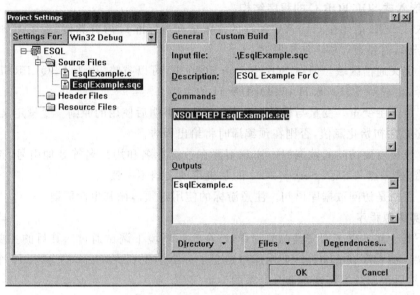

图 4-4 创建 NSQLPREP 文件

(8) 要将目标文件连接成可执行文件,需在 Project setting 的 Link 下的 Object/
library modules 中,加入 Caw32. lib 和 Sqlakw32. lib 两个库,并将"Microsoft SQL Server
\MSSQL\BINN"下的 Sqlakw32. dll 复制到当前目录或工程目录中,并保证 Windows 的
System 目录下有 Ntwdblib. dll 和 Dbnmpntw. dll,则可连接成功,如图 4-5 所示。

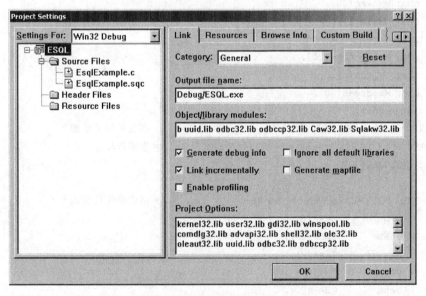

图 4-5 配置连接库文件

　　说明：上面介绍的目录，随系统所安装目录的不同而不同，读者可根据实际情况灵活改变，有些配置参数请查阅 SQL Server 2000 的联机帮助文档的 Embedded SQL for C 部分的详细内容。

3. 嵌入式 SQL FOR C 的程序结构

　　嵌入式 SQL 语句在 C 语言中编程的整体结构与标准 C 语言类似，为了用 SQL 语句访问数据库，需要遵守如下结构顺序。

　　(1) 定义通信区域。但在 SQL Server 2000 中，可以省略，因为 NSQLPREP 可以自动预编译，生成对 SQLCA.H 和 SQLDA.H 的引用。

　　(2) 定义主变量。变量与标准 C 一样，遵循先申明后使用的原则。变量定义后，在后面的程序必须初始化赋值，否则在预编译时将给出警告。

　　(3) 连接所要访问的数据库。注意不要在数据库名和用户名等处加引号，否则将预编译出错，这一点与 SQL Server 2000 的联机帮助文档不一致。

　　(4) 后面是访问数据库语句。注意游标的使用必须遵循其生命周期。

4. 实例源程序

　　以下是上述实例工程完整的源程序，已在实际环境下调试通过。其目的主要是说明程序框架。源程序在 example 数据库中建立了一个学生表 Student，并输入 10 个学生信息记录，然后使用游标实现查询某个系的学生信息。

```
#include <stdio.h>
main()
{
  EXEC SQL INCLUDE SQLCA;                       /* 定义通信区 */
  EXEC SQL BEGIN DECLARE SECTION;               /* 主变量定义开始 */
    char Msno[6];
    char Msname[20];
    char Mssex[2];
    int Msage;
    char Msdeptname[20];
    char deptname[20];
    char Maddress[30];
    int Recnum;
  EXEC SQL END DECLARE SECTION;                 /* 主变量定义结束 */
  EXEC SQL CONNECT to example USER sa.sa;       /* 连接数据库 */
  if (SQLCODE==0)
  {
    EXEC SQL CREATE TABLE Student               /* 创建学生信息表 */
      (sid        CHAR(6)     NOT NULL UNIQUE,
      sname       CHAR(20),
      sex         CHAR(2),
      age         INT,
      dept        CHAR(20),
      address     CHAR(30) );
```

```
Recnum=1;
while(Recnum<=10)
{
    scanf("学号: %s\n",&Msno);
    scanf("姓名: %s\n",&Msname);
    scanf("性别: %s\n",&Mssex);
    scanf("年龄: %d\n",&Msage);
    scanf("院系: %s\n",&Msdeptname);
    scanf("住址: %s\n",&Maddress);
    /*插入学生信息*/
    EXEC SQL INSERT INTO Student(sid, sname, sex, age, dept, address)
        VALUES(:Msno, :Msname, :Mssex, :Msage, :Msdeptname, :Maddress);
    Recnum=Recnum+1;
};
scanf("输入查询院系名: %s\n",&deptname);
/*定义游标*/
EXEC SQL DECLARE StuInfo CURSOR FOR
        SELECT sid, sname, sex, age, dept, address
        FROM Student
        WHERE dept=:deptname;
/*打开游标*/
EXEC SQL OPEN StuInfo;
while(1)                              /*逐条处理结果记录*/
{
    /*从结果集中取当前行到主变量,并向前移动游标指针*/
    EXEC SQL FETCH StuInfo
        INTO :Msno, :Msname, :Mssex, :Msage, :Msdeptname, :Maddress;
    if (SQLCODE!=100)
    {
        printf("学号: %s\n",Msno);
        printf("姓名: %s\n",Msname);
        printf("性别: %s\n",Mssex);
        printf("年龄: %d\n",Msage);
        printf("院系: %s\n",Msdeptname);
        printf("住址: %s\n",Maddress);
    }
    else
        break ;                       /*若所有结果均已处理或出错,则退出循环*/
};
/*关闭游标*/
EXEC SQL CLOSE StuInfo;
}
else printf("数据库或网络错误!");
return(0);
}
```

o

4.6　在 PowerBuilder 中使用 SQL

PowerBuilder(简称 PB)是一个高效快捷的集成开发环境,提供有可视化的面向对象的基于 C/S 的开发环境,在信息系统的开发中占有重要的地位。数据窗口是 PowerBuilder 中最有特色的技术,有强大的数据控制能力。数据窗口对象可用于获得记录后以各种风格显示数据并且可以更新数据库。数据窗口和数据窗口控件相结合可以迅速地完成数据的录入和显示。事实上,数据窗口技术是根据用户操作生成相应的 SQL 语句来完成对数据库的操作。在 PowerBuilder 中,除了采用数据窗口来操纵数据库数据外,同样可以采用嵌入 SQL 语句来获取和更新数据库数据。PowerBuilder 中嵌入 SQL 的使用与第 4.5 节的内容非常相似。

4.6.1　静态 SQL 语句

静态 SQL 语句是指 SQL 的基本形式固定,使用或不使用主变量的 SQL 语句。PowerBuilder 可以检查静态 SQL 语句的语法是否正确。在静态 SQL 语句中,不能动态更改使用的表名和列名。静态 SQL 语句不需要特别声明,直接书写要执行的 SQL 语句即可。

例 4-47　用于取得学生表记录总数到本地整型变量 li_count 中。

```
int li_count
SELECT count(*) into:li_count FROM students;
```

例 4-47 是一个正确的静态 SQL 语句。如果将其修改如下:

```
string ls_sutdent="students"
int li_count
SELECT count(*) INTO :li_count FROM :ls_student;
```

则不能通过 PowerBuilder 的语法检查,因为表名:ls_student 是一个主变量,Power- Builder 认为这是不正确的语法。因此,应注意静态语法中表名和列名不能用变量替代。

4.6.2　动态 SQL 语句

静态 SQL 语句使用方便,而且 PowerBuilder 还提供语法检查,但它不返回结果集,而且有一定的局限性,在某些情况下无法完成指定的工作。例如,如果想让用户选择学生表或学生成绩表,然后返回表中的记录总数。由于静态 SQL 语句无法完成该工作,这时就需要借助动态 SQL 语句。

在 PowerBuilder 中,动态 SQL 语句的使用有如下 4 种方式。

（1）当执行没有输入参数和返回结果集的 SQL 语句时,可以使用如下方式:

```
EXECUTE IMMEDIATE SQLStatement {USING TransactionObject};
```

其中,SQLStatement 是要执行的 SQL 语句。该 SQL 语句可以是直接用引号括起的 SQL 语句,也可以是用字符串变量形式提供的 SQL 语句。如果是后者,可以在具体执行时才指定要执行的 SQL 语句。TransactionObject 是用户使用的事务对象,默认为 SQLCA。

这种方式使用比较简单,其实现的操作也比较少。部分可以转换为静态的 SQL 语句。

例 4-48　方式一应用实例:创建学生成绩表然后添加一条记录。

① 建立一张数据库表 CourseGrade,SQL 语句用引号括起。

```
EXECUTE IMMEDIATE 'CREATE TABLE CourseGrade ( sid CHAR(5), cid CHAR(5), score INT )'
USING SQLCA;
```

② 在 CourseGrade 中插入一条记录,SQL 语句通过字符串变量传递执行语句。

```
STRING lsSQL
LsSQL="INSERT INTO TABLE CourseGrade VALUES ('04126', '21022', 80)"
EXECUTE IMMEDIATE :lsSQL;
```

(2) 当执行带输入参数但没有返回结果集的 SQL 语句时,可以采用如下方式:

```
PREPARE DynamicStagingArea FROM SQLStatement {USING TransactionObject};
EXECUTE DynamicstagingArea {USING Parameterlist};
```

其中,DynamicstagingArea 是 PowerBuilder 提供的一种数据类型。PowerBuilder 本身提供了一个名字为 SQLSA 的 DynamicstagingArea 类型的全局变量,用于保存要执行的动态 SQL 语句信息。

该方式不仅可以动态地指定要执行的 SQL 语句,还可以动态地确定 SQL 语句所需要的参数值。

例 4-49　删除 CourseGrade 表中的满足一定条件的记录。

```
STRING lsCode
lsCode="04526"
PREPARE SQLSA FROM "DELETE CourseGrade WHERE sid=?";
EXECUTE SQLSA USING :lsCode;
```

(3) 当执行有输入参数和返回结果集,且编译前已知的 SQL 语句时,可以使用如下方式:

```
DECLARE cursor DYNAMIC CURSOR FOR DynamicStagingArea;
PREPARE DynamicStagingArea FROM SQLStatement {USING TransactionObject};
OPEN DYNAMIC cursor {USING Parameterlist};
FETCH cursor INTO VariableList;
CLOSE cursor;
```

其中 cursor 是用户所定义的游标的名字。

这种方式稍复杂,但要比前面两种功能强,可以返回结果集。在返回结果时由于不知道满足过滤条件的记录到底有多少条,因此该方式通常会使用游标。

例 4-50　将表 CourseGrade 中的 sid 字段前两位为"04"的所有记录读取出来,并分别进行相应处理。

```
STRING lsSQL, lsCode, lsCid, lsFilter
Int liScore
STRING lsCode, lsFilter
LsFilter="04"
LsSQL="SELECT cid, score FROM CourseGrade WHERE left(sid, 2)=?"
DECLARE cursor_CourseGrade DYNAMIC CURSOR FOR SQLSA;
PREPARE SQLSA FROM :lsSQL;
OPEN DYNAMIC cursor_CourseGrade USING:lsFilter;
FETCH cursor_CourseGrade INTO :lsCode,:liScore;
DO WHILE SQLCA.SQLCODE=0
    FETCH cursor_CourseGrade INTO :lsCode,:liScore;
LOOP
CLOSE cursor_CourseGrade;
```

（4）当执行有输入参数和返回结果集，但编译前未知的 SQL 语句时，可以使用如下方式：

```
PREPARE DynamicStagingArea FROM SQLStatement {USING TransactionObject};
DESCRIB DynamicStagingArea INTO DynamicDescriptionObject;
DECLARE cursor DYNAMIC CURSOR FOR DynamicDescriptionObject;
OPEN DYNAMIC cursor USING DESCRIPTOR DynamicDescriptionObject;
FETCH cursor USING DESCRIPTOR DynamicDescriptionObject;
CLOSE cursor;
```

其中，DynamicDescriptionObject 是 PowerBuilder 提供的一个数据类型，在 PowerBuilder 中提供了一个 DynamicDescriptionObject 类型的全局数据类型 SQLDA，用来存放动态 SQL 语句的输入输出参数。

例 4-51　将一个表中满足过滤条件的记录所含所有字段取出分别处理，表名在程序运行时由字符串变量传递，字段信息不确定。假定通过字符串变量传递的表名是 CourseGrade。

```
STRING lsString, lsSQL, lsTable, lsColumn
INT liInt
DATETIME liTime
LsSQL="SELECT * FROM CourseGrade WHERE sid like?"
PREPARE SQLSA FROM lsSQL;
DESCRIB SQLSA INTO SQLDA;                          //SQLDA中含有输入参数的描述
DECLARE cursor_CourseGrade DYNAMIC CURSOR FOR SQLSA;
SetDynamicparm(SQLDA,1,"04%")                      //传递参数值
OPEN DYNAMIC cursor_CourseGrade USING DESCRIPTOR SQLDA;
FETCH cursor_CourseGrade USING DESCRIPTOR SQLDA;
DO WHILE SALCA.SQLCODE=0
    FOR liInt=1 TO SQLDA.NumOutPuts
        CHOOSE CASE SQLDA.OutParmType[liInt]
        CASE Typestring!                           //处理该字符型的字段
          lsString=GetDynamicString(SQLDA,liInt)
```

```
        CASE TypeDateTime                        //处理该日期型的字段
           LsDateTime=GetDynamicDateTime(SQLDA,liInt)
        END CHOOSE
     NEXT
     //将一条记录的所有字段取完后作相应的处理
     FETCH cursor_CourseGrade USING DESCRIPTOR SQLDA;
LOOP
CLOSE cursor_CourseGrade;
```

由上例可以看出,动态 SQL 语句的使用非常灵活、功能强大,其应用非常普遍。其实,在 PowerBuilder 中除了使用上面的动态 SQL,还可以采用其他的方法完成同样的功能。例如,配合使用动态生成的数据窗口和不可视的数据窗口控件 DataStore,即可完成方式 3 和方式 4 的功能,而且处理方法更加方便。不过,速度要稍慢些。关于数据窗口技术,读者可参考相关技术资料。

4.6.3 存储过程调用

存储过程的一次编译多次使用可以大大提高 SQL 语句的执行速度,而且功能封装后存放在服务器上,有利于软件的更新和升级。下面内容即为 PowerBuilder 中存储过程的使用步骤。

1. 创建存储过程

首先,在 SQL Server 上创建存储过程。此处假定创建一个输入学号和课程号返回成绩的存储过程,代码如下:

```
CREATE procedure dbo.sp_score
(@sid char(5), @cid char(5), @returnvalue int output)
AS
  SELECT @returnvalue=score
  FROM CourseGrade
  WHERE sid=@sid and cid=@cid
GO
```

2. 调用存储过程

在 PowerBuilder 中使用如下语法,即可完成存储过程的调用:

```
DECLARE logical_procedure_name PROCEDURE FOR
SQL_Server_procedure_name
@Param1=value1, @Param2=value2, @Param3=value3 OUTPUT, {USING transaction_
object};
```

其中,Logical_procedure_name 为存储过程的名称,@parm1=value1 表示给参数 parm1 赋 value1 值,如果为输出参数必须声明为 OUTPUT。PowerBuilder 对参数列表不做检查。transaction_object 表示事务对象,一般默认使用全局事务对象 SQLCA,当然也可以指定其他的事务对象。

例 4-52 调用 sp_score 存储过程,返回学号为"04126"、课程号为"21022"的成绩。

```
int liScore
string lsSid='04126', lsCid='21022'
DECLARE logical_procedure_name PROCEDURE FOR sp_score
@sid=:lsSid, @cid=:lsCid, @returnvalue=:liScore OUTPUT;
EXECUTE logical_procedure_name;
FETCH logical_procedure_name INTO :liScore;
CLOSE logical_procedure_name;
messagebox('学生课程成绩',"学号:"+lsSid+"课程号:"+lsCid+"成绩"+string(liScore))
```

当然，存储过程本身也可以编程完成更加复杂的功能，这里不再详述，读者可参阅相关数据库技术资料。

小　　结

本章对 SQL 语言及其操作进行了较全面的介绍。

SQL 是基于 RDBMS 的数据库语言，其标准有 SQL-86、SQL-89、SQL-92 及 SQL:1999/2003/2006/2008。SQL 语言有 4 个特点，即功能一体化、语言非过程化、交互式与嵌入式使用、标准化与易移植性。SQL-92 分三级，分别是入门级、中间级和完全级。实际数据库产品中使用的 SQL 语言，与标准 SQL 之间有区别。SQL 语言分 3 个子语言，即数据定义子语言（DDL）、数据操纵子语言（DML）和数据控制子语言（DCL）。

SQL 数据定义子语言提供 3 个命令：CREATE、DROP 和 ALTER，用于定义数据模式，包括数据库、表、视图和索引等。在 SQL Server 中，还有其他一些数据库对象，需要用 DDL 定义，如触发器、存储过程、默认、规则。

SQL 数据操纵子语言提供 4 个命令：INSERT、DELETE、UPDATE 和 SELECT，用于对表中数据进行操纵。

SQL 数据控制子语言主要为安全管理和事务管理提供命令语句，如安全管理中的 GRANT 和 REVOKE、事务管理中的 BEGIN TRAN、COMMIT 和 ROLLBACK。有关内容，请参见第 5 章。

T-SQL 是 Sybase 和 MS SQL Server 中使用的事务性 SQL 语言。提供有丰富的系统数据类型、函数和系统存储过程，有简单的控制语句，如 IF…ELSE、WHILE 等，其游标和存储过程，可供程序员在应用开发时利用。

嵌入式 SQL，是将 SQL 的 DDL、DML 中的语句，嵌入到宿主语言，如 C/C++、PowerBuilder 等，以便为高级语言访问数据库提供访问途径。嵌入式 SQL 的使用，一般应遵循宿主语言的语法，以及一些特别的使用约定，一般需要一定的库文件支持。

习　　题

1. 简述 SQL 语言的使用方式。
2. 完整的 SQL 包括哪 3 个子语言分类？

3. 简述 SQL 语言中定义的数据库与第 1 章中的数据库概念的异同。

4. 简述标准的 SQL 语言与实际数据库产品中的 SQL 数据库语言的关系。

5. SQL 语言对数据库对象的定义使用哪 3 个 SQL 命令关键字？

6. 简述定义索引的目的。

7. 简述数据修改与删除命令中加锁选项的作用。

8. 简述 T-SQL 中游标的作用。

9. 简述 T-SQL 中存储过程的好处。

第 5 章　数据库的保护

CHAPTER

　　数据库系统中的数据由 DBMS 统一管理与控制,为保证数据库中数据的安全、完整和正确有效,要求 DBMS 对数据库实施保护,使其免受某些因素对其中数据造成的破坏。

　　DBMS 为实施对其数据库的保护提供了比较完善的保护措施。这些措施构成了一个 DBMS 所应具备的四大基本功能,即安全性、完整性、故障恢复和并发控制,也是数据库管理员 DBA 和数据库开发人员为更好地管理、维护和开发数据库系统所必须掌握的数据库知识。

　　本章将分别对这四大基本功能给予详细介绍。为使读者真正感受DBMS 这四大功能的作用及可操作性,而不仅仅是从概念上理解,本章还将结合 MS SQL Server 产品,分别介绍这些功能在商用 RDBMS 上的具体体现。

　　尽管 DBMS 实现了这 4 个功能,有些功能的使用基本上不需要用户(包括 DBA、开发人员等)操心,如并发控制功能,但大部分情况下,为发挥DBMS 对数据库的保护作用,需要用户进行某些定义(如完整性约束定义)、设置(如安全授权)和参与(如故障恢复)工作,因此读者对这部分的掌握不能只停留在概念的理解上,还应掌握这些实用功能的操作与使用,毕竟理论概念与实际产品之间还是存在一定差别的。

　　本章学习目的和要求:

　　(1) 数据库保护概况;

　　(2) 数据库安全性;

　　(3) 数据库完整性;

　　(4) 故障恢复;

　　(5) 并发控制。

5.1　数据库保护概况

　　信息系统中的数据库是共享资源,既要充分利用,也要对它实施保护,免受某些因素对数据库造成的破坏。对数据库的保护既是 DBMS 的任务,也是数据库系统中所涉及用户(特别是数据库管理员)的责任。

5.1.1 数据库破坏的类型

一般来说，对数据库的破坏来自以下 4 个方面。

（1）非法用户。非法用户是指那些未经授权而恶意访问、修改甚至破坏数据库的用户，包括那些超越权限来访问数据库的用户。一般来说，非法用户对数据库的危害是相当严重的。

（2）非法数据。非法数据是指那些不符合规定或语义要求的无效数据，一般由用户的误操作引起。

应注意非法数据与错误数据以及合法数据与正确数据之间的区别。例如，假如规定"年龄"字段的范围是 18～60 岁之间，而职工"张三"的年龄为 20 岁，那么如果将"张三"的年龄输入成 19 岁，则由于"19"符合职工年龄规定，故为合法数据，但它不是正确数据；如果输入成 65 岁，则它既是非法数据，也是错误数据。

说明：合法数据不一定是正确数据，而错误数据也不一定是非法数据。

一般来说，很难保证数据的正确。但要保证数据的合法，则是可以做到的。

由用户的误操作而引入的非法数据，不仅可能带来极大的危害性，而且也破坏了数据的完整性，这也是数据库系统所不愿看到的。

（3）各种故障。由第 1 章可知，数据库系统由多个部分组成，其中各种硬件故障（如磁盘介质）、系统软件与应用软件的错误、用户的失误等故障（failure）不可避免。这些故障，轻的会导致运行事务的非正常结束，影响数据库中数据的正确性，严重的则会破坏数据库，使数据库中的数据全部或部分丢失。

（4）多用户的并发访问。数据库是共享资源，应允许多个用户并发访问（concurrent access）数据库，由此会出现多个用户同时存取同一个数据而产生冲突的情况。如果对这种并发访问不加控制，各个用户就可能存取到不正确的数据，从而破坏数据库的一致性。

5.1.2 DBMS 对数据库的保护措施

针对以上 4 种对数据库破坏的可能情况，数据库管理系统的核心已采取相应措施对数据库实施保护，具体如下。

（1）利用权限机制，只允许有合法权限的用户存取所允许的数据，这就是第 5.2 节应解决的数据库安全性问题。

（2）利用完整性约束防止非法数据进入数据库，这是第 5.3 节应解决的数据库完整性问题。事实上，第 3.3 节和第 3.4 节已经详细对其大部分内容作了介绍。

（3）提供故障恢复（recovery）能力，以保证在故障排除后，能将数据库中的数据从错误状态恢复到一致状态，此即第 5.4 节所讲的故障恢复技术内容。

（4）提供并发控制（concurrent control）机制，控制多个用户对同一数据的并发操作，以保证多个用户并发访问的顺利进行，此即第 5.5 节所讲的并发控制内容。

5.2　数据库安全性

本节从以下方面阐述了数据库安全性的内容：数据库与操作系统在安全上的关系、数据库安全性的目标、数据库的访问控制类型、DAC 访问控制的授权与撤权、SQL Server 的安全体系结构以及数据库安全的其他内容。

5.2.1　数据库安全性概况

1. DBMS 与操作系统在安全上的关系

由第 1 章可知，DBMS 是构建在操作系统之上的、用于管理和控制数据库的一个系统软件。因此，在安全性问题上，操作系统应为 DBMS 提供坚实的基础，以加强 DBMS 数据库的安全性。

（1）DBMS 应有自己的安全体系。尽管操作系统提供了一定的安全机制来保护数据文件，但这种保护还比较弱，有些操作系统对数据文件的保护，甚至仅限于提供口令。任一用户只要知道了该口令，即可突破操作系统的这一安全屏障进入系统，从而可以看到整个数据文件的内容。因此，为更好地保护数据库的安全，除了操作系统的安全屏障外，DBMS 也应建立自己的安全体系。

（2）操作系统对 DBMS 的基础保护。由于 DBMS 建立在操作系统之上，因此，要求操作系统提供基础保护，即不允许非法用户绕过 DBMS 安全体系而直接访问数据库。不过，安全级别低的操作系统提供的基础保护比较弱，例如，只有口令机制的操作系统。

说明：即使对具有较高安全级别的操作系统，这种基础保护也不是自动实现的，而是需要系统管理员（system administrator，SA）手工设置权限来实现。

DBMS 与操作系统在安全上的关系，可用一个现实生活中与安全有关的实例来形象地说明。2005 年 12 月在某市发生了一起特大虫草盗窃案，盗贼通过租用店铺，从店铺的沙发下秘密地挖掘了一条 39m 的地道，通往街对面的一家虫草行库房，盗走了价值千万元的虫草。虫草行库房周围的物理防护坚固，但盗贼绕过了这些防护，从库房地面这个薄弱环节盗走虫草。

（3）操作系统用户不一定是 DBMS 用户。正是因为 DBMS 和操作系统有各自独立的安全体系，所以操作系统的用户不一定就是 DBMS 的用户。也就是说，操作系统的用户要想访问 DBMS，必须由 DBA 将其设置成 DBMS 的用户。

说明：构建有安全体系的系统，均会要求用户的设置与权限问题，即只有该系统的用户才能访问该系统。

2. 数据库安全性的目标

数据库安全，也属信息安全领域，因此，也应具有信息安全中关于安全的 5 个要素，即数据的私密性、数据的完整性、可用性、认证性和审计。

目前，一般将前 3 项作为数据库安全性的目标。其中，私密性是指信息不能对未授权的用户公开；完整性是指只有授权的用户才被允许修改数据；可用性是指授权的用户不能被拒绝访问。

说明：

① 目前，大多数商用 RDBMS 除完成以上 3 个目标之外，还提供一定程度上的审计功能。随着技术的进步及需求的提高，今后认证目标也将在 DBMS 中实现。

② 针对信息安全的 5 个要素，国际标准化组织（International Standard Organization，ISO）规定了对应的 5 种标准安全服务，分别是数据保密性安全服务、数据完整性安全服务、访问控制安全服务、对象认证安全服务和防抵赖安全服务。关于各服务的具体内容，请参见信息安全的相关资料。

③ 目前，绝大多数商用 RDBMS 一般是通过提供访问控制安全服务，来实现数据库的安全目标。

3. 访问控制类型

在目前制定的访问控制安全服务标准中，提供有两种在 DBMS 中常用的访问控制（access control）类型，分别是自主式访问控制（discretionary access control，DAC）和强制访问控制（mandatory access control，MAC）。

说明：目前，还有一种在应用系统/软件系统中用得较多的访问控制方式，即基于角色的访问控制（role-based access control，RBAC）。关于 RBAC，读者可参考相关技术文献。

DAC 基于访问权限概念，即通过授权和撤权方式来实现。SQL-92 通过 GRANT（授权）和 REVOKE（撤销）命令支持 DAC。

MAC 基于全系统范围策略，而不由某个用户改变。客体（object，如各种数据库对象）和主体（subject，如用户、计算机和进程等）分别具有相应的安全级别（security class 和 clearance），如绝密（top-secret，TS）、机密（secret，S）、秘密（confidential，C）和无密级（unclassified，U），主体只有在满足一定规则（如"下读"——主体的安全级别必须高于所读客体的安全级别，"上写"——主体的安全级别必须低于所写入的客体的安全级别）才能访问某个客体。SQL-92 标准没有推荐 MAC。

4. DoD 定义的安全级别

目前，绝大多数 RDBMS 产品，一般都在其宣传资料中声称支持 C2 级 DAC 和 B1 级 MAC。其中，C2 和 B1 表示的是相应的安全级别，它们由 TCSEC（trusted computer system evaluation criteria，可信计算机系统评估准则）定义、描述。

1983 年，美国国防部（Department of Defense，DoD）计算机安全保密中心，发表了《可信计算机系统评估准则》橘皮书（orange book）。该橘皮书将计算机系统的安全级别定义为 4 大类，由高到低分别是 A、B、C 和 D。其中，B 级又从低到高分为 B1、B2 和 B3 共 3 个子级；C 级由低到高分为 C1 和 C2 两个子级；A 级和 D 级暂未分子级；每级包括它下级的所有特性，如表 5-1 所示。

1985 年 12 月，美国国防部正式采用该准则，作了部分改动后，作为美国国防部的标准。其目的在于为计算机系统硬件、固件及软件，提供安全技术标准和有关的技术评估方法。

表 5-1　可信计算机系统评估准则

安 全 级 别		名　称	要求及特征
A 级		可验证的安全设计	具备形式化的最高级描述和验证,能分析隐秘通道,非形式化代码的一致性证明
B 级	B3 级	安全域机制	要求用户通过可信任途径连接网络系统,采用硬件措施来保护安全系统的存储区,抗渗透能力强
	B2 级	结构化安全保护 (structured protection)	要求系统中的所有对象都应有标签,对设备(如工作站、终端、磁盘驱动器等)分配安全级别。该级别遵循最小授权原则,抗渗透能力较好,对所有主体和客体提供保护,具有隐蔽通道分析能力
	B1 级	标签安全保护 (label security protection)	系统中的每个对象(文件、程序等)均有一标签(label),每个用户都有一个许可级别。任何对用户许可级别的更改都受到严格控制。这是一种基于安全策略的保护,属 MAC 型访问控制
C 级	C2 级	受控访问环境	在 C1 级基础上,引入受控访问环境(用户权限级别)、身份认证和审计增强特性。该环境可限制用户执行某些命令或文件的权限。UNIX、Novell 3.x、Novell 4.x、Windows NT、Windows 2000、Windows XP 均属 C2 级操作系统
	C1 级	自主式安全保护 (discretionary security protection)	要求硬件有一定安全保护(如带锁装置)。用户使用系统前须先登录,允许系统管理员为程序或数据设置访问权限。属 DAC 型访问控制。UNIX、Novell 3.x、Novell 4.x、Windows NT、Windows 2000、Windows XP 均属 C1 级操作系统。其缺点是,用户可直接访问操作系统的根;不能控制用户进入系统的访问级别。用户可以控制系统配置、获取超过 SA 所允许的权限
D 级		最小保护	保护措施少,无安全功能。整个系统不可信任,易被渗透,不要求提供用户名和密码。DOS、Windows 3.x 和 Windows 9x 均属 D 级操作系统

说明：1993 年 6 月,美国、加拿大、欧洲四国(英、法、德、荷)和 ISO(即 6 国 7 方)在 TCSEC(美国)、ITSEC(欧洲)、CTCPEC(加拿大)、FC(美国)等信息安全准则基础上共同提出了"信息技术安全评价通用准则"(common criteria for information technology security evaluation,CC for ITSE,简称 CC 标准)。CC 标准综合了已有的信息安全的准则和标准,形成了一个更全面的框架。目前,CC 已被采纳为国际标准 ISO 15408。

5. 用户标识和鉴别

要对用户进行验证,一般需要有用户标识以及对用户进行鉴别的手段。一般用"用户名"来作为用户的标识。

要对用户进行鉴别,一般有以下 3 种途径。

(1) 只有用户知道的信息,如口令、公式等,缺点是易猜测和忘记。

(2) 只有用户具有的物品,如钥匙、IC 卡等,缺点是需要相应的硬件设备、物品易丢失。

(3) 个人特征,如指纹、眼波纹等,缺点是硬件设备昂贵。

最常见的用户鉴别手段是口令。为保护口令，一般可采取一些措施，如要求口令长度至少为6、数字与大小写字符混用、限制口令使用的周期和时间、口令不回显/打印及不可逆加密保存口令等。

5.2.2　自主式访问控制的授权与撤权

如前所述，自主式访问控制方式是通过授权和撤销（revoke，又称撤权）来实现。本小节将介绍 SQL-92 标准中 DAC 的权限类型，包括角色（role）权限和数据库对象权限及各自的授权和撤销方法。

说明：SQL-92 标准的 DAC 授权和撤销与实际产品中的授权和撤销存在一定差别，从后续内容的介绍即可看出这一点。

1. 权限（privilege）类型

SQL-92 标准中 DAC 的权限类型分为两种，即角色权限和数据库对象权限。

（1）角色权限。通过给角色授权，并为用户分配角色，则用户的权限为其角色权限之和。角色权限由 DBA 授予。

（2）数据库对象权限。不同的数据库对象，可提供给用户不同的操作。对数据库对象的操作即为其权限。该权限由 DBA 或该对象的拥有者（owner）授予用户。

说明：在 DAC 中，不论是角色权限还是数据库对象权限，权限的授予与撤销都是用 GRANT 和 REVOKE 命令分别进行的。

2. 角色授权与撤销

授权命令语法：

```
GRANT <角色类型>[, <角色类型>] TO <用户>[IDENTIFIED BY <口令>]
<角色类型>::=Connect|Resource|DBA
```

其中，Connect 表示该用户可连接到 DBMS；Resource 表示该用户可访问数据库资源；DBA 表示该用户为数据库管理员；IDENTIFIED BY 用于为用户设置一个初始口令。

撤销命令语法如下：

```
REVOKE <角色类型>[, <角色类型>] FROM <用户>
```

说明：GRANT 和 REVOKE，属于 SQL 数据控制子语言（DCL）的命令语句。

3. 数据库对象授权与撤销

授权命令语法如下：

```
GRANT <权限>ON <表名>TO <受权者>[, <受权者>]
        [WITH GRANT OPTION]
<权限>::=ALL PRIVILEGES | <操作>[, <操作>]
<操作>::=SELECT | INSERT | DELETE | UPDATE [(<列名表>)]
<列名表>::=<列名>[, <列名>]
<受权者>::=PUBLIC | <用户>
```

其中，WITH GRANT OPTION 表示得到授权的用户，可将其获得的权限转授给其他用户；ALL PRIVILEGES 表示所有的操作权限；PUBLIC 表示公共组用户，新创建的用户一般都归为 PUBLIC 组。

说明：数据库对象除了表之外，还有其他对象，如视图等。但由于对表的授权最具典型意义，且表的授权也最复杂，因此，此处只以表的授权为例来说明数据库对象的授权语法，其他对象的授权语法类似，只是在权限上不同。再次强调，即使是表的授权语法，实际的 RDBMS 产品也与其存在一定差别。因此，使用时，应参考产品的技术文档。

撤销命令语法如下：

REVOKE <权限>ON <表名>FROM <受权者>[, <受权者>]

5.2.3　Sybase 及 MS SQL Server 的安全体系及其设置

本小节将全面、完整地介绍 Sybase 和 MS SQL Server 产品在安全性方面的内容，包括 SQL Server 安全体系结构、SQL Server 登录用户、SQL Server 角色定义、SQL Server 数据库用户、SQL Server 语句授权和 SQL Server 对象授权。

1. SQL Server 安全体系结构

图 5-1 为 SQL Server 的安全体系结构。

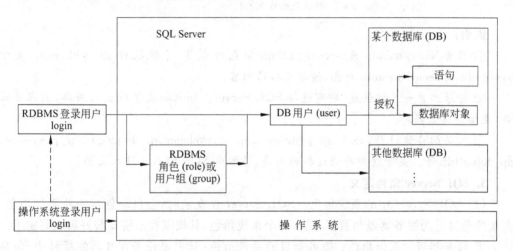

图 5-1　SQL Server 安全体系结构

图中，SQL Server 构建于某个操作系统之上，各自有其安全体系。操作系统的登录用户只有成为 SQL Server 的登录用户后，才能访问 SQL Server。在 Windows NT、Windows 2000 和 Windows XP 上安装 SQL Server 时，可设置操作系统的登录用户，自动成为 SQL Server 的登录用户。

由图 5-1 可知，SQL Server 安全体系由三级组成，从外向内，分别是 DBMS 或数据库服务器级、数据库级、语句与对象级，并且一级比一级要求高，即内部级比外部级高。

其安全策略为，要访问数据库服务器必须先成为 RDBMS 的登录用户，登录用户可以分配到某个角色或用户组；要访问某个数据库，必须将某个登录用户或其所属的角色设置成该数据库的用户；成为某个数据库的用户后，如要访问该数据库下的某个数据库对象，或执行某个命令语句，还必须为该用户授予所要操作对象或命令的权限。

说明：

① 组（group）的概念只在 MS SQL Server 7.0 以前版本有，其后的版本改用角色（role）。

② DBMS 的登录用户名可以与数据库用户名相同。

③ DBMS 的登录用户只有在成为某个数据库的用户时，才能访问该数据库。

2. SQL Server 登录用户

（1）SQL Server 设定的登录用户。SQL Server 在安装时，会自动创建一个数据库服务器的登录用户 sa，即系统管理员（system administrator，SA）。该用户具有三级体系的所有权限，是超级用户。

几乎所有的创建用户和授权的工作都由 sa 来完成，除非将授权工作转授给专门的权限管理人员。

（2）创建登录用户。数据库服务器登录用户的创建，可利用存储过程来进行。创建登录用户存储过程命令语法如下：

```
sp_addlogin [ @loginame= ] '登录名'
            [ , [ @passwd= ] '口令' ]
            [ , [ @defdb= ] '默认数据库名' ]
```

说明：

① 只有 sa、sysadmin 或 securityadmin 角色的成员，才能执行 sp_addlogin。关于 sysadmin 或 securityadmin 角色，请参见后续内容。

② 登录用户一旦被创建，即可连接 SQL Server。如果指定了默认数据库，则在登录后，连接到该数据库。

③ 相关的存储过程，还有 sp_grantlogin、sp_revokelogin、sp_droplogin、sp_password、sp_defaultdb 等。关于这些存储过程的用法，请参考 SQL Server 技术文档。

3. SQL Server 角色定义

（1）SQL Server 中的系统角色。SQL Server 在安装时，会自动创建一些系统角色。系统角色又分为服务器级和数据库级，每个系统角色，其权限在系统安装好后就固定了。

① 服务器级的系统角色。服务器级的系统角色（其主要任务在其后的括号中）包括 sysadmin（系统管理）、securityadmin（安全管理）、serveradmin（服务器管理）、setupadmin（启动管理）、processadmin（进程管理）、diskadmin（磁盘管理）、dbcreator（数据库创建）和 bulkadmin（备份管理）。

各角色的具体权限请参考 SQL Server 技术资料。

② 数据库级系统角色。数据库级系统角色包括 public 和 dbo。

public 角色只具备最基本的访问数据库的权限。dbo 的全称为数据库拥有者或数据库所有者（database owner，DBO），如果某个用户具有某个数据库或对象的 DBO 角色，则该用户对该数据库或对象具有所有的操作权限。

说明：

① 以上系统角色的权限是固定的。

② sa 被自动分配为 sysadmin 角色。

③ 数据库的用户自动分配为 public 角色。

④ 创建数据库对象的用户自动被分配为该对象的 DBO 角色。

（2）用户角色的创建。用户角色的创建，利用存储过程来进行。创建用户角色的存储过程命令语法如下：

```
sp_addrole  [@rolename=] '新角色名'
            [, [@ownername=] '该角色所有者']
```

说明：利用该存储过程，通过"该角色所有者"，用户可将所创建角色的所有者权限（DBO）授给其他用户。默认情况下，创建用户角色的用户为该角色的所有者。

其他与角色有关的存储过程包括为角色增加成员用户的存储过程 sp_addrolemember、删除角色 sp_droprole 和查询角色信息 sp_helprole。

4. SQL Server 数据库用户

（1）SQL Server 设定的默认数据库用户。SQL Server 在安装时，自动创建了一个默认数据库用户，即 guest。一个登录用户在被设定为某个数据库的用户之前，可用 guest 用户身份访问该数据库，只不过其权限非常有限。

（2）授权登录用户访问某个数据库。授权登录用户成为某个数据库用户的存储过程语法如下：

```
sp_adduser [@loginame=] '登录名'
           [, [@name_in_db=] '访问数据库时用的名字']
```

说明：

① "name_in_db"用来设置访问数据库时用的名字，如果不设置，则访问数据库时的名字与登录名相同。

② 该命令必须在所要访问的数据库下执行，这样 RDBMS 才会知道是哪个数据库。

其他与角色有关的存储过程包括删除数据库用户 sp_dropuser、查询数据库用户信息 sp_helpuser，以及其他相关存储过程 sp_grantdbaccess、sp_revokedbaccess。

说明：SQL Server 高版本建议用户使用 sp_grantdbaccess 和 sp_revokedbaccess，来完成数据库用户的创建与删除工作，而不用 sp_adduser 和 sp_dropuser。

5. SQL Server 语句授权

授权语法如下：

```
GRANT { ALL | 语句[, …n] } TO <数据库角色或用户>[, …n]
```

需要授权的语句有 CREATE DATABASE、CREATE DEFAULT、CREATE FUNCTION、CREATE PROCEDURE、CREATE RULE、CREATE TABLE、CREATE VIEW、BACKUP DATABASE 和 BACKUP LOG。

撤销语法如下：

```
REVOKE { ALL | 语句[, …n] } FROM <数据库角色或用户>[, …n]
```

说明：在 SQL Server 中，到了第三级，即对语句和对象的授权和撤销时，才会用到

GRANT 和 REVOKE 语句，第一、二级的安全设置使用系统存储过程。

6. SQL Server 对象授权

授权语法如下：

```
GRANT { ALL [ PRIVILEGES ] | 权限 [ ,…n] }
       {
             [ (列名 [ ,…n ] ) ] ON {表名|视图名}
             | ON {表名|视图名} [ (列名 [ ,…n ] ) ]
             | ON {存储过程}
       }
       TO {用户} [ ,…n ]
       [ WITH GRANT OPTION ]
       [ AS {角色} ]
```

说明：

① "WITH GRANT OPTION"选项只能授予用户，不能授予角色。得到该选项的用户，可将所被授予的权限转授给其他用户。

② AS 用于将权限授给角色。

③ 不同的数据库对象，有不同的权限。

表、视图的权限包括 SELECT、INSERT、DELETE、REFERENCES（参照）、UPDATE，列的权限包括 SELECT 和 UPDATE，存储过程的权限包括 EXECUTE（执行）。

5.2.4 数据库安全性的其他相关内容

本小节将简单介绍数据加密、审计跟踪和统计数据库的安全。

1. 数据加密（data encryption）

数据加密用于数据存储/传输两个环节。

加密的基本思想：加/解密算法（encryption/decryption algorithm）＋加/解密密钥（encryption/decryption key），其密码体制模型如图 5-2 所示。

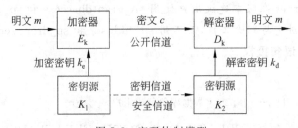

图 5-2 密码体制模型

加密方法可分为对称加密（或称私钥加密）与非对称加密（也称公钥加密）两种。

（1）对称加密。

概念：加密所用的密钥与解密所用的密钥相同，即对称，该密钥不能公开，故又称私钥加密。其实现一般采用替换与置换方法。

典型代表：1977 年投入使用的数据加密标准（data encryption standard，DES），缺点

是意定的接收方须被告知密钥,优点是加/解密速度快。

其他对称加密算法包括 IDEA(international data encryption algorithm,国际数据加密算法)、AES(advanced encryption standard,高级加密标准)、RC2、RC4 及 RC5 等。

(2) 非对称加密。

概念:加密所用的密钥与解密所用的密钥不相同,即不对称,又称公钥加密(public-key encryption)。其中加密的密钥可以公开,称为公钥(public key),而解密的密钥不能公开,称为私钥(private key)。公钥加密体制一般都是基于某个数据难题而建立,例如,RSA 是基于大数分解难题,D-H(Diffie-Hellman)体制基于对数求解难题,ElGamal 体制基于有限域上求解离散对数难题,ECC(elliptic curve cryptosystem)体制基于椭圆曲线上求解离散对数难题,等等。

典型代表:RSA,由 Rivest、Shamir 和 Adleman 3 人提出,简称 RSA。

RSA 的重要特征:算法可逆。也就是说,先加密后解密(即先用公钥加密后用私钥解密),或先解密后加密(即先用私钥解密后用公钥加密),都可以复原原始数据。而先解密后加密这一特征使 RSA 具有数字签名的能力。其优点是加密密钥分发容易,但缺点是加/解密速度慢。

2. 审计跟踪(audit trail)

作用:审计跟踪是一种监视机制,它由 DBA 控制。对被保密数据的访问进行跟踪,一旦发现潜在企图,即报警或事后分析。

跟踪的记录内容包括操作类型、操作的数据、日期时间、主机和用户标识,以及数据修改前后的值。

具体的 DBMS 一般提供相应命令来设置/撤销跟踪。

3. 统计数据库安全

统计数据库是指存有个人或事件特别信息,且只允许作统计查询而不允许直接对数据项进行访问的数据库。

由于个人信息可能从允许的统计查询结果中推测出,应该堵住此暗道(covert channel)。

阻止方法包括最小行数 N 限制(即查询的统计数据至少来自数据库中 N 行的统计)、最大交 M 限制(即要求做交集的两条统计数据之间的行数之差大于 M 行)和查询总数限制。

目前,统计数据库上的安全难以实施。

5.3 数据库完整性

在第 3 章中,读者已对关系模型上的完整性约束,有了一个全面、完整的了解。本节所要介绍的,将从较高层次来对数据库完整性的分类、定义和验证,作一个全面性的讲解。本节将从如下几方面介绍数据库的完整性:数据库完整性概况、完整性约束类型、完整性约束的定义、完整性约束的验证,以及 SQL-92 和数据库产品对完整性的支持。

5.3.1 数据库完整性概况

数据库系统是对现实系统的模拟,现实系统中存在各种各样的规章制度,以保证系统正常、有序地运作。许多规章制度可转化为对数据的约束，例如，单位人事制度中对职工的退休年龄会有规定，也可能规定一个部门的主管不能在其他部门任职等。数据库系统既然是对现实系统的模拟，完成现实系统中的日常事务性管理，就必须尽可能在数据的约束上符合现实系统的各种规定或规章制度。这种存在于数据内部的约束含义，可以称为数据的语义。数据语义由现实系统决定，不能凭空臆造。

现实系统中的规章制度，转换成数据库系统中各种约束，即构成数据库的完整性约束，简称数据库的完整性。DBMS通过这些完整性约束，来防止合法用户在使用数据库时，向数据库注入不合法或不合语义的数据，因此完整性常常是指语义完整性。

数据库中的数据必须始终满足数据库的语义约束。这个语义约束是由现实系统决定，并定义于数据库管理系统中，由DBMS按此约束进行数据库的完整性验证。为此，数据库管理系统必须提供定义和验证数据库完整性的机制。

数据库完整性，在数据库系统中，以完整性约束（或限制）的形式表示。

数据库的完整性约束，不仅仅只由数据模型上的完整性约束构成，还会有其他形式。因为，现实系统中的规章制度相当复杂，有些可以利用数据模型上的完整性约束来完成，还有一些是数据模型上的完整性约束所无法完成的，例如，"职工工资只能涨不能降"这种约束。因此，尽管数据模型上的完整性约束承担了数据库完整性的大部分工作，在数据库完整性方面起着相当重要的作用，但它不可能完成现实系统中所有的规定。数据库系统必须为这类数据模型完整性约束无法完成的完整性约束，提供实现机制，以最大限度地、真实地反映现实系统中数据的各种语义约束。

这也正是为什么除了第3章所介绍的关系数据模型上的完整性约束外，在此专门再介绍数据库完整性的缘由。在这一点上，读者一定要明白它们之间的关系。

因此，完整性体现的是现实系统中的各种约束，是数据库语义正确的关键，它用完整性约束表示。要实现完整性，需要有完整性约束的定义、验证机制。数据模型上的完整性约束只是整个数据库完整性的一部分。

5.3.2　完整性约束的类型

数据库完整性约束，简称数据库完整性，分为两种，即静态完整性约束与动态完整性约束。

1. 静态完整性约束（状态约束）

静态完整性约束（static integrity constraints，简称静态约束）是关于数据库正确状态的约束，应用于数据库的状态，故又称状态约束。

在某一时刻，数据库中的所有数据实例构成了数据库的一个状态，数据库的任何一个状态都必须满足静态约束。每当数据库中的数据发生变化（即有数据被插入、删除或修改）时，DBMS都要进行静态约束的检查，以保证静态约束始终被满足。静态约束是一种最重要的完整性约束。

静态约束又分为3种类型，即隐式约束、固有约束和显式约束。

隐式约束（implicit constraints）是指隐含于数据模型中的完整性约束，由数据模型上的完整性约束完成约束的定义和验证。这就是前面所说的数据模型上的完整性约束，它在数据库完整性中属于"隐式约束"这一部分。第 3 章所介绍的是关系数据模型上的隐式完整性约束,在此,读者应已非常熟悉了。

隐式约束一般由数据库的数据定义语言(DDL)定义说明,并存于 DBMS 的约束库(constraint base)中,一旦有数据变化则由 DBMS 进行约束的验证。

不同的数据模型具有不同的隐式约束集合,例如,关系数据模型上的隐式约束包括域约束、主键约束、唯一约束、外键约束以及一般性约束等。在 RDBMS 中,它们都用相应的DDL 语句说明,第 3 章结合 MS SQL Server 对此已作了详细介绍。

固有约束(inherent constraints)是数据模型固有的约束。

例如,关系数据模型中,要求关系的属性应是原子的,即满足第一范式约束(属于关系数据库设计理论内容,在第 6 章中介绍),此即关系数据模型的固有约束。固有约束在DBMS 实现时已经考虑,因为每个 DBMS 一般都是基于某种数据模型来实现的,所以,不必再作特别说明和定义。

隐式约束和固有约束是最基本的状态约束,但仅靠数据模型的隐式约束和固有约束,不可能实现现实系统中所有的状态约束,特别是依赖于应用的状态约束,即与具体的应用有关的状态约束。这类状态约束需要根据具体应用需求显式地定义或说明,此种状态约束称为数据库完整性的显式约束(explicit constraints)。

说明:显式约束与隐式约束相对,它不能隐含于数据模型中,而必须以某种方法在系统中显式地定义出来。

2. 动态完整性约束(变迁约束)

动态完整性约束(dynamic integrity constraints,简称动态约束)不是对数据库状态的约束,而是指数据库从一个正确状态向另一个正确状态的转化过程中必须遵循的约束条件,它是对数据库状态变化过程的约束,也称变迁约束。

动态约束的一个典型示例是"员工的工资只允许增加"。该约束表示,任何修改工资的操作只有新值大于旧值时才被接受,该约束既不作用于修改前的状态,也不作用于修改后的状态,而是规定了状态变迁时必须遵循的约束。

5.3.3　完整性约束的定义

如前所述,要实现由现实系统转换而来的数据库完整性约束,需先将此约束定义,并存储于 DBMS 的约束库中;一旦数据库中的数据要发生变化,则 DBMS 将根据约束库中的约束,对数据库的完整性进行验证。因此,数据库管理系统必须提供数据库完整性的定义和验证机制。本小节及第 5.3.4 小节,将介绍 DBMS 对数据库各种完整性的定义及验证方式。

1. 固有约束与隐式约束的定义

固有约束在 DBMS 实现时已经考虑,不必再作特别说明和定义,只需在数据库设计时遵从这一约束即可。

例如,对关系模型来说,只要使关系的属性在数据库设计时不可再分即可。

隐式约束需利用数据库的数据定义语言(DDL)定义说明。

例如,对关系模型来说,利用 SQL 定义子语言,定义相应的域约束、主键约束、唯一约束、外键约束和一般性约束等。

2. 显式约束的定义

DBMS 为显式约束的定义，提供了 3 种可选方法：过程化定义、断言和触发器。

（1）过程化定义。该方法是利用过程（或函数）来定义和验证显式约束，由程序员编写，加入到应用程序中，用以检验数据库更新（即由数据的插入、修改和删除带来的数据变化）是否违反给定的约束。如果违反约束，则回退（rollback，又称回卷或回滚）事务（关于事务概念将在第 5.4.1 小节介绍）。过程化定义的显式约束，DBMS 除只提供定义途径外，不负责该约束的验证。因此，过程化定义的显式约束，其验证一般与定义一起在一个过程或函数中。

例如，要定义和验证"员工工资不能高于其部门经理工资"这个显式约束，可以在每个有关的数据库更新事务中，增加验证"员工工资不能高于其部门经理工资"的过程函数。用该过程来判断数据库的更新是否违反约束条件，若是，则回退该数据库的更新事务。

过程化定义显式约束的方法，要求程序员必须清楚其所编码的事务涉及的所有显式约束，以便为这些显式约束编制过程函数。程序员的任何误解、遗漏和疏忽，都将导致数据库状态的不正确。

另外，数据库的显式约束，经常随实际应用领域的变化而改变。一旦显式约束发生改变，实现该约束的过程就必须做相应修改，这是显式约束过程化定义方法的缺点。尽管如此，因此法容易实现，故目前应用较多。

在 Sybase 和 MS SQL Server 中，可以利用用户自定义存储过程、函数来实现显式约束。

（2）断言定义。断言（assertions）是指数据库状态必须满足的约束条件。

为显式约束提供断言定义方法的 DBMS，为定义约束，一般会提供断言定义语言（assertion specification language，ASL）。这样，开发人员就可用断言形式，人工编写数据库的显式约束集合。

另外，DBMS 还必须提供完整性控制子系统（integrity control subsystem，ICS），ICS 负责约束集合的编译，并且在编译完约束后，将其存入 DBMS 的约束库中。

当一个事务执行数据库更新操作（如数据的增删改）时，DBMS 的 ICS 自动从约束库中读取相应的约束，验证该事务是否违背约束。如是，即回退该事务，确保数据库的完整性；否则，允许更新事务的执行。图 5-3 所示为断言方式下显式约束的断言定义与验证过程。

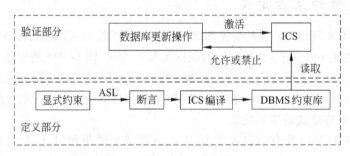

图 5-3　显式约束的断言定义与验证过程

SQL-92 标准推荐显式约束的断言定义方法，利用 CREATE ASSERT 语句来定义显式约束的断言，语法如下：

```
CREATE ASSERTION <约束名>CHECK (<条件表达式>)
```

要删除断言,用 DROP ASSERTION 语句来实现,语法如下:

```
DROP ASSERTION <约束名>
```

例 5-1　SQL-92 标准的断言定义示例。

约束:当最低数量大于 500,最高数量小于 1000 时,折扣必须为 90%。

```
CREATE ASSERTION Discount_Constr
CHECK (NOT EXISTS ( SELECT * FROM Discounts
                    WHERE LowQty>500 AND HighQty<1000 AND
                    Discount <>0.9 ))
```

其中,Discount_Constr 表示约束名,Discounts 为该约束作用的表。如果 Discounts 表中将要改变的元组值使得该断言语句中的条件为真,则表示违反了完整性约束,将禁止此更新事务的执行。

说明:

① 显式约束使用断言方式时,其定义由开发人员编写,而其验证则由 DBMS 来实施。

② 尽管 SQL-92 标准推荐有断言方式,但在 Sybase 和 MS SQL Server 中,不支持显式约束的断言方式。因此,在选用显式约束的定义方式时,一定要查阅所用 DBMS 的技术资料,看其是否支持所选用的方式。

(3) 触发器。触发器(或称触发子)是一种由操作触发的特殊过程。它一般由 3 个部分组成,即激活触发器的事件(插入、修改和删除操作)、测试条件以及应执行的动作。一旦事件发生,DBMS 即自动执行触发器,判断条件是否成立,若成立,则执行触发器中的动作。

SQL-92 标准并未推荐触发器,但 SQL:1999 则推荐有触发器的标准。关于触发器的详细内容,可参见第 3 章的相关部分。

说明:

① 触发器用于完整性约束比关系模型上固定的那些约束要灵活得多,不仅可用于定义显式约束,也可用来定义隐式约束、动态约束,而且还可用于监视数据库状态、向用户发送消息及报警等。

② 显式约束使用触发器方式时,其定义由开发人员编写,而其验证则由 DBMS 来实施。

③ 许多商用 RDBMS(如 Oracle、Sybase 及 MS SQL Server 等)均支持触发器,但由于 SQL-92 没有触发器标准,因此,各个 RDBMS 在触发器的语法上可能存在较大差别。

3. 动态约束的定义

动态约束的定义,也可以利用 DBMS 为显式约束定义提供的 3 种方法中的两种,即过程化定义和触发器。因为,这两种方式下,开发人员均可以得到改变前后的数据,以便于比较决定是否允许这种数据状态的改变。

例如,对于"员工的工资只允许增加"这类变迁约束,开发人员通过比较变化前后的工资额,来检验是否违反了该变迁约束。

5.3.4　完整性约束的验证

前面已对各种完整性约束的定义进行了介绍,实际上,对各自的验证情况也已顺便作了介绍。在本小节,再来对各约束的验证方式作一总结。

固有约束的验证，因无定义，所以也无对应的验证。

隐式约束的验证由开发人员利用 DDL 语言定义后，由 DBMS 存于约束库中，并在数据发生变化时，自动从约束库中取出约束进行验证。

显式约束的过程验证由开发人员在相应的过程（函数）中编写代码完成。

显式约束的断言验证由 DBMS 的 ICS 负责。

显式约束的触发器验证由 DBMS 负责。

动态约束的过程验证同显式约束的过程验证。

动态约束的触发器验证由 DBMS 负责。

5.3.5 SQL-92 和数据库产品对完整性的推荐/支持

表 5-2 给出了 SQL-92 标准、Sybase 和 MS SQL Server 产品对数据库完整性推荐/支持的情况。

表 5-2 SQL-92 标准、Sybase 和 SQL Server 对数据库完整性的推荐/支持情况

完整性约束		定 义 方 式		SQL-92 推荐情况	Sybase 和 MS SQL Server 支持情况
静态约束	固有约束	数据模型固有		属性原子性	属性原子性
	隐式约束	数据库定义子语言 DDL	表本身的完整性约束	域约束、主键约束、唯一约束和检查约束	默认、规则、主键约束、唯一约束、检查约束
			表间的约束	外键约束、断言	外键约束、触发器
	显式约束	过程化定义		推荐	存储过程、函数
		断言		推荐	不支持
		触发器		没有推荐	支持
动态约束		过程化定义		推荐	存储过程、函数
		触发器		没有推荐	支持

说明：

① 在实际数据库应用开发时，一定要查阅所用 RDBMS 关于数据库完整性方面的支持情况。

② 关于 Sybase 和 MS SQL Server 对隐式约束支持的具体使用方法，请参见第 3 章的 3.4 节。

5.4 故障恢复技术

5.4.1 事务管理概况

1. 事务的基本概念

有时，某个工作的完成要分若干步骤。只有所有步骤都成功做完，则该项工作才完成；否则，其中任一步失败，该工作亦失败。针对此类工作特点，引入事务（transaction）的

概念。在 DBMS 中,定义此类工作为事务,并保证其执行特点。

因此,事务的特点如下:事务由多个步骤构成,只有所有步骤都成功执行,则该事务才可提交(commit)完成;否则,其中任一个步骤执行失败,则该事务失败,事务中已执行的步骤应撤销(undo)或回退(rollback)。

COMMIT 表示提交事务的所有步骤的操作,即是将事务中所有对数据库的更新,写到磁盘上的物理数据库中,事务正常结束。ROLLBACK 表示回退事务,即在事务运行过程中由于某种原因,事务不能继续执行,DBMS 将事务中对数据库的所有已完成的更新操作全部撤销,回退到该事务开始时的状态。

为进一步说明事务的特点,加深对事务工作的理解,来看一个事务的典型事例,即银行 A、B 两个账户间的转账事务工作。

该事务的工作分两步来完成。第一步,从 A 账户划出 X 款项;第二步,向 B 账户划入 X 款项。只有这两步都成功执行了,该转账工作才算完成;否则,任一步失败,则该转账工作失败。假如第一步成功执行了,即 A 账户被减去 X 款项,再执行第二步,但第二步由于某种原因执行失败了,即 B 账户中未转入 X 款项。假如,此时 DBMS 不做任何补救措施,那么此时数据库就没有处于一致性状态,破坏了数据库的完整性,因为 A 账户的 X 款项丢失了。为保证数据库的一致性,DBMS 必须"撤销"第一步已完成的工作,即将 A 账户恢复到做第一步之前的值,这样就可将数据库恢复到做该转账事务之前的一致性状态。

DBMS 应保证事务执行特点以及数据库的数据完整性,保持数据库的一致性状态。如果事务执行成功,DBMS 应保证事务中所有步骤对数据的更新有效;若事务失败,DBMS 应撤销已执行步骤对数据的更新,将数据库恢复到该事务执行前的一致性状态。要保证事务执行的特点,DBMS 必须将事务作为其最小的执行单位。同时,为便于故障恢复和并发控制,也应将事务作为最小的故障恢复单位和并发控制单位。关于故障恢复和并发控制,请参见后续内容。

事务由有限的数据库操作语句序列组成,如果事务由超过一条及以上的操作语句序列组成,必须用事务的"界定"语句,显式地将该语句序列"括起",以构成一个事务。

根据事务构成的操作语句的多少,DBMS 对事务的控制,分两种方法:隐式事务控制和显式事务控制。

(1) 隐式的事务控制。默认情况下,DBMS 将一个数据库的操作语句(如一条 SQL 语句)当作一个事务来控制执行。

说明:事实上,有时即使是一条 SQL 语句,其工作也有事务的特点。例如,一条删除多行数据的 SQL 语句。其删除工作被 DBMS 分解为删除各行的步骤,每一行的删除均各算一步,这样,只有所有要删除的行都执行成功,则该删除事务才算成功;否则,哪怕前 $n-1$ 行都成功删除,但第 n 行删除的执行失败,则该删除事务就是失败的,应"回退"该删除事务,也就是要将前 $n-1$ 个被删除的行恢复。

(2) 显式的事务控制。对涉及多步操作的、由多个操作语句(如多条 SQL 语句)构成的事务,就需要人为地、显式地将这些操作语句,用事务"界定"语句组合成一个事务。这样,DBMS 会将这些被"界定"起来的操作语句,当作一个事务来控制执行。

例如,对前面所介绍的银行转账这个典型事务,如果用 SQL 语句来写,可得到如下代码：

```
UPDATE Accounts
SET balance=balance-x
WHERE account_id='A'

UPDATE Accounts
SET balance=balance+x
WHERE account_id='B'
```

其中，Accounts 表示账户表，balance 表示余额，x 表示要转账的款项，account_id 表示账号。

如果没有事务界定语句，那么 DBMS 会隐式地将上代码当作两个事务来控制执行，即以隐式方式控制执行。为将以上两条语句组合成一个事务交 DBMS 执行，必须用事务界定语句，显式地将这两条 SQL 语句组合成一个事务。

不同的 RDBMS，其所提供的事务界定语句可能存在细微差别，但一般都会包含这样的三条语句：BEGIN TRANSACTION、COMMIT 和 ROLLBACK。以 Sybase 和 MS SQL Server 为例，这两个 RDBMS 提供如下 3 条常用的事务界定语句。

① BEGIN{TRANSACTION|TRAN|WORK}[事务名]，用于标明事务的开始。

② ROLLBACK{TRANSACTION|TRAN|WORK}[事务名]，用以回退事务。

③ COMMIT{TRANSACTION|TRAN|WORK}[事务名]，用于提交事务。

说明：

① 事务控制语句用于界定事务的开始与结束，其中，以 BEGIN TRANSACTION 表示事务的开始，以 COMMIT 或 ROLLBACK 表示事务的结束。

② 事务控制语句，属 SQL 数据控制子语言 DCL 中的语句。

例 5-2 事务控制语句使用示例。

仍以银行转账事务为例，将两步对应的 SQL 语句合并为一个事务。

```
BEGIN TRAN accout_transfer
    UPDATE Accounts
    SET balance=balance-x
    WHERE account_id='A'
    IF(select balance from Accounts where account_id='A')<0 OR @@transtate=2
                                                /* 余额为负或有错误出现 */
        ROLLBACK TRAN                           /* 回退事务 */
    UPDATE Accounts
    SET balance=balance+x
    WHERE account_id='B'
    IF @@transtate=2                            /* 有错误出现 */
        ROLLBACK TRAN
    ELSE
        COMMIT TRAN                             /* 提交事务 */
```

说明：

① 一般说来，只对具有事务特点的、由多条操作语句构成的代码段，才使用事务控制语句。

② 用事务控制语句界定的操作语句，尽量不要太多。否则，易产生其他问题，如死锁等。关于死锁，请参见第 5.5 节的并发控制。

事务是 DBMS 中并发控制(concurrent control)和故障恢复(recovery from system failure)的基础。这也是为什么在介绍故障恢复和并发控制之前，首先介绍事务概念的原因。为便于后续内容的描述，还需要给出如下约定：

(1) 数据库对象。程序读写(read/write，R/W)信息的单位(如页、记录等)，用大写字母表示，如"A"对象。

(2) 读数据库对象。从磁盘读入内存，再送程序变量中，表示为"R(A)"。

(3) 写数据库对象。先修改内存中对象的副本，再写入磁盘，表示为"W(A)"。

(4) 修改数据库对象。先将数据库对象从磁盘读入内存，然后修改内存中的该对象副本，再写回到磁盘。

说明：DBMS 读、写、修改数据库对象时，均需通过内存中转，在后续内容的学习中应注意这一点。例如，如果说"某数据库对象被修改了"。不要以为物理磁盘上的该对象就一定被修改了。除非明确说了磁盘上的数据已改变，否则只能确定"内存中的该对象副本被修改了"，但该改变可能还没有反映到磁盘上，因为 DBMS 写磁盘的动作是以后台方式进行的。

2. 事务的 ACID 准则或特性

DBMS 为保证在并发访问和故障情况下对数据库的保护，要求事务具有 4 个特性：原子性(atomicity)、一致性(consistency)、隔离性(isolation)和持久性(durability)，简称 ACID 准则。

(1) 原子性。事务中的所有操作要么都成功执行，要么都不执行，即 nothing or all。该特性的保证由 DBMS 的 TRANSACTION MANAGER(事务管理器)负责，COMMIT(提交)和 ROLLBACK(回退)操作是其中的关键。

COMMIT 表明事务成功结束，告诉事务管理器事务成功完成，数据库又处于一致状态，该事务的所有更新操作现可被提交或永久保留。

说明：提交事务的数据更新已在内存中完成，但不一定已完全被写入磁盘。因为写磁盘是后台进行的，有可能还没有写或只写了一部分。不过，只要事务被提交，其更新的数据即使没有写入磁盘，也应认为是有效的。而且 DBMS 应保证该数据的更新要写到磁盘，即使在出现故障的情况下也应如此。

ROLLBACK 表明事务不成功结束，告诉事务管理器出现故障，数据库可能处于不一致状态，该事务中已做的所有数据更新必须回退(或称回滚)或撤销。

(2) 一致性。事务管理器应保证事务执行前后，数据库从一个一致状态转到另一个一致状态。也就是说，在事务执行前数据库是处于一致性的状态，如果事务成功提交，数据库又处于另一个一致性状态；如果事务失败，则应将数据库的状态回退到事务执行前的一致性状态。可见一致性与原子性是紧密相关的。

但事务管理器无须保证，也无法保证事务内部数据库的一致性。例如银行转账事务，当第一步的代码执行完时，数据库实际已处在不一致状态，但是当第二步的代码执行完后，即整个事务结束时，数据库又处于一致性状态了。这就是无须保证事务内部数据库一致性的原因。

至于无法保证事务内部数据库的一致性，是因为用户在设计转账事务时，如果只编了第一步的代码，而没有第二步的代码，这样事务管理器就无法保证数据库逻辑上的一致性。

所以，一致性的保证，除了事务管理器要负责以外，用户也要负责。

（3）隔离性。DBMS 为改善性能要交错（interleave）地并发执行多个事务的操作，但要求这些并发执行的事务，对用户而言像是单独执行一样，即事务应相互隔离，任一事务内的更新操作对数据库的改变，只有在其成功提交后才对其他事务是可见的。也就是说，并发执行的各个事务之间不能相互干扰。该特性由 DBMS 的并发控制负责。

（4）持久性。一个事务一旦提交，其对数据库中数据的更新应是持久的，即使该事务的数据更新还未写入磁盘，系统就出现故障，仍应有效。该特性由 DBMS 的故障恢复负责。

3. 事务管理的内容

对事务进行管理，以保证事务的 ACID 特性，实质上涉及 DBMS 另外两个功能的实现：故障恢复和并发控制。

故障恢复（crash recovery）是保证事务在故障时满足 ACID 准则（主要是持久性）的技术。

并发控制（concurrency control）是保证事务在并发执行时满足 ACID 准则（主要是隔离性）的技术。

5.4.2 故障恢复导论

故障会引起数据库数据的丢失，作为管理数据库的 DBMS，就要采取措施恢复丢失的数据。而恢复数据，最直接、最常用的手段是备份（backup），也就是采取冗余（redundancy）方法。恢复主要是恢复数据库本身，即在故障引起当前数据库状态不一致后，利用备份副本（copy），将数据库恢复到某个正确状态或一致状态。

DBMS 中的故障恢复，主要采用的技术有单纯以后备副本为基础的恢复技术、以后备副本和日志（log）为基础的恢复技术和基于多副本的恢复技术。

1. 单纯以后备副本为基础的恢复技术

要想在故障后重新建立起一个一致状态的数据库，应事先保留故障前的某个一致状态的数据库，以便恢复时使用，此即数据库后备副本。

（1）基本思想。周期性（以天、周为单位）地转储（dump）数据库到磁带上，如果出现故障使得数据库失效时，取离故障最近的后备副本来恢复数据库。图 5-4 所示为该恢复技术示意图。

（2）备份时间。由于数据库量大、取后备副本的时间较长，因此为不影响系统正常工作，一般在夜间、周末进行数据转储。

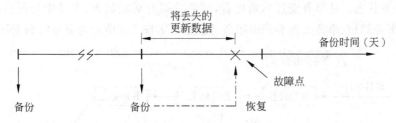

图 5-4　单纯以后备副本为基础的数据库恢复示意图

（3）缺点。按此恢复方法，将丢失发生故障时与最近后备之间的更新数据。如果是一天备份一次，则当出现故障后恢复数据库时，将丢失当天的所有更新数据，而只能恢复到头一天结束时的数据库状态。

（4）技术改进。为尽可能少地丢失数据，采用增量转储（incremental dumping，ID）的方法，即在某个时间转储有更新数据的物理块。一旦出现故障使得数据库失效时，首先取离故障最近的后备副本来恢复数据库，然后再利用故障点与该后备副本之间的增量转储，来恢复更新数据。该方法既可减少数据的丢失，还可减少转储的时间。

按此改进方法，如果在一天当中进行一次增量转储，则当出现故障后恢复数据库时，最多只丢失半天的更新数据，从而数据丢失减少了，恢复的数据库状态要比前面没有采用增量转储的恢复状态更近些。图 5-5 所示为采用增量转储方法后的数据库恢复示意图。

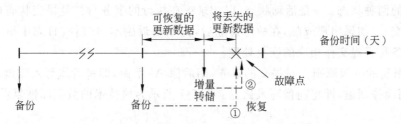

图 5-5　采用增量转储方法后的数据库恢复示意图

（5）特点。实现简单，缺点是或多或少要丢失更新数据。因此，只适用于小型或不重要的数据库系统。

2. 以后备副本和日志为基础的恢复技术

系统运行时，数据库和事务的状态在不断变化。为了能在故障后恢复系统的正常状态，避免更新数据的丢失，在系统正常运行时记下它们的变化情况，以便提供恢复所需的信息，这种历史记录即为日志（log）。简言之，日志是供恢复用的数据库运行情况的记录。其记录的内容主要有前像、后像和事务状态。

（1）前像（before image，BI）。事务更新的数据所在的物理块更新前的映像（image），即该映像是更新前的数据。通过撤销事务对数据的更新，即用前像 BI 覆盖事务所做的更新，就能使数据库恢复到更新前的状态。

（2）后像（after image，AI）。事务更新的数据所在的物理块更新后的映像，即该映像是更新后的数据。通过重做（redo）一遍事务对数据的更新，即用后像 AI 覆盖所在的物理块，就能使数据库恢复到更新后的状态。

（3）事务状态。从事务变迁的角度看，事务状态有活动状态、事务中的所有操作结束、事务提交、事务结束、事务失败和回退事务等状态。如图 5-6 所示为事务状态变迁图。

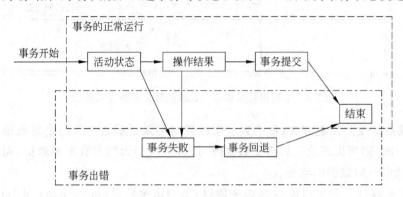

图 5-6　事务状态变迁图

尽管事务状态较多，但从最后的结果看，事务只有两种结局：一是提交而结束，表示事务已成功执行，其对数据库的更新可以被其他事务访问；二是事务失败，事务中某些操作对数据库所作的更新必须撤销。因此，为达到数据库恢复的目的，只需区分事务是否提交即可。也就是说，DBMS 进行故障恢复的依据是事务是否提交。

（4）该恢复技术基本思想。事务一旦开始，即记入日志（当然是由 DBMS 来记），并跟踪事务的两种状态：一是活动状态（以记录正在执行的事务）；二是提交状态（以区分事务是否提交）。如果出现故障，在故障排除后，先取最近副本，然后按日志中事务的顺序，根据各事务是否提交作相应的恢复处理。

（5）恢复的一般原则。对提交的事务，用后像 AI 重做，即将后像写入磁盘；对未提交的事务，用前像回退，即将前像写入磁盘。图 5-7 所示为该技术的数据库恢复示意图。

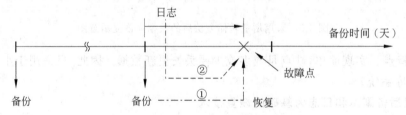

图 5-7　以后备副本和日志为基础的数据库恢复示意图

（6）技术特点。易实现，不会造成更新数据的丢失。

目前，大部分商用 RDBMS 均使用此技术。本节也主要是介绍此技术下的故障恢复。

3. 基于多副本的恢复技术

方法：利用多个副本互为备份、恢复。

DBMS 是建立在操作系统之上的。事实上，操作系统提供有操作系统这一级的可靠性技术，包括镜像磁盘（mirroring disk）、双工磁盘（duplex disk）、镜像服务器（mirror server）和 cluster 群集系统（如 Windows Server 2003 允许构造 8 个节点的群集系统）。这些技术主要是保障系统在某个硬件出现故障时，系统仍能不中断性地运行。也就是说，可屏蔽某个硬件故障。例如,镜像磁盘可在一个磁盘出现故障情况下仍能正常运行;双工磁盘则能屏蔽一个磁盘通道故障;镜像服务器可屏蔽一个服务器的故障崩溃;而群集系统可屏蔽 $n-1$ 个服务器的故障崩溃。关于操作系统级的这些可靠性技术,读者可参考与网络有关的文献。

当然,操作系统级的可靠性技术,还不是严格意义上的数据库故障恢复技术。在此提出,以便读者予以区分。

实际上,很多 DBMS 提供有 DBMS 级的、基于多副本的故障恢复技术,主要包括数据库复制(replication)、数据库镜像和日志镜像。

(1) 数据库复制。数据库复制是指在多个场地保留多个数据库副本,各个场地的用户可以并发地存取不同的数据库副本。通过分布式的复制服务器(replication server)实现各场地数据库的同步。

数据库复制要求:DBMS 须采取一定手段,将用户对数据库的更新,能及时反映到所有副本上。

数据库复制具有以下优点:

① 当一个用户为更新数据加锁时,其他用户可访问数据库副本。

② 当数据库出现故障时,系统可用副本进行联机恢复。恢复过程中,用户可继续访问副本而不中断应用。

数据库复制有 3 种方式:对等(peer-to-peer)复制、主从(master/slave)复制和级联(cascade)复制。

① 对等复制。对等复制是理想的复制方式,各场地数据库地位平等,可互相复制数据。用户可在任一场地读取或更新公共数据,DBMS 应将更新数据复制到所有副本。图 5-8 所示为对等复制示意图。

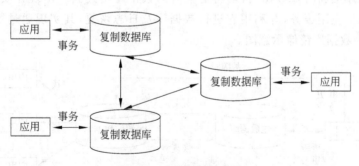

图 5-8 对等复制示意图

② 主从复制。主从复制中存放数据库的场地分为主场地与从场地。主场地的数据库为主数据库,从场地的数据库为从数据库。数据只能从主数据库复制到从数据库。更新数据也只能在主场地进行,从场地供用户读数据。当主场地出现故障时,更新数据的应用可转到某一从场地。图 5-9 所示为主从复制示意图。

③ 级联复制。级联复制是对主从复制的改进。从主场地复制来的数据,又从该场地复制到其他场地。级联复制可平衡当前各种数据需求对网络流量的压力。图 5-10 所示为级联复制示意图。

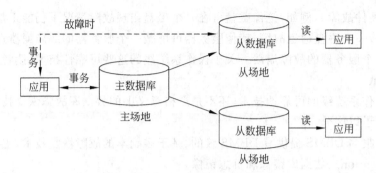

图 5-9　主从复制示意图

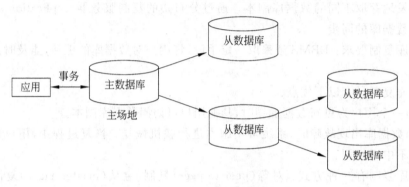

图 5-10　级联复制示意图

（2）数据库镜像。数据库镜像是指 DBMS 为避免磁盘介质故障，提供日志与数据库镜像，由 DBMS 根据 DBA 要求，自动将整个数据库或其中关键数据复制到另一个磁盘上。当主数据库更新时，DBMS 自动将更新后的数据复制过去。出现介质故障时，可由镜像数据库提供应用服务，并利用它进行数据库及日志恢复，其实现通过数据库复制进行。图 5-11 为数据库镜像示意图。

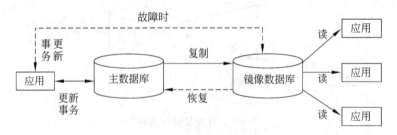

图 5-11　数据库镜像示意图

5.4.3　日志结构

如前所述，日志含有数据库恢复所必需的数据。如果日志丢失，则在恢复数据库时将丢失更新数据。为此，一般将日志、数据库分别存放（不同分区、不同磁盘或制作相应磁带副本）。

1. 日志基本内容

日志的基本内容一般包括如下几项,不同 DBMS 略有差别。

(1) 活动事务表。活动事务表(active transaction list,ATL)记录正在执行、但尚未提交的事务的标识符(transaction identifier,TID)。

(2) 提交事务表。提交事务表(committed transaction list,CTL)记录已提交事务的标识符。

说明:

① 提交事务时,DBMS 的事务管理器应将提交事务的 TID 先放入日志的 CTL 表中,然后再从日志的 ATL 表中删除该 TID。如操作顺序相反,则可能刚从日志的 ATL 表中删除 TID,系统出现崩溃,这样在日志的 CTL 中,就没有记下这个已提交的事务 TID 号,从而无法恢复该事务所做的数据库更新。

② 利用 ATL 和 CTL,DBMS 可以确定某个事务是否提交了,从而决定如何恢复数据库。

(3) 前像(BI)。前像即前面所述的前像。

(4) 后像(AI)。后像即前面所述的后像。

2. 数据库恢复后对日志的处理

数据库恢复后,对日志的处理一般有如下 3 种方法。

(1) 不保留已提交事务的前像。即使以后要再次恢复,由于对已提交的事务只会用后像重做(redo),故其前像可不保留。

(2) 有选择地保留后像。当更新数据写入数据库后,如磁盘不出故障,后像可不用保留,因为磁盘故障机率小,故有些 RDBMS(如 Oracle)允许用户决定是否保留后像。

(3) 合并后像。对具有相同物理块号上数据的多次更新,只需保留最近的后像即可。

5.4.4　DBMS 围绕更新事务的工作

按执行时是否会更新数据库中的数据,事务可分为更新类事务和只读事务两类。

更新类事务简称更新事务,是指该事务涉及对数据库的数据插入、删除或修改操作。

本小节将就更新事务讨论如下问题。

(1) 更新事务执行到哪些步骤时,DBMS 的事务管理器需要做哪些事情,或者说事务管理器应在更新事务执行的哪些状态做哪些事情时,才能在系统出现故障并在故障排除后,顺利地恢复该事务对数据库的更新。

(2) 如何确定和安排 DBMS 的工作步骤以及事务对应的状态。

(3) 安排这些工作步骤时应遵守什么样的规则。

说明:

① 对于只读事务,由于它对数据库的恢复没有任何影响,故不考虑这类事务。

② 要保证事务的 ACID 准则,DBMS 的事务管理器必须对更新事务的执行进行监控,适时地向日志中记录一些状态信息,或执行某些操作,如将数据写入磁盘上的数据库等,这些就是事务管理器需要做的事情。当然,做这些事情需要遵循一定的步骤次序。

③ 下面的内容将逆向回答上述问题，即先介绍第 3 个问题的处理，然后是第 2 个和第 1 个。

1. 提交更新事务应遵守的规则

（1）提交规则（commit rule）。该规则要求：后像 AI 应在事务"提交前"写入磁盘上的数据库或磁盘上的日志中。

说明：

① 以下如无特殊说明，写数据库或日志，均是指写入磁盘上的数据库或磁盘上的日志。

② 该规则实际上是事务持久性的要求，因为持久性要求：事务一旦提交，其对数据库的更新应永久有效。而该规则要求 DBMS 将 AI 写入磁盘（数据库或日志），这样数据一般不会丢失，从而使得对数据库的更新是持久的。

③ 提交规则说明，两种情况下，都可以提交更新事务：第一种情况是 DBMS 将后像写入磁盘上的数据库后可提交事务；第二种情况是 DBMS 将后像写入磁盘上的日志后也可以提交事务，也就是说，如后像已写入磁盘上的日志，即使未写入数据库或未完全写入数据库，事务仍可提交，待事务提交后再继续写入数据库。第二种情况下，如果在写数据库时出现故障，可用日志的后像重做，其他事务可从内存缓冲区（未写入数据库前，更新数据仍在缓冲区）访问更新后的数据。

④ 该规则实际上是规定了 DBMS 在事务执行到"提交前"这个步骤时，应做的两种操作之一，一种是 AI 写数据库；另一种是 AI 写日志。

（2）先记后写规则（log ahead rule），又称 WAL（write ahead logging）。该规则要求：如后像 AI 在事务提交前写入磁盘上的数据库，需先将前像 BI 写入磁盘上的日志，以便事务失败后，撤销事务所做的更新。

说明：

① 先记后写规则实际上是对提交规则的补充，即是对提交规则所说的第一种情况进行补充。提交规则的第一种情况，是后像在写入数据库后，更新事务可提交。此处的补充是，在后像写入数据库前，应先将前像写日志。

② 简言之，先记后写规则是先记前像，后写后像，然后可提交事务。

2. 事务状态及 DBMS 对应的工作安排

按后像写入数据库时间的不同，事务状态及对应 DBMS 的工作有 3 种安排方案。

方案 1：后像在事务提交前完全写入数据库。

（1）DBMS 工作步骤安排。在该方案下，事务状态与 DBMS 工作的对应如表 5-3 所示。

说明：

① 由该表内容，可回答本小节开头提出的第二个问题，即 DBMS 应在事务执行到这样一些状态时参与工作：开始状态、提交前、提交状态、提交后。也可回答第一个问题，即 DBMS 应在前面所说的 4 个状态时分别按序完成表中所列工作。

② 表中"→"，表示写入或记入。

表 5-3　方案 1 的 DBMS 工作安排

事务执行状态	DBMS 应做的工作	备　　注
开始状态	步骤 1：TID→ATL	将事务的 TID 记入日志的 ATL
事务内的操作执行状态	无	
提交前	步骤 2：BI→Log	将 BI 写入日志,先记后写规则的要求
	步骤 3：AI→DB	将 AI 写入数据库,提交前后像完全写入数据库,本方案的要求
提交状态	步骤 4：TID→CTL	提交更新事务
提交后	步骤 5：从 ATL 删除 TID	

（2）故障时的事务恢复措施。如果 DBMS 在按表 5-3 所述步骤对事务进行监控执行过程中,系统发生故障并在故障被排除后,则 DBMS 可根据表 5-4 来恢复该事务可能对数据库的更新。具体来说,对提交的事务,应保证其更新数据被写入数据库;而对未提交事务,则应保证数据库为事务执行前的状态。

表 5-4　方案 1 的恢复措施

TID 是否在 ATL 中	TID 是否在 CTL 中	事务所处状态	恢 复 措 施
是	否	由左边两项可知,步骤 1 已完成,但步骤 4 尚未完成。再对应表 5-3 可知,事务处于未提交状态	① 若 BI 已写入日志,则用前像撤销更新,否则无须撤销 ② 将该事务 TID 从 ATL 中删除
是	是	由左边两项可知,步骤 4 已完成,说明事务处于提交状态	将该事务 TID 从 ATL 中删除
否	是	由左边两项可知,步骤 5 已完成,说明事务已提交,且由 DBMS 所做的工作也全部完成	无须处理

说明：

① CTL 为"否"时,表示事务未提交;而为"是"时,表示事务已提交。

② 表 5-4 中第一行的恢复措施中,如 BI 已写入日志,即表 5-3 中步骤 2 已做,但由于无法确定步骤 3 是否执行,故必须用日志中的前像写回数据库中,保证数据库处于事务执行前的状态;如 BI 没有写入日志,说明步骤 2 未做,那么步骤 3 也没有做,这时数据库中的数据仍然是事务执行前的数据,既然事务未提交,故不用做撤销工作。

③ 表 5-4 中第二行的恢复措施中,由于在步骤 4 之前 AI 已写入数据库,故不用重做,而只需将 TID 从 ATL 中删除即可。

方案 2：后像在事务提交后才写入数据库。

（1）DBMS 工作步骤安排。在该方案下,事务状态与 DBMS 工作的对应如表 5-5 所示。

（2）故障时的事务恢复措施。如果 DBMS 在按表 5-5 所述步骤对事务进行监控执行过程中,系统发生故障并在故障被排除后,则 DBMS 可根据表 5-6 来恢复该事务可能对数据库的更新。

表 5-5 方案 2 的 DBMS 工作安排

事务执行状态	DBMS 应做的工作	备 注
开始状态	步骤 1：TID→ATL	将事务的 TID 记入日志的 ATL
事务内的操作执行状态	无	
提交前	步骤 2：AI→Log	遵循提交规则的要求
提交状态	步骤 3：TID→CTL	提交更新事务
提交后	步骤 4：AI→DB	本方案的要求
	步骤 5：从 ATL 删除 TID	

表 5-6 方案 2 的恢复措施

TID 是否在 ATL 中	TID 是否在 CTL 中	事务所处状态	恢复措施
是	否	由左边两项可知，步骤 1 已完成，但步骤 3 尚未完成。再对应表 5-5 可知，事务处于未提交状态	由于步骤 4 未做，数据库仍是事务执行前的状态，故只需将该事务 TID 从 ATL 中删除即可
是	是	由左边两项可知，步骤 3 已完成，说明事务处于提交状态，但步骤 5 未完成	① 由于不能确定步骤 4 是否完成，而该事务又属提交事务，故必须用后像重做 ② 将该事务 TID 从 ATL 中删除
否	是	由左边两项可知，步骤 5 已完成，说明事务已提交，且由 DBMS 所做的工作也全部完成	无须处理

方案 3：后像在事务提交前后写入数据库。

该方案下，DBMS 在事务提交前，先写一部分后像到数据库中，待事务提交后，再将剩余的后像写入数据库。

（1）DBMS 工作步骤安排。该方案下，事务状态与 DBMS 工作的对应如表 5-7 所示。

表 5-7 方案 3 的 DBMS 工作安排

事务执行状态	DBMS 应做的工作	备 注
开始状态	步骤 1：TID→ATL	将事务的 TID 记入日志的 ATL
事务内的操作执行状态	无	
提交前	步骤 2：AI,BI→Log	遵循提交规则和先记后写规则的要求
	步骤 3：AI→DB	部分 AI 写入数据库，本方案要求
提交状态	步骤 4：TID→CTL	提交更新事务
提交后	步骤 5：AI→DB	将剩余 AI 写入数据库，本方案要求
	步骤 6：从 ATL 删除 TID	

（2）故障时的事务恢复措施。如果 DBMS 在按上述步骤对事务进行监控执行过程中，系统发生故障并在故障被排除后，则 DBMS 可根据表 5-8 来恢复该事务可能对数据库的更新。

表 5-8 方案 3 的恢复措施

TID 是否在 ATL 中	TID 是否在 CTL 中	事务所处状态	恢 复 措 施
是	否	由左边两项可知，步骤 1 已完成，但步骤 4 尚未完成。再对应表 5-7 可知，事务处于未提交状态	① 若 BI 已写入日志，则用前像撤销更新，否则无须撤销 ② 将该事务 TID 从 ATL 中删除
是	是	由左边两项可知，步骤 4 已完成，说明事务处于提交状态，但步骤 6 未完成	① 由于不能确定步骤 5 是否完成，而该事务又属提交事务，故必须用后像重做 ② 将该事务 TID 从 ATL 中删除
否	是	由左边两项可知，步骤 6 已完成，说明事务已提交，且由 DBMS 所做的工作也全部完成	无须处理

5.4.5 事务内消息的处理

1. 问题提出

事务一般会给用户发送消息，告之其执行情况，或要求用户做某些动作。发送消息也是事务执行结果的一部分，也应遵循原子性的 nothing or all 原则。但消息与数据不同，在很多情况下，不能像对待数据那样，用撤销的方法来消除其影响。因为，消息一旦发出，接收的对象是用户，而不像数据，针对的是数据库。

为此，一般要求在事务提交前，不能对外发送事务内的任何消息。这样，发送消息就不再是事务的任务，必须委托第三方执行。一般委托给系统的消息管理器（message manager，MM）完成。

2. 消息的具体处理

（1）方法。事务执行时，将消息送给消息管理器 MM，而不是向外发出，由 MM 为每个事务建立一个消息队列，将消息暂时存放起来。

事务正常结束时，事务通知 MM 事务正常结束，之后，MM 将该事务消息队列内的消息，一条一条发送出去。消息发送完毕，MM 将该事务的消息队列存入不易失存储器中。MM 允许事务在正常结束前增加或删除消息。

事务异常中止时，MM 在恢复时，丢弃该事务的消息队列。

（2）消息管理器对消息的发送处理。方法：MM 采用"发送—确认"方式传送消息，类似于计算机网络通信中的"发送—确认"机制。即消息被发出后，MM 启动定时，等待用户的确认（acknowledgement），如果定时超时仍未收到确认，则重发该消息，直到收到确认为止。为防止用户端重复收到同一消息，MM 要对发送的消息编号，当用户端收到同一消息时，不予理睬该重复的消息。关于详细的"发送—确认"机制，请参考计算机网络通信的相关文献。

说明：消息仅指事务中发送给用户的消息，不包括事务执行过程中，由系统发给用户的消息，如语法错误系统消息等。

5.4.6 故障类型及恢复对策

1. 故障类型

DBMS 故障的恢复能力不是无限的，一般来说，它能对以下 3 种故障类型下的数据库破坏进行恢复：事务故障、系统故障和介质故障。

说明：不能孤立地看待以上 3 种故障，事实上，系统故障和介质故障都可能引起事务故障。因此，事务故障的数据库恢复措施，就会作为系统故障和介质故障下数据库恢复措施的一部分。在学习下面内容时，应注意它们之间的这个关系。

下面将分别介绍各故障以及故障下的数据库恢复。

2. 事务故障及恢复

事实上，前面几个小节基本上都是关于事务故障及恢复的内容。在此，将对其做一总结。

（1）基本概念。

① 事务的开始与结束：一个事务以 BEGIN TRANSACTION 语句开始，以 COMMIT 或 ROLLBACK 语句作为事务的结束。

② 提交点：DBMS 会在 COMMIT 时建立了一个提交点（commit point），在商用 DBMS 产品中也称同步点（syncpoint）。提交点标志着事务的正常结束，数据库又处于一致性的状态。

（2）事务故障及其原因。事务故障也称事务失效，指事务由于某些原因在正常结束之前被异常中止。

引起事务故障，有如下几个原因：

① 事务无法执行而中止；

② 用户主动撤销事务；

③ 因系统调度差错而中止。

说明：严格说来，引起事务故障的原因，还应包括引起系统故障和介质故障的原因。但因单独有系统故障和介质故障，故不将引起系统故障和介质故障的原因归入事务故障原因之中。

事务故障引起的事务失败，一定发生在事务提交点之前，也就是说，失败的事务（或出现故障的事务）都是未提交的事务。一旦事务已提交，应保证该事务的更新操作不被撤销，而失败事务已做的所有更新操作必须被撤销。

（3）事务故障的恢复措施。

① 从后向前扫描日志，找到故障事务。

② MM 丢弃该事务的消息队列。

③ 撤销该事务已做的所有更新操作。

④ 从 ATL 删除该事务 TID，释放该事务所占资源。

说明：事务故障的恢复由系统自动完成，无须用户干预。

3. 系统故障及恢复

（1）系统故障的原因。引起系统故障的原因有两个：系统掉电、除介质故障之外的软硬件故障。

（2）系统故障的恢复措施。系统故障会使数据库处于不一致的状态，其原因如下。

① 未提交事务对数据库的更新已写入数据库。

② 已提交事务对数据库的更新还留在内存缓冲区中，没来得及写入数据库。

因此，对系统故障的恢复策略，是撤销故障发生时未提交的事务，重做已提交的事务。具体恢复措施如下。

① 重新启动操作系统和 DBMS。

② 从前向后扫描日志，找到故障前已提交的事务，将其事务 TID 记入重做队列。同时，找出故障时未提交的事务，将其事务 TID 记入撤销队列。

③ 对撤销队列中的各个事务进行撤销处理，具体方法是，反向扫描日志，对每个要撤销的事务用前像回退。

④ 对重做队列中的各个事务进行重做，具体方法是，正向扫描日志，对每个事务用后像重做。

（3）系统故障恢复措施的改进。

① 问题的提出。由于未提交的事务在系统出现故障时不多（因为在那一时刻运行的事务本来就不多），因此恢复时，撤销（undo）的工作量不大；而已提交的事务则很多。可能有许多提交事务，因不能肯定其后像是否已写入数据库，只得重做（redo），而重做是相当费时的。因此，需要对系统故障的恢复措施进行改进，方法是，设置检查点（check point，CP）。

② 检查点及其目的。为减少 redo 的工作量，DBMS 允许数据库管理员 DBA，在日志中设置一个定期检查点。

③ 检查点的工作。检查点的时间一到，DBMS 将强制写入所有已提交事务的后像。这样，在检查点以前提交的事务，恢复时无须重做。

检查点的时间间隔参数可以在 DBMS 初始化时设置，并且可在运行时调整。

（4）检查点的执行过程。

① 暂停事务执行。

② 写入上一个检查点以后所提交事务还留在内存中的后像。

③ 在日志的提交事务表中记下检查点，以表明各提交事务的后像均已被强制写入数据库。

④ 恢复事务的执行。

说明：

① 检查点对 DBMS 正常运行影响较大，且只有在发生系统故障时，才能发挥其减少 redo 工作量的作用。因此在 DBMS 较忙时，应少设或暂停检查点。

② 系统故障的恢复也由 DBMS 自动完成，无须用户干预。

4. 介质故障及恢复

（1）基本概念。介质故障是指磁盘介质故障，是一种非常严重的故障。发生介质故障后，磁盘上的物理数据和日志被破坏。当然，磁盘故障的几率一般也很小。

（2）介质故障的恢复措施。对介质故障的恢复方法是重装数据库，重做已提交的事务。具体步骤如下。

① 修复或更换磁盘系统，并重新启动系统。

② 装入最近的数据库后备副本，使数据库恢复到最近一次转储时的一致性数据库状态。

③ 装入有关的日志副本，重做已提交的事务。具体方法为，扫描日志，找出故障时已提交事务的 TID，记入重做队列；正向扫描日志，对重做队列中的事务用后像重做。

说明：

① 介质故障的恢复需要数据库管理员 DBA 的干预，但 DBA 的任务也只是需重装最近转储的数据库后备副本和有关的日志副本，发出令系统恢复的命令即可，具体的恢复操作仍由数据库管理系统来完成。

② 3 种故障中，只有介质故障下的恢复才需要动用后备副本，而事务故障和系统故障下的恢复则使用日志即可恢复。

5.4.7　Microsoft SQL Server 中的事务及故障恢复

前面介绍的是故障恢复的原理，下面以 Microsoft SQL Server 为例来具体介绍商用 RDBMS 故障恢复的处理，读者可对照阅读以感受原理内容的具体应用。

1. SQL Server 中的事务

（1）事务及相关概念。SQL Server 中的事务与第 5.4.1 小节所介绍的事务概念相同。

SQL Server 会将每个事务记入日志，即事务日志，实际是一张系统表，即 syslogs。该表由 SQL Server 维护，SQL Server 按先记后写的规则对事务进行控制，即数据库中的数据修改前，需先将该变化记入日志。

事务日志记录有事务的开始、结束以及所有数据修改的前像和后像。事务执行期间，SQL Server 要对表页（是读写磁盘的最小单位）加锁，这样其他的用户就不能访问正在修改的数据。关于"加锁"的内容，请参见第 5.5 节。

SQL Server 将定期把一定数量的、已提交事务对数据库的改变（此改变已先记入日志中）写入磁盘，此即检查点（check point）。

SQL Server 启动时，会为每个数据库执行自动恢复（automatic recovery）。自动恢复时，自上一次检查点以来的、已提交事务将向前回卷（即重做）；而未提交的事务则向后回卷（即撤销）。自动恢复能保证数据库处于一致性状态。数据库恢复的顺序是 Master 库、Model 库、临时库和用户数据库。

（2）事务控制语句。4 个事务控制语句如下。

```
BEGIN {TRANSACTION|TRAN|WORK} [事务名]
```

作用：定义一个事务的开始。

```
SAVE{TRANSACTION|TRAN} 保存点名字
```

作用：为事务标记回退点。

ROLLBACK{TRANSACTION|TRAN|WORK} [事务名|保存点名字]

作用：将 SAVE 或 BEGIN 与 ROLLBACK 间的 SQL 语句回退，但 SAVE 之前的 SQL 语句，既不提交也不回退，由用户决定。

COMMIT{ TRANSACTION|TRAN|WORK} [事务名]

作用：将 BEGIN TRAN 与其间的 SQL 语句提交。

事务名只能出现在多层嵌套事务的最外层，例如：

```
BEGIN TRAN   事务名
        ⋮
        BEGIN TRAN          /* 此处不能有事务名 */
        ROLLBACK            /* 此处的回退，将回退到最外层 */
        COMMIT
        ⋮
COMMIT                      /* 将嵌套的事务全部提交 */
```

以下几类 SQL 语句不能放在事务中。

① CREATE/ALTER/DROP DATABASE、LOAD DATABASE、TRUNCATE TABLE、LOAD TRANSACTION、SELECT INTO 和 LOAD TRAN 等。

② 远过程调用。

③ 某些系统存储过程，如 sp_helpdb、sp_helpindex 等。

（3）事务运行模式。事务运行模式分链式和非链式。链式相当于前面所介绍的事务隐式控制；非链式则相当于显式控制，非链式为 SQL Server 的默认模式。要查看是何模式，可查看全局变量@@tranchained 的值，0 为非链式，1 为链式。

事务模式的设置：

SET CHAINED ON/OFF

① 链式对事务执行的影响。INSERT、DELETE、UPDATE、OPEN、FETCH 和 SELECT 等操作均会隐式开始一个事务，但事务的结束须用 COMMIT 或 ROLLBACK 指明。

② 非链式事务。要求事务的开始必须用 BEGIN TRAN，结束用 COMMIT/ROLLBACK。例如：

```
INSERT           /* 链式时，会隐式开始一个事务，这时将与下面的事务形成事务嵌套 */
BEGIN TRAN
  ⋮
ROLLBACK         /* 链式时，应回退到 INSERT；而非链式时，则回退到 BEGIN TRAN */
```

非链式时，任何单个的数据修改语句将隐式开始一个事务。

③ @@transtate（当前事务状态）。@@transtate 表示当前事务状态的全局变量，其值如下。

0：事务正在进行。

1：事务已提交。

2：事务仍进行，但其前的语句异常中断。

3：事务异常中断，其中的操作被回退。

2. SQL Server 中的故障恢复技术

（1）有关概念。

SQL Server 中的故障类型，分为两类：第一类为系统故障、电源故障和 SQL Server 故障，这类故障由 SQL Server 利用事务日志自动恢复；第二类为介质故障，该类故障利用镜像设备、热备份、数据与日志物理备份进行人为恢复。

SQL Server 利用事务日志存放所有用户对该数据库的所有操作。

SQL Server 中的检查点强制性将被更新过的页面（DATA 页和 LOG 页）写入硬设备。发出检查点后，系统的工作有如下几种。

① 冻结对数据库更新的事务。

② 将缓冲区中被修改过的页面写入硬盘。

③ 在日志中登记一个检查点。

④ 解冻事务。

SQL Server 的先记后写机制为发出检查点后，先记日志，然后写数据页。

SQL Server 中数据库恢复时的步骤如下。

① 读每个库的 SYSLOGS。

② 回退所有未提交的事务。

③ 检查提交的事务是否存在。

④ 在日志中记录一个检查点。

⑤ 将日志恢复信息写入 errorlog 文件。

（2）事务恢复步骤示例。

做如下事务操作：

```
BEGIN TRAN
    insert1
    insert2
CHECKPOINT                    /* 由系统发出的检查点 */
    insert3
COMMIT TRAN
```

以上事务，在检查点之前的第一个和第二个插入操作，对数据库所作的改变将分别写入内存缓冲中的数据页和日志页，即

```
data:   insert1, insert2 (cache)
log:    insert1, insert2 (cache)
```

这时，如果系统发出 CHECKPOINT，则系统将前两个插入操作在缓冲中的数据更新，先记入 syslogs 事务日志，再将内存中的数据更新写入磁盘，将检查点记入日志，释放

前两个插入操作所用的缓冲区。然后进行第 3 个插入操作。

如果 insert3 和 COMMIT TRAN 写入日志后,insert3 正在写入磁盘时出现故障,重新启动后,系统如何自动恢复? 方法如下。

进入 syslogs,从后往前找最近的一次 CHECKPOINT,然后再往后找有无 COMMIT TRAN,如有,则将 CHECKPOINT 和 COMMIT TRAN 间的语句重做一遍,即可将第 3 个插入操作的改变写入磁盘中。

如果找到最近的 CHECKPOINT,其后没有 COMMIT TRAN,则向前找第一个 BEGIN TRAN,找到后将其间的事务撤销,即回退,使系统恢复到 BEGIN TRAN 之前的状态。

5.5 并发控制

本节将从以下几个方面来阐述 DBMS 并发控制的内容:为何要并发,并发执行可能引起哪些问题,如何知道实行并发后结果是正确的,并发执行如何控制实现,死锁的检测处理和防止,以及 SQL Server 中的并发控制技术。

5.5.1 并发控制导论

1. 数据库系统中的并发

事务串行执行(serial execution):DBMS 按顺序一次执行一个事务,执行完一个事务后才开始另一事务的执行。类似于现实生活中的排队售票,卖完一个顾客的票后再卖另一个顾客的票。事务的串行执行,容易控制,不易出错。

事务并发执行(concurrent execution):DBMS 同时执行多个事务,为此,DBMS 须对各事务中的操作进行调度(schedule),令其交错(interleave)执行,以达到同时运行多个事务的目的。

控制事务并发执行的调度,称为并发调度,而控制事务串行执行的调度,则称为串行调度,如不明确说明,后续内容中的调度均指并发调度。

并发执行的事务,可能会同时存取(或读写)数据库中同一个数据的情况,如果不加控制,可能引起读写数据的冲突(conflict),对数据库的一致性造成破坏。类似于多列火车都需要经过同一段铁路线时,车站调度室必须进行火车调度,即安排多列火车通过同一段铁路线的顺序,否则可能造成严重的火车撞车事故。

因此,DBMS 对事务并发执行的控制,可归结为对数据访问冲突的控制,以确保并发事务间数据访问上的互不干扰,亦即保证事务的隔离性。

为便于后续内容的描述,可将一个事务看成是由一系列操作组成,各操作是对数据库对象的读(read)或写(write),并约定:读到程序中变量 X 中的数据库对象,其名字也是 X,也就是说,数据库对象 X 读到程序中名字为 X 的变量中,读 X 对象表示成"$R(X)$",而写 X 对象则表示成"$W(X)$"。

2. 调度概念

如前所述,操作的交错执行需要调度。调度,实际上是将所有事务(构成事务的集合,简称事务集）的所有操作（构成操作的集合,简称操作集）,按一定的要求,重新组合,统一安排,形成一串新的、有序的操作集,交由 DBMS 执行。一般将最后得到的、交由 DBMS 执行的、事务集的一串有序操作集称为调度。

调度,简言之,即事务集的一串有序操作集。

对调度的要求:一个事务中的操作,在调度中的顺序,应该与它们在原事务中的顺序一致。

每个事务最后的行动是 COMMIT（提交）或 ROLLBACK（回退）。

图 5-12 所示为涉及两个事务的并发调度示例。

可将图 5-12 的并发调度,描述如下:

$$S = R(A)W(A)R(B)W(B)R(C)W(C)$$

其中,S 表示调度,事务 T_1 的 4 个操作与事务 T_2 的操作交错执行,$R(A)$ 和 $W(A)$ 分别表示对 A 对象的读和写,$R(B)$ 和 $W(B)$ 分别表示对 B 对象的读和写,$R(C)$ 和 $W(C)$ 分别表示对 C 对象的读和写。调度的描述中,COMMIT 和 ROLLBACK 可忽略,因为还无法确定具体执行时,到底是 COMMIT 还是 ROLLBACK。

图 5-12 涉及两个事务的并发调度示例

操作执行次序 ↓	事务 T_1	事务 T_2
	$R(A)$	
	$W(A)$	
		$R(B)$
		$W(B)$
		COMMIT
	$R(C)$	
	$W(C)$	
	COMMIT	

如果要标明某个操作是哪个事务的,可在操作的表示中,加一个下标来表示所属的事务。例如,"$R_{T_1}(A)$"表示 $R(A)$ 操作是事务 T_1 发出的。

前面谈到调度的要求,现在可以图 5-12 为例来说明。图 5-12 所示为一种有效的调度,假定该调度中操作的顺序保持了各事务内部操作的次序。但如果安排的调度为 $R(C)W(C)R(B)W(B) R(A)W(A)$,由于此调度改变了事务 T_1 中操作的次序,即 $R(A)W(A)$ 本应在 $R(C)W(C)$ 之前执行,因此不是一个有效的调度。

3. 并发的目的（与串行执行比较）

（1）提高系统的资源利用率。当一个事务等待从磁盘读入一页时,CPU 可去执行其他事务,因为计算机系统中 CPU 活动和 I/O 活动可以并行,其好处是可减少磁盘和 CPU 空闲时间,从而提高了系统的资源利用率或称系统吞吐量（system throughout）,即是提高了给定时间内所完成事务的数量。

（2）改善短事务的响应时间（response time）。将短事务与长事务交错执行,可使短事务更快地完成。而在串行执行中,如果短事务在长事务后面执行,则它将长时间等待而得不到执行,从而使其响应时间相当长。

这也回答了本节开始时所提的第一个问题。

5.5.2 并发执行可能引起的问题

要对事务的并发执行进行控制,首先应了解事务的并发执行可能引起的问题,然后才可据此做出相应控制,以避免问题的出现,即可达到控制的目的。

如前所述,DBMS 对事务并发执行的控制,可归结为对数据访问冲突的控制,以确保并发事务间数据访问上的互不干扰。

并发执行事务的数据访问冲突,表现为如下 3 个问题,即并发执行可能引起的 3 个问题。

1．丢失更新（lost update）

丢失更新又称覆盖未提交的数据（overwriting uncommitted data），也就是说，一事务更新的数据尚未提交，而另一事务又将该未提交的更新数据再次更新，使得前一事务更新的数据丢失。

原因：由于两个（或多个）事务对同一数据并发地写入引起，称为写—写冲突（write-write conflict）。

结果：与串行地执行两个（或多个）事务的结果不一致。

图 5-13 说明了丢失更新的情况，其中图 5-13（a）所示为事务的调度，图 5-13（b）所示为按此调度执行的结果。

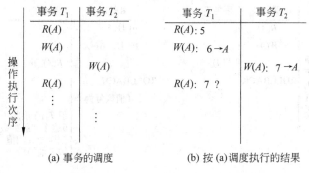

(a) 事务的调度　　　　　(b) 按 (a) 调度执行的结果

图 5-13　丢失更新

由图 5-13 可以看出，事务 T_1 对 A 的更新值"6"，被事务 T_2 对 A 的更新值"7"所覆盖，这时事务 T_1 的第 3 步 $R(A)$ 操作，读出来的值是"7"而不再是"6"。于是，事务 T_1 的用户就会感到茫然，他（她）不知道其事务 T_1 对 A 对象的更新值，已被另外的事务更新所覆盖了。从而使事务间产生了干扰，这实际上就违背了事务的隔离性。

为了更清楚地认识"写—写"冲突的问题，再看一个例子。假定某公司有两个职员 A 和 B，他们的工资一样。现在，事务 T_1 要将他们的工资置为 800 元，而事务 T_2 将他们的工资置为 1300 元。

先看看两事务串行执行的两种情况，即如果先做 T_1 再做 T_2，则 A 和 B 的工资均为 1300 元；如果先做 T_2 再做 T_1，则 A 与 B 的工资均为 800 元。从一致性角度看，都是可接受的。其中，T_1 和 T_2 在写之前都没有读，这种写称为盲写（blind write）。

现在，再考虑交错执行 T_1 和 T_2 的情况，也就是并发执行 T_1 和 T_2 的情况。假定并发调度顺序为

$$S = W_{T_1}(A)W_{T_2}(B)W_{T_1}(B)W_{T_2}(A)$$

按此调度执行情况为：T_1 将 A 的工资置为 800 元，T_2 将 B 的工资置为 1300 元，T_1 置 B 的工资为 800 元，T_2 置 A 的工资为 1300 元。结果，A 和 B 的工资不再一致，与两种串行执行的结果也不一致。

2．读脏数据（dirty read）

读脏数据也称读未提交的数据（reading uncommitted data），也就是说，一事务更新

的数据尚未提交,被另一事务读到。如果前一事务因故要回退,则后一事务读到的数据就是没有意义的数据,即脏数据。

原因:由于后一个事务读了前一个事务写了但尚未提交的数据引起,称为写—读冲突(write-read conflict)。

结果:读到有可能要回退的更新数据。

说明:当然,如果前一个事务不回退,那么后一个事务读到的数据仍是有意义的。

图 5-14 说明了可能读到脏数据的情况,图 5-14(a)所示为事务的调度,图 5-14(b)所示为按此调度执行的结果。图中,T_1 先将 A 的初值"5"改为"6",T_2 从内存读得 A 的值为"6",接着 T_1 由于某种原因回退了,这时 A 的值又恢复为"5"。这样 T_2 刚刚读到的"6"就是一个"脏"数据,如果它不再重新读的话。

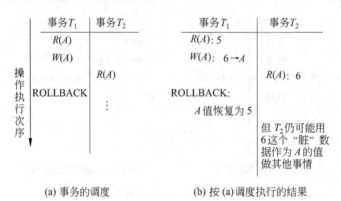

(a) 事务的调度　　　　　　　(b) 按(a)调度执行的结果

图 5-14　读脏数据

3. 读值不可复现(unrepeatable read)

读值不可复现又称不可重复读。由于另一事务对同一数据的写入,一个事务对该数据两次读到的值不一样。

原因:该问题因读—写冲突(read-write conflict)引起。

结果:第二次读的值与前次读的值不同。

图 5-15 说明了读值不可复现的情况,其中图 5-15(a)所示为事务的调度,图 5-15(b)所示为按此调度执行的结果。假定 T_1 先读得 A 的值为"5",T_2 接着将 A 的值改为"6",然后 T_1 又来读 A,这时读得的值为"6"。由于中间 T_1 未对 A 作过任何修改,导致在事务内部,对象值的不一致,即重复读同一对象其值不同的问题。

需要说明的是,前面 3 个问题是只考虑了读写(R/W)操作(包括更新操作)引起的。如果考虑插入和删除操作,则还有一个幻影(phantom)问题。如果事务 T_2 在事务 T_1 查询的多行数据中插入或删除了一行数据,则在 T_1 随后再次查询时就会多了或少了一行数据,从而导致幻影问题。

综上所述,可以得出这样的结论,即把不同事务中对同一对象进行写—写、写—读或读—写这样的操作对进行交错,都会造成冲突,因此,DBMS 在安排事务操作交错(即并发执行)时,应将这些操作对进行有效隔离。或者说,操作对的前一个操作执行后而其所在的事务还未结束时,不要让(另一个事务的)后一个操作执行。

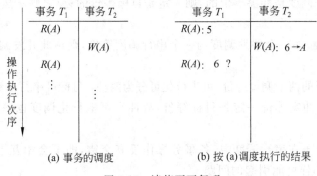

(a) 事务的调度　　　　　　(b) 按 (a) 调度执行的结果

图 5-15　读值不可复观

5.5.3　并发控制的正确性准则

由第 5.5.2 小节可知,DBMS 需要对并发执行的事务进行控制,否则将可能引起丢失更新、读脏数据和读值不可复现 3 个问题。现假设 DBMS 对事务的并发执行进行了控制,那么如何知道或者判定并发控制后结果是否正确呢？本小节的内容将回答这个问题。

说明：回答此问题的思路是,我们知道,串行调度肯定是正确的,如果某个并发调度与某个串行调度等价,则此并发调度也应是正确的。下面的内容即是按此思路组织。

1. 基本概念

（1）并发控制原则：既要将各事务的操作交错执行,以充分利用系统资源,又要避免各事务的数据访问冲突。

（2）事务调度：事务调度是一串事务中所有操作的顺序序列。

（3）事务调度原则：调度中,不同事务的操作可以交叉,但必须保持各个事务内部操作的次序。

（4）约定：为便于问题描述,假定数据库的对象 X 总被读入程序的 X 变量,将事务 T 中读对象 X 的操作表示为 $R_T(X)$,写表示成 $W_T(X)$ 或用事务号作下标。

（5）调度描述：

$$S = \cdots R_1(x) \cdots W_2(x) \cdots R_1(x) \cdots$$

2. 等价调度

对同一事务集,存在有多种调度,可能有些调度是等价的。

调度等价：假设有两个调度 S_1 和 S_2,在数据库的任一初始状态下,所有读出的数据都是一样的,留给数据库的最终状态也是一样的,则称 S_1 和 S_2 是等价(equivalence)的。

以上的调度等价概念是一个普遍定义,故又称"目标等价"(view equivalence)。

不同事务的一对操作,有些是冲突的,有些是不冲突的。由前面内容可知,冲突的操作对有写—写、写—读和读—写,它们均是针对同一对象,由不同的事务发出。不冲突的操作对有针对同一数据对象的读—读和针对不同数据对象的各种 RW 操作。不冲突操作的次序可以互相调换,不会影响执行的结果。

冲突等价(conflict equivalence)：凡是通过调换调度 S 中不冲突操作所得的新调度 S_{new} 都称为是 S 的冲突等价调度,即 S 与 S_{new} 是冲突等价调度。

结论：如两个调度是冲突等价的，则一定是目标等价的；反之则不然。

3. 可串行化

对一个事务集，如一个并发调度与一个串行调度等价，则称此并发调度是可串行化的（serializable）。

对应前面所说的两个调度等价，可串行化可分为两种：目标可串行化和冲突可串行化。

推论 5-1　因冲突等价一定是目标等价，故冲突可串行化调度也一定是目标可串行化调度。

基本论点：由于在串行调度中，各事务操作没有交错，即不会相互干扰，故不会产生像事务并发执行那样可能引起的问题。

推论 5-2　可串行化的并发调度与某一串行调度等价，故也不会产生并发所可能引起的问题。

并发控制的正确性准则：在当前的 DBMS 中，均以冲突可串行化，作为并发控制的正确性准则。

说明：

① 对 n 个事务，可有 $n!$ 种排列，即有 $n!$ 种串行调度。每个串行调度执行的结果可能不一样，可串行化准则只要求并发调度和其中某一个串行调度等价即可。

② 不同的可串行化调度不一定等价，即 n 个事务交付系统执行后，由于并发调度不同，可能产生不同的结果，这是允许的。除非特别规定，用户对这 n 个事务的执行顺序没有要求。

4. 并发调度的可串行化测试

给定一个事务集的并发调度，如何确定或判定该并发调度是可串行化的呢？

方法：一个并发调度是否可串行化，可用其前趋图（precedence graph）来测试。

前趋图是一有向图 $G=(V, E)$，V（vertex）为顶点集合，E（edge）为边集合。在此，V 包含所有参与调度的事务，即事务集中的每一个事务在前趋图中均表示为一个顶点，而边 E 可通过分析事务间的冲突操作对来决定。

构造前趋图的方法是，如下列条件之一成立，也就是存在冲突操作对，则在 E 中可加一条边 $T_i \rightarrow T_j$：

① $R_i(x)$ 在 $W_j(x)$ 之前；

② $W_i(x)$ 在 $R_j(x)$ 之前；

③ $W_i(x)$ 在 $W_j(x)$ 之前。

说明：以上 3 个条件，实际上分别对应前面所说的读—写冲突、写—读冲突和写—写冲突。

按上述方法构造好前趋图后，可按以下方法进行可串行化测试：如前趋图中有回路，则该并发调度不可能等价于任何串行调度；如前趋图没有回路，则此并发调度是可串行化的，并可找到与该并发调度等价的串行调度。

寻找等价串行调度的方法：因图中无回路，必有一入度为 0 的结点，即没有任何有向边指向该结点，将该结点以及与该结点相连的边从图中移去，并将该结点移到一个队列中，对所剩的图作同样处理。如此继续下去，直到所有结点都移到了队列。按队列中结点次序串行排列各事务操作，即可得到一个等价的串行调度。

例 5-3　并发调度可串行化测试示例。

给定事务集为 $\{T_1,T_2,T_3,T_4\}$，并发调度 $S_并=W_3(y)R_1(x)R_2(y)W_3(x)W_2(x)W_3(z)R_4(z)W_4(x)$。

问：该并发调度是否可串行化？若是，与其等价的串行调度是什么？

解答：

首先，根据所给事务集和并发调度，构造如图 5-16(a)所示的前趋图。

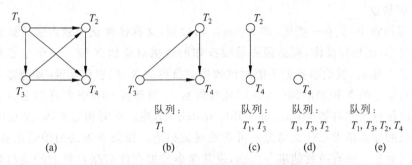

图 5-16　前趋图及并发调度可串行化测试

从图 5-16(a)可以看出，该有向图没有回路，故并发调度 $S_并$ 是可串行化的。

根据前面所述的"寻找等价串行调度的方法"，可分别得到如图 5-16(b)～图 5-16(e)所示的移出结点队列。

最后，得到的队列中结点的顺序为 T_1、T_3、T_2、T_4。将各事务操作根据结点顺序排列，得到一个串行调度 $S_串$ 如下：

$$S_串 = R_1(x)W_3(y)W_3(x)W_3(z)R_2(y)W_2(x)R_4(z)W_4(x)$$

该 $S_串$ 即是与并发调度 $S_并$ 等价的串行调度。

5.5.4　基于锁的并发控制协议

1. 概述

DBMS 并发控制的任务是要保证事务执行的可串行化。但是，用前面的测试方法，来保证调度可串行化是不现实的。原因有两个：一是不可能事先定好调度；二是事务是随机产生的、不固定的。那么，DBMS 如何实现事务的并发控制？同时还要保证调度的可串行化，即避免并发执行的问题呢？

一种通常的并发控制实现方法是由 DBMS 定好一个协议(protocol)，按此协议执行事务，即可保证可串行化，而不必关心具体的调度。

而保证可串行化最常用的一种方法，就是在互斥的方式下访问数据，即当一个事务访问某个数据对象时，不允许其他事务更新该数据对象，这就是互斥并发控制协议。基于锁的并发控制协议，简称加锁协议(locking protocol)，是这类协议中的一种，也是目前商用 RDBMS 广泛采用的并发控制方法。

说明：其他并发控制协议还有：基于时间戳的协议、基于有效性检查的协议和多版本控制协议等，有兴趣的读者可查阅相关文献。

加锁协议的基本思想是用加锁(locking 或称封锁)来实现并发控制，即在操作前对被操作的对象加锁。锁的作用就是锁住事务要访问的数据对象，使得其他事务无法访问同一个数据对象，尤其要阻止其他事务改变该数据对象。

定理 5-1 事务只要遵守加锁协议，即可保证调度的可串行化。

加锁协议有以下几种类型：X 锁协议、两阶段加锁协议（2PL 协议）、(S，X) 加锁协议、(S，U，X) 加锁协议，以及多粒度加锁协议。

下面将分别介绍前 4 种加锁协议，而多粒度加锁协议，则在第 5.5.5 小节介绍。

2. X 锁协议

在 X 锁协议中，只有一把锁，即 X(exclusive) 锁，又称排他锁或独占锁。该协议要求不论是读操作，还是写操作，都必须先给要操作的数据对象加 X 锁。一个事务对某个数据对象加了 X 锁后，其他事务就不能对该数据对象再加 X 锁，也就是说，其他事务必须等待该数据对象上的 X 锁被解锁（unlock）或释放后，才可能被 DBMS 准许加上 X 锁。

加锁协议可用相容矩阵（compatibility matrix）描述。所谓相容矩阵，是说明事务对某数据对象的加锁请求在什么情况下可获准或被拒绝。如果事务的加锁请求获准了，则说明该数据对象上没有被其他事务加锁，或其他事务加在此数据对象上的锁与此次申请要再加上去的锁"相容"；如果被拒绝，则说明其他事务加在此数据对象上的锁与此次申请要再加上去的锁冲突或相斥。因此，相容矩阵，有时也叫冲突矩阵或相斥矩阵。

表 5-9 所示为 X 锁协议的相容矩阵。

表 5-9　X 锁协议相容矩阵

事务的加锁申请 ＼ 数据对象的加锁状态	未加锁(no lock，NL)	已加 X 锁
X 锁	Y	N

说明：

① 锁是否相容，实际上就是看多个事务对同一数据对象的加锁是否存在有冲突。

② Y 表示相容，N 表示冲突。

③ X 锁协议不允许多个事务同时"读"同一个数据对象，这是因为"读"操作所用的锁也是 X 锁。

由表 5-9 可知，数据对象当前的锁状态有两种：未加锁 NL 和已加 X 锁。表的第二行表示某事务申请对该数据对象加锁，由于只有一种锁，故加锁申请只有一种：X 锁，Y(yes) 表示可接受，N(no) 表示拒绝。也就是说，在此协议中，只有 NL 与 X 是相容的。当数据对象未加锁时，即 NL，如此时有一个事务申请对此数据对象加 X 锁（即 X 锁请求），DBMS 根据此相容矩阵得知：可接受，于是该请求得以受理，加锁请求成功；如数据对象已加有 X 锁，此时又有某事务请求对它加 X 锁，由相容矩阵可知：不允许，于是加锁请求遭拒绝，该事务必须等待，直到数据对象上的 X 锁被解锁。

DBMS 按 X 锁协议来控制并发执行的事务，是否真的就可以达到避免并发执行可能引起的 3 个问题呢？

从 X 锁的相容矩阵中可以看出，这一点是无疑的。为什么呢？因为要避免丢失更新、读脏数据和读值不可复现这 3 个问题,只要能消除对应的写—写冲突、写—读冲突和读—写冲突即可。由加锁协议可知,不论是读操作,还是写操作,操作之前必须加锁。又由 X 锁协议可知,该协议只有一把 X 锁,不管是读还是写都用这把 X 锁。再由 X 锁的相容矩阵可知,X 锁与 X 锁是"互斥"的,也就是说,X 锁协议将所有对同一数据对象的读写操作对,都排斥开,甚至包括不冲突的读—读操作对,不允许它们相容地执行。这样,一个事务在读或写一个数据对象时,另一个事务是不可能再对该数据对象进行读写的,从而,也就不会出现丢失更新、读脏数据或读值不可复现的问题了。

因此,加锁协议要解决丢失更新、读脏数据或读值不可复现的问题,必须在其相容矩阵的设计上,一是要求用于读操作的锁与用于写操作的锁相斥,二是要求写操作的锁之间也相斥。从 X 锁协议的相容矩阵看,它做到了这一点。当然,X 锁协议做得稍过头了,它将没有冲突的"读-读"操作对也禁止了。

不过,加锁协议,包括 X 锁协议,可能引起级联回退(cascading rollback)现象。

所谓级联回退,是指一事务还未结束,就把它已获得的锁释放,其中又因某种原因,该事务需要回退,为避免其他事务读到脏数据,要求读了该事务更新数据的其他事务亦要回退,从而可能引发许多事务接连回退,此种现象即为级联回退现象,如图 5-17 所示。图中,Lock(A)表示对数据对象 A 加 X 锁,Unlock(A)表示将对象 A 的 X 锁解锁或释放。因此,级联回退的原因是过早释放锁。

加锁协议补丁 1(patch 1):为避免级联回退,要求不管是写操作锁,还是读操作锁,都应保持到事务结束(end of transaction,EOT)才释放。该补丁对其后的加锁协议也适用。

事务 T_1	事务 T_2	事务 T_3
LOCK(A)		
$W(A)$		
UNLOCK(A)		
	LOCK(A)	
	$R(A)$	
	UNLOCK(A)	
		LOCK(A)
		$R(A)$
		UNLOCK(A)
ROLLBACK		
	ROLLBACK	
		ROLLBACK

图 5-17 级联回退现象

加锁协议补丁 1 的作用:可避免级联回退,并且防止读脏数据。

3. 两阶段加锁协议

一个事务如果其加锁都在所有的锁释放之前,则此事务为两阶段事务。遵守这种加锁限制的协议,称为两阶段加锁协议(two-phase locking protocol,2PL 协议)。

说明:

① 两阶段事务中的两个阶段,分别是加锁阶段和解锁阶段。加锁阶段,是其所拥有的锁逐步增长的阶段(growing phase);而解锁阶段,是其所拥有的锁逐步缩减的阶段(shrinking phase)。这两个阶段相当明显,故称两阶段事务。

② 两阶段事务中,一旦开始解锁,就不能再对任何数据对象加锁。

③ 两阶段加锁协议不是一个具体的协议,但其思想可融入到具体的加锁协议之中,如 X 锁协议以及后文要介绍的其他加锁协议。

一个事务,如遵守先加锁、后操作的原则,则此事务为合式(well formed)事务。

定理 5-2 如所有事务都是合式、两阶段事务,则它们的任何调度都是可串行化的。

说明：以上定理是两阶段锁的重要理论，证明从略。在此只用于说明遵守该协议的交错调度是可串行化的。不过，2PL 是调度可串行化的充分条件，但不是必要条件。尽管如此，由于 2PL 协议简单，一般都用它来实现调度可串行化。

严格的 2PL 协议（strict 2PL protocol）：锁在 EOT 时释放（即要打加锁协议的补丁 1），两阶段事务锁的缩减阶段凝缩成 EOT。在 EOT 释放所有的锁，不但可避免级联回退和读脏数据，也满足了 2PL 协议，此即严格的 2PL 协议。

说明：

① 加锁由 DBMS 统一管理。DBMS 提供一个锁表，记录各数据对象的加锁情况。事务如需要对某数据对象操作，需首先向 DBMS 申请对该数据对象加锁，DBMS 根据该对象的锁表状态，以及加锁协议的相容矩阵，决定是否同意其申请或令其等待。

② 锁表是 DBMS 的公共资源，访问频繁，一般置于公共缓冲区。锁表内容仅反映资源使用的暂时状态，如系统失效，则锁表内容也随之失效，无保留和恢复价值。

4.（S，X）加锁协议

（S，X）协议有两把锁：S 锁（share lock），称为共享锁，也称读操作锁（简称读锁），用于读操作；X 锁（exclusive lock），称为排他锁或独占锁，也称写操作锁（简称写锁），用于写操作。

该协议要求，在读操作时，必须先给要操作的数据对象加 S 锁；而在写操作时，则必须先给要操作的数据对象加 X 锁。

表 5-10 所示为（S，X）加锁协议的相容矩阵。

表 5-10　（S，X）加锁协议相容矩阵

事务的加锁申请 ＼ 数据对象的加锁状态	未加锁 NL（no lock）	已加 S 锁	已加 X 锁
S 锁	Y	Y	N
X 锁	Y	N	N

说明：

① 与 X 锁协议相比，（S，X）加锁协议由于读操作使用 S 锁，而不再是 X 锁，并且读—读不是冲突操作对，故可将 S 锁与 S 锁设计为相容，即同一数据对象可允许多个事务并发读，这样（S，X）加锁协议就比 X 锁协议提高了读数据的并发度。所谓并发度，即允许访问同一数据的用户数。所以，（S，X）加锁协议将 X 锁协议做过头的地方给纠正过来了。

② 从相容矩阵的设计上可以看出，用于读操作的 S 锁与用于写操作的 X 锁相斥，X 锁与 X 锁也相斥，因此（S，X）加锁协议也能解决丢失更新、读脏数据或读值不可复现的问题。

在（S，X）加锁协议（也包括其后的几个加锁协议）中，可能出现活锁（live lock）现象。

如一数据对象已被加了 S 锁，其他事务要申请对它的 X 锁，就需要等待。若此时有其他事务申请对它的 S 锁，则按相容矩阵应可获准。如不断有事务对它申请 S 锁，以致该数据对象一直被 S 锁占据,则 X 锁的申请迟迟得不到获准,此现象称为活锁,如图 5-18 所示。

活锁不同于死锁(dead lock),死锁是两个或多个事务之间相互等待对方释放所要操作的数据对象上的锁,而又都不释放对方所需要的数据对象上的锁,从而形成一种循环(loop)等待(即死等)状态,这种死等状态需要外界干预才能解开,如图 5-19 所示。

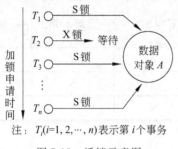

注:$T_i(i=1,2,\cdots,n)$表示第 i 个事务

图 5-18　活锁示意图

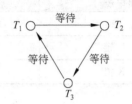

图 5-19　死锁的循环等待示意图

而活锁只是一方在等待,不是循环等待,只要数据对象上的所有读锁都释放了,写锁就可以加上了。因此,活锁不需要外界干预就可自行解开。不过,活锁虽然不会导致“死等”,但会影响系统性能。

加锁协议补丁 2:为避免活锁,在加锁协议中,从(S,X)加锁协议开始,应规定先申请先服务又称先来先服务(first come, first served)原则,即当多个事务请求对同一数据对象的加锁时,DBMS 按请求加锁的先后顺序,对这些事务排队,该数据对象上的锁一旦释放,首先批准申请队列中的第一个事务获得加锁。该补丁对其后的加锁协议也适用。

“先来先服务”原则在(S,X)协议中的应用:对(S,X)加锁协议来说,如果一个对象已加有 S 锁,当又有对该对象请求 S 锁的另一事务到来时,DBMS 首先要查看在此事务之前,有无申请对该数据对象加 X 锁的事务,若有,则按“先来先服务”原则,不准许此时的 S 锁请求;若没有,则准许此时的 S 锁申请。

因此,加锁协议补丁 2 的作用是可避免活锁。

说明:

① 为避免级联回退现象和防止读脏数据,(S,X)加锁协议也应打第一个协议补丁,即锁应保持到 EOT 时才释放。

② (S,X)加锁协议繁简适当,有相当多的 RDBMS 采用此协议。

5. (S,U,X)加锁协议

(S,U,X)加锁协议是对(S,X)协议的改进,它除了有 S 锁和 X 锁之外,又增加了一把 U 锁(update lock),称为更新锁或修改锁。

(1)增设 U 锁的原因。事务在做修改操作时,一般分两个步骤/阶段:先读后写,即先读老内容,在内存中修改后,再写入修改后的内容。此过程中,在“读”阶段,为保证需更新的数据对象仍可被其他事务访问,而新增此 U 锁。

(2)U 锁的使用及作用。事务要修改数据对象时,先申请该对象的 U 锁,数据对象加了 U 锁后,仍允许其他事务对它加 S 锁,即允许其他事务的并发读。到写入阶段时,事务再申请将 U 锁升级为 X 锁,这时才不允许其他事务的并发读。对于事务的修改操作,如果采用(S，X)协议,则只能申请 X 锁,这样在事务执行修改操作的全过程中,不允许其他事务的"并发读"操作,因此(S，U，X)协议的并发度比(S，X)协议要高。

表 5-11 所示为(S，U，X)加锁协议的相容矩阵。

表 5-11　(S，U，X)加锁协议相容矩阵

事务的加锁申请 ＼ 数据对象的加锁状态	未加锁 NL(no lock)	已加 S 锁	已加 U 锁	已加 X 锁
S 锁	Y	Y	Y	N
U 锁	Y	Y	N	N
X 锁	Y	N	N	N

说明：

① 为避免级联回退和防止读脏数据,除 U 锁后来升级为 X 锁外,S、X 锁应保持到 EOT 才释放,即(S，U，X)协议也要打协议补丁 1。

② 数据对象加了 U 锁后,其他事务可能连续不断地对它加 S 锁,使 U 锁迟迟不能升级为 X 锁。为避免这种活锁,同样也要求遵守"先来先服务"原则,即(S，U，X)协议要打协议补丁 2。

③ 从相容矩阵的设计上可以看出,用于读操作的 S 锁与用于写操作的 X 锁相斥,X 锁与 X 锁也相斥,因此(S，U，X)加锁协议也能解决丢失更新、读脏数据或读值不可复现的问题。

5.5.5　多粒度加锁协议

1. 基本概念

在前面讨论的加锁协议中的数据对象时,一直没有说明或区分这个数据对象到底有多大。在数据库系统中,一个数据对象的大小,可以大到整个数据库、一页(page,DBMS 访问磁盘数据的单位)、一张表(table),也可以小到一行(即元组)。对加锁来说,数据对象的大小,即是加锁的粒度(granularity)。

对于不同大小的数据对象及其加锁,为便于理解,可以与现实生活的事物进行类比。例如,可将整个数据库比喻为一间大教室;如果教室被走廊分成几个块(block),则每一块可比作一张表;每一块的各排桌子相当于表中的行或元组;而每排桌子的每一个座位可比作表的列。

于是,如果教室的门被锁了,就相当于整个数据库被加锁,可以说,锁教室的这把锁,其粒度比较大;如果教室中的某一个块被某班的学生全部坐了,相当于对应的表被加了 X 锁,其他班的学生不能再去坐这个块了,除非坐着的那班学生全部离开了,相当于解锁了;同样,如果块中的某一排被一些学生全部坐了,则相当于表中的一行被加了 X 锁;而如果某个座位有学生坐着,则相当于表中某行的某个列被加了 X 锁。

以上示例中,X 锁用了几处,有数据库、表、行和列,各处锁住的大小是不一样的,这就相当于锁的粒度,或称锁的大小。大粒度的锁,用于锁大的对象;小粒度的锁,则用于锁小的对象。

各种锁可以与其所加的数据对象结合来区分锁的粒度或大小,例如,用于锁表的锁可称为表级锁,简称表锁;用于锁行的锁称为行级锁或简称行锁等。

加锁粒度与系统的并发度、并发控制的开销密切相关。加锁粒度愈大,需控制或管理的锁较少,这样控制的精细度就粗略些,从而控制简单,系统开销就小,但同时会降低并发度(即同时访问的用户数少);反之,加锁粒度越小,需控制或管理的锁较多,这样控制的精细度就高,从而所需的控制越复杂,系统的开销也就越大,不过可提高并发度。

所以,如果一个 DBMS 可提供多级加锁单位,以供不同的事务根据应用需要选择使用,这样,用户可通过权衡系统开销与并发度来选择不同的加锁粒度,以达到最优效果。例如,如果一个事务需要处理数据库中几乎所有的表,就可以锁住整个数据库,即以数据库为加锁单元;如果一个事务需要处理一张表中的大量元组,则可利用表锁来锁住整张表,而不是只锁其中的一张或几张页面,即以表作为加锁单元;如果一个事务访问的是表中的一个或少数几个页面,那么可利用页级锁(简称页锁)锁住这一个或几个页面,即以页面作为加锁单元;如果一个事务仅仅访问表中几个元组,则可以用行锁来锁住这几个元组,即以行(或元组)作为加锁单位,以提高并发度。显然,要做到多粒度的加锁,就需要一种支持多粒度锁的并发控制协议——多粒度加锁(multiple granularity locking)协议,这也是本小节所要介绍的内容。

现代大型 RDBMS 一般均支持多粒度加锁。而在微型计算机的 RDBMS 中,由于并发度要求不高,一般以表作为加锁单位,且不提供其他粒度的锁,此即单粒度加锁(single granularity locking)。

RDBMS 一般提供以下多粒度锁,从小到大排列如下:行级锁,简称行锁(row lock);页级锁,简称页锁(page lock);表级锁,简称表锁(table lock)。

2. 多粒度加锁的实现

(1) 锁冲突检测问题。按数据对象的包含(或上下级)关系,将数据对象区分为祖先(ancestor)与子孙(offspring)。例如,数据库包含表,故数据库是表的祖先,而"表"是数据库的子孙;表包含行,故表是行的祖先,而行是表的子孙。

多粒度加锁下,一个数据对象可能存在以下两种加锁方式。

① 显式加锁(explicit locking)。指系统应事务的要求,直接对该数据对象的加锁,有时简称显式锁。

② 隐式加锁(implicit locking)。指该数据对象本身并未被显式加锁,但由于其祖先被加了锁,故这个数据对象被隐式地加了锁,有时简称隐式锁。例如,一个表被显式加锁,则其所有元组和列均隐式地被加锁。更形象地,如果教室被锁了,相当于教室里的桌子和座位等均被(隐式地)锁住了,虽然桌子和座位本身并没有真正用锁锁住,学生也不能去坐这些桌子或座位。也就是说,锁教室的那把锁对教室来说是显式锁,而对桌子和座位来说则是隐式锁。

说明:尽管区分了显式和隐式加锁,但显式加锁和隐式加锁的效果是一样的。

如果只有显式锁,则锁的冲突较易发现,像此前所讲的一些加锁协议,均只涉及显式锁,其中的锁冲突判断都比较简单。但如果有隐式锁,则检查锁冲突就较复杂。因为DBMS在收到某个事务对某个数据对象的加锁请求后,在检查该数据对象的加锁状态时,既要考虑是否存在显式锁,还要考虑是否存在隐式锁,以判定请求的锁与已加的锁(包括显式加锁和隐式加锁)之间是否存在锁冲突。

具体来说,多粒度加锁下对某数据对象请求加锁时,锁冲突检测的步骤如下。

① 检查数据对象本身是否存在显式锁。若权限不存在,进入②;若权限存在,则判断该显式锁与所请求的显式锁之间是否相斥或冲突。若权限不冲突,进入②;否则,返回"有冲突"。

② 检查数据对象的所有祖先是否存在显式锁,以判断该数据对象有没有隐式锁。若权限不存在,进入③;若权限存在,则判断由祖先的显式锁形成的对数据对象的隐式锁,与所请求的显式锁之间是否冲突。若权限不冲突,进入③;否则,返回"有冲突"。

③ 检查数据对象的所有子孙是否存在显式锁。若权限不存在,返回"无冲突";若权限存在,则判断对它申请的显式锁对其子孙形成的隐式锁与子孙本身的显式锁是否冲突。若不冲突,返回"无冲突";否则,返回"有冲突"。

说明:对于不区分加锁粒度的加锁协议来说,只需检查第1步即可,而对多粒度则需要3个步骤,确实要复杂些。

(2)简化锁冲突检测的方法。由以上分析可以看出,检测一个数据对象是否存在锁冲突的步骤相当复杂。为简化多粒度加锁中数据对象锁冲突检测的复杂性,提出了意向锁(intention lock)方法。该方法首次在IBM的System R项目中提出,并在绝大多数RDBMS产品中采用。

该方法运用于多粒度加锁协议中,除有S锁和X锁外,另外引入了3种意向锁:意向共享(intention share,IS)锁、意向排他(intention exclusive,IX)锁和共享意向排他(share intention exclusive,SIX)锁,下面分述之。

(3)意向共享锁。一个事务要给一个数据对象加S锁,必须首先对其祖先加IS锁。反过来说,如果一个数据对象被加了IS锁,表示其某些子孙加了或准备加S锁。IS锁与X锁相斥。

说明:

① 如果在对祖先加IS锁时没有出现锁冲突,那么对该数据对象加S锁也肯定能成功,不会出现这样或那样的锁冲突。否则,如果其祖先的IS锁加不上(即有锁冲突存在),那么对该数据对象的S锁也肯定加不上(即肯定也会出现锁冲突)。

② 事实上,意向锁起到了类似于侦察兵的作用。例如,如果一支部队想在某地(数据对象)埋伏(加S锁),可先向该地周围(祖先)派出侦察兵(IS锁);如果侦察兵(IS锁)报告周围无敌情(IS锁未遇到相斥的锁),那么可以肯定周围对该地不会形成威胁(没有与S锁相斥的隐式锁);如果本地没有敌人(没有与S锁相斥的锁)则在此地埋伏(加S锁)就是安全的(给数据对象加S锁就不会遇到相斥的隐式锁)。

③ 还可从意向性的角度来理解意向锁的意向性作用,即如果给某数据对象的祖先加了意向锁,表示有事务要对该数据对象加锁的意向。例如,如果某毕业生所在的学院与签约单位签订了该学生就业的意向性协议,表明该学生毕业后有到签约单位就业的意向,为该生今后就业提供一定的保障。

IS 锁的引入可为锁冲突的检测提供以下保障。

① 如果一个事务对所操作对象祖先的 IS 锁申请成功,就可保证再对该对象加 S 锁时,不会造成 S 锁与该对象的隐式锁发生冲突。因为在给该对象祖先加 IS 锁时,未遇到相斥的锁,当然就不会再有冲突存在。

② 如果事务给数据对象加了 S 锁,那么其他事务就不能给其任何祖先加 X 锁,因为其祖先已被该事务加了 IS 锁,而 IS 锁与 X 锁是相斥的。

为更好地理解意向锁的精妙所在,下面用两个示例来说明。以数据库、表和行这三级为例,它们形成的是一个"祖孙三代"的层次。为简化描述,用 DB 表示数据库,T 表示表,R 表示行。

先看第一个示例,假定 DB 已加有 X 锁,现要给 T 加 S 锁。为此,之前要给 DB 加 IS锁,由于 IS 锁与 X 锁冲突,所以马上就可检测到冲突。假如不是用意向锁的方法,则应按多粒度锁检测步骤中的前两个步骤进行检测。即先看有无其他事务给 T 加了 X 锁,根据前面的假定,没有其他事务给 T 加 X 锁;于是,再看第二步,由于 DB 这个 T 的祖先已加了 X 锁,所以 T 被隐式加了 X 锁,而 S 锁与 X 锁相斥,因此检测到冲突。这比用意向锁的方法,要复杂和曲折得多。

再看第二个示例,假定 R 已加有 S 锁,现要给 T 加 S 锁。按意向锁使用方法,由于 R已加有 S 锁,说明 R 的所有祖先(即 DB 和 T)已加有 IS 锁。也就是说,R 在加 S 锁之前,已给 DB 和 T 先加了 IS 锁。另外,要给 T 加 S 锁,需要给其祖先 DB 加 IS 锁。于是,这时只需检测在 DB 上有无冲突即可(显然,DB 上已有的 IS 锁和将要加的 IS 锁之间无冲突),而不需要再向下检测其子孙的锁冲突。也就是说,子孙的锁冲突检测已统一转化为祖先的锁检测问题了,从而可省略子孙的锁冲突检测。

综上所述,在引入了意向锁后,其加锁及其锁冲突检测,分为两步。第一步,给数据对象的所有祖先加意向锁,检测该意向锁与祖先已有的锁,判断它们之间是否存在冲突,如果没有,则加上意向锁,转第二步;否则意向锁加不上,即数据对象的加锁申请失败。第二步,给数据对象加锁。图 5-20 所示为引入意向锁后的加锁步骤。

(4) 意向排他锁。一个事务要给一个数据对象加 X 锁,必须首先对其祖先加 IX 锁。也就是说,如果一个数据对象被加了 IX 锁,则表示其某些子孙加了或准备加 X 锁。IX 锁与 S、X 以及后面的 SIX 锁相斥。

意向排他锁的使用方法及过程与意向共享锁极为相似,只需将 S 锁换成 X 锁,IS 锁换成 IX 锁。类似地,IX 锁的引入可为锁冲突检测提供以下保障:

① 如果一个事务对所操作对象祖先的 IX 锁申请成功,就可保证再对该对象加 X 锁时,不会造成 X 锁与该对象的隐式锁发生冲突。因为,在给该对象祖先加 IX 锁时,未遇到相斥的锁,当然就不会再有冲突存在。

② 如果事务给数据对象加了 X 锁,那么其他事务就不能给其任何祖先再加 S 锁或 X锁,因为其祖先已被该事务加了 IX 锁,而 IX 锁与 S 锁、X 锁是相斥的。

IX 锁的使用及加锁亦遵循图 5-20 所示的步骤。

为综合说明 IS 锁及 IX 锁的作用,仍以 DB(数据库)、T(表)及 R(行)这三级为例,并假定初始状态下它们均无加锁。现在如果 T_1 事务要读 T 表,它需要先申请对其祖先 DB加 IS 锁,显然此时该 IS 可以加上,然后 T_1 事务可申请对 T 加 S 锁,由于 T 此时没有其

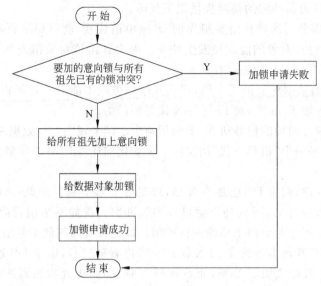

图 5-20　引入意向锁后的加锁步骤

他的锁,故该 S 锁可加上。假如 T_2 事务想写 T 表的第 R 行的数据,它需要首先申请对 R 的所有祖先(DB 和 T)加 IX 锁。对 DB,它已有一把 IS 锁(事务 T_1 加上的),由于 IS 与 IX 相容,故在 DB 上不存在锁冲突。对 T,它已有一把 S 锁(事务 T_1 加上的),由于 S 锁与 IX 相斥,故此 IX 不能加到 T 上,于是事务 T_2 对 R 的 X 锁申请就失败了,没有必要再去判断在 R 上是否存在锁冲突,因为冲突肯定存在。

　　(5) 共享意向排他锁。实际应用中,常常有这种情形,即一个事务需要读整张表,并修改其中个别行(元组)。也就是说,该事务需要整张表的 S 锁和 IX 锁,这样该事务才能接着以 X 锁"锁住"其中要修改的行。然而,由于 S 锁与 IX 锁相斥,不可能同时拥有,即不可能给整张表既加 S 锁又加 IX 锁。为解决此问题,定义了 SIX 锁。SIX 锁在逻辑上,等价于同时拥有 S 锁和 IX 锁。SIX 与 IX、S、X 及 SIX 相斥。

　　(6) 多粒度加锁协议的相容矩阵。综合以上的各种意向锁,多粒度加锁协议的相容矩阵,如表 5-12 所示。

表 5-12　多粒度加锁协议相容矩阵

数据对象的加锁状态 / 事务的加锁申请	未加锁 NL	已加 IS 锁	已加 IX 锁	已加 S 锁	已加 SIX 锁	已加 U 锁	已加 X 锁
IS 锁	Y	Y	Y	Y	Y	Y	N
IX 锁	Y	Y	Y	N	N	N	N
S 锁	Y	Y	N	Y	N	N	N
SIX 锁	Y	Y	N	N	N	N	N
U 锁	Y	Y	N	Y	N	N	N
X 锁	Y	N	N	N	N	N	N

（7）多粒度加锁/解锁顺序。

① 要对一个数据对象加锁，必须对这个数据对象的所有祖先，加相应的意向锁，即申请锁时，应按自上而下（从大到小或从根到叶）的次序申请，以便及时发现冲突。像前文所述的例子中，要给表中某行加 X 锁，应先申请对其所有的祖先（即数据库和表）加 IX 锁，顺序是先给数据库 DB 加 IX 锁，然后给表 T 加 IX 锁。如果 DB 的 IX 锁加不上，说明发生了冲突，不需要再给表 T 加 IX 锁了。

② 解锁时，应按自下而上（从小到大或从叶到根）的次序进行，以免出现锁冲突。

说明：如果按从大到小的次序释放锁，看看会发生什么情况？假定事务 T_1 将所有从根到所要操作的对象（对应某个页面 P）这条路径上的结点加了 IS 锁，将该页面加 S 锁，然后释放根结点上的 IS 锁；另一个事务 T_2 现在可获得根结点的 X 锁，该锁隐式地给了 T_2 在页面 P 上的 X 锁，而这与 T_1 所拥有的 S 锁相冲突。

5.5.6　死锁及其预防、检测与处理

1. 概述

一个事务如果一申请锁而未获准，则需等待其他事务释放锁，从而形成事务间的等待关系。

当事务出现循环等待时，如不加干预，则会一直等待下去形成死锁（dead lock）。

对于死锁，在操作系统和一般的并行处理中，已做了深入研究。但 DBMS 有它自己的特点，操作系统中解决死锁的方法，并不一定适合数据库系统。

目前，在数据库系统中，对付死锁，DBMS 采用两种方法：

（1）防止死锁；

（2）检测死锁，发现死锁后，处理死锁。

2. 死锁的预防

（1）死锁预防的基本思路。死锁的发生是由于事务间的循环等待，因此预防死锁的基本思想就是只允许事务间单向等待，而不允许双向等待，即要么是"年老"（或优先级高）的事务等待"年轻"（或优先级低）的事务，要么只是年轻的事务等待年老的事务。这样，事务的等待就不会出现循环，也就不会形成死锁。

说明：如果允许双向等待，则容易陷入循环等待。例如，如果既允许 T_1 事务等待 T_2 事务，又允许 T_2 事务等待 T_1 事务，那么即陷入死锁。

而事务的优先级可通过时间戳（time stamp, TS）来确定，即每个事务开始执行时，给事务一个时间戳。时间戳越前，事务的优先级越高。也就是说，越老的事务，其优先级越高。

时间戳是一个唯一的、随时间增长的整数，用 ts 表示。事务的时间戳表示为 $ts(T)$，其中 T 表示事务，ts 表示 T 事务的时间戳。

例如，有两个事务 T_A 和 T_B，如果 $ts(T_A) < ts(T_B)$，则表示 T_A 早于 T_B，即 T_A 的优先级比 T_B 高。

预防死锁的策略有两个：等待—死亡（wait-die）策略；击伤—等待（wound-wait）策略。

描述策略之前，约定：T_B 已持有某数据对象的锁，现在 T_A 申请同一个数据对象的锁。

（2）等待—死亡策略。此种策略中，如果 T_A 的优先级比 T_B 高，则允许 T_A 等待，否则令其"死亡"，即被撤销（回退）。描述如下：

```
if ts(T_A) < ts(T_B)
    T_A waits;          /* wait */
else
{
    rollback T_A;       /* die */
    restart T_A with the same ts(T_A);
}
```

说明：

① 此策略说明，总是年老的事务等待年轻的事务，这种等待是一种单向的等待，故不会形成循环等待，从而避免死锁。

② 因年轻而遭回退的事务，由于重启动（restart）时，仍用以前的 ts，故总会变成年老的事务而等待。这样，可保证每个事务最终总会由于时间戳早，而成为优先级高的事务，从而能获得它所需要的锁。

③ 一个事务一旦获得它所需的所有锁，而不再申请锁时，由于它不会进入该策略的程序，因此它就不会有被回退的危险。也就是说，只有要申请锁的事务，才进入预防策略的程序。

（3）击伤—等待策略。该策略中，如果 T_A 的优先级比 T_B 高，则终止或撤销 T_B（好像是把 T_B 击伤了似的），否则令 T_A 等待。描述如下：

```
if ts(T_A) > ts(T_B)
    T_A waits;          /* wait */
else
{
    rollback T_B;       /* wound */
    restart T_B with the same ts(T_B);
}
```

说明：

① 此策略中，总是年轻的事务等待年老的事务，也是一种单向的等待，故不会形成循环等待，从而避免死锁。

② "等待-死亡"和"击伤-等待"这两种策略的命名正是单向等待思想的精妙体现。例如，"等待-死亡"说明在一个方向上允许事务"等待"，而在相反方向上则令事务"死亡"。同样，"击伤-等待"说明在一个方向上令事务"击伤"，而在相反方向上则允许事务"等待"。总之，两种策略都是只在一个方向上允许事务等待。由于只有两个方向，因此实现单向等待思想的死锁预防策略就只有这两种。

3. 死锁的检测与处理

（1）死锁的检测。检测死锁的方法有两种：超时（timeout）法和等待图（wait-for graph）法。

① 超时法。如果一个事务等待锁的时间太长,超过事先设定的时限,则主观认定其处于循环等待中而回退(rollback)。

说明:该方法的难点是超时时间的设置。如果事务等待的超时时间设置过长,则发现死锁的滞后时间会过长,即可能已发生了死锁,但必须等到超时了才发现死锁;而超时时间如果设置过小,则误判机会越大,即可能没有发生死锁,但由于超时时间到而认为死锁了。

② 等待图法。等待图是一个有向图 $G=(W,U)$,W 是当前运行事务的集合,U 是边的集合,$U=\{(T_i,T_j)\mid T_i$ 等待 T_j,$i\neq j\}$。

等待图的构造和维护:当某个锁请求加入锁申请队列时,DBMS 的锁管理器会向图中增加一条边;而某个锁请求得到获准时,则 DBMS 的锁管理器会从图中删除一条相应的边。

死锁检测方法是,当且仅当等待图中出现回路时,说明死锁发生。

例如,考虑如图 5-21 所示调度计划的最后一步,即 t_9 时刻的情况,图中的 $Lock_S(A)$、$Lock_X(B)$、$R(A)$、$W(B)$ 分别表示对 A 请求加共享锁、对 B 请求加排他锁、读 A 对象、写 B 对象,其余符号依此类推。图 5-22(a)和图 5-22(b)分别表示 t_9 时刻前和 t_9 时刻后的等待图结构,由图 5-22(b)可以看出,图中出现回路,于是死锁发生。

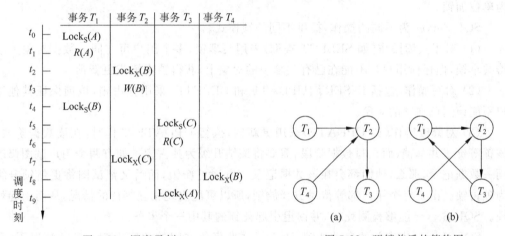

图 5-21　调度示例　　　　　　　　　　图 5-22　死锁前后的等待图

当运行事务较多时,维护等待图和检测回路开销较大。如每出现一个等待,都要检测一次,虽然可及时发现死锁,但开销太大,影响系统性能。合理的方法是周期性地进行死锁检测,即每隔一段时间才进行一次死锁检测。不过,检测时间段的设置也是一个难点。

(2)死锁的处理。

处理思想:杀死(或回退)事务,打破循环等待,解除死锁。

死锁处理的步骤如下:

① 在循环等待的事务中,选一事务作为牺牲者;

② 回退牺牲的事务,释放其获得的锁及其他资源;

③ 将释放的锁让给等待它的其他事务。

牺牲事务选择,可有以下 3 种选择标准,具体使用时可选其一:

① 选择最迟交付的事务作为牺牲者；

② 选择获得锁最少的事务作为牺牲者；

③ 选择回退代价最小的事务作为牺牲者。

被"杀死"事务的两种处理方法，实际使用时，可选其一：

① 告之用户，其事务因死锁被杀死，请其稍后向系统再次交付该事务；

② 不告诉用户，由 DBMS 处理并重启动该事务。

说明：不管哪种处理方法，被杀死的事务应等待一段时间，才能交付系统，否则可能再次引起死锁，甚至陷入交付、死锁、杀死、再交付、再死锁和再杀死的怪圈中。

5.5.7 Microsoft SQL Server 中的并发控制技术

1. SQL Server 中的锁

SQL Server 提供多粒度加锁，其锁的粒度分为整个库、表级、EXTENT（范围级，一组相邻的几个页面）、页级、RID（行标识，row identifier）和 KEY。RID 和 KEY 均属行级，RID 是表中的一行，而 KEY 是索引中的一行。

每当一个 SQL 语句被执行时，SQL Server 就根据操作自动进行加锁，一般以数据页为单位加锁。

SQL Server 为不同的操作，提供不同的锁模式。

（1）对于只读操作（如 SELECT 查询）采用共享锁，多个用户可在同一数据对象上获得共享锁，但任何用户都不能在已有共享锁的对象上，获得独占锁或更新锁。

（2）对写操作（包括 INSERT、UPDATE 和 DELETE）采用独占锁，该锁保证其他用户不能访问已加锁的对象。

（3）对修改操作（如 UPDATE）采用更新锁，执行 UPDATE 操作时，在读数据阶段，该锁等价于共享锁，而在写数据阶段，需要将该锁升级为独占锁。如有两个用户试图修改同一数据记录，那么，他们都会在该数据记录上申请更新锁，而后又都试图将更新锁升级为独占锁。由于每个用户都等待对方释放锁，所以可能出现相互等待的情况，从而引起死锁。SQL Server 能够检测死锁，并回退引起死锁的其中一个事务。

SQL Server 中有效的自动加锁，防止了并发事务之间的相互影响。默认情况下，只有在 SQL 语句所做的修改真正执行之后才能为其他的事务所知道。

2. SQL Server 中的隔离等级

Microsoft SQL Server 提供语句级和事务级的"读一致性"，可进行可重复的读操作。这种特性有助于带多个查询的长事务，在整个事务过程中能看到同样的数据。

如果将多个事务的执行完全隔离以保证"读一致性"，那么显然事务执行的并发度就会降低。有时，由于许多事务的执行并不总是要求完全被隔离，因此，SQL Server 提供了事务隔离等级的设置，使得应用系统能在"读一致性"和并发性之间找到最佳平衡。一个事务接受不一致数据的等级即为隔离等级，也即事务间相互隔离的程度。事务隔离等级决定了事务之间是怎样相互作用的，SQL Server 提供 4 种隔离等级，由低到高分别是 READ UNCOMMITTED（读未提交的数据，或称读不交付）、READ COMMITTED（读提交数据，或称读交付）、REPEATABLE READ（可重复读）和 SERIALIZABLE（可串行化）。隔离等级越低，并发性越高，但会付出数据不一致的代价。相反，越高的隔离等级越能保证数据的正确性，但并发性会降低。

（1）READ UNCOMMITTED。在此隔离级，读数据时不加共享锁，因此可不用考虑当前锁定状态，允许应用程序读未提交的数据。由于可能出现读脏数据的情况，因此该隔离级只能为那些不受读脏数据影响的事务所用。如果应用程序要求显示在用户屏幕上的数据是 100% 正确时，就不能使用这种隔离等级。

（2）READ COMMITTED。此隔离级是 SQL Server 的默认设置，它不允许应用程序读一些未提交的数据，因此不会出现读脏数据的情况，从而为用户提供更好的数据完整性，但降低了性能。

（3）REPEATABLE READ 和 SERIALIZABLE。当 SQL Server 读取数据时，通常情况下，在 SQL Server 完成操作时就解锁。但是，可重复读和可串行化将使被读数据一直保持锁定（hold lock）状态，直到事务中的读操作全部完成时才解锁。

Repeatable Read 下虽可保证重复读，但存在"幻影"问题，即第二次读取返回的条目数可能比第一次读取返回的条目数要多。因为在本事务完成之前，其他事务可能插入了新数据。

SERIALIZABLE 是限制性最强的隔离级别，可解决 Repeatable Read 下的幻影问题。因为该级别在 REPEATABLE READ 基础上，增加了在事务完成之前，其他事务不能向已读取的范围插入新数据的限制。

尽管这两种事务隔离等级提供了最好的数据完整性，但是它们可能降低性能。因为它们在被读取的数据上，始终保持锁定状态。一般来说，这两种隔离等级都避免使用，除非要求一致化的读操作。

SQL Server 中的这些事务隔离级，可以通过以下形式设置：

```
SET TRANSACTION ISOLATION LEVEL READ COMMITTED
```

这种设置在连接前确定，并一直保持到断开连接或隔离等级发生变化为止。用户也可以通过 Query Optimizer（查询优化器）临时改变隔离等级的设置。

3. 事务隔离等级与锁保持的时间关系

SQL Server 中，一个对象加锁后，应保持到何时释放，这取决于正使用的事务隔离等级，表 5-13 描述了它们之间的关系。

表 5-13 事务隔离等级与锁保持的时间关系

事务隔离等级	锁 类 型	
	共 享 锁	独 占 锁
READ UNCOMMITTED	读数据不加 S 锁	保持到 EOT 释放
READ COMMITTED	保持到读操作完成后立即释放	保持到 EOT 释放
READ REPEATABLE 和 SERIALIZABLE	保持到 EOT 释放	保持到 EOT 释放

在 READ UNCOMMITTED 下，因读数据不加共享锁，故可读取其他事务正在修改而未提交的数据；而在 READ COMMITTED 下，共享锁只在查询数据时才锁定数据，一

旦读操作完成,锁被立即释放,而不管事务是否完成,因此容易出现"读值不可复现"(即不可重复读)的问题。而在 READ REPEATABLE 和 SERIALIZABLE 下,不论是共享锁和独占锁,都要保持到 EOT 时才释放。

4. 带 HOLDLOCK 的 SELECT

由以上内容可知,共享锁在 READ COMMITTED 隔离等级下,一旦读操作完成即被释放。如果想在系统默认的 READ COMMITTED 隔离等级下,令共享锁保持到 EOT 时才释放,可在 SELECT 查询中使用 HOLDLOCK 选项。该选项能保证在 SELECT 语句完成前,或一个含多条 SQL 语句的事务回退或提交前,一直对指定的一张或多张表保持有共享锁。带有 HOLDLOCK 的 SELECT,不允许其他事务对其所操作的表加排他锁,可用于重复读,避免了"读值不可复现"的问题。使用 HOLDLOCK 的 SELECT 示例代码如下:

```
BEGIN TRANSACTION
    DECLARE @avg_adv money
    SELECT @avg_adv=avg(advance) FROM titles
    HOLDLOCK
    WHERE type='business'
    IF @avg_adv>5000
        SELECT title
        FROM titles
        WHERE type='business' AND advance>@avg_adv
COMMIT TRANSACTION
```

5. SQL Server 中的死锁预防、检测与处理

SQL Server 自动检测死锁。一旦发生死锁,SQL Server 将杀死第一个事务,这样就为其他处于等待中的事务打破了死锁,其他事务获得需要的锁之后,又可以继续执行了。事务被中止的应用程序,在合适的时候,将被重新送服务器执行。

SQL Server 能自动防止活锁现象。当多个读事务占用某个表或某页时,写事务就被迫长时间地等待,得不到所需要的锁。SQL Server 采用"先来先服务"策略,来协调读事务和写事务对表和页的访问,以防止活锁现象。

6. 防止死锁的编程技术

为防止死锁,编程时应注意如下事项。

(1) 尽量使事务简捷、费时少。

(2) 少用HOLDLOCK,特别是当事务中需要与用户交互时,最好不用 HOLDLOCK。

(3) 避免同时多于一个用户对同一数据页互操作。

(4) 两个事务对两个数据页的访问顺序一致。

小　结

本章从 4 个方面来介绍数据库的保护,即数据库的安全性、完整性、故障恢复和并发控制。

在数据库安全性中,应理顺 DBMS 与 OS 之间的安全关系,了解数据库安全性的 3 个目标;DoD 的安全级别;用户名和口令是常用的用户标识与鉴别。在绝大多数 RDBMS 产品中,一般采用 DAC 授权方式实现对数据库的访问控制。对 Sybase 和 MS SQL Server 来说,其安全体系分为三级:DBMS 服务器级、数据库级、语句和对象级。应注意 SQL-92 标准的授权语句语法,与实际商用 RDBMS 产品支持的授权语法,可能存在一定差异。

数据模型上的完整性,只是数据库完整性的一部分。数据库完整性分为静态约束和动态约束。静态约束又分为 3 种:固有约束、隐式约束和显式约束。要实现完整性,一般是先定义,后验证。应注意 SQL-92 标准推荐的完整性约束方式,不一定完全被商用 RDBMS 产品支持。反过来,商用 RDBMS 产品中提供的完整性约束方式,也可能在 SQL-92 标准中没有定义和推荐。

事务是 DBMS 中的一个非常重要的概念,是 DBMS 最小的执行单元、最小的恢复单元、最小的并发单元。事务有 4 个相当重要的特性,即 ACID 准则。

日志与后备副本是 DBMS 中最常采用的恢复技术。有了日志,可保证有效操作数据的不丢失。为保证故障时的可恢复性,DBMS 要对更新的事务执行进行控制,控制步骤的安排,需要遵守相应的规则。DBMS 能够处理的故障类型有事务故障、系统故障和介质故障。

并发执行的事务,如果不加控制,可能会引起丢失更新、读脏数据和读值不可复现等问题。要保证并发执行的结果正确,必须使并发调度是可串行化的。一种广泛采用的并发控制技术,是基于锁的并发控制协议,由简单到复杂,有 X 锁协议、(S,X)加锁协议、(S,U,X)加锁协议和多粒度加锁协议。为解决级联回退现象,需令锁应保持到 EOT 时才释放;为解决活锁问题,应采用"先来先服务"原则,通过巧妙设计锁的相容矩阵,来解决并发执行可能引起的 3 个问题。

DBMS 的并发控制,还应解决死锁问题,有两种解决方法:一是预防;二是检测与处理。

习　题

一、简答题

1. 导致数据库破坏的 4 种类型是什么? DBMS 分别用何措施来保护它?
2. SQL Server 安全体系与标准 SQL 推荐的安全体系一样吗? 为什么?
3. 简述完整性约束的实现步骤。
4. 简述显式完整性约束的定义方式。
5. 什么是事务的特点?
6. 所谓的故障恢复是对什么进行恢复?
7. 故障恢复时对事务处理的总的原则是什么?
8. 简述日志的基本内容。
9. 为顺利恢复,DBMS 应执行的事务外围操作有哪些?

10. 在系统故障中是否需要装入最近的数据库后备副本？为什么？

11. 为何要并发？

12. 并发执行可能引起哪些问题？产生这些问题的原因各是什么？

13. 简述并发控制的正确性准则。

14. 简述加锁协议的思想。

15. 加锁协议中相容矩阵的作用。

16. 级联回退的原因是什么？如何避免？

17. 为什么说(S,X)协议比 X 协议提高了并发度？

18. 在(S、U、X)加锁协议中，为防止级联回退，S、U 和 X 锁是否都要保持到事务结束时才释放？为什么？

19. 简述多粒度加锁中，粒度、控制复杂性及并发度之间的关系。

20. 试说明，多粒度加锁的锁冲突检测问题。

21. 对付死锁的方法有哪些？

二、单项选择题

1. (　　)不是数据库复制的方式。

　　A. 分布式复制　　　　B. 主从复制　　　　C. 对等复制　　　　D. 级联复制

2. (　　)是 DBMS 中未涉及的故障。

　　A. 系统故障　　　　B. 介质故障　　　　C. 事务故障　　　　D. 网络故障

3. 检查点是(　　)故障类型的恢复措施的改进。

　　A. 系统　　　　　　B. 介质　　　　　　C. 事务　　　　　　D. 网络

三、判断题(正确打√,错误打×)

1. DBMS 不构建自己的安全体系,而只利用 OS 的安全体系来保证数据库的安全。(　　)

2. SQL-92 推荐 MAC,没有推荐 DAC。(　　)

3. SQL Server 中的登录用户与数据库用户是一回事。(　　)

4. SQL Server 中的 Public 角色是数据库级的,而 DBO 角色是服务器级的。(　　)

第 **6** 章   关系数据库设计理论

现实系统的数据及语义,通过高级语义数据模型(如实体关系数据模型、对象模型)抽象后得到相应的数据模型。为了通过关系数据库管理系统实现,该数据模型需要向关系模型转换,变成相应的关系模式。然而,这样得到的关系模式,还只是初步的关系模式,可能存在这样或那样的问题,特别是在 ERM 向关系模型转换中采用了非规范的转换方法时,例如,将实体以及与之有关的实体和联系全部转换为一张表、将两个或三个联系转换为一张表等。因此,需要对这类初步的关系模式,利用关系数据库设计规范化理论进行分解,以逐步消除其存在的异常,从而得到一定规范程度的多个关系模式,这就是本章所要讲述的内容。

本章是关系模型的理论基础之二,该理论是指导数据库设计的重要依据。本章将揭示关系数据中最深沉的一些特性——函数依赖、多值依赖和联结依赖,以及由此引起的诸多异常,如插入异常、删除异常、冗余及更新异常等,通过理论引入以及借助 ER 图实质性的全新展示,对关系模式的规范化进行系统深入地阐述。

通过本章的学习,应该得到这样的重要启示,即为避免关系模式异常的出现,在设计关系模式之时,应使每一个关系模式所表达的概念单一化。

本章学习目的和要求:

(1) 关系模式中可能存在哪些异常;

(2) 为何存在这些异常;

(3) 函数依赖;

(4) 关系模式的规范形式;

(5) 关系模式的规范化。

6.1   关系模式中可能存在的异常

6.1.1   存在异常的关系模式示例

下面给出 4 个存在异常的关系模式及其语义,并且在其后的内容中分别加以引用。

1. 示例关系模式 1

```
Students (Sid,SName,DName,DDirector,Cid,CName,CScore)
```

该关系模式用来存放学生及其所在的系和选课信息。其中，Students 为关系模式名，Sid 为学生的学号，SName 为学生姓名，DName 为学生所在系的名称，DDirector 为学生所在系的系主任，Cid 为学生所选修课程的课程号，CName 为课程号对应的课程名，CScore 为学生选修该课程的成绩。

假定该关系模式包含如下数据语义。

（1）系与学生之间是 $1:n$ 的联系，即一个系有多名学生，而一名学生只属于一个系。

（2）系与系主任之间是 $1:1$ 的联系，即一个系只有一名主任，一名系主任也只在一个系任职。

（3）学生与课程之间是 $m:n$ 的联系，即一名学生可选修多门课程，而每门课程有多名学生选修，且该联系有一描述学生成绩的属性。

由上述语义，可以确定该关系模式的主键为（Sid,Cid）。

同时还假定，学生与学生所在的系及系主任姓名均存放在此关系模式中，且无单独的关系模式分别存放学生和系及系主任等信息。

如果按上述数据语义，将此 Students 关系模式反向工程转换为 ERM，则转换的 ERM 如图 6-1 所示。

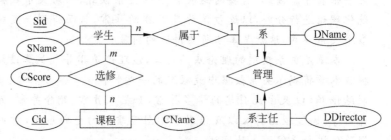

图 6-1　由 Students 模式逆向转换的 ERM

按照第 3.6 节的 ERM 向关系模型的转换方法，图 6-1 的 ERM 所转换的关系模型如下：

学生（Sid,SName,DName），课程（Cid,CName），选修（Sid,Cid,CScore）

系（DName,DDirector），系主任（DDirector）。

由于系主任的信息 DDirector 已在系中，故系主任表可以删去。于是，图 6-1 所转换的关系模式有："学生"、"课程"、"选修"和"系"。

实际上，示例模式 1 是将图 6-1 的 ERM 整个地只转换为一张表，即 Students 表，而不是上述的 4 张表。本章以各示例模式为例，说明这样粗糙地转换得到的关系表存在的问题；然后，逐步对其分解；最后，可以看到最终分解的结果实际上与按第 3.6 节转换方法得到的结果是一致的。由此，可以说，本章的主要内容是对第 3.6 节转换方法有效性和正确性的一个间接证明。

2. 示例关系模式 2

```
STC (Sid,Tid,Cid)
```

　　该关系模式用来存放学生、教师及课程信息。其中,STC 为关系模式名,Sid 为学生的学号,Tid 为教师的编号,Cid 为学生所选修的、由某教师讲授课程的课程号。

　　假定该关系模式包含如下数据语义。

　　(1) 课程与教师之间是 $1:n$ 的联系,即一门课程可由多名教师讲授,而一名教师只讲授一门课程。

　　(2) 学生与课程之间是 $m:n$ 的联系,即一名学生可选修多门课程,而每门课程有多名学生选修。

　　由上述语义可知,该关系模式的候选键为(Sid,Cid)和(Sid,Tid)。

3. 示例关系模式 3

Teach (CName,TName,RBook)

　　该关系模式用来存放课程、教师及课程参考书信息。其中,Teach 为关系模式名,CName 为课程名,TName 为教师名,RBook 为某课程的参考书名。

　　假定该关系模式包含如下数据语义。

　　(1) 课程与教师之间是 $1:n$ 的联系,即一门课程由多名教师讲授,一名教师只讲授一门课程。

　　(2) 课程与参考书之间是 $1:n$ 的联系,即一门课程使用多本参考书,一本参考书只用于一门课程。

　　(3) 以上两个 $1:n$ 联系是分离的,即讲授课程的教师与课程的参考书之间是彼此独立的。换句话说,讲授某一课程的教师必须使用该门课程所有的参考书。

　　由上述语义可知,该关系模式的主键为(CName,TName,RBook)。

4. 示例关系模式 4

SPD (Sno,Pno,Dno)

　　该关系模式用来存放供应商、零件及部门信息。其中,SPD 为关系模式名,Sno 为供应商编号,Pno 为零件号,Dno 为部门号。

　　假定该关系模式包含的数据语义如下:某供应商供应某零件给某部门为 $m:n:k$ 联系。

　　由其语义可知,该关系模式的主键为(Sno,Pno,Dno)。

6.1.2　可能存在的异常

　　一个未经设计好的关系模式可能存在如下几种异常。在此,仅给出这几种异常情况及其表现形式,在其后的内容中,将分别针对前面 4 个示例关系模式,说明各自存在的异常及表现。

1. 插入异常(insert anomaly)

插入异常有两种表现形式:

　　(1) 元组插不进去;

　　(2) 插入一个元组,却要求插入多个元组。

2. 删除异常（delete anomaly）

删除异常也有两种表现形式：

（1）删除时，删掉了其他信息；

（2）删除一个元组却删除了多个元组。

3. 冗余（redundancy）

冗余的表现是，某种信息在关系中存储多次。

4. 更新异常（update anomaly）

更新异常的表现是，修改一个元组，却要求修改多个元组。

说明：有时将冗余和更新异常合二为一，称为"冗余及更新异常"，因为如果存在冗余肯定会存在更新异常。

6.2 关系模式中存在异常的原因

从前面章节的讨论可知，现实系统中数据间的语义，需要通过完整性来维护。例如，每个学生都应该是唯一区分的实体，这可通过主键完整性来保证。不仅如此，数据间的语义，还会对关系模式的设计产生影响。因此，数据的语义不仅可从完整性方面体现出来，还可从关系模式的设计方面体现出来，使人感觉到它的具体，而不再那么抽象。

数据语义在关系模式中的具体表现是，在关系模式中的属性间存在一定的依赖关系，此即数据依赖（data dependency）。

具体来说，所谓数据依赖，是指通过一个关系中属性之间值的相等与否体现出来的数据间的相互关系。这种数据依赖，是现实系统中实体属性间相互联系的抽象，是数据内在的性质，是语义的体现。因此，数据依赖是否存在，应由现实系统中实体属性间相互联系的语义来决定，而不是凭空臆造。

数据依赖有很多种，其中最重要的有函数依赖（functional dependency，FD）、多值依赖（multivalued dependency，MVD）和联结依赖（join dependency，JD）。这几类数据依赖，将在其后的内容中分别予以介绍。

再回到本节标题所提问题上来，即一个关系模式为何可能产生前面所谈到的那些异常呢？

事实上，异常现象产生的根源，是由于将多种数据集于一个关系模式中，使得关系模式中属性间存在这样或那样复杂的依赖关系。一般，一个关系至少有一个或多个候选键，其中之一为主键。主键值不能为空，且唯一决定其他属性值，候选键的值不能重复。在设计关系模式时，如果将各种有关联的实体及联系集中于一个关系模式中，不仅造成关系模式结构冗余、包含的语义过多，也使得其中的数据依赖变得错综复杂，不可避免地要违背以上某个或多个限制，从而产生异常。

解决异常的方法是利用关系数据库规范化理论，对关系模式进行相应的分解，使得每一个关系模式表达的概念单一，属性间的数据依赖关系单纯化，从而消除这些异常。而从E-R 模型向关系模型转换的角度说，则是各个实体应分别用一个关系模式来表示，而实体间的联系按第 3.6 节的方法来转换。

6.3　函数依赖

6.3.1　函数依赖定义

为便于定义描述,先给出如下约定。

约定:设 R 是一个关系模式,U 是 R 的属性集合,X、$Y \subseteq U$,r 是 R 的一个关系实例,元组 $t \in R$。则用 $t[X]$ 表示元组 t 在属性集合 X 上的值。同时,将关系模式和关系实例统称为关系,XY 表示 X 和 Y 的并集(实际上是 $X \cup Y$ 的简写)。

以下为函数依赖定义。

定义 6-1　设 R 是一个关系模式,U 是 R 的属性集合,X 和 Y 是 U 的子集。对于 R 的任意实例 r,r 中任意两个元组 t_1 和 t_2,如果 $t_1[X] = t_2[X]$,则 $t_1[Y] = t_2[Y]$,那么称 X 函数地确定 Y 或 Y 函数地依赖于 X,记作:$X \to Y$,X 称为决定子(determinant)或决定属性集。

说明:

① 属性间的这种依赖关系,类似于数学中的函数 $y = f(x)$,即给定 x 值,y 值也就确定了。这也是取名函数依赖的原因。

② 函数依赖同其他数据依赖一样,是语义范畴概念。只能根据数据的语义来确定函数依赖。例如,“姓名→年龄”这个函数依赖只有在没有同名的条件下成立,如果允许有同名,则“年龄”就不再函数依赖于“姓名”了。设计者可以对现实系统作强制性规定,例如,规定不允许同名出现,使函数依赖“姓名→年龄”成立。这样,当插入某个元组时,这个元组上的属性值必须满足规定的函数依赖,若发现同名存在,则拒绝插入该元组。

③ 函数依赖不是指关系模式 R 的某个或某些关系实例满足的约束条件,而是指 R 的所有关系实例均要满足的约束条件,不能部分满足。

④ 函数依赖关心的问题是一个或一组属性的值决定其他属性(组)的值。

⑤ 如果 Y 不依赖于函数 X,则记为 $X \nrightarrow Y$。

既然函数依赖是由语义决定,从前面对示例关系模式的语义描述看,数据间的语义大多表示为:某实体与另一实体间存在 $1:1$(或 $1:n$、$m:n$)的联系。那么,由这种表示的语义,如何变成相应的函数依赖呢?

一般,对于关系模式 R,U 为其属性集合,X、Y 为其属性子集,根据函数依赖定义和实体间联系的定义,可以得出如下变换方法:

① 如果 X 和 Y 之间是 $1:1$ 的联系,则存在函数依赖 $X \to Y$ 和 $Y \to X$;

② 如果 X 和 Y 之间是 $1:n$ 的联系,则存在函数依赖 $Y \to X$;

③ 如果 X 和 Y 之间是 $m:n$ 的联系,则 X 和 Y 之间不存在函数依赖关系。

例如,在示例关系模式 1(即 Students 关系模式)中,系与系主任之间是 $1:1$ 的联系,故有 DName→DDirector 和 DDirector→DName 函数依赖;系与学生之间是 $1:n$ 的联系,所以有函数依赖 Sid→DName;学生与课程之间是 $m:n$ 的联系,所以 Sid 与 Cid 之间不存在函数依赖。

6.3.2 函数依赖分类及其定义

函数依赖可分为以下几种：平凡函数依赖（trivial FD）、非平凡函数依赖（nontrivial FD）、完全函数依赖（full FD）、部分函数依赖（partial FD）和传递函数依赖（transitive FD）。

如果 $Y \subseteq X$，显然 $X \rightarrow Y$ 成立，则称函数依赖 $X \rightarrow Y$ 为平凡函数依赖。平凡函数依赖不反映新的语义，因为 $Y \subseteq X$ 本来就包含有 $X \rightarrow Y$ 的语义。

如果 $X \rightarrow Y$，且 Y 不是 X 的子集，则称函数依赖 $X \rightarrow Y$ 是非平凡函数依赖。下文的讨论中，如果不特别声明，一般总是指非平凡函数依赖。

如 $X \rightarrow Y$，且 $Y \rightarrow X$，则 X 与 Y 一一对应，即 X 与 Y 等价，记作 $X \leftrightarrow Y$。

定义 6-2 设 R 是一个具有属性集合 U 的关系模式，如果 $X \rightarrow Y$，并且对于 X 的任何一个真子集 Z，$Z \rightarrow Y$ 都不成立，则称 Y 完全函数依赖于 X，记作 $X \xrightarrow{f} Y$，简记为 $X \rightarrow Y$。若 $X \rightarrow Y$，但 Y 不完全函数依赖于 X，则称 Y 部分函数依赖于 X，记作 $X \xrightarrow{p} Y$。

例如，在示例关系模式 1 中，(Sid,Cid) 为主键，它与 CScore 之间为完全函数依赖关系，即 (Sid,Cid) $\xrightarrow{f}$ CScore，但它与 DName 之间则为部分函数依赖关系，即 (Sid,Cid) $\xrightarrow{p}$ DName，因为 DName 只需 Sid 决定即可，不需要由 Sid 和 Cid 共同决定。

说明： 如果函数依赖的决定子只有一个属性，则该函数依赖肯定是完全函数依赖，部分函数依赖只有在决定子含有两个或两个以上属性时才可能存在。

决定子含有多个属性的情况，一般是针对由多个属性组成的主键或候选键，因为只有对这类主键或候选键，来谈它们与其他属性间的完全或部分函数依赖才有意义。例如，示例关系模式 1 中的 (Sid,Cid) 是主键，找该主键与其他属性间的函数依赖关系是有意义的，如果在关系模式中随意将属性进行组合，再来找与其他属性间的函数依赖，则没有太大意义。何况，如果关系模式中的属性个数比较多时，则任意组合关系模式中的属性所得到的组合个数也是非常大的。

因此，寻找关系模式中的函数依赖时，一般先确定那些语义上非常明显的函数依赖。然后，寻找以主键或候选键为决定子的函数依赖。

定义 6-3 设 R 是一个具有属性集合 U 的关系模式，$X \subseteq U$，$Y \subseteq U$，$Z \subseteq U$，X、Y、Z 是不同的属性集。如果 $X \rightarrow Y$，$Y \rightarrow X$ 不成立，$Y \rightarrow Z$，则称 Z 传递地函数依赖于 X。

说明： 在上述关于传递函数依赖定义中，加上条件"$Y \rightarrow X$ 不成立"，是因为如果 $Y \rightarrow X$ 成立，则 X 与 Y 等价，相当于 Z 是直接依赖于 X，而不是传递函数依赖于 X。

6.3.3 其他相关定义

在第 3 章，曾提到过主键（primary key，PK）、候选键（candidate key）和外键（foreign key，FK）等概念。在此，将利用函数依赖的概念，来对它们进行定义。

定义 6-4 设 R 是一个具有属性集合 U 的关系模式，$K \subseteq U$。如果 K 满足下列两个条件，则称 K 是 R 的一个候选键：

① $K \to U$。

② 不存在 K 的真子集 Z,使得 $Z \to U$。

说明:

① 候选键可以唯一地识别关系的元组。

② 一个关系模式可能具有多个候选键,可以指定一个候选键作为识别关系元组的主键。

③ 包含在任何一个候选键中的属性称为键属性(或主属性),而不包含在任何候选键中的属性则称为非键属性(或非主属性)。

④ 最简单的情况下,候选键只包含一个属性。

⑤ 最复杂的情况下,候选键包含关系模式的所有属性,称为全键。

定义 6-5　设 X 是关系模式 R 的属性子集合。如果 X 是另一个关系模式的候选键,则称 X 是 R 的外部键,简称外键。

6.3.4　函数依赖示例

针对示例关系模式 1:

```
Students (Sid,SName,DName,DDirector,Cid,CName,CScore)
```

根据其语义,有如下函数依赖关系存在。

① $Sid \to SName$。

说明:由于每个学生只会有一个学号,故而学号决定姓名。如果决定子只有一个属性,则与其有关的函数依赖是完全函数依赖,这时的符号 $\xrightarrow{f}$ 简略为 $\to$。例如,$Sid \to SName$ 即为完全函数依赖。

② $Sid \to DName$。

说明:系与学生之间是 $1:n$ 的联系。此例说明,对 $1:n$ 联系存在一个函数依赖。

③ $Cid \to CName$。

说明:由于每门课程只会有一个课程号,故而课程号决定课程名。

④ $DName \to DDirector$、$DDirector \to DName$。

说明:系与系主任之间是 $1:1$ 的联系。此例说明,对 $1:1$ 联系存在两个函数依赖。

⑤ $(Sid,Cid) \xrightarrow{f} CScore$。

说明:CScore 是选课联系的描述属性,而联系由所参与实体的键共同决定。

⑥ $(Sid,Cid) \xrightarrow{p} SName$。

说明:因为 SName 只需 Sid 决定即可,不需要由 Sid 和 Cid 共同决定。

⑦ $(Sid,Cid) \xrightarrow{p} DName$

说明:因为 DName 只需 Sid 决定即可,不需要由 Sid 和 Cid 共同决定。

⑧ $(Sid,Cid) \xrightarrow{p} CName$

说明:因为 CName 只需 Cid 决定即可,不需要由 Sid 和 Cid 共同决定。

注意，以上函数依赖关系的存在完全是由数据的语义决定的。另外，除了利用比较明显的语义寻找函数依赖，还可利用主键或候选键寻找以它们为决定子的函数依赖。例如，上例就利用主键(Sid,Cid)找到了一些以它为决定子的函数依赖。

一个关系模式所包含的所有函数依赖集合，可用$\{F_1, F_2, \cdots, F_n\}$的形式表示，其中，$F_i(i=1,2,\cdots,n)$表示函数依赖。例如，示例模式1的函数依赖集合如下：

$$\{\text{Sid} \rightarrow \text{SName}, \text{Sid} \rightarrow \text{DName}, \text{Cid} \rightarrow \text{CName}, \text{DName} \rightarrow \text{DDirector}, \text{DDirector} \rightarrow$$
$$\text{DName}, (\text{Sid}, \text{Cid}) \xrightarrow{f} \text{CScore}, (\text{Sid}, \text{Cid}) \xrightarrow{p} \text{SName}, (\text{Sid}, \text{Cid}) \xrightarrow{p} \text{DName}, (\text{Sid}, \text{Cid})$$
$$\xrightarrow{p} \text{CName}\}$$

6.3.5 Armstrong 公理系统

1. 问题的提出

在关系模式的规范化处理过程中，不仅要知道一个由数据语义决定的函数依赖集合，还要知道由这个已知的函数依赖集合所蕴涵（或推导出）的所有函数依赖的集合。为此，需要一个有效而完备的公理系统，Armstrong 公理系统即是这样的一个系统。

2. 相关定义

一个函数依赖可以通过已知的函数依赖推导出来。例如，传递函数依赖实际上就是通过推导得出的一种函数依赖，即利用函数依赖 $X \rightarrow Y$ 和 $Y \rightarrow Z$，可以推导出 $X \rightarrow Z$。或者说，函数依赖 $X \rightarrow Y$ 和 $Y \rightarrow Z$ 逻辑蕴涵（logical implication）了 $X \rightarrow Z$。

关于函数依赖的逻辑蕴涵，定义如下：

定义 6-6 设 F 是 R 上的函数依赖集合，$X \rightarrow Y$ 是 R 的一个函数依赖。如果 R 的一个关系实例满足 F，则必然满足 $X \rightarrow Y$，则称 F 逻辑蕴涵 $X \rightarrow Y$，或称 $X \rightarrow Y$ 可由 F 推导出来。

定义 6-7 函数依赖集合 F 所逻辑蕴涵的函数依赖的全体，称为 F 的闭包（closure），记为 F^+。

一般情况下，$F \subseteq F^+$，如果 $F = F^+$，则称 F 为一个函数依赖的完备集。

3. Armstrong 公理

为从已知的函数依赖推导出其他的函数依赖，Armstrong 提出了一套推理规则，称为 Armstrong 公理（Armstrong's axioms）。该公理包含如下 3 条推理规则：

(1) 自反律（reflexivity） 若 $Y \subseteq X \subseteq U$，则 $X \rightarrow Y$。

(2) 增广律（augmentation） 若 $X \rightarrow Y$，$Z \subseteq U$，则 $XZ \rightarrow YZ$。

(3) 传递律（transitivity） 若 $X \rightarrow Y$ 和 $Y \rightarrow Z$，则 $X \rightarrow Z$。

说明：

① 自反律表示从条件所反映出的规律，这从其英文含义和其内容均可看出。

② 由自反律得到的函数依赖均是平凡函数依赖，自反律的使用并不依赖于已知的函数依赖集合。

引理 6-1 Armstrong 公理是正确的，即如果已知的函数依赖集合 F 成立，则由 F 根据 Armstrong 公理所推导的函数依赖总是成立的。

引理 6-2　如下 3 条推理规则是正确的。

（1）合并规则(union rule)　如果 $X \to Y, X \to Z$,则 $X \to YZ$。

（2）伪传递规则(pseudo transitivity rule)　如果 $X \to Y, YW \to Z$,则 $XW \to Z$。

（3）分解规则(decomposition rule)　如果 $X \to Y, Z \subseteq Y$,则 $X \to Z$。或者,如 $X \to YZ$,则 $X \to Y, X \to Z$。

6.4　关系模式的规范形式

6.4.1　范式

范式(normal form,NF)是指关系模式的规范形式。

关系模式上的范式有 6 种：1NF(称作第一范式,以下类同)、2NF、3NF、BCNF、4NF 和 5NF。

范式之间存在的关系或级别为

$$1NF \supset 2NF \supset 3NF \supset BCNF \supset 4NF \supset 5NF$$

说明：

① 1NF 级别最低,5NF 级别最高。

② 高级别范式可看成是低级别范式的特例。

③ 一般来说,1NF 是关系模式必须满足的最低要求。

范式级别与异常问题的关系是：级别越低,出现异常的程度越高。

6.4.2　规范化

将一个给定的关系模式转化为某种范式的过程,称为关系模式的规范化过程,简称规范化(normalization)。

规范化一般采用分解的办法,将低级别范式向高级别范式转化,使关系的语义单纯化。

说明： 对关系模式进行分解,即是将一个关系模式分解成两个或两个以上的关系模式,分解过程应遵循一定的要求,这将在后面详述。

规范化目的是逐渐消除异常。

理想的规范化程度是范式级别越高,则规范化程度也越高。

在实际规范过程中,应注意以下几点：

① 1NF 和 2NF 一般作为规范化过程的过渡范式；

② 规范化程度,不一定越高就越好；

③ 在关系模式设计时,一般要求动态关系模式达到 3NF 或 BCNF 即可。

说明：

① 规范化过程实际上是对关系模式不断分解的过程,即将有联系的信息从一个关系模式中分解出去。然而,通过这种分解后,当要查询这些有联系的数据时,则又需要对它们进行联结运算,从而开销增大。所以说,规范化程度不一定越高就越好。

② 对静态关系（指一旦生成则其中的数据不再更新的表），因只做查询操作而不做更新（包括增删改）操作，不会出现异常，故达到 1NF 即可。

③ 动态关系指其中的数据可能经常会更新的表，亦即在此表上用户常会做增删改操作。

6.4.3 以函数依赖为基础的范式

以函数依赖为基础的范式有：1NF、2NF、3NF 和 BCNF 范式。

1. 第一范式

定义 6-8 设 R 是一个关系模式。如果 R 的每个属性的值域，都是不可分的简单数据项的集合（即每个属性都不是多值属性），则称该关系模式为第一范式关系模式，记作 1NF。简单地说，1NF 要求表中无重复值的列，或表中每一行列交叉处只有一个值。

商用 RDBMS 要求：关系的属性是原子的，即要求关系起码应为第一范式。这与第 5 章的数据库完整性中，关系数据模型的固有约束要求关系的属性应是原子的，是一致的。而且，关系数据库语言，如 SQL，都只支持第一范式。因此，第一范式是关系应满足的最起码规范化要求。

如果某非第一范式的关系是因复合属性引起的，若要将其转换为 1NF 关系，只需将复合属性变为简单属性即可；如果是因多值属性引起的，则只需在重复数据行的空列中复制那些非重复数据即可转换为 1NF 关系，此方法被称为对表的修平（flattening）。当然，修平后的表存在较多的重复数据。表 6-1 所示为一带多值属性的非 1NF 关系，表 6-2 为通过修平后得到的 1NF 关系。

表 6-1 带多值属性的非 1NF 关系

姓名	年龄	所在系	联系电话
张三	18	计算机系	13880101333 15224455123
...	...	...	
李四	17	软件系	15150909444 13997788345

表 6-2 修平后得到的 1NF 关系

姓名	年龄	所在系	联系电话
张三	18	计算机系	13880101333
张三	18	计算机系	15224455123
...	...	...	...
李四	17	软件系	15150909444
李四	17	软件系	13997788345

关系模式仅满足 1NF 是不够的，仍可能出现插入异常、删除异常、冗余及更新异常。因为在关系模式中，可能存在部分函数依赖与传递函数依赖。例如，本章开头给出的 4 个示例关系模式都是 1NF，但它们仍存在异常。

下面以示例关系模式 1 为例，来看看 1NF 关系模式的异常情况。

例 6-1 1NF 异常情况。

根据 1NF 定义，可知示例关系模式 1：

Student(Sid,SName,DName,DDirector,Cid,CName,CScore)

为 1NF 关系模式。其中的函数依赖关系有 $\{Sid \to SName, Sid \to DName, Cid \to CName,$ $DName \to DDirector, DDirector \to DName, Sid \to DDirector, (Sid, Cid) \xrightarrow{f} CScore, (Sid,$ $Cid) \xrightarrow{p} SName, (Sid, Cid) \xrightarrow{p} DName, (Sid, Cid) \xrightarrow{p} CName\}$。

该关系模式存在以下异常。

（1）插入异常。插入学生，但学生还未选课，则不能插入，因为主键为(Sid,Cid)，Cid 为空值(NULL)。这就是插入异常的第一种表现，即元组插不进去。

（2）删除异常。如某学生只选了一门课，现要删除学生的该门选课，则该学生的信息也被删除。此为删除异常的第一种表现，即删除时，删掉了其他信息。

（3）冗余。如某学生选修了多门课程，则存在有多行多个字段值的重复存储。因为该学生的姓名和系的信息，会多次重复存储。

（4）更新异常。由于存在前面所说的冗余，故如果某学生要转系，则要修改多行。

2. 第二范式

定义 6-9 若关系模式 R 是 1NF，而且每一个非键属性都完全函数依赖于 R 的键，则称该关系模式为第二范式关系模式，记作 2NF。

2NF 的实质是不存在非键属性"部分函数依赖"于键的情况。

非 2NF 关系或 1NF 关系向 2NF 的转换方法是：消除其中的部分函数依赖，一般是将一个关系模式分解成多个 2NF 的关系模式。即将部分函数依赖于键的非键属性及其决定属性移出，另成一关系，使其满足 2NF。

例 6-2 1NF 分解示例。

仍以示例关系模式 1 为例：

Student(Sid,SName,DName,DDirector,Cid,CName,CScore)

将其分解为 3 个 2NF 关系模式，各自的模式及函数依赖分别如下：

（1）

Student(Sid,SName,DName,DDirector)

$\{Sid \to SName, Sid \to DName, DName \to DDirector, Sid \to DDirector\}$

（2）

ElectiveC(Sid,Cid,CScore)

$\{(Sid, Cid) \xrightarrow{f} CScore\}$

（3）

Course(Cid,CName)

$\{Cid \to CName\}$

这时，分解出的 3 个 2NF 关系模式的函数依赖关系，不再存在非键属性"部分函数依赖"于键的情况了。

实际上，上述分解的结果是将图 6-1 分成 3 个区域分别转换为相应的关系模式，如图 6-2 所示。

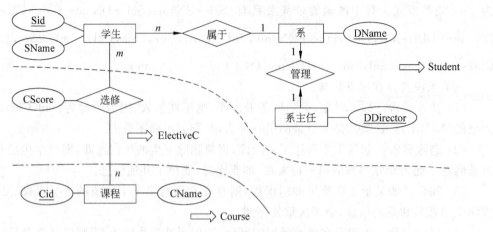

图 6-2　将图 6-1 分成 3 个区域分别转换为相应的关系模式

事实上，上述的分解主要是针对 $m:n$ 联系的，即以 $m:n$ 联系为中心将 ERM 划分为 3 个区域分别转换为关系模式。因为对于存在 $m:n$ 联系的实体 A 和实体 B，如果将它们整体转换为一个关系模式，则其中肯定存在部分函数依赖，图 6-3 所示的示例说明了这一点。

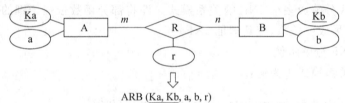

ARB (Ka, Kb, a, b, r)

其中存在的部分函数依赖为：$(Ka, Kb) \xrightarrow{p} a, (Ka, Kb) \xrightarrow{p} b$

图 6-3　$m:n$ 联系及其实体转换的关系模式中存在部分函数依赖

不过，2NF 关系仍可能存在插入异常、删除异常、冗余和更新异常。因为，还可能存在"传递函数依赖"。

例 6-3　2NF 异常情况。

以例 6-2 分解出的第一个 2NF 关系模式为例：

Student(Sid,SName,DName,DDirector)

该关系模式的主键为 Sid，其中的函数依赖关系有

{ Sid → SName,Sid → DName,DName → DDirector,Sid → DDirector }

该关系模式存在以下异常：

（1）插入异常。插入尚未招生的系时，不能插入，因为主键是 Sid，而其值为 NULL。

（2）删除异常。如某系学生全毕业了，删除学生则会删除系的信息。

（3）冗余。由于系有众多学生，而每个学生均带有系信息，故冗余。

（4）更新异常。由于存在冗余，故如修改一个系信息，则要修改多行。

3. 第三范式

定义 6-10 若关系模式 R 是 2NF,而且它的任何一个非键属性都不传递依赖于 R 的任何候选键,则称该关系模式为第三范式关系模式,记作 3NF。

另一个等效的定义是,在一关系模式 R 中,对任一非平凡函数依赖 $X{\rightarrow}A$,如满足下列条件之一:

① X 是超键(super key,含有键的属性集);

② A 是键的一部分。

则此关系 R 属于 3NF。

3NF 是从 1NF 消除非键属性对键的部分函数依赖和从 2NF 消除传递函数依赖而得到的关系模式。

2NF 关系向 3NF 转换的方法是消除传递函数依赖,将 2NF 关系分解成多个 3NF 关系模式。

例 6-4 2NF 分解示例。

以例 6-2 分解出的第一个 2NF 关系模式为例:

Student(Sid,SName,DName,DDirector)

在该关系模式的函数依赖关系中存在有一传递函数依赖:

{ Sid → DName,DName → DDirector,Sid → DDirector }

通过消除该传递函数依赖,将其分解为两个 3NF 关系模式,各自的模式及函数依赖分别如下:

(1)

Student(Sid,SName,DName)
{ Sid→SName,Sid→DName }

(2)

Dept(DName,DDirector)
{DName→DDirector,DDirector→DName }

这时,分解出的两个 3NF 关系模式的函数依赖关系,不再存在非键属性"传递函数依赖"于键的情况了。

实际上,上述分解的结果是将图 6-2 中的第一个区域又分成两个小区域分别转换为相应的关系模式,如图 6-4 所示。

事实上,上述的分解主要是针对具有 $1{:}n$ 联系的两个实体的 ERM。因为如果将它们整体转换为一个关系模式,则其中肯定存在传递函数依赖,图 6-5 所示的示例说明了这一点。

通过上述的一系列分解,Students 示例模式 1 最后被分解为 4 个关系模式,分别是 Student(Sid, SName, DName)、Dept(DName, DDirector)、ElectiveC(Sid, Cid, CScore)和 Course(Cid, CName)。这与第 6.1.1 节中按照第 3.6 节的 ERM 向关系模型转换方法所得到的结果是一致的。这说明 3.6 节所述的转换方法是有效和正确的,其得

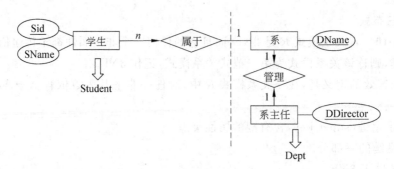

图6-4　将图6-2中的第一个区域又分为两个小区域分别转换为相应的关系模式

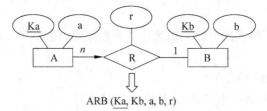

ARB (<u>Ka</u>, <u>Kb</u>, a, b, r)

其中存在的传递函数依赖为：Ka→Kb，Kb→b，Ka→b

图6-5　两个存在1∶n联系的实体的ERM整体转换的关系模式中存在传递函数依赖

到的关系模式至少能够达到3NF的范式要求。它同时也说明如果不按照第3.6节的转换方法将ERM转换为关系模型，而是将ERM整体或部分地转换为一个或多个关系模式，这时就需要利用此章的规范化理论对它们进行分解，才能达到某一级别范式的要求。

　　3NF关系仍可能存在插入异常、删除异常、冗余和更新异常。因为，还可能存在"主属性"、"部分函数依赖"或"传递函数依赖"于键的情况。

　　说明：读者也许注意到了，前面1NF和2NF分别关注的是"非键属性"的部分函数依赖和传递函数依赖，而3NF则转向对"主属性"的关注。

　　例6-5　3NF异常情况。

　　以示例关系模式2为例：

STC (Sid,Tid,Cid)

该关系模式的候选键为（Sid,Cid）和（Sid,Tid），其中的函数依赖关系如下：

$\{$ (Sid,Cid) $\xrightarrow{f}$ Tid,Tid → Cid,(Sid,Tid) $\xrightarrow{p}$ Cid $\}$

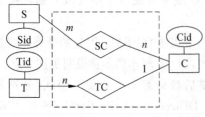

图6-6　STC关系由虚线框内两个联系整体转换得到

该关系模式尽管存在一个部分函数依赖关系，但它是主属性Cid（因为Cid是其中一个候选键中的属性）部分函数依赖于候选键（Sid,Tid）的情况，而不是非主属性部分函数依赖于键。因此，该关系模式属第三范式。

　　事实上，STC模式是将图6-6中虚线框中两个联系转换为一个关系模式的结果。

该关系模式存在以下异常。

（1）插入异常。插入尚未确定讲授教师的课程的学生选课情况时，不能插入；或插入没有学生选课的教师讲授课程情况时，不能插入。因为该关系模式有两个候选键，无论哪种情况的插入，都会出现候选键中的某个主属性值为 NULL，故不能插入。

（2）删除异常。如选修某课程的学生全毕业了，删除学生，则会删除课程与教师讲授联系的信息。

（3）冗余。每个选修某课程的学生均带有教师的信息，故冗余。

（4）更新异常。由于存在冗余，故如修改某门课程的信息，则要修改多行。

4. BCNF 范式

BCNF 范式是由 Boyce 和 Codd 提出的，故称 BCNF 范式，亦被认为是增强的第三范式，有时也归入第三范式。

说明： 范式的概念最早是由 E. F. Codd 提出的，E. F. Codd 在 1971—1972 年系统地提出了 1NF、2NF 和 3NF 的概念，1974 年又与 Boyce 共同提出了 BCNF 范式的概念。另外，后文将要介绍的第四范式和第五范式则均由 Fagin 分别于 1977 年和 1979 年提出。

定义 6-11　若关系模式 R 是 1NF，如果对于 R 的每个函数依赖 $X \rightarrow Y$，X 必为候选键，则 R 为 BCNF 范式（Boyce-Codd normal form）。

每个 BCNF 范式具有以下 3 个性质：

（1）所有非键属性都完全函数依赖于每个候选键；

（2）所有键属性都完全函数依赖于每个不包含它的候选键；

（3）没有任何属性完全函数依赖于非键的任何一组属性。

说明：

① 由于 BCNF 的每一个非平凡函数依赖的决定子必为候选键，故不会出现 3NF 中决定子可能不是候选键的情况。

② 3NF 与 BCNF 之间的区别在于，对一个函数依赖 $X \rightarrow Y$，3NF 允许 Y 是主属性，而 X 不为候选键。但 BCNF 要求 X 必为候选键。因此，3NF 不一定是 BCNF，而 BCNF 一定是 3NF。

③ 3NF 和 BCNF 常常都是数据库设计者所追求的关系范式。有些文献在不引起误解的情况下，统称它们为第三范式。

④ BCNF 主要是针对存在两个及两个以上复合候选键关系模式可能存在异常的情况。对于存在多个复合候选键的 3NF 关系模式，如候选键重叠（至少有一个重叠/相同的属性），则有可能违反 BCNF。

⑤ 如果一个关系数据库的所有关系模式都属于 BCNF，那么在函数依赖范畴内，它已达到了最高的规范化程度（但不是最完美的范式），在一定程度上消除了插入异常、删除异常、冗余和更新异常。

3NF 关系向 BCNF 转换的方法如下：消除主属性对键的部分和传递函数依赖，即可将 3NF 关系分解成多个 BCNF 关系模式。

例 6-6　3NF 分解示例。

以示例关系模式 2 为例：

STC (Sid,Tid,Cid)

该关系模式的候选键为（Sid,Cid）和（Sid,Tid）。由例 6-5 可知,该关系模式属第三范式,且存在一个主属性 Cid 部分函数依赖于候选键（Sid,Tid）的情况。

通过消除主属性 Cid 的部分函数依赖,将其分解为如下两个 BCNF 关系模式：SC（Sid,Cid）和 TC（Tid,Cid）。

这时,分解出的两个 BCNF 关系模式,不再存在主属性部分函数依赖于键的情况了。

说明：对图 6-6 中虚线框内的两个联系,如按照第 3 章所述的转换方法,应该是只需转换 SC 联系而无须转换 TC 联系。这样,与按上述分解所得结果相比还可少一张表。

6.4.4 多值依赖与第四范式

1. 概况

属于 BCNF 范式的关系模式,仍可能存在异常。其原因是由于存在多值依赖情况。

在对多值依赖描述之前,有必要理顺各个数据依赖所讨论（或关注）问题的思路,这对于明确问题的实质有帮助。

各个数据依赖所讨论问题的范围如下。

（1）函数依赖讨论的是元组内属性与属性间的依赖或决定关系对属性取值的影响,即属性级的影响,如某一属性值的插入要取决于其他属性或某一属性值的删除会影响到其他属性。

（2）现将视线上升到对元组级的影响,即讨论元组内属性间的依赖关系对元组级的影响,即某一属性取值在插入与删除时,是否影响多个元组。此即多值依赖讨论的问题。

（3）不过,函数依赖和多值依赖在冗余及更新异常时的表现是相同的。关于冗余和更新异常的表现,参见第 6.1.2 节的内容。

（4）沿上思路发展下去,还会有对关系级的影响,这就是后续关于联结依赖的讨论。

2. BCNF 范式异常示例

以示例关系模式 3 为例：

Teach (CName,TName,RBook)

该关系模式的主键为（CName,TName,RBook）,由 BCNF 范式的定义及性质可知,此模式属于 BCNF 范式。

事实上,Teach 模式是将图 6-7 中虚线框中两个联系转换为一个关系模式的结果。

该关系模式仍然存在以下异常。

（1）插入异常。插入某课程授课教师,因该课程有多本参考书,须插入多个元组。这是插入异常的表现之一。

（2）删除异常。删除某门课程的一本参考

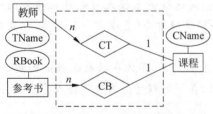

图 6-7 Teach 关系由虚线框内两个联系整体转换得到

书,因该课程授课教师有多名,故须删除多个元组。此为删除异常表现之二。

（3）冗余。每门课程的参考书,由于有多名授课教师,故须存储多次,有大量冗余。

（4）更新异常。修改一门课程的参考书，因该课程涉及多名教师，故须修改多个元组。

问题的根源在于参考书的取值与教师的取值，彼此独立、毫无关系，它们都取决于课程名，即多值依赖之表现。由于该关系模式不存在非平凡函数依赖，已经达到函数依赖范畴内的最高范式——BCNF 范式，因此为消除其存在的异常，不能再利用函数依赖来进一步分解它了。

3. 多值依赖定义

定义 6-12 设 R 是一个具有属性集合 U 的关系模式，X、Y 和 Z 是 U 上的子集，并且 $Z=U-X-Y$，多值依赖 $X \rightarrow\rightarrow Y$ 成立，当且仅当对 R 的任一关系 r，r 在 (X,Z) 上的每个值对应一组 Y 的值，这组值仅仅决定于 X 值而与 Z 值无关。

如果关系 R 满足

条件 1：Y 是 X 的一个子集

或

条件 2：$X \cup Y = U$

则 R 中的多值依赖 $X \rightarrow\rightarrow Y$ 称为平凡多值依赖。否则，既不满足条件 1 也不满足条件 2 的多值依赖则为非平凡多值依赖。

例 6-7 多值依赖示例。

以示例关系模式 3 为例：

```
Teach (CName,TName,RBook)
```

其上的多值依赖关系有 {CName$\rightarrow\rightarrow$TName，CName$\rightarrow\rightarrow$RBook}。

因为每组（CName,RBook）上的值，对应一组 TName 值（即 TName 为一个多值属性），且这种对应只与 CName 的值有关（或只依赖于 CName 的值），而与 RBook 的值无关。同样，每组（CName,TName）上的值，对应一组 RBook 值（RBook 也为一个多值属性），且这种对应只与 CName 的值有关，而与 TName 的值无关。

可以看出，多值依赖是一种一般化的函数依赖，即每一个函数依赖都是多值依赖。因为 $X \rightarrow Y$ 表示每个 X 值决定一个 Y 值，而 $X \rightarrow\rightarrow Y$ 则表示每个 X 值决定的是一组 Y 值（当然要求这组 Y 值与关系中的另一个 Z 值无关），所以从更一般的意义上说，如果 $X \rightarrow Y$，则一定有 $X \rightarrow\rightarrow Y$；反之，则不正确。

另外，一般来说，多值依赖是成对出现的。例如，对于一个关系模式 $R(X,Y,Z)$，多值依赖 $X \rightarrow\rightarrow Y$ 存在，当且仅当多值依赖 $X \rightarrow\rightarrow Z$ 也存在。这时，可用 $X \rightarrow\rightarrow Y|Z$ 这种形式来表示它们。

4. 多值依赖公理

与函数依赖类似，也可以定义多值依赖集合 D 的闭包 D^+。同时，也有一组完备有效的多值依赖推理规则，用来推导 D^+ 中的所有多值依赖。

设 U 是一个关系模式的属性集合，X、Y、Z、V、W 都是 U 的子集合。以下为多值依赖的公理，其中前 3 条是有关函数依赖的，即是 Armstrong 公理，第 4～6 条为有关多值依赖的公理，最后两条则是函数依赖和多值依赖之间的相互推导。

（1）自反律。若 $Y \subseteq X$，则 $X \rightarrow Y$。

（2）增广律。若 $X \rightarrow Y$，则 $XZ \rightarrow YZ$。

（3）传递律。若 $X \rightarrow Y, Y \rightarrow Z$，则 $X \rightarrow Z$。

（4）多值依赖互补律。若 $X \rightarrow\!\!\!\rightarrow Y$，则 $X \rightarrow\!\!\!\rightarrow U - X - Y$。

（5）多值依赖增广律。若 $X \rightarrow\!\!\!\rightarrow Y, V \subseteq W$，则 $XW \rightarrow\!\!\!\rightarrow YV$。

（6）多值依赖传递律。若 $X \rightarrow\!\!\!\rightarrow Y, Y \rightarrow\!\!\!\rightarrow Z$，则 $X \rightarrow\!\!\!\rightarrow Z - Y$。

（7）替代律。若 $X \rightarrow Y$，则 $X \rightarrow\!\!\!\rightarrow Y$。

（8）聚集律。若 $X \rightarrow\!\!\!\rightarrow Y, Z \subseteq Y, W \cap Y = \varnothing, W \rightarrow Z$，则 $X \rightarrow Z$。

由上述 8 条公理，可以得到如下推理规则。

（1）多值依赖合并律。若 $X \rightarrow\!\!\!\rightarrow Y, X \rightarrow\!\!\!\rightarrow Z$，则 $X \rightarrow\!\!\!\rightarrow YZ$。

（2）多值依赖伪传递律。若 $X \rightarrow\!\!\!\rightarrow Y, WY \rightarrow\!\!\!\rightarrow Z$，则 $WX \rightarrow\!\!\!\rightarrow Z - WY$。

（3）多值依赖分解律。若 $X \rightarrow\!\!\!\rightarrow Y, X \rightarrow\!\!\!\rightarrow Z$，则 $X \rightarrow\!\!\!\rightarrow Y \cap Z, X \rightarrow\!\!\!\rightarrow Y - Z, X \rightarrow\!\!\!\rightarrow Z - Y$。

（4）混合伪传递律。若 $X \rightarrow\!\!\!\rightarrow Y, XY \rightarrow Z$，则 $X \rightarrow Z - Y$。

5. 第四范式

定义 6-13　设 R 是一个关系模式，D 是 R 上的多值依赖集。如果 R 的每个非平凡多值依赖 $X \rightarrow\!\!\!\rightarrow Y$（$Y$ 非空且不是 X 的子集，XY 不包含 R 的全部属性），X 一定含有 R 的候选键，那么称 R 是第四范式关系模式，记作 4NF。

BCNF 关系向 4NF 转换的方法是，消除非平凡多值依赖，以减少数据冗余，即将 BCNF 关系分解成多个 4NF 关系模式。

例 6-8　BCNF 分解示例。

以示例关系模式 3 为例：

Teach (CName,TName,RBook)

其上存在非平凡多值依赖关系 CName $\rightarrow\!\!\!\rightarrow$ TName, CName $\rightarrow\!\!\!\rightarrow$ RBook。按 4NF 定义，尽管 TName 和 RBook 都不是 CName 的子集，TName 与 CName 的并集（或 RBook 与 CName 的并集）也没有包含全部属性，但 CName 不是该关系模式的候选键，故该关系模式不属 4NF。通过消除非平凡多值依赖，可将 Teach 分解为以下两个 4NF 关系模式：CT(CName,TName) 和 CB(CName,RBook)。

分解后的两个关系模式 CT 和 CB，都不再存在多值依赖关系了，因为它们都只有两个属性，不满足多值依赖定义。

BCNF 分解的一般方法是：若在关系模式 R(XYZ) 中存在 $X \rightarrow\!\!\!\rightarrow Y | Z$，则 R 可分解为 R_1(XY) 和 R_2(XZ) 两个 4NF 关系模式。

6.4.5　联结依赖与第五范式

1. 概况

在对联结依赖描述之前，再来回顾一下函数依赖和多值依赖的实际表现。

（1）函数依赖实际表现：是对属性取值的约束。

例如，针对示例模式 1，若 0001 号为"计算机学院"的学生，如有函数依赖 Sid $\rightarrow$ DName，则在 Sid＝0001 的元组中，对应的 DName 必为"计算机学院"，而不能为其他值。

（2）多值依赖实际表现：是对元组的约束。

针对示例模式 3，对多值依赖 CName→→TName，如果出现元组〈数据库，张三，数据库原理 1〉和〈数据库，李四，数据库原理 2〉，则必有元组〈数据库，张三，数据库原理 2〉和〈数据库，李四，数据库原理 1〉。

按上述的问题讨论思路，会出现对"关系级的影响"。既然是关系级，需通过关系的"联结"运算发生联系。

2. 示例

以示例关系模式 4 为例：

```
SPD (Sno,Pno,Dno)
```

事实上，SPD 模式是将图 6-8 中虚线框中的 3 个联系整体转换为一个关系模式的结果。

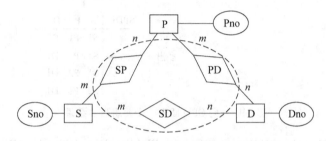

图 6-8　SPD 关系由虚线框内 3 个联系整体转换得到

从静态上，来看看这种转换是否等价。也就是说，如将 SPD 分解为 3 个二元关系，看看将此 3 个二元关系通过自然连接后能否得到与 SPD 相同的结果，即重构。

假如 SPD 能分解成 3 个二元关系 SP(Sno,Pno)、PD(Pno,Dno) 和 SD(Sno,Dno)。且有 SPD＝SPD1，其中，SPD1＝SP⋈PD⋈SD，即 3 个二元关系 SP、PD 和 SD，经自然联结可以重构原来的 SPD 关系。

例如，假定 SPD 有两个元组〈S1，P1，D2〉和〈S1，P2，D1〉，通过分拆 SPD 的元组得到 SP、PD 和 SD 的元组，然后再将它们自然联结，得到的 SPD1 与 SPD 是一样的，如图 6-9 所示。

SPD	S	P	D
	S1	P1	D2
	S1	P2	D1

⇒

SP	S	P
	S1	P1
	S1	P2

PD	P	D
	P1	D2
	P2	D1

SD	S	D
	S1	D2
	S1	D1

⋈　　　⋈

SPD1	S	P	D
	S1	P1	D2
	S1	P2	D1

图 6-9　SP、PD 和 SD 自然联结重构 SPD

下面，再看看动态上它们是否仍然等价，即在做相同数据的插入和删除操作后它们是否仍然等价。假如在图 6-9 的基础上，分别对 SPD 插入和删除一行，看看通过 SP、PD 和 SD 自然连接得到的 SPD1 与 SPD 关系还能否保持一致。

（1）插入。现向 SPD 插入元组〈S2，P1，D1〉，将此元组分拆，应向 SP、PD 和 SD 分别插入〈S2，P1〉、〈P1，D1〉和〈S2，D1〉。这时，3 个二元关系 SP、PD 和 SD 的关系实例分别为 SP{〈S1，P1〉，〈S1，P2〉，〈S2，P1〉}、PD{〈P1，D2〉，〈P2，D1〉，〈P1，D1〉} 和 SD{〈S1，D2〉，〈S1，D1〉，〈S2，D1〉}。将 SP、PD 和 SD 自然联结，得到的 SPD1 关系实例为：SPD1{〈S1，P1，D2〉，〈S1，P2，D1〉，〈S2，P1，D1〉，〈S1，P1，D1〉}，此过程如图 6-10 所示。

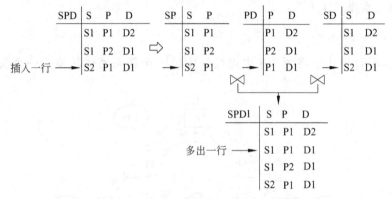

图 6-10　向 SPD 插入一个元组后的结果

说明：SP{〈S1，P1〉，〈S1，P2〉，〈S2，P1〉} 与 PD{〈P1，D2〉，〈P2，D1〉，〈P1，D1〉}，自然联结（按 SP.Pno＝PD.Pno 进行）后得到的结果为 Temp{〈S1，P1，D2〉，〈S1，P1，D1〉，〈S1，P2，D1〉，〈S2，P1，D2〉，〈S2，P1，D1〉}，再将 Temp 与 SD{〈S1，D2〉，〈S1，D1〉，〈S2，D1〉} 自然联结，这时的联结应按 Temp.Sno＝SD.Sno 和 Temp.Dno＝SD.Dno 进行，得到的最后结果即为 SPD1 的关系实例：SPD1{〈S1，P1，D2〉，〈S1，P2，D1〉，〈S2，P1，D1〉，〈S1，P1，D1〉}。

从图 6-10 中可以看出，由 SP、PD 和 SD 自然联结得到的 SPD1 不等于 SPD，SPD1 比 SPD 多了一个元组〈S1，P1，D1〉。为使 SPD 和 SPD1 等价，在向 SPD 插入〈S2，P1，D1〉的同时，还必须插入〈S1，P1，D1〉。

（2）删除。假如删除 SPD 的〈S2，P1，D1〉，结果造成 SPD1 被删除了两个元组，分别是〈S2，P1，D1〉和〈S1，P1，D1〉，如图 6-11 所示。因为，删除 SPD 的〈S2，P1，D1〉，对应地，应分别删除 SP、PD 和 SD 的〈S2，P1〉、〈P1，D1〉和〈S2，D1〉，这时，SP、PD 和 SD 的关系实例分别为：SP{〈S1，P1〉，〈S1，P2〉}、PD{〈P1，D2〉，〈P2，D1〉} 和 SD{〈S1，D2〉，〈S1，D1〉}，由它们自然联结得到的 SPD1 关系实例为 SPD1{〈S1，P1，D2〉，〈S1，P2，D1〉}。

由图 6-11 可知，为保证 SPD 和 SPD1 等价，如果删除了 SPD 中的〈S2，P1，D1〉，还要求删除〈S1，P1，D1〉。也就是说，应将 SPD 中的〈S2，P1，D1〉和〈S1，P1，D1〉都删除，才能与 SPD1 等价。

由以上分析可知，SPD 在插入及删除元组时会与 SPD1 存在不一致的地方，产生这一问题的根源是由于联结依赖的存在。

3. 联结依赖及第五范式定义

定义 6-14　设 $R，R_1，\cdots，R_n$ 是关系模式，$U，U_1，\cdots，U_n$ 分别是 $R，R_1，\cdots，R_n$ 的属性集

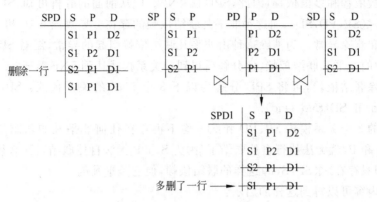

图 6-11　SPD 被删除一行后的结果

合,而且 $U=U\bigcup U_1\bigcup\cdots\bigcup U_n$。如果 R 的任意关系实例 r 满足:

$$r=\pi_{U_1}(r)\bowtie\pi_{U_2}(r)\bowtie\cdots\bowtie\pi_{U_n}(r)$$

则称 R 满足联结依赖,记作 $\bowtie(R_1,R_2,\cdots,R_n)$。

如果联结依赖 $\bowtie(R_1,R_2,\cdots,R_n)$ 中的某个 R_i 就是 R,则该联结依赖为平凡联结依赖。

根据上述定义,示例关系模式 4 的 SPD,存在联结依赖,因为,SPD 可通过 SP、PD 和 SD 进行自然联结得到,即 SPD 存在的联结依赖为 $\bowtie$(SP,PD,SD),且为非平凡联结依赖。

定义 6-15　如果在关系模式 R 中,除了由超键构成的联结依赖外,没有其他的联结依赖存在,则称 R 属于第五范式,记作 5NF。

说明:

① 联结依赖不能由语义直接推导,而只能通过关系的联结运算才反映出来。

② 关系分解成 5NF 后,除了按超键还可再分外,确是该分解的都分解了。有些文献称 5NF 为 PJNF(projection-join normal form),意指它概括了以投影和联结运算为基础的所有规范化。

③ 除了前面介绍的范式外,还存在其他范式,如弱 4NF、强 PJNF、超强 PJNF 等。而且,如将规范化概念扩大,不限于投影和联结这样的规范化形式,而是将规范化理解为按数据语义改善关系结构的总措施,则仍有工作可做。例如,有可能出现以"选择和并"为特征的规范化理论。

④ 由于一般的联结依赖很难直观地从数据语义中发现,故在数据库设计时,一般无须考虑这种数据依赖。

4. 4NF 向 5NF 的转换

4NF 关系向 5NF 转换的方法如下:消除不是由候选键所蕴涵的联结依赖,即可将 4NF 关系分解成多个 5NF 关系模式。

例 6-9　4NF 分解示例。

以示例关系模式 4 为例:

SPD (Sno,Pno,Dno)

由于 SPD 的主键为(Sno,Pno,Dno),包含了该关系模式的所有属性,显然,它不存在非平凡的函数依赖和多值依赖,因此,SPD属4NF。但从前面的分析可知,SPD存在非平凡联结依赖$\bowtie$(SP,PD,SD),而这种非平凡联结依赖的存在会导致图6-10和图6-11所示的插入异常和删除异常。为消除这种由非平凡联结依赖引起的异常,需对SPD进一步分解,消去其中的非平凡联结依赖,使分解后得到的关系模式达到5NF范式。

通过消除联结依赖,可将SPD分解为以下3个5NF的关系模式:SP(Sno,Pno)、PD(Pno,Dno)和SD(Sno,Dno)。

分解后的3个关系模式SP、PD和SD,均不再存在任何非平凡的联结依赖。例如,SP如分为S和P,就无法执行自然联结了(因为S和P无法自然联结),而必须通过SP本身来联结,即只存在$\bowtie$(SP,S,P)这样的联结依赖,但它是平凡的。

由以上内容可以得到这样的启示:

(1) 如果3个实体间没有绑定3个实体的要求,而只是两两之间存在二元联系,则一般不要将这3个二元联系整体转换为一个关系模式,而应该按照第3.6节的方法来转换各个二元关系。否则,会因存在连接依赖而出现异常。

(2) 反之,如果3个实体间确实需要绑定且该三元联系有自己的描述属性,则可直接将其转换为一个独立的关系模式。这种情况下,因不存在非平凡连接依赖,故无须对其分解了。

6.5 关系模式的规范化

6.5.1 规范化步骤

规范化的实质是概念的单一化,即一个关系只描述一个概念、一个实体或实体间的一种联系,若多于一个概念,就应将其他概念分离出去。

规范化工作是将给定的关系模式按范式级别,从低到高,逐步分解为多个关系模式。实际上,在前面的叙述中,已分别介绍了各低级别的范式向其高级别范式的转换方法。下面将通过图示方式来综合说明关系模式规范化的基本步骤,如图6-12所示。

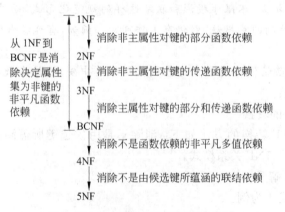

图 6-12 关系模式规范化的基本步骤

各步骤描述如下:

① 对 1NF 关系模式进行投影(即分解),消除原关系模式中非主属性对键的部分函数依赖,将 1NF 关系模式转换为多个 2NF 关系模式。

② 对 2NF 关系模式进行投影分解,消除原关系模式中非主属性对键的传递函数依赖,将 2NF 关系模式转换为多个 3NF 关系模式。

③ 对 3NF 关系模式进行投影分解,消除原关系模式中主属性对键的部分和传递函数依赖,即使决定属性成为所分解关系的候选键,从而得到多个 BCNF 关系模式。

以上三步可合为一步,即对原关系模式进行分解,消除决定属性不是候选键的任何函数依赖。

④ 对 BCNF 关系模式进行投影分解,消除原关系模式中不是函数依赖的非平凡多值依赖,将 BCNF 关系模式转换为多个 4NF 关系模式。

⑤ 对 4NF 关系模式进行投影分解,消除原关系模式中不是由候选键所蕴涵的联结依赖,将 4NF 关系模式转换为多个 5NF 关系模式。

具体分解方法,参见前面所述的相应示例。

需要强调的是,规范化仅仅是从一个侧面提供了改善关系模式的理论和方法。一个关系模式的好坏,规范化是衡量的标准之一,但不是唯一的标准。数据库设计者的任务是,在一定的制约条件下,寻求能较好地满足用户需求的关系模式。规范化的程度不是越高越好,这取决于应用。

6.5.2 关系模式的分解及其指标

关系模式规范化的主要方法是关系模式的分解,即把一个关系模式分解为几个子关系模式,使得这些子关系模式具有指定的规范化形式。

关系模式的分解一般采用投影分解法。

投影分解法:一个关系模式 $R\langle U, F \rangle$,其中,U 为该关系 R 的属性集,F 为该关系 R 上的数据依赖,分解为若干个关系模式 $R_1\langle U_1, F_1 \rangle, R_2\langle U_2, F_2 \rangle, \cdots, R_n\langle U_n, F_n \rangle$,其中,$U = U_1 \bigcup U_2 \bigcup \cdots \bigcup U_n$,且 $U_i \not\subset U_j$,R_i 为 R 在 U_i 上的投影,此即意味着将存储于一张表 T 中的数据,分散到若干张表 $T_1, T_2, \cdots, T_n$ 中去,其中,T_i 是 T 在属性集 U_i 上的投影。

关系模式分解的一般要求:关系模式经分解后,应与原来的关系等价。等价是指两者对数据的使用者来说是等价的,即对分解前后的数据,做同样内容的查询,会产生同样的结果。

分解的两个指标是,无损分解和函数依赖保持性。分解不能丢失任何信息,否则就没有意义。

定义 6-16 设关系模式 $R\langle U, F \rangle$,分解为若干个关系模式 $R_1\langle U_1, F_1 \rangle, R_2\langle U_2, F_2 \rangle, \cdots, R_n\langle U_n, F_n \rangle$,其中,$U = U_1 \bigcup U_2 \bigcup \cdots \bigcup U_n$,且 $U_i \not\subset U_j$,R_i 为 R 在 U_i 上的投影,若 R 与 R_1,$R_2, \cdots, R_n$ 自然联结的结果相等,则称关系模式 R 的这个分解具有无损联结性(loss-less join)。只有具有无损联结性的分解才能够保证不丢失信息,无损联结性的分解即为无损分解。

定义 6-17 设关系模式 $R\langle U, F \rangle$,分解为若干个关系模式 $R_1\langle U_1, F_1 \rangle, R_2\langle U_2, F_2 \rangle, \cdots, R_n\langle U_n, F_n \rangle$,其中,$U = U_1 \bigcup U_2 \bigcup \cdots \bigcup U_n$,且 $U_i \not\subset U_j$,R_i 为 R 在 U_i 上的投影,若 F 所逻辑

蕴涵的函数依赖，一定也由分解得到的某个关系模式中的函数依赖 F_i 所逻辑蕴涵，则称关系模式 R 的这个分解是保持函数依赖（preserve dependency）的。

不满足保持依赖条件，并不意味着某些函数依赖真正丢失了，而是某些函数依赖的有关属性（即这些属性间存在的某种语义）分散到不同的关系模式后，不能被 F 的所有投影所蕴涵。

关系模式的分解准则有两种。

（1）只满足无损分解要求。

（2）既满足无损分解要求，又满足保持依赖要求。

如果一个分解具有无损联结性，则它能够保证不丢失信息；而如果一个分解保持了函数依赖，则它可以减轻或解决各种异常情况。

分解具有无损联结性和分解保持函数依赖是两个互相独立的标准。具有无损联结性的分解不一定能够保持函数依赖；而能够保持函数依赖的分解也不一定具有无损联结性。

小　结

一个未经设计好的关系模式可能存在异常，包括插入异常、删除异常、冗余和更新异常。存在异常的原因在于，关系模式中的属性间存在复杂的数据依赖。数据依赖由数据间的语义决定，不是凭空臆造。数据依赖包括函数依赖、多值依赖和联结依赖。

函数依赖表示关系模式中的一个（组）属性值决定另一个（组）属性值。函数依赖有 5 个分类，分别是平凡函数依赖、非平凡函数依赖、完全函数依赖、部分函数依赖和传递函数依赖。在对一个关系模式规范化前，必须将关系模式中所有的函数依赖全部找出，Armstrong 公理系统可帮助完成此项任务。

目前，关系模式上的范式一共有 6 种，分别是 1NF、2NF、3NF、BCNF、4NF 和 5NF。其中，1NF 最低，5NF 最高；1NF、2NF、3NF 和 BCNF 是函数依赖范畴内的范式；4NF 是多值依赖范畴内的范式；5NF 是联结依赖范畴内的范式。关系模式设计时，静态关系模式可为 1NF，其他关系模式达到 3NF 或 BCNF 即可。

函数依赖讨论的是属性间的依赖对属性取值的影响，即属性级的影响；多值依赖讨论的是属性间的依赖关系对元组级的影响；联结依赖则讨论的是属性间的依赖关系对关系级的影响。

关系模式的规范化，一般通过投影分解完成。关系模式分解有两个指标：无损分解和函数依赖保持，一般做到无损分解即可。

通过本章的学习，应该得到这样一个重要的启示：在关系模式设计时，应使每个关系模式只表达一个概念，做到关系模式概念的单一化。这样，可在很大程度上避免这样或那样的异常。

习　题

一、简答题

1. 关系模式可能存在哪些问题？问题产生的根源是什么？
2. 函数依赖的分类有哪些？
3. Armstrong 公理系统的作用是什么？
4. 基于函数依赖的范式是什么？
5. 1NF 存在异常的可能原因有哪些？
6. 函数依赖、多值依赖及联结依赖分别讨论什么问题？
7. 多值依赖实际反映的是何种语义？
8. 简述关系模式的规范化步骤。

二、设计题

设有关系模式：R（Sid，Sname，Cid，Cname，Score，Tid），其中，Sid、Sname、Cid、Cname、Score、Tid 分别表示学号、学生姓名、课程编号、课程名、成绩以及教师编号，并有如下语义要求：

（1）课程与教师之间的联系为 1∶1；
（2）学生与课程之间的联系为 $m∶n$；
（3）一名学生只能有一个学号，且学号唯一；
（4）一门课程只能有一个课程号，且课程号唯一。

请完成以下任务：

（1）将此关系模式逆向转换为 ERM；
（2）根据语义给出 R 的函数依赖；
（3）将该关系模式分解成 3NF。

第7章 数据库应用设计

数据库应用设计是一项软件工程。本章将按照软件工程生命周期,全面介绍数据库应用设计不同阶段的任务、内容和设计过程,特别是需求分析、逻辑设计和物理设计这3个阶段。数据库应用设计是一项复杂的系统工程,要设计出一个完善而高效的数据库应用系统,必须做好每一阶段的工作。

数据库设计的主要任务,是通过对现实系统中的数据进行抽象,得到符合现实系统要求的、能被 DBMS 支持的数据模式。

本章总的要求是详细了解数据库应用设计的全过程。重点是概念设计中的 E-R 模型设计方法、逻辑设计中 E-R 模型向关系模型的转换方法、物理设计中索引的建立。

在学习本章的过程中,应注意数据库技术的应用是三分理论,七分设计。前期所学的数据库理论只是一些原则和指导思想,在千变万化的实际应用中,设计者必须灵活地运用数据库理论,根据实际情况决定创建什么样的数据库,库中包括什么信息,信息之间如何联系,以及数据库模式应该达到哪个级别的范式等。读者必须在深刻领会数据库原理本质的基础上,善于从管理的对象中,抽取出有用信息,并建立数据模型,这种能力不是靠知识的记忆,而是知识的综合利用。

本章学习目的和要求:

(1) 数据库应用设计步骤;

(2) 用户需求描述与分析;

(3) 概念设计;

(4) 逻辑设计;

(5) 物理设计;

(6) 数据库实施;

(7) 数据库使用与维护。

7.1 数据库应用设计的步骤

数据库应用设计是一项综合运用计算机软硬件技术,同时结合应用领域知识及管理技术在内的系统工程。它不是某个设计人员凭个人经验或技巧就可以完成的，而是要遵循一定的规律，按步骤实施才可以设计出符合实际要求，实现预期功能的系统。在人们的长期探索与实践中，已经总结出了一些理论体系来对数据库设计进行过程控制和质量评价，其中比较著名的是 1978 年 New Orleans（新奥尔良会议）提出的关于数据库设计步骤的划分，被公认为是比较完整的一个设计框架。它分为以下几个设计阶段：

N1　机构需求分析

N2　信息分析和定义

　　N2.1　视图建模

　　N2.2　视图分析与汇总

N3　实现设计

　　N3.1　模式初步设计

　　N3.2　子模式设计

　　N3.3　程序设计

　　N3.4　模式评价

　　N3.5　模式细化

N4　物理设计

直到目前，在实施数据库设计时，仍然按照上面的基本步骤进行。虽然现在已出现了不少的数据库设计方法，这些方法都规定了自己的设计步骤，但基本的设计步骤都没有太大的差别。根据软件工程生命周期（life cycle），本章将按如下步骤讨论数据库的应用设计：

（1）用户需求分析；

（2）数据库的概念模型设计；

（3）数据库的逻辑设计、优化设计；

（4）数据库的物理设计；

（5）数据库实施，包括物理数据库的建立、试运行、评价；

（6）数据库的使用与维护。

上述设计过程体现了数据的逻辑独立性与物理独立性，形成如图 7-1 所示的各级模式。

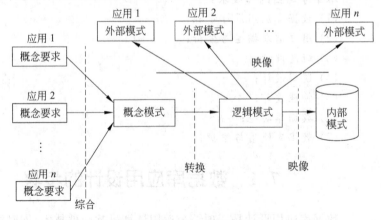

图 7-1　数据库各级模式（反映了数据的两个独立性）

用户需求分析是设计过程的第一步,不仅对数据库设计是必需的,对整个应用系统的建立也是必需的。通过对用户需求的调研分析,不仅能确定用户对数据库应用的目标和功能(很大程度上也确定了建立系统的实施方案),而且对数据库的要求也包含在需求中。对数据库设计来说,主要关心现实世界中的数据及数据处理的要求,在用户需求调研与分析阶段,用信息联系图、管理业务流程图、数据流程图等工具和方法进行分析,这些都是数据库设计的基础。在进行数据库逻辑设计之前,首先进行数据库的概念模型设计,这种概念模型独立于具体的计算机系统,与机型、操作系统、DBMS 及其支持的数据模型都无关,是对现实世界中的数据及数据之间的关系进行的一种抽象,可以将概念模型转化为不同的数据模型。

逻辑设计、物理设计对数据库性能影响很大,性能包括对数据库的存取效率、存储效率等。存取效率是用每个逻辑存取所需的平均物理存取次数的倒数来度量的。存取包括逻辑存取和物理存取,逻辑存取是指对数据库记录的访问,物理存取是实现该访问在物理存储器上的存取。存储效率是用存储每个要加工的数据所需实际辅存空间的平均字节数的倒数来度量的。数据库还包括其他性能,如计算机软、硬件系统变化时,数据库的移植、修改和数据库重新组织时的代价、扩充能力、故障恢复能力以及安全保密性能等。一个好的数据库应具备完整性、独立性、共享性、冗余小以及安全、可恢复等特征。

数据库的建立是在逻辑设计和物理设计完成后,进行数据装入和应用程序的编写。当数据库投入试运行时,要检验各种操作、测试其功能、对数据库性能进行评价和改进。

数据库投入运行后,便进入数据库的维护时期。由于使用要求的改变,必须对数据库进行修改,对其性能进行监督,必要时进行大的修改,甚至重新组织。

7.2　用户需求描述与分析

对用户需求进行调查、描述和分析是数据库设计过程的第一步,也是最基础的一步。从开发设计人员的角度讲,事先并不知道数据库应用到底要"做什么",它是由用户提供的。但遗憾的是,用户虽然熟悉自己的业务,但往往不了解计算机技术,难以提出明确、恰当的要求;而设计人员常常不了解用户的业务甚至非常陌生,难以准确、完整地用数据模型来模拟用户现实世界的信息类型和信息之间的联系。这种情况下,马上对现实问题进行设计,几乎注定要返工,因此用户需求分析是数据库设计必经的第一步。

7.2.1　需求分析的内容

从软件工程的角度讲,用户需求分析的内容很多,对于数据库设计来说,重点在于数据部分。

用户需求可分为功能性需求和非功能性需求。功能性需求定义了系统用来做什么,主要描述系统必须支持的功能和过程;非功能性需求也称技术需求,定义了系统工作时的特性,描述操作环境和性能目标等。

基于数据库设计的需求分析的内容,大体上可以归纳为以下一些问题。

(1) 功能。系统做什么? 系统何时做什么? 系统何时及如何修改或升级?

（2）数据交换。有来自其他数据库的数据吗？有到其他数据库的数据吗？对数据格式有何限制？

（3）数据立即存取要求？

（4）数据流动。各业务部门与外部有何信息（数据）联系？业务部门内部之间的数据流动关系？数据流从何处开始，到何处终止？

（5）数据要求。接收、发送数据的频率？数据的准确性和精度？数据流量？数据需保持的时间？

（6）涉及哪些信息类别？它们之间的联系和区别？

（7）安全保密。对数据库的访问有何控制要求？如何隔离用户之间的数据？数据备份要求？

（8）成本消耗与开发进度。开发有规定的时间表吗？软硬件投资有何限制？

（9）可靠性要求。数据库必须监测和隔离错误吗？维护是否包括对数据库的改进？数据库的可移植性、扩充能力有何要求？

其中的第一条为功能性要求，是最基本的要求。用户和设计者需要就上述问题反复讨论，达成共识，并界定出应用的边界，即人工做什么，计算机做什么，把共同的理解写成一份需求说明书作为本阶段工作的结果。它也是用户和设计者相互了解的基础，设计者以此为依据进行设计，最后它也是测试和验收数据库的依据，可以说，需求说明书是用户和设计者之间的合同。

7.2.2　用户需求调研的方法

用户需求调研常用的方法有跟班作业、开调查会、请专人介绍、询问、设计调查表请用户填写、查阅记录等。这种调研是多方面的，需要与用户单位各层次的领导和业务管理人员交谈，了解、收集用户单位各部门的组织机构、各部门的职责及其业务联系、业务流程、各部门和各种业务活动和业务管理人员对数据的需求，以及对数据处理的要求等。由于需求的不断变化、专业背景的差异导致对问题的理解不同，使得这个工作可能需要反复多次。

最终用户是调研的重点对象，他们对系统的要求更具权威性。无论采用哪种调研方法，都需要向最终用户提出以下问题。

（1）最终用户的工作职责是什么？

（2）是否还负责其他工作？

（3）如何完成这些工作？

（4）现有的什么工作可以完成这些工作？

（5）当前是否正使用数据库？

（6）最终用户现在从事的工作在哪些方面还需要改进？

（7）现有的工具和数据库在哪些方面还需要改进？

（8）最终用户如何与其他人员进行交互？

（9）从最终用户角度出发，业务的目标是什么？

（10）从最终用户角度出发，所设计的数据库系统目标是什么？

在调研过程中,还需要向最终用户咨询如下一些关于数据的问题。

(1) 为什么要访问数据?

(2) 数据如何被访问?

(3) 数据被访问的周期是多长?

(4) 在什么情况下需要进行数据修改?

(5) 确切的数据增长率是多少?

在调研过程中,不但应该仔细研究用户的业务需求,而且还要考察现有的系统。大多数数据库项目都不是从头开始建立的,通常总会存在用来满足特定需求的现有系统。显然,现有系统并不完美,否则就不必再建立新系统了。但是对旧系统的研究,可以发现一些可能会忽略的细微问题。一般说来,考察现有系统对新系统的设计绝对有好处。

用户需求调研后,接下来是用户需求的描述和分析,但在进行下一步工作前,还应该仔细考虑下面一些问题。

(1) 是否已对与业务处理所涉及的所有用户和最终用户都进行了调研?

(2) 当前业务处理进行情况如何?

(3) 每一个业务处理目标是什么?

(4) 这些目标是否都能实现?

(5) 根据新数据库的需求,这些目标将如何修改?

(6) 现有处理中是否存在不必要的步骤?

(7) 新数据库框架中哪些步骤是必需的?

(8) 已经定义的处理是否隐含有尚未被定义的数据?

(9) 哪些处理可以实现计算机处理?

7.2.3 用户需求描述与分析

了解用户需求后,还需要进一步描述和分析用户的需求。在众多的分析中,结构化分析方法(structured analysis,SA)是一种简单实用的方法。SA 方法从最上层的系统组织机构入手,采用自顶向下、逐层分解的方式分析系统。

首先,画出用户单位的组织机构图、业务关系图(如业务部门与外部的信息联系、业务部门内部各处理环节的相互关系等)和数据流图(data flow diagram,DFD)。其中,DFD 是用得较广泛的一种工具,利用 DFD,可表示出数据流、数据存储及逻辑处理等。

然后,编制数据字典(data dictionary,DD)。对数据库设计来说,数据字典应着重描述数据元素(数据项)、数据流、数据存储以及数据处理。数据元素应列出其名称、别名、类型、长度、取值范围、数据量的大小、代码等特性,以及数据元素的来源、在何处用、做何种操作、操作的频率等;数据流应描述其数据元素组成、来自何处、向何处去;数据存储应描述其数据元素构成、存于何处;数据处理描述对何数据流进行处理、处理的逻辑。

通过以上的图、表工具,一般能够达到较圆满地描述用户需求的目的。

7.2.4 用户需求描述与分析实例

为了加深理解,下面以"学生公寓管理系统"的数据库设计为例,对用户需求进行描述与分析,其中某些环节做了适当的简化。

1. 需求描述

经过调研，学生公寓管理的组织机构可分为二级：宿管科和具体的执行组。尽管宿管科隶属于后勤集团，但对于系统应用而言，这种联系是松散的，故不予以考虑。业务联系如图 7-2 所示。图中的财务主管有点特殊，在人事上隶属于宿管科，但在业务上直接对后勤集团的财务科负责，鉴于它在本系统扮演的角色，把它当作一个普通的二级组织机构是恰当的。

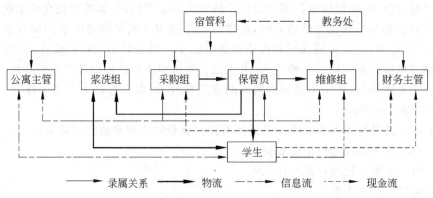

图 7-2　学生公寓管理系统业务联系图

基于这个业务联系图，通过与用户协商，大体上可界定出应用边界：浆洗组与学生之间的物资来往（指浆洗的床单、被套等），不纳入计算机管理；财务主管与采购组之间的现金来往也不纳入本系统（实际情况是由后勤集团财务科统筹管理）。

系统主要功能性需求描述如下。

（1）导入新生数据。由于现实管理原因，学生公寓管理系统不允许和教务的学生信息库长期共享数据，每学年开学时，教务处对本系统做短暂的"开放"，此时需将新生基本信息导入到本系统。

（2）新生注册。给新生分配寝室、床位，发放统一配备的卧具。

（3）床位调配。公寓主管在辖区公寓内调整学生寝室、床位；为宿管科新分配来的临时入住者（如进修生、短训班学员等）分配寝室、床位。

（4）回收床位。可随时回收临时入住者、辍学者床位；批量回收非留级毕业生床位。并将被回收床位者的基本信息从"在住者基本信息库"转移到"入住者基本信息历史库"。这个过程应可以逆向执行。

（5）门禁管理。记录、统计、报告来访信息以及违反公寓管理制度者的违纪信息。

（6）设备报修。学生通过校园网上报待修设备，维修组对此信息做出反应。

（7）卫生管理。记录、统计、报告寝室的卫生检查情况。

（8）物资管理。记录、统计、报告物资采购、使用或消耗情况。

（9）分类统计、报告入住情况。分类方式有：公寓、院系、班级、年级、专业，以及它们的任意组合。

（10）统计、报告闲置的寝室、床位。

（11）员工管理。公寓管理和服务人员的基本情况、出勤情况、工作业绩、违纪情况等纳入本系统统一管理。

（12）财务管理。仅管理学生交纳的公寓服务费、公寓设施损坏赔偿费。

2. 数据流程图 DFD

DFD 是结构分析方法的工具之一，也是常用的对用户需求进行分析的工具。它描述数据处理过程，以图形化方式刻画数据流从输入到输出的变换过程。由于它只反映系统必须完成的逻辑功能，所以它是一种功能模型。

对于一个具体应用来说，可以自上而下、逐层地画出 DFD，在 DFD 中可包括外部项、数据流、处理（加工）和数据存储。

外部项是指人或事物的集合，如学生、公寓主管等，用方框加边表示。外部项也常被称为数据的源点或终点。

数据流用箭头表示，箭头表示数据流动方向，从源流向目标。源和目标可以是外部项、加工和数据存储。

处理加工用矩形框表示，是对数据内容或数据结构的处理。数据可以来自外部项，也可以从数据存储中取数据，处理结果可以传到外部项，也可以传到另一数据存储中。对加工可以编号。

数据存储用缺口矩形框表示，用来表达数据暂时或永久保存的地方。数据存储也可以编号。

为了表达较复杂问题的数据处理过程，用一张 DFD 是不够的，要按照问题的层次结构进行逐步分解，并以一套分层的 DFD 反映这种结构关系。分层的一般方法是先画系统的输入输出，然后再画系统内部。

（1）画系统的输入输出。画系统的输入输出，即先画顶层 DFD。顶层图只包含一个加工，用以标识被开发的系统，然后考虑有哪些数据，数据从哪里来，到哪里去。顶层图的作用在于，表明应用的范围以及和周围环境的数据交换关系，顶层图只有一张。图 7-3 为学生公寓管理系统的顶层图。

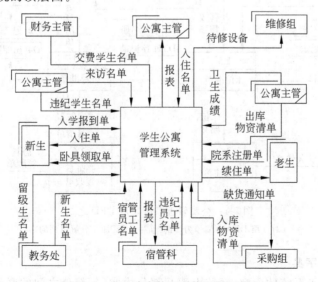

图 7-3　学生公寓管理系统顶层 DFD

说明：图中的外部项"公寓主管"出现了 3 次。有时候为了增加 DFD 的清晰性，防止数据流的箭头线过长或指向过于密集，在一张图上可以重复画同名的外部项，此时在方框的右下角加斜线表示它们是同一个对象。基于同样的理由，有时数据存储也需重复标识。

（2）画系统内部。画系统内部，即画下层的 DFD。一般将层号从 0 开始编号，采取自顶向下，由外向内的原则。

画 0（零）层 DFD 时，一般根据当前系统工作分组情况，并按系统应有的外部功能，分解顶层流图的系统为若干子系统，决定每个子系统间的数据接口和活动关系。

例如，学生公寓系统按功能可分成 14 个部分：新生数据导入、新生注册、老生报到、床位调配、处理学生违纪、收取公寓服务费、设备报修、来访登记、卫生检查、处理缺货、处理进货、处理物资出库、宿管员工注册、处理员工违纪。这 14 个子系统通过相关的数据存储联系起来。

画更下层的 DFD 时，则分解上层图中的加工。一般沿着输入流的方向，凡数据流的组成或值发生变化的地方则设置一个加工，这样一直进行到输出数据流（也可以从输出流到输入流方向画）。如果加工的内部还有数据流，则对此加工在下层图中继续分解，直到每个加工足够简单，不能再分解为止。

在把一张 DFD 中的加工分解成另一张 DFD 时，上层图称为父图，下层图为子图。子图应编号，子图上的所有加工也应编号。子图的编号就是父图中相应加工的编号，子图中加工的编号由子图号、小数点及局部号组成。

例如，在学生公寓管理系统 0 层 DFD 中，"新生注册"这个加工的编号为 2，则在分解这个加工形成的 DFD 时，编号就为 2，其中的每个加工编号为 2.X，如图 7-4 所示。

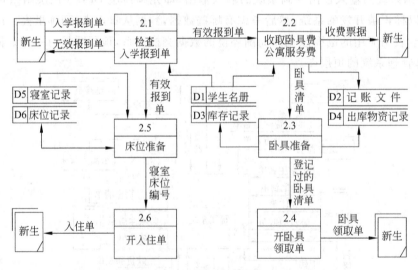

图 7-4 公寓管理系统 1 层 DFD 之二
（对 0 层 DFD 中编号为 2 的"新生注册"加工分解得到的）

3. 建立数据字典

DFD 只描述了系统的分解，系统由哪几部分构成，各部分之间的联系，并没有对各个数据流、加工及数据存储进行详细说明。对数据流、数据存储和数据处理的描述,需要用数据字典 DD。

数据字典可用来定义 DFD 中的各个成分的具体含义。它以一种准确的、无歧义性的说明方式,为系统的分析、设计及维护提供了有关元素的、一致的定义和描述。它和 DFD 共同构成了系统的逻辑模型,是"需求说明书"的主要组成部分。

从软件工程的角度讲,在用户需求分析阶段建立的 DD 内容极其丰富。数据库应用设计只是侧重在数据方面,要产生数据的完全定义,可以利用 DBMS 中的 DD 工具。如果想手工建立 DD,必须明确 DD 的内容和格式,这部分的内容可参阅软件工程类图书的有关章节。

创建 DD 非常费时、费事(特别是在没有辅助设计工具的情况下),但对其他开发人员了解整个设计却是完全必要的。DD 有助于避免今后可能面临的混乱,可以让任何了解数据库的人都明确知道如何从数据库中获得数据。

7.3　概 念 设 计

概念设计是数据库设计的核心环节。概念数据模型是对现实世界的抽象和模拟,是在用户需求描述与分析的基础上,以 DFD 和 DD 提供的信息作为输入,运用信息模型工具,设计人员发挥综合抽象能力,对目标进行描述,并以用户能理解的形式表达信息。这种表达独立于具体的 DBMS。

7.3.1　概念设计的方法

概念设计的方法很多,目前应用最广泛的是 ER 设计方法及其扩充版本(EER)。

E-R 模型是一种语义数据模型,也是一种方法。ER 方法对概念模型的描述结构严谨、形式直观。用此方法设计得到的概念模型是实体联系模型或称为 E-R 图。

ER 设计方法的实质,是将现实世界抽象为具有某种属性的实体,而实体间相互有联系。画出一张 E-R 图,就得到了一个对系统信息的初步描述,进而形成数据库的概念模型。

ER 方法设计概念模型一般有以下两种方法。

(1)集中模式设计法。首先将需求说明综合成一个一致的统一的需求说明,然后在此基础上设计一个全局的概念模型,再据此为各个用户组或应用定义子模式。该法强调统一,适合于小的、不太复杂的应用。

(2)视图集成法。以各部分需求说明为基础,分别设计各部门的局部模式(又称应用模式或子模式,相当于各部分视图);然后再以这些视图为基础,集成为一个全局模式。这个全局模式就是所谓的概念模式,也称企业模式。该法适合于大型数据库的设计。

7.3.2　视图设计

视图是按某个用户组、应用或部门的需求说明,用 E-R 模型设计的局部模式。这里所谓的"用户组、应用或部门",就是局部 E-R 图对应的范围,这是一个笼统的提法。实际操作时，一般是在多级 DFD 中选择适当层次的 DFD，这个 DFD 中每一个部分可作为局部 E-R 图对应的范围。确定出应用范围，就可以开始设计对应的局部视图了。

首先，构造实体。构造方法如下。

（1）根据 DFD 和 DD 提供的情况，将一些对应于客观事物的数据项汇集、形成一个实体，数据项则是该实体的属性。这里的事物可以是具体的事物或抽象的概念、事物联系或某一事件等。

（2）将剩下的数据项用一对多的分析方法，再确定出一批实体。某数据项若与其他多个数据项之间存在 $1:n$ 的对应关系，那么这个数据项就可以作为一个实体，而其他多个数据项则作为它的属性。

（3）采用数据元素图法，分析最后一些数据项之间的紧密程度，又可以确定一批实体。如果某些数据项完全依赖于另一些数据项，那么所有这些数据项可以作为一个实体，而后者"另一些数据项"可以作为此实体的键。

经过上面 3 步，如果在 DFD 和 DD 中还有剩余的数据项，那么这些数据项一般是实体间联系的属性，在分析实体之间的联系时要把它们考虑进去。

得到实体之后，再确定实体之间的联系。确定联系的一般方法，请参见第 2 章的相关内容。

7.3.3　视图集成

局部视图只反映了部分用户的数据观点，因此需要从全局数据观点出发，把上面得到的多个局部视图进行合并，把它们的共同特性统一起来，找出并消除它们之间的差别，进而得到数据的概念模型，这个过程就是视图集成。

视图集成要解决如下一些问题。

（1）命名冲突。指属性、联系、实体的命名存在冲突，冲突有同名异义和同义异名两种。

（2）概念冲突。同一概念在一个视图中可作为实体，在另一个视图中可作为属性或联系。例如，寝室在一些视图中可抽象为实体，在另外一些视图中可抽象为属性。

（3）域冲突。相同的属性在不同的视图中有不同的域（取值范围）。例如，学号在一个视图中可能是字符串，在另一个视图中可能是整数。有些属性采用不同的度量单位，也属域冲突。

（4）标识的不同。要解决多标识机制。例如，在一个视图中，可能用学号唯一标识学生，而在另外的一些视图中，可能用校园卡卡号作为学生的唯一标识。

（5）区别数据的不同子集。例如，学生可分为本科生、硕士生、博士生、成教生和短训班学员（学生是沿用的习惯性称呼，就公寓管理而言称为"入住者"似乎更恰当）。

具体的做法，可以选取最大的一个局部视图作为基础，将其他局部视图逐一合并。合并时尽可能合并对应部分，保留特殊部分，删除冗余部分。必要时，对局部视图进行适当修改，力求使视图简明清晰。

7.4　逻辑设计

逻辑设计在数据库概念设计的基础上进行。其主要任务,是将概念模型转换为数据库的逻辑模型,并与选用的 DBMS 相结合,产生具体的 DBMS 所支持数据模型的逻辑模式。数据库逻辑设计过程,如图 7-5 所示。

这里仅讨论 E-R 图向关系模型的转换。

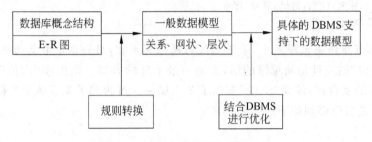

图 7-5　数据库逻辑结构设计过程

7.4.1　E-R 图向关系模型的转换

关于 E-R 模型向关系模型的转换,可参见第 3.6 节,这里仅就实际情况补充一些特殊处理。

1. 实体转换成关系

实体转换成关系很直接,实体的名称即是关系的名称,实体的属性则为关系的属性,实体的主键就是关系的主键。转换时需要注意以下问题。

(1) 属性域的问题。如果所选用的 DBMS 不支持 E-R 图中某些属性域,则应作相应修改,否则由应用程序处理转换。

(2) 非原子属性的问题。E-R 数据模型中允许非原子属性,这不符合关系模型的第一范式的条件,必须作相应修改。关于范式,请参见第 6 章相关内容。

(3) 弱实体的转换。弱实体在转换成关系时,弱实体所对应的关系中必须包含识别实体的主键。

2. 联系的转换

实体之间的联系,有 $1:1$、$1:n$ 和 $m:n$ 这 3 种,它们在向关系模型转换时,采取的策略是不一样的。

(1) $1:1$ 的转换。以图 7-6 的 E-R 图为例。这是取自"学生公寓管理系统"中的一个

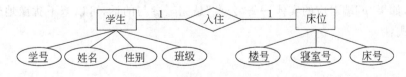

图 7-6　$1:1$ 联系实例

实体联系实例,它描述了"学生"和"床位"实体之间的联系。为简便起见,有些实体的属性没有列完全。"学号"是"学生"的主键,"楼号"、"寝室号"、"床号"是"床位"的复合主键。

一般说来,对于 1∶1 的转换,可以将联系的属性移动到任意一端的实体当中去,但实际处理时还得视情况而定。如果其中一个实体是完全参与(例如"学生",实际情况也是这样,每个学生必须有一个床位),则将联系并入到完全参与这一端,并将另一端的主键作为并入端的外键。于是,图 7-6 可转换成下面的关系模式:

方案一:

学生 (<u>学号</u>,姓名,性别,班级,*楼号*,*寝室号*,*床号*)
床位(<u>楼号</u>,<u>寝室号</u>,<u>床号</u>)

说明:本节所给关系模式中,带下划线的属性为主键,用斜体字书写的属性为外键。

如果"床位"的主键是简单键的话,方案一是个好的方案。但由于"床位"的主键是由 3 个属性组成的复合键,使得"学生"多出了 3 个属性。可否将关系并入到"床位"这端呢?当然可以,于是可以得到如下的关系模式:

方案二:

学生 (<u>学号</u>,姓名,性别,班级)
床位(<u>楼号</u>,<u>寝室号</u>,<u>床号</u>,*学号*)

但方案二也有问题。对"入住"联系来说,"床位"并不是完全参与,事实上公寓的入住率不可能总是 100%,这时"学号"可能取 NULL(空值)。为避免"学号"取 NULL,也可直接将联系转换为独立的关系,得到如下关系模式:

方案三:

学生 (<u>学号</u>,姓名,性别,班级)
床位(<u>楼号</u>,<u>寝室号</u>,<u>床号</u>)
入住(<u>学号</u>,*楼号*,*寝室号*,*床号*)

方案三有个缺点:当查询"学生"、"床位"两个实体相关的详细数据时,需做三元联结,而用前两种关系模式只需做二元联结,因此应尽可能选择前两种方案。

(2) 1∶n 的转换。1∶n 的转换,一般是将联系合并到与"n"端对应的实体中。以图 7-7 为例,它是 1∶n 联系的一个实例,描述了"宿管员工"和"公寓"实体之间的联系。

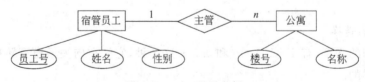

图 7-7　1∶n 联系实例

图中,如果"n"端对应的实体——"公寓"是完全参与的话,可以毫不犹豫地转换为如下关系模式:

方案一:

宿管员工 (<u>员工号</u>,姓名,性别)

公寓(楼号,名称,员工号)

实际情况是,每幢公寓必须有一个公寓主管,即"公寓"实体确实是完全参与,因此方案一乃不二选择。

这里作一个这样的假设,即有的公寓可以不设公寓主管,情况会怎么样呢?

此时,"公寓"实体是部分参与,而"公寓"关系模式中的"员工号"属性可能为 NULL。若要避免取 NULL,可考虑类似于(1)中方案三那样的方法,转换成如下关系模式:

方案二:

宿管员工(员工号,姓名,性别)
公寓(楼号,名称)
公寓主管(楼号,员工号)

如前所述,方案二在查询有关两个实体的数据时,需多做一次联结运算,因此,一般情况下应考虑方案一。

(3) $m:n$ 的转换。与 $1:1$ 和 $1:n$ 联系不同,$m:n$ 联系不能由一个实体的主键唯一识别,必须由所关联实体的主键共同识别。这时,需将联系转换为一个独立的关系,联系的属性以及与该联系相关联实体的键都需转为该关系的属性。

例如,在"学生公寓管理系统"中,员工需要使用诸如打印机、计算机、电源插座等设备。设备可被不同员工先后使用,员工可同时使用多个设备,于是员工和设备之间的"使用"联系为 $m:n$,如图 7-8 所示。

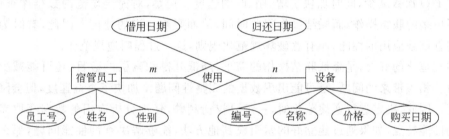

图 7-8　$m:n$ 联系实例

其关系模式可转换为如下形式:

宿管员工(员工号,姓名,性别)
设备(编号,名称,价格,购买日期)
使用(员工号,编号,借用日期,归还日期)

说明:在大多数情况下,两个实体的主键构成的复合主键就可以唯一标识一个 $m:n$ 联系。但在本例中,考虑到员工使用设备归还后,还可能使用同一设备,因此将"借用日期"和"员工号"、"编号"共同作为"使用"的复合主键。

上面,由 E-R 图转换成的关系模式中,关系名、关系的属性名都是直接沿用实体名、实体属性名,这是为了方便读者对比分析。实际处理时,可根据实际情况酌情为关系、关系属性取新的名称,使形成的关系模式能见名知意、符合用户习惯。

例如,可考虑将如下的"使用"关系模式:

使用(<u>员工号</u>,<u>编号</u>,<u>借用日期</u>,归还日期)

改为

设备使用(<u>员工号</u>,<u>设备编号</u>,<u>借用日期</u>,归还日期)

其中，"设备编号"与"设备"的主键——"编号"是同一个数据项，因此在这里，它是外键。名称虽然变了，但关联没有变(也不能变)。

7.4.2　数据模式的优化

模式设计得合理与否，对数据库的性能有很大影响。数据库设计完全是人的问题，而不是 DBMS 的问题。不管数据库设计是好是坏，DBMS 照样运行。数据库及其应用的性能和调优，都是建立在良好的数据库设计基础上。数据库的数据是一切操作的基础，如果数据库设计不好，则其一切调优方法提高数据库性能的效果都是有限的。因此，对模式进行优化是逻辑设计的重要环节。

对于从 E-R 图转换来的关系模式，就要以关系数据库设计理论为指导，对得到的关系模式逐一分析，确定它们分别是第几范式，并通过必要的分解来得到一组第三范式的关系。现在已有成熟的算法，如果给出一组函数依赖关系，利用固定算法可求出一组第三范式关系，这一过程叫做规范化处理。

对关系模式规范化，其优点是消除异常、减少数据冗余、节约存储空间，相应的逻辑和物理的 I/O 次数减少，同时加快了增、删、改的速度。但是，对完全规范的数据库查询，通常需要更多的联结操作，而联结操作很费时间，从而影响查询的速度。因此，有时为了提高某些查询或应用的性能，而有意破坏规范化规则，这一过程叫逆规范化。

逆规范化的好处，是降低联结操作的需求、降低外键和索引的数目，还可能减少关系的数目。相应带来的问题，是可能出现数据的完整性问题。加快了查询速度，但会降低修改速度。因此，决定进行逆规范化时，一定要权衡利弊，仔细分析应用的数据存取需求和实际的性能特点，如果通过建立好的索引或其他方法，能够解决查询性能问题，那么就不必采用逆规范化这种方法。

关系数据模型的优化，一般首先基于 3NF 进行规范化处理；然后，根据实际情况对部分关系模式进行逆规范化处理。第 6 章有关于规范化处理的详细介绍，这里重点介绍逆规范化的方法。

常用的逆规范化方法，有增加冗余属性、增加派生属性、重建关系和分割关系。

(1) 增加冗余属性。增加冗余属性，是指在多个关系中都具有相同的属性，它常用来在查询时避免联结操作。如第 7.4.1 小节中得到的如下关系：

学生(<u>学号</u>,姓名,性别,班级)
床位(<u>楼号</u>,<u>寝室号</u>,<u>床号</u>,学号)

若要检索学生所在的公寓、寝室、床位，则需要对"学生"和"床位"进行联结查询。而对于公寓管理来说，这种查询非常频繁。因此，可以在"学生"关系中增加 3 个属性："楼号"、"寝室号"和"床号"。这 3 个属性即为冗余属性。

增加冗余属性,可以在查询时避免联结操作。但它需要更多的磁盘空间,同时增加了表维护的工作量。

(2) 增加派生属性。增加派生属性指增加的属性是来自其他关系中的数据,由它们计算生成。它的作用是在查询时减少联结操作,避免使用聚集函数。例如,在"公寓管理系统"中,有如下两个关系:

公寓(楼号,公寓名)
床位(楼号,寝室号,床号,学号)

若想获得公寓名和该公寓入住了多少学生,则需要对两个关系进行联结查询,并使用聚集函数。若这种查询很频繁,则有必要在"公寓"中加入"学生人数"属性。相应的代价,是必须在"床位"关系上,创建增、删、改的触发器来维护"公寓"中"学生人数"的值。派生属性具有冗余属性同样的缺点。

(3) 重建关系。重建关系,指如果许多用户需要查看两个关系联结出来的结果数据,则把这两个关系重新组成一个关系,来减少联结而提高性能。例如,在教务管理系统中,教务管理人员需要经常同时查看课程号、课程名称、任课教师号、任课教师姓名,则可把关系:

课程(课程编号,课程名称,教师编号)

和如下的教师关系:

教师 (教师编号,教师姓名)

合并成一个关系:

课程 (课程编号,课程名称,教师编号,教师姓名)

这样可提高性能,但需要更多的磁盘空间,同时也损失了数据的独立性。

(4) 分割关系。有时对关系进行分割,可以提高性能。关系分割有两种方式:水平分割和垂直分割。

例如,对于一个大公司的人事档案管理,由于员工很多,可将员工按部门或工作地区建立员工关系,这是将关系水平分割。水平分割通常在下面的情况下使用。

① 数据量很大。分割后可以降低在查询时需要读的数据和索引的页数,同时也降低了索引的层数,提高了查询速度。

② 数据本来就有独立性。例如,数据库中分别记录各个地区的数据或不同时期的数据,特别是有些数据常用,而另外一些数据不常用。

水平分割会给应用增加复杂度,它通常在查询时需要多个表名,查询所有数据需要UNION 操作。在许多数据库应用中,这种复杂性会超过它带来的优点。因为,在索引用于查询时,增加了读一个索引层的磁盘次数。

垂直分割是把关系中的主键和一些属性构成一个新的关系,把主键和剩余的属性构成另外一个关系。如果一个关系中某些属性常用,而另外一些属性不常用,则可以采用垂直分割。垂直分割可以使得列数变少,一个数据页就能存放更多的数据,在查询时就会减少 I/O 次数。其缺点,是需要管理冗余属性,查询所有数据需要联结(JOIN)操作。例如,对于一所大学的教工档案，属性很多，则可进行垂直分割，将其常用属性和很少用的属性分成两个关系。

7.4.3 设计用户外模式

外模式是用户看到的数据模式，可以根据局部应用要求和 DBMS 的特点设计外模式。现在流行的 RDBMS，一般都提供了视图机制（view mechanism）。视图是一种逻辑意义上的表（对于 RDBMS，表就是关系），它是从一个或多个表中选出满足一定条件的数据所组成的虚表。利用这一机制，可设计出更符合局部应用的外模式。

（1）重定义属性名。设计视图时，可以重新定义某些属性的名称，使其与用户习惯保持一致。属性名的改变并不影响数据库的逻辑结构（事实上，这里的新的属性名也是"虚"的）。

（2）方便查询。由于视图已经基于局部用户对数据进行了筛选，因此屏蔽了一些多表查询的联结操作，使用户的查询更直观、简捷。

（3）提高数据安全性和共享性。利用视图可以隐藏一些不想让别人操纵的信息，提高了数据的安全性。同时由于视图允许不同用户以不同方式看待相同的数据，从而提高了数据的共享性。

（4）提供一定的逻辑数据独立性。视图一般不随数据库的逻辑模式的调整、扩充而变化，因此它提供了一定的逻辑数据独立性。基于视图操作的应用程序，在一定程度上，也不受逻辑模式变化的影响。

7.5 物 理 设 计

数据库的物理设计是从数据库的逻辑模式出发，设计一个可实现的、有效的物理数据库结构。其主要任务是确定文件组织、分块技术、缓冲区大小及管理方式、数据库在存储器上的分布等。设计步骤一般分为存储记录格式设计、存储记录的链接、存取方法设计、完整性和安全性考虑等。

这里不打算对上述的设计步骤做详细的介绍，这是因为当代流行的 RDBMS，如 Oracle、Sybase、SQL Server 等，它们在数据库服务器的设计中，都采用了许多先进的技术，使得数据库在存储器 I/O、网络 I/O、线程管理及存储器管理上，效率非常高，一个好的逻辑模式转换成这些系统上的物理模式时，都可以很好地满足用户在性能上的需求。因此，数据库应用设计人员可以把主要精力放在逻辑模式的设计和事务处理的设计上，至于物理设计可以透明于设计人员。就目前流行的 RDBMS 来说，数据库物理设计可简单归纳为：

从关系模式出发，使用 DDL 定义数据库结构。这个定义过程，没有太多的技巧性可言，基本上可以"照抄"关系模式。但需要注意一个问题，那就是数据库索引的设置。索引是从数据库中获取数据的、最高效的方式之一，绝大部分的数据库性能问题都可以采用索引技术得到解决。

7.5.1 索引的有关概念

对数据库索引的设置，有人认为属于数据库物理设计阶段的任务，也有人认为对于

RDBMS 来说,可以在数据库逻辑设计阶段进行,这里把它放在物理设计阶段。

索引(index)是数据库中独立的存储结构,也是数据库中独立的数据库对象,它对 RDBMS 的操作效率有很重要的影响。其主要作用是提供了一种无须扫描每个页而快速访问数据页的方法。这里的数据页就是存储表格数据的物理块。好的索引可以大大提高对数据库的访问效率,它的作用正如书籍的目录一样,在检索数据时起到了至关重要的作用。

索引创建之后,可以对其修改或撤销,但不能以任何方式引用索引。在具体的数据检索中,是否使用索引以及使用哪一个索引完全由 DBMS 决定,设计人员和用户是无法干预的。这就保证了在创建、修改、撤销索引时,不必修改相应的应用程序,从而实现了数据的物理独立性。另外,由于索引的维护是由 DBMS 自动完成的,这就需要花费一定的系统开销,因此索引虽然可以提高(甚至大大提高)检索速度,但也并非建得越多越好。如果索引太多,特别是建立一些不可利用的索引,将增加维护索引结构的代价,最终势必增加系统负担,反而降低系统性能。

不可利用的索引是指 DBMS 并不是对所有的索引都能利用,只有那些能加快数据检索速度的索引才会被选用。如果利用索引检索的速度,不如直接扫描表格速度快时,DBMS 仍会采用扫描表格的方法检索数据,建立不可利用的索引只会白白地增加系统的开销。

有两种索引类型,分别是聚簇索引和非聚簇索引。由 B 树结构可知,建立任何一种索引,均能提高按索引查询的速度,但会降低增、删、改等操作的性能,尤其是当填充因子(fill factor)较大时。所以,对索引较多的表进行频繁的插入、修改、删除操作,在建表和索引时应设置较小的填充因子,以便在各数据页中留下较多的自由空间,减少页分割及重新组织工作产生的概率。

7.5.2 聚簇索引与非聚簇索引

以表格中的某字段作为关键字建立聚簇索引时,正如聚簇索引的字面意思那样,表格中的数据会以该字段作为排序依据。也正是因为如此,一个表格只能建立一个聚簇索引。可以想像,这种排序作用使得聚簇键相同的元组自然地被放在同一个物理页中,如果元组过多,一个物理页放不下,则被链接到多个物理页中。聚簇键可以是简单键,也可以是复合键。

合理地创建聚簇索引可以十分显著地提高系统性能。一个表格被设置了聚簇索引后,当执行插入、修改、删除等操作时,系统要维护聚簇结构,开销比较大;当撤销已有的聚簇索引,并创建新的聚簇索引时,将可能导致数据物理存储位置的移动,这是因为数据物理存储顺序必须和聚簇索引顺序保持一致。因此,设置聚簇索引时,需根据实际应用情况综合考虑多方因素,以确定是否需要设置,以及如何设置聚簇索引。

与聚簇索引不一样,非聚簇索引中索引页上的顺序与物理数据页上的顺序一般不一致。建立非聚簇索引不会引起数据物理存储位置的移动。非聚簇索引保存的是行指针而不是数据页,因此检索速度不如聚簇索引快。

当在同一个表格中建立聚簇索引和非聚簇索引时,应先建立聚簇索引,然后再建立非聚簇索引。如果先建立非聚簇索引的话,当建立聚簇索引时,DBMS 会自动撤销先前建立的非聚簇索引。和聚簇索引不一样,每个表可以建立多个非聚簇索引,如 SQL Server

里最多可建立 249 个非聚簇索引。

7.5.3　建立索引

在下列情况下，有必要在相应属性上建立索引。

（1）一个（组）属性经常在操作条件中出现。

（2）一个（组）属性经常作为聚集函数的参数。

（3）一个（组）属性经常在联结操作的联结条件中出现。

（4）一个（组）属性经常作为投影属性使用。

应该建立聚簇索引还是建立非聚簇索引，可根据具体情况确定。若满足下列情况之一，可考虑建立聚簇索引，否则应建立非聚簇索引。

（1）检索数据时，常以某个（组）属性作为排序、分组条件。

（2）检索数据时，常以某个（组）属性作为检索限制条件，并返回大量数据。

（3）表格中某个（组）的值重复性较大。

现在，分析一下第 7.4.2 小节所得到的两个关系：

学生 (学号，姓名，性别，班级，…，楼号，寝室号，床号)

床位（楼号，寝室号，床号，学号）

按照通常的主键设置为聚簇索引的"惯例"，则"学生"中"学号"设置为聚簇索引，"床位"中的"楼号"、"寝室号"、"床号"设置为复合聚簇索引。这样的设置合适吗？

对于公寓管理这样的应用而言，数据检索的分组、排序一般对"学号"不感兴趣，大都是基于"公寓"（楼号）、"寝室"等这样的字段进行的。因此，"学号"作为"学生"的聚簇索引是不合适的，应将"寝室号"作为"学生"的聚簇索引，而"学号"应作为具有唯一约束的非聚簇索引。

对于"床位"来说，以"楼号"、"寝室号"和"床号"作为复合聚簇索引是符合实际应用需求的。要注意的是，复合聚簇索引比简单聚簇索引的开销大，一般情况下应避免。但是对于公寓管理来说，"楼号"、"寝室号"和"床号"的值非常稳定，即这些数据一旦建立，很少进行修改、插入和删除等操作，维护这个聚簇索引的开销并不大，同时频繁地对"床位"进行基于"楼号"和"寝室号"的查询，使得系统对这个索引的使用率很高。因此，创建这个复合聚簇索引是"物有所值"。

如前所述，索引的选取和创建，对数据库性能影响很大，不恰当的索引只会降低系统性能，一般在下列情况下不考虑建立索引。

（1）小表（记录很少的表）。不要为小表设置任何索引，假如它们经常有插入和删除操作就更不能设置索引。对这些插入和删除操作的索引，维护它们的时间可能比扫描表的时间更多。

（2）过长的属性。若属性的值很长，则在该属性上建立索引所占存储空间很大。

（3）很少作为操作条件的属性。因为很少有基于该属性的值去检索记录，此索引的使用率很低。

（4）频繁更新的属性。因为对该属性的每次更新都需要维护索引，系统开销较大。

属性值很少的属性 例如,"性别"属性只有"男"、"女"两种取值,在上面建立索引并不利于检索。

7.6　数据库实施

物理数据库设计完成后就可以组织各类人员具体实施数据库了。这些人员应包括数据库设计人员、应用程序设计人员及用户等。实施的过程包括数据载入、应用程序调试以及数据库试运行等几个步骤。

7.6.1　数据载入

数据库一个重要的特性是数据量非常大,必须在一定的数据基础上,对数据库的性能和应用程序进行测试。因此,数据库实施阶段的首要任务,是载入数据(当然如果载入数据时需要一些软件工具,则应首先编写这类工具)。数据来源可能是原始的账本、票据、档案资料等;分散的计算机文件;原有的数据库系统。

可以采取如下一些办法载入数据。

(1) 使用已有的软件工具或编写专用的软件工具,将诸如原始账本、票据等纸介质资料输入到数据库中。

(2) 在原有系统不中止的情况下,采用手工或编写专用软件工具的办法,将原系统中的数据(包括分散的计算机文件、原数据库中的数据),转移到新系统的数据库中。这一步很重要,如果贸然停止旧系统的运行,而新系统却无法正常工作,将导致巨大的损失,而且往往无法挽回。

(3) 如果由于客观原因,暂时不能载入旧数据,或原有的数据量不足以验证新系统的能力,就需要建立模拟数据。此时应该编写专用的软件工具,以利用它生成大量的测试数据,模拟实际系统运行时数据的复杂性。

由于数据的输入非常繁琐且容易出错,同时,原有的数据库中数据的结构和格式,一般不符合新系统的要求,因此,应尽可能编写专用的输入工具,以对原始数据进行提取、分类、检验、综合,从而保证数据的正确性。这个输入工具一般可作为最终的应用程序的一部分——输入子系统。

7.6.2　编写、调试应用程序

数据库应用系统中应用程序的设计,一般应与数据库设计同步进行,它是数据库应用设计的另一个重要方面——行为设计。以前,一般使用 C 或 COBOL 等高级语言,嵌入SQL 语句来完成对数据库的操纵。但近几年来,这种情况有所改变。由于面向对象技术与可视化编程技术的普遍应用,出现了不少专门为开发数据库应用设计的软件系统,如Delphi、C++ Builder、PowerBuilder 等,都是非常优秀的集成开发环境,其强大的应用程序设计能力,使得高效率地建立数据库应用系统成为可能。

有关数据库应用程序设计的书籍不胜枚举。所以,在此仅综述一些注意事项。

(1) 应用程序的目标。数据库应用程序的目标是任何时间在保证数据库安全性的情况下,从用户的角度,建立、修改、删除、统计以及显示对象。程序对授权用户的合理(权限范围内规定的)要求,能够提供一个易于使用的界面。同时,对于用户所提出的、不合理(未授权)的要求、错误的要求或试图处理不准确的数据,程序应显示准确并具有帮助性的提示信息,但不能提供任何实质性的服务。应用程序还应该提供形式多样的报表,报表质量的好坏,常常是衡量应用水平高低的重要指标。

（2）数据库的安全性和完整性。"任何时候都要保护数据库的安全性和完整性",这个目标说起来容易,实现起来却十分困难,程序设计人员应时刻记住这个目标。虽然RDBMS的约束机制可以在很大程度上保护数据的完整性,但这还不够。比如第7.4.2小节所提到的那样,为了提高系统性能,常常要采取一些逆规范化措施,这对数据的完整性是一个潜在的隐患。这类需要、但没有受到关系约束检查的数据,必须在应用程序的完全控制之下,保证相关数据的同步更新。设计应用程序时,不要过多考虑触发器的存在,要把逻辑控制加到程序当中去,实现所有的约束,至少要实现所有未能受到 RDBMS 保护的约束。简言之,应用程序必须成为保护数据完整性的一道屏障。

（3）程序的测试。应用程序初步完成后,应首先用小数据量对应用程序进行初步测试。这实际上是软件工程中的软件测试,目的是检验程序的工作是否正常,即对于正确的输入,程序能否产生正确的输出;对于非法输入,程序能否正确地鉴别出来,并拒绝处理等。

7.6.3 数据库试运行

完成数据载入和应用程序的初步设计、调试后,即可进入数据库试运行阶段,此阶段又称联合调试。

数据库试运行期间,应利用性能监视器、查询分析器等软件工具对系统性能进行监视和分析。应用程序在小数据量的情况下,如果功能表现完全正常,那么在大数据量时,主要看它的效率,特别是在并发访问情况下的效率。如果运行效率不能达到用户的要求,就要分析是应用程序本身的问题,还是数据库设计的缺陷。对于应用程序的问题,就要以软件工程的方法排除;对于数据库设计的问题,可能还需要返工,检查数据库的逻辑设计是否不好。接下来,分析逻辑结构在映射成物理结构时,是否充分考虑了 DBMS 的特性。如果是,则应转储测试数据,重新生成物理模式。

经过反复测试,直到数据库应用程序功能正常,数据库运行效率也能满足需要,就可以删除模拟数据,将真正的数据全部装入数据库,进行最后的试运行。此时,最好原有的系统也处于正常运行状态,形成一种同一应用两个系统同时运行的局面,以确保用户的业务能正常开展。

7.7 数据库使用与维护

试运行一段时间后,应对系统实施监控,并分析系统的运行指标,如出故障的频率、平均响应速度等。如果指标能够满足正式运行要求,那么就可以宣告数据库实施阶段结束,数据库应用设计开发基本完成,并马上进入下一个阶段——数据库使用与维护。

数据库维护是一项长期而细致的工作。一方面,系统在运行过程中可能产生各种软硬件故障;另一方面,数据库只要在运行使用,就需要对它进行监控、评价、调整、修改。这一阶段的工作,主要由 DBA 来完成。如果系统需要大的改动,则需要数据库设计开发人员参与。

数据库维护的主要工作如下。

(1) 数据库安全性、完整性控制。根据用户的实际需要授予不同的操作权限,根据应用环境的改变修改数据对象的安全级别,经常修改口令或保密手段,这是 DBA 维护数据库安全的工作内容。

维护数据的完整性是 DBA 主要工作之一。一般说来,数据库应用程序应提供相应的功能,扫描并修正一些敏感数据(如逻辑设计阶段采用了逆规范化手段,没能受到关系约束检查的数据),DBA 应根据数据的变化情况,适时地执行该功能。同时随着应用环境的改变,数据库完整性约束条件也会发生改变,DBA 应根据实际情况做出相应的修正。

(2) 数据库的转储与恢复。在系统运行过程中,可能存在无法预料的自然或人为的意外情况,如电源故障、磁盘故障等,导致数据库运行中断,甚至破坏数据库部分内容。许多大型的 DBMS 都提供了故障恢复功能,但这种恢复大都需要 DBA 配合才能完成。因此,需要 DBA 定期对数据库和数据库日志进行备份,以便发生故障时,能尽快地将数据库恢复到某个一致性的状态。

(3) 数据库性能监控、分析与改进。对数据库性能进行监控、分析是 DBA 的重要职责。利用 DBMS 提供的系统性能监控、分析工具,对系统性能作出综合评价,记录并保存详细的系统参数、性能指标,为数据库的改进、重组、重构等提供重要的一手资料。

(4) 数据库的重组与重构。一般说来,数据库运行一段时间之后,其物理存储结构会因为经常性的增、删、改而变得不尽合理了,如有效记录之间出现空间残片,插入记录不一定按逻辑相连而用指针链接,从而使得 I/O 占用时间增加,导致运行效率有所下降。此时,需要 DBA 执行一些系统命令,来改善这种情况。这种改善并改变数据库物理存储结构的过程,称为数据库重组。

数据库重组,改变的是数据库物理存储结构,而不会改变逻辑结构和数据库的数据内容。其目的是为了提高数据库的存取效率和存储空间的利用率。可以使用性能监视工具,来确定数据库是否需要重组(通常是对比当前和历史性能指标——这也是要求 DBA 记录并保存性能指标的原因之一)。若需要重组,则要暂停数据库的运行,并使用 DBMS 提供的重组工具进行重组。

随着系统的运行,用户的管理需求或处理上有了变化,要求在逻辑结构上得到反映,这种改变数据库逻辑结构的过程,叫数据库重构。如果数据库设计是由人工完成的,数据库重构会变得很困难。但在有了数据库辅助设计工具之后,可以直接在以前设计的概念模式、逻辑模式上进行修改,然后重新将它转换为物理模式,并将原有的数据转储,使其与新定义保持一致。

数据库重构可能涉及数据内容、逻辑结构、物理结构的改变。因此,可能出现许多问题,一般应由 DBA、数据库设计人员及最终用户共同参加,并注意做好数据备份工作。如果逻辑结构变化不是太大,可以再创建一些视图、修改原有视图,使数据库的局部模式变化不大,原来的应用程序仍可以使用。

小　结

数据库应用设计过程分为 6 个阶段：需求分析、概念设计、逻辑设计、物理设计、数据库实施和数据库使用与维护。

可以通过跟班作业、开调查会、专人介绍、询问、请用户填写调查表、查阅记录等方法调查用户需求，通过编制组织机构图、业务关系图、数据流图和数据字典等方法来描述和分析用户需求。概念设计是数据库设计的核心环节，是在用户需求描述与分析的基础上对现实世界的抽象和模拟。目前，应用最广泛的概念设计工具是 E-R 模型。对于小型、不太复杂的应用，可使用集中模式设计法进行设计；对于大型数据库的设计可采用视图集成法进行设计。

逻辑设计是在概念设计的基础上，将概念模式转换为所选用的、具体的 DBMS 支持的数据模型的逻辑模式。本章重点介绍了 E-R 图向关系模型的转换，转换后得到的关系模式，应首先进行规范化处理，然后根据实际情况对部分关系模式进行逆规范化处理。物理设计是从逻辑设计出发，设计一个可实现的、有效的物理数据库结构。现代 DBMS 将数据库物理设计的细节隐藏起来，使设计人员不必过多介入。但索引的设置必须认真对待，它对数据库的性能有很大的影响。

数据库的实施过程，包括数据载入、应用程序调试、数据库试运行等几个步骤，该阶段的主要目标，是对系统的功能和性能进行全面测试。

数据库使用与维护阶段的主要工作有数据库安全性与完整性控制、数据库的转储与恢复、数据库性能监控分析与改进、数据库的重组与重构等。

习　题

1. 数据库设计分为哪几个设计阶段？

2. 用户需求调研的内容是什么？如何描述、分析用户的需求？

3. 在概念设计中，如何构造实体？请构造图 7-4 中的实体，并画出这些实体之间的联系模型（E-R 图）。

4. E-R 图如何向关系模型转换？请将第 3 题中所得到的 E-R 图转换为关系模型。

5. 在逻辑设计阶段，为什么要进行规范化处理？为什么要进行逆规范化处理？常用的逆规范化方法有哪些？

6. 简述建立索引的原则。试分析第 7.4.3 小节所给出的实例中，为什么要将"学号"作为具有唯一约束的非聚簇索引？

7. 数据库维护的主要工作有哪些？什么是数据库的重组、重构？

CHAPTER

第 8 章　数据库应用系统设计实例

　　前面章节主要介绍数据库系统的有关理论和方法,开发应用系统是多方面知识和技能的综合运用,本章将以一个高校教学管理系统的设计过程,来说明数据库系统设计的有关理论与实际开发过程的对应关系,使读者更深入地理解理论如何指导实践,从而提高灵活、综合运用知识的系统开发能力。

　　本章偏重于数据库应用系统的设计,特别是数据库的设计,没有涉及应用程序的设计。对此,读者可参考有关开发工具和软件工程方面的相关资料。

本章学习目的和要求:

(1) 系统总体需求描述与设计;

(2) 利用 DFD 及 DD 描述系统需求;

(3) 利用 E-R 模型设计系统概念模型;

(4) E-R 模型向关系模型转换;

(5) 表结构设计;

(6) 数据库、表、视图、索引等的创建。

8.1　系统总体需求简介

　　高校教学管理,在不同的高校有其自身的特殊性,业务关系复杂程度各有不同。本章的主要目的,是为了说明应用系统开发过程。由于篇幅有限,将对实际的教学管理系统进行简化,如教师综合业绩的考评和考核,学生综合能力的评价等,都没有考虑。

8.1.1　用户总体业务结构

　　高校教学管理业务,包括 4 个主要部分,分别是学生的学籍及成绩管理,制订教学计划,学生选课管理,以及执行教学调度安排。各业务包括的主要内容如下。

（1）学籍及成绩管理包括各院系的教务员完成学生学籍注册、毕业、学籍异动处理，各授课教师完成所讲授课程成绩的录入，然后由教务员进行学生成绩的审核认可。

（2）制订教学计划包括由教务部门完成学生指导性教学计划、培养方案的制订，开设课程的注册以及调整。

（3）学生选课管理包括学生根据开设课程和培养计划选择本学期所修课程，教务员对学生所选课程确认处理。

（4）执行教学调度安排包括教务员根据本学期所开课程、教师上课情况和学生选课情况完成排课、调课、考试安排和教室管理。

8.1.2　总体安全要求

系统安全的主要目标是保护系统资源免受毁坏、替换、盗窃和丢失。系统资源包括设备、存储介质、软件和数据等。具体来说，应达到如下要求。

（1）保密性。机密或敏感数据在存储、处理、传输过程中要保密，并确保用户在授权后才能访问。

（2）完整性。保证系统中的信息处于一种完整和未受损害的状态，防止因非授权访问、部件故障或其他错误而引起的信息篡改、破坏或丢失。学校的教学管理系统的信息，对不同的用户应有不同访问权限，每个学生只能选修培养计划中的课程，学生只能查询自己的成绩，成绩只能由讲授该门课程的老师录入，经教务人员核实后则不能修改。

（3）可靠性。保障系统在复杂的网络环境下提供持续、可靠的服务。

8.2　系统总体设计

系统总体设计的主要任务是从用户的总体需求出发，以现有技术条件为基础，以用户可能接受的投资为基本前提，对系统的整体框架作较为宏观的描述。

其主要内容包括系统的硬件平台、网络通信设备、网络拓扑结构、软件开发平台，以及数据库系统的设计等。应用系统的构建是一个较为复杂的系统工程，是计算机知识的综合运用。这里主要介绍系统的数据库设计，为了展现应用系统设计时所考虑内容的完整性，对其他内容也将简要介绍，其他相关内容请参考有关资料。

8.2.1　系统设计考虑的主要内容

应用信息系统设计需要考虑的主要内容包括用户数量和处理的信息量的多少，它决定系统采用的结构，数据库管理系统和数据库服务器的选择；用户在地理上的分布，决定网络的拓扑结构以及通信设备的选择；安全性方面的要求，决定采用那些安全措施以及应用软件和数据库表的结构；与现有系统的兼容性，原有系统使用的开发工具和数据库管理系统，将影响到新系统采用的开发工具和数据库系统的选择。

8.2.2　系统的体系结构

现有管理信息系统采用的体系结构，可以分为 C/S 和 B/S 两种主要结构。

在教学管理信息系统中,采用基于 B/S 的多层体系结构。对于大批量的数据处理具有较大优势;而 B/S 结构实现了客户端的零维护,使用起来更方便灵活,很适合数据、信息在 Internet 上的发布和查询,实现信息访问不受地域的限制。

8.2.3　系统软件开发平台

1. 数据库管理系统选择

SQL Server 数据库系统适合作为企业进行大量数据管理。故选择 SQL Server 作为高校教学管理系统的 RDBMS。

2. 开发工具选择及简介

(1) 企业业务逻辑组件开发工具。COM 组件是遵循 COM 规范编写、以 Win32 动态链接库(DLL)或可执行文件(EXE)形式发布的可执行二进制代码,能够满足对组件架构的所有需求。遵循 COM 的规范标准,组件与应用、组件与组件之间可以互操作,极其方便地建立可伸缩的应用系统。

COM 是一种技术标准,其商业品牌则称为 ActiveX。COM 组件并不是专为一种 Windows 平台而设计的,同一个 COM 组件可以在 Windows 95、Windows 98、Windows XP、Windows Workstation 及 Windows NT 上使用。组件既可以被嵌入动态 Web 页面,又可以在 LAN 或桌面环境的 Visual Basic 和 Visual C++ 等应用中使用。COM 组件之间是彼此独立的。当应用需求发生变更时,可以更换中间层的个别 COM 组件,但这并不会影响其他组件的继续使用。COM 组件具有若干对外接口,根据不同的应用需求,可以有选择地使用。COM 组件可以在不同的应用环境中重复使用。COM 组件及其较高的可重用性,展示了一种崭新的软件设计思路,以组件对象为中心的设计方法,使得面向对象技术从工具语言层次跃迁到系统的应用层。

Visual Basic 是 Windows 环境下面向对象的可视化程序设计语言。它既可以用来开发 Windows 下的各种应用软件,也可以用来开发多媒体应用程序。Visual Basic 6.0 具有开发 COM 业务组件的功能。

Visual Basic 可以访问多种 DBMS 的数据库,如 Paradox、dBASE 和 Access 等数据库,也可以访问远程数据库服务器上的数据库,如 MS SQL Server、Oracle、Sybase 和 Informix,或者任何经过 ODBC 可以访问的 RDBMS 中的数据库。

Visual Basic 和数据库连接的方式多种多样,既可以通过 ODBC 应用程序编程接口(API)来开发数据库应用程序,也可以通过数据库存取对象 DAO(data access object)、远程数据库对象 RDO(remote data object)以及 OLE DB 和 ADO(activeX data objects)来开发数据库应用程序。采用 Visual Basic 开发的数据库应用程序的体系结构如图 8-1 所示。

DAO 是 Visual Basic 默认的数据库访问方式,它使用自己的内部 Jet 引擎访问数据库,主要是为 Visual Basic 应用程序访问本地 Access 数据库提供的数据,但也可以用来访问许多其他数据库,例如 dBase、Paradox,甚至是 Oracle 和 SQL Server 的 ODBC 数据库。

RDO 技术是对 DAO 技术的进一步完善和发展,它通过 ODBC 访问数据库,结合了 DAO 提供的易编程性和 ODBC API 提供的高性能,提高了数据库访问的效率,尤其是在访问 ODBC 兼容的数据库(如 SQL Server)时的性能。

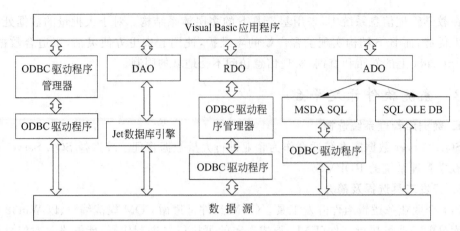

图 8-1　Visual Basic 数据库应用程序体系结构

ADO 是专门为使用 OLE DB 而设计的。OLE DB 是一种全新的连接数据存储的方法，它提供了比 ODBC 更多的灵活性和易用性，而且 OLE DB 的内部设计使得它能够像存取标准 SQL 类型的数据那样，容易地访问非 SQL 的数据存储。微软公司已经将 OLE DB 定位为 ODBC 的继承者。

由于 Visual Basic 提供了强大的数据库访问编程功能，同时也提供了方便的组件开发工具，因此，选用 Visual Basic 作为教务管理系统的业务组件的开发工具。

（2）ASP 开发用户界面。Microsoft 的动态服务器网页技术（active server pages，ASP），可用来创建 Windows 服务器平台上的动态 Web 网页，构建整个网站 Web 应用页面。

ASP 是一种服务器端命令执行环境，ASP 程序在服务器端工作，并且通过服务器端的编译，动态地送出 HTML 文件给客户端。当客户端的浏览器向服务器请求一个 .asp 文件时，服务器会将这个 ASP 文件从头扫描一遍，并利用核心程序 ASP.dll 加以编译执行，最后送出一个标准的 HTML 格式文件给客户端。由于送给客户端的是标准的 HTML 文件，因此可以克服浏览器之间不兼容的问题。

ASP 和 Microsoft 的 Web 服务器软件 IIS（internet information server）相结合，可以轻松地建立和执行动态、交互式 Web 服务器应用程序。IIS 中，提供了一个 Internet 服务器应用编程接口——ISAPI（internet server application programming interface）。它能够提供比原来的 CGI、Perl 引擎等技术更为广泛和快速的、对 Web 服务器和数据库服务器的访问。ASP 使得访问数据库中的数据，创建动态网页变得更加容易。图 8-2 为 ASP 和 IIS 动态页面创建技术的结构图。

图 8-2　ASP 动态页面创建技术结构

8.2.4　系统的总体功能模块

在设计数据库应用程序之前，必须对系统的功能有个清楚的了解，对程序的各功能模块给出合理的划分。划分的主要依据，是用户的总体需求和所完成的业务功能。这种用户需求,主要是第一阶段对用户进行初步的调查而得到的用户需求信息和业务划分,有关调查方法,请读者参考有关软件工程方面的资料。

这里的功能划分,是一个比较初步的划分。随着详细需求调查的进行,功能模块的划分也将随用户需求的进一步明确而进行合理的调整。

根据前面介绍的高校教学管理业务的 4 个主要部分,可以将系统应用程序划分为对应的 4 个主要子系统,包括学籍及成绩管理子系统、制订教学计划子系统、学生选课管理子系统以及执行教学调度子系统。根据各业务子系统所包括业务内容,还可将各子系统继续划分为更小的功能模块。划分的准则要遵循模块内的高内聚性,和模块间的低耦合性。如图 8-3 所示,为高校教学管理系统功能模块结构图。

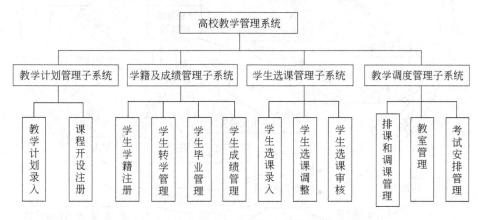

图 8-3　高校教学管理系统功能模块结构图

8.3　系统需求描述

数据流程图 DFD(data flow diagram)和数据字典 DD(data dictionary)是描述用户需求的重要工具。数据流图描述了数据的来源和去向,以及所经过的处理;而数据字典是对数据流图中的数据流、数据存储和处理的进一步描述。不同的应用环境,对数据描述的细致程度也有所不同,要根据实际情况而定。下面,将用这两种工具来描述用户需求,以说明它们在实际中的应用方法。

8.3.1　系统全局数据流图

系统的全局数据流图,也称第一层或顶层数据流图,主要是从整体上描述系统的数据流,反映系统数据的整体流向,给设计者、开发者和用户一个总体描述。

经过对教学管理的业务调查、数据的收集处理和信息流程分析,明确了该系统的主要功能,分别为制订学校各专业各年级的教学计划以及课程的设置;学生根据学校对自己所学专业培养计划以及自己的兴趣,选择自己本学期所要学习的课程;学校的教务部门对新入学的学籍进行学籍注册,对毕业生办理学籍档案的归档管理,任课教师在期末时登记学生的考试成绩;学校教务根据教学计划进行课程安排,期末考试时间地点的安排等,如

图 8-4 所示。

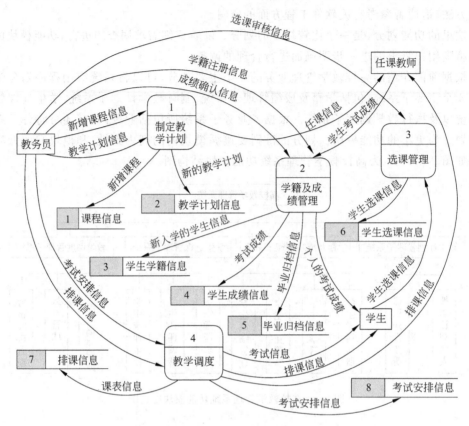

图 8-4 教学管理系统的全局数据流图

8.3.2 系统局部数据流图

全局数据流图从整体上描述了系统的数据流向和加工处理过程，但是对于一个较为复杂的系统来讲，要较清楚地描述系统数据的流向和加工处理的每个细节，仅用全局数据流数据难以完成。因此，需要在全局 DFD 基础上，对全局 DFD 中的某些局部进行单独放大，进一步细化。细化可以采用多层的数据流图来描述。上述 4 个主要处理过程中，教学调度处理的业务相对比较简单。下面，将只对制订教学计划、学籍及成绩管理和选课 3 个处理过程作进一步细化。

制订教学计划处理主要分为 4 个子处理过程，即教务员根据以有的课程信息，增补新开设的课程信息；修改已调整的课程信息；查看本学期的教学计划；制订新学期的教学计划。任课老师可以查询自己主讲课程的教学计划，其处理过程如图 8-5 所示。

学籍及成绩管理相对比较复杂，教务员需要完成新学员的学籍注册，毕业生的学籍和成绩的归档管理，任课教师录入学生的期末考试成绩后，需教务员审核认可处理，经确认的学生成绩则不允许修改，其处理过程如图 8-6 所示。

选课处理中，学生根据学校对本专业制订的教学计划，录入本学期所选课程，教务员对

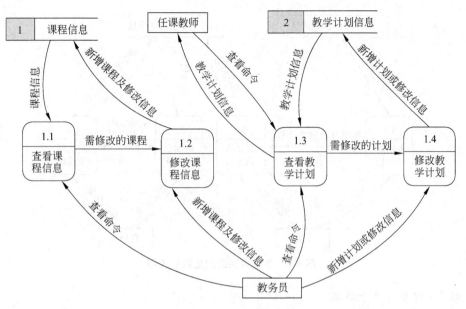

图 8-5　制定教学计划的细化数据流图

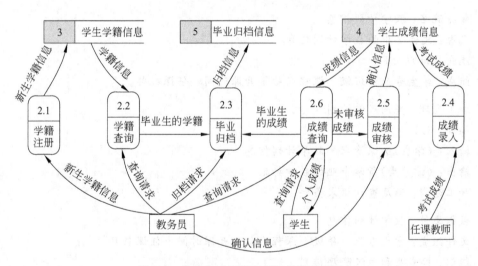

图 8-6　学籍和成绩管理的细化数据流图

学生所选课程进行审核,经审核的选课则为本学期学生选课,其处理过程如图 8-7 所示。

8.3.3　系统数据字典

前面的数据流图,描述了教学管理系统的主要数据流向和处理过程,表达了数据和处理的关系。数据字典是系统的数据和处理详细描述的集合。为了节约篇幅,此处只给出如下部分数据字典。

数据流名:(学生)查询请求

来源:需要选课的学生

流向:加工 3.1

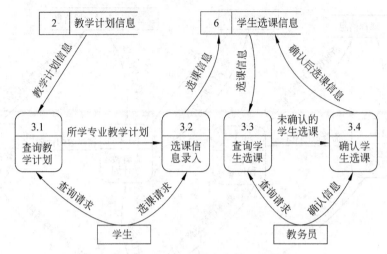

图 8-7　学生选课的细化数据流图

组成：学生专业＋班级
说明：应注意与教务员的查询请求相区别

数据流名：教学计划信息
来源：文件 2 中的教学计划信息
流向：加工 3.1
组成：学生专业＋班级＋课程名称＋开课时间＋任课教师

加工处理：查询教学计划
编号：3.1
输入：（学生）选课请求＋教学计划信息
输出：（该学生）所学专业的教学计划
加工逻辑：满足查询请求条件

数据文件：教学计划信息
文件组成：学生专业＋年级＋课程名称＋开课时间＋任课教师
组织：按专业和年级降序排列

加工处理：选课信息录入
编号：3.2
输入：（学生）选课请求＋所学专业教学计划
输出：选课信息
加工逻辑：根据所学专业教学计划选择课程

数据流名：选课信息
来源：加工 3.2
流向：学生选课信息存储文件
组成：学号＋课程名称＋选课时间＋修课班号

数据文件：学生选课信息
文件组成：学号＋选课时间＋｛课程名称＋修课班号｝
组织：按学号升序排列

数据项：学号
数据类型：字符型
数据长度：8 位
数据构成：入学年号＋顺序号

数据项：选课时间
数据类型：日期型
数据长度：10 位
数据构成：年＋月＋日

数据项：课程名称
数据类型：字符型
数据长度：20 位

数据项：修课班号
数据类型：字符型
数据长度：10 位
⋮

8.4　系统概念模型描述

数据流图和数据字典共同完成对用户需求描述，它是系统分析人员通过多次与用户交流而形成。系统所需的数据，都在数据流图和数据字典中得到表现，是后阶段设计的基础和依据。目前，在概念设计阶段，实体联系模型（E-R 模型）是广泛使用的设计工具。

8.4.1　构成系统的实体型

要抽象系统的 E-R 模型描述，重要的一步是从数据流图和数据字典中提取出系统的所有实体型及其属性。划分实体型和属性的两个基本标准如下。

（1）属性必须是不可分割的数据项，属性中不能包括其他的属性或实体型。

（2）E-R 图中的联系是实体型之间的关联，因而属性不能与其他实体型之间有关联。

由前面的教学管理系统的数据图和数据字典，可以抽取出系统的 6 个主要实体，包括"学生"、"课程"、"教师"、"专业"、"班级"、"教室"这 6 个实体型。

"学生"实体型属性有"学号"、"姓名"、"出生日期"、"籍贯"、"性别"、"家庭住址"。

"课程"实体型属性有"课程编码"、"课程名称"、"讲授课时"、"课程学分"。

"教师"实体型属性有"教师编号"、"教师姓名"、"专业"、"职称"、"出生日期"、"家庭住址"。

"专业"实体型属性有"专业编码"、"专业名称"、"专业性质"、"专业简称"、"可授学位"。

"班级"实体型属性有"班级编码"、"班级名称"、"班级简称"。

"教室"实体型属性有"教室编码"、"最大容量"、"教室类型"（是否为多媒体教室）。

8.4.2 系统局部 E-R 图

从数据流图和数据字典,分析得出实体型及其属性后,进一步可分析各实体型之间的联系。

"学生"实体型与"课程"实体型存在"修课"的联系,一个学生可以选修多门课程,每门课程可以被多个学生选修,所以他(它)们之间存在多对多联系($m:n$),如图 8-8(a)所示。

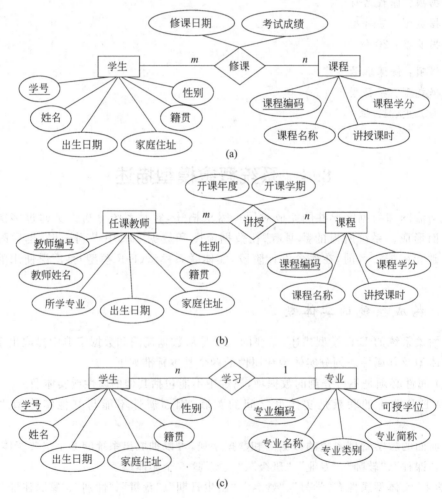

图 8-8 系统局部 E-R 图

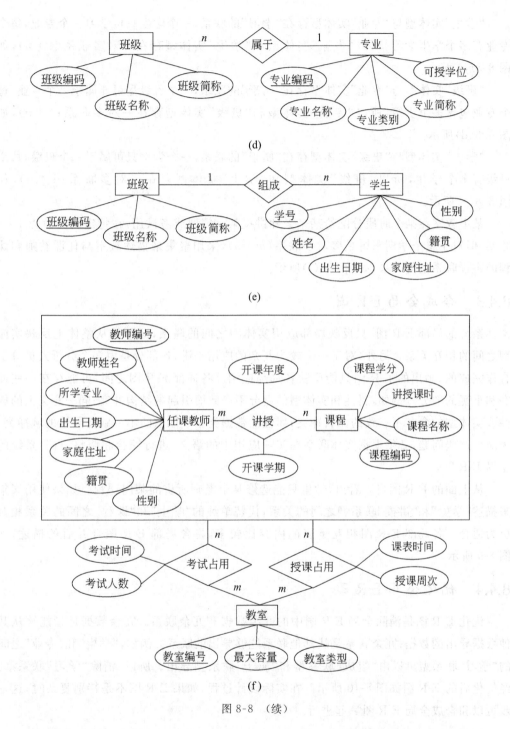

图 8-8 （续）

"教师"实体型与"课程"实体型存在"讲授"的联系，一个教师可以讲授多门课程，每门课程可以由多个教师讲授，所以它们间存在多对多联系（$m:n$），如图 8-8（b）所示。

　　"学生"实体型与"专业"实体型存在"学习"的联系，一个学生只可学习一个专业，每个专业有多个学生学习，所以"专业"实体型和"学生"实体型存在一对多联系（$1:n$），如图 8-8(c)所示。

　　"班级"实体型与"专业"实体型存在"属于"的联系，一个班级尽可能属于一个专业，每个专业包含多个班级，所以"专业"实体型和"班级"实体型存在一对多联系（$1:n$），如图 8-8(d)所示。

　　"学生"实体型与"班级"实体型存在"属于"的联系，一个学生只可属于一个班级，每个班级有多个学生，所以"班级"实体型和"学生"实体型存在一对多联系（$1:n$），如图 8-8(e)所示。

　　某个教室在某个时段分配给某个老师讲授某一门课或考试用，在特定的时段为 $1:1$ 联系，但对于整个学期来讲是多对多联系（$m:n$），采用聚集来描述教室与任课教师和课程的讲授联系型的关系，如图 8-8(f)所示。

8.4.3　合成全局 E-R 图

　　系统的局部 E-R 图，只反映局部应用实体型之间的联系，但不能从整体上反映实体型之间的相互关系。另外，对于一个较为复杂的应用来讲，各部分是由多个分析人员分工合作完成的，画出的 E-R 图只能反映各局部应用。各局部 E-R 图之间，可能存在一些冲突和重复的部分。例如，属性和实体型的划分不一致而引起的结构冲突；同一意义上的属性或实体型的命名不一致的命名冲突；属性的数据类型或取值的不一致而导致的域冲突。为减少这些问题，必须根据实体联系在实际应用中的语义，进行综合和调整，得到系统的全局 E-R 图。

　　从上面的 E-R 图可以看出，学生只能选修某个老师所讲的某门课程。如果使用聚集来描述"学生"和"讲授"联系型之间的关系，代替单纯的"学生"和"课程"之间的关系相对更为适合。各局部 E-R 图相互重复的内容比较多，将各局部 E-R 图合并后的描述，如图 8-9 所示。

8.4.4　优化全局 E-R 图

　　优化 E-R 图是消除全局 E-R 图中的冗余数据和冗余联系。冗余数据是指能够从其他数据导出的数据；冗余联系是从其他联系能够导出的联系。例如，"学生"和"专业"之间的"学习"联系型可以由"组成"联系型和"属于"联系型导出。所以，消除"学习"联系型。经优化后的 E-R 图如图 8-10 所示。在实际设计过程，如果 E-R 图不是特别复杂时，这一步可以和合成全局 E-R 图一起进行。

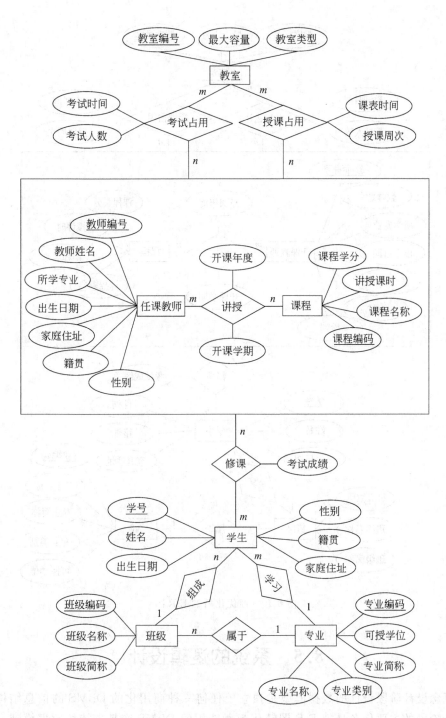

图 8-9 合成后的全局 E-R 图

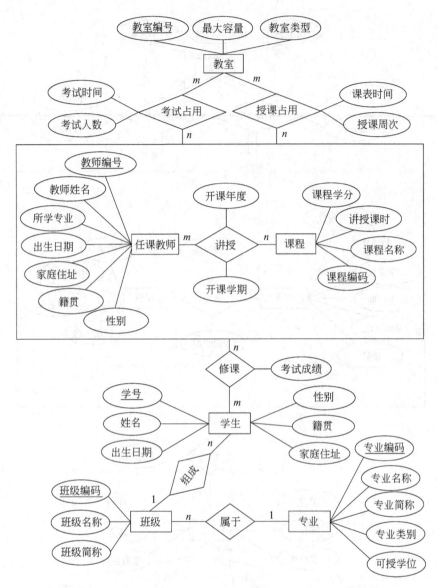

图 8-10　经优化后的 E-R 图

8.5　系统的逻辑设计

　　概念设计阶段设计的数据模型是独立于任何一种商用化的 DBMS 的信息结构。逻辑设计阶段的主要任务是把 E-R 图转化为所选用的 DBMS 产品支持的数据模型。由于该系统采用 SQL Server 关系型数据库系统，因此，应将概念设计的 E-R 模型转化关系数据模型。

8.5.1　转化为关系数据模型

首先，从"教师"实体和"课程"实体以及它们之间的联系来考虑。"教师"与"课程"之间的关系是多对多的联系，所以"教师"和"课程"以及"讲授"联系型分别设计如下关系模式。

教师(<u>教师编号</u>,教师姓名,籍贯,性别,所学专业,职称,出生日期,家庭住址)
课程(<u>课程编码</u>,课程名称,讲授课时,课程学分)
讲授(<u>教师编号</u>,<u>课程编码</u>,开课年度,开课学期)

"教室"实体型与"讲授"联系型是用聚集来表示的，并且存在两种占用联系，它们之间的关系是多对多的关系，可以划分以下 3 个关系模式。

教室(<u>教室编码</u>,最大容量,教室类型)
授课占用(<u>教师编号</u>,<u>课程编码</u>,<u>教室编码</u>,<u>课表时间</u>,授课周次)
考试占用(<u>教师编号</u>,<u>课程编码</u>,<u>教室编码</u>,考试时间,考场人数)

"专业"实体和"班级"实体之间的联系是一对多的联系型(1∶n)，所以可以用如下两个关系模式来表示，其中联系被移动到"班级"实体中。

班级(<u>班级编码</u>,班级名称,班级简称,专业编码)
专业(<u>专业编码</u>,专业名称,专业性质,专业简称,可授学位)

"班级"实体和"学生"实体之间的联系是一对多的联系型(1∶n)，所以可以用两个关系模式来表示。但是"班级"已有关系模式"班级(<u>班级编码</u>,班级名称,班级简称,专业编码)"，所以下面只生成一个关系模式，其中联系被移动到"学生"实体中。

学生(<u>学号</u>,姓名,出生日期,籍贯,性别,家庭住址,班级编码)

"学生"实体与"讲授"联系型的关系是用聚集来表示的，他(它)们之间的关系是多对多的关系，可以使用以下关系模式来表示。

修课(<u>课程编码</u>,<u>学号</u>,<u>教师编号</u>,考试成绩)

8.5.2　关系数据模型的优化与调整

在进行关系模式设计之后，还需要以规范化理论为指导，以实际应用的需要为参考，对关系模式进行优化，已达到消除异常和提高系统效率的目的。

以规范化理论为指导，其主要方法是消除各数据项的部分函数依赖、传递函数依赖等。

首先，应确定数据间的依赖关系。确定依赖关系，一般在需求分析时就做了一些工作，E-R 图中实体间的依赖关系就是数据依赖的一种表现形式。

其次，检查是否存在部分函数依赖、传递函数依赖，然后通过投影分解消除相应的部分函数依赖和传递函数依赖来达到所需的范式。

一般，关系模式只需满足第三范式即可。从以上关系模式，可以看出满足第三范式，在此就不具体分析。

在实际应用设计中，关系模式的规范化程度并不是越高越好。因为，从低范式向高范式转化时，必须将关系模式分解成多个关系模式。这样，当执行查询时，如果用户所需的信息在多个表中，就需要进行多个表间的联结，这无疑对系统带来较大的时间开销。为了提高系统处理性能，所以要对相关程度比较高的表进行合并，或者在表中增加相关程度比较高的属性（表的列）。这时，选择较低的第一范式或第二范式可能比较适合。

如果系统某个表的数据记录很多，记录多到数百万条时，系统查询效率将很低。可以通过分析系统数据的使用特点，做相应处理。例如，当某些数据记录仅被某部分用户使用时，可以将数据库表的记录根据用户划分，分解成多个子集放入不同的表中。

前面设计出的"教师"、"课程"、"教室"、"班级"、"专业"以及"学生"等关系模式，都比较适合实际应用，一般不需要作结构上的优化。

对于"讲授（教师编号，课程编码，开课年度，开课学期）"关系模式，既可用作存储教学计划信息，又代表某门课程由某个老师在某年的某学期主讲。当然，同一门课可能在同一学期由多个老师主讲，教师编码和课程编码对于用户不直观，使用老师姓名和课程名称比较直观，要得到老师姓名和课程名称就必须分别和"老师"以及"课程"关系模式进行联结，因而有时间上的开销。另外，要反映"授课和教学计划"的特征，可将关系模式的名字改为"授课—计划"因此，关系模式改为"授课—计划（教师编号，课程编码，教师姓名，课程名称，开课年度，开课学期）"。

按照上面的方法，可将"授课占用（教师编号，课程编码，教室编码，课表时间，授课周次）"，"考试占用（教师编号，课程编码，教室编码，考试时间，考场人数）"两个关系模式分别改为："授课安排（教师编号，课程编码，教室编码，课表时间，老师姓名，课程名称，授课周次）"，"考试安排（教师编号，课程编码，教室编码，考试时间，老师姓名，课程名称，考场人数）"。

对于"修课"关系模式，由于教务员要审核学生选课和考试成绩，因此需增加审核信息属性。因此，"修课"关系模式调整为"修课（学号，课程编码，教师编号，学生姓名，教师姓名，课程名称，选课审核人，考试成绩，成绩审核人）"。

为了增加系统的安全性，需要对老师和学生分别检查密码口令，因此需要在"老师"和"学生"关系模式增加相应的属性。"教师（教师编号，教师姓名，籍贯，性别，所学专业，职称，出生日期，家庭住址，登录密码，登录IP，最后登录时间）"，"学生（学号，姓名，出生日期，籍贯，性别，家庭住址，班级编码，登录密码，登录IP，最后登录时间）"。

8.5.3　数据库表的结构

得出数据库的各个关系模式后，需要根据需求分析阶段数据字典的数据项描述，给出各数据库表结构。考虑到系统的兼容性以及编写程序的方便性，可将关系模式的属性对应为表字段的英文名。同时，考虑到数据依赖关系和数据完整性，需要指出表的主键和外键，以及字段的值域约束和数据类型。不同的数据类型，对系统的效率有较大的影响，例如，对于 SQL Server 2000 中的 char 和 varchar，相同的数据，char 比 varchar 需要更多的磁盘空间，并可能需要更多的 I/O 和其他处理操作。

系统各表的结构，如表 8-1～表 8-11 所示。

表 8-1　数据信息表

数据库表名	对应的关系模式名	中 文 说 明
TeachInfor	教师	教师信息表
SpeInfor	专业	专业信息表
ClassInfor	班级	班级信息表
StudInfor	学生	学生信息表
CourseInfor	课程	课程基本信息表
ClasseRoom	教室	教室基本信息表
SchemeInfor	授课-计划	授课计划信息表
Courseplan	授课安排	授课安排信息表
Examplan	考试安排	考试安排信息表
StudCourse	修课	学生修课信息表

表 8-2　教师信息表(TeachInfor)

字 段 名	字 段 类 型	长 度	主键或外键	字段值约束	对应中文属性名
Tcode	varchar	10	Primary key	Not null	教师编码
Tname	varchar	10		Not null	教师姓名
Nativeplace	varchar	12			籍贯
Sex	varchar	4		(男,女)	性别
Speciality	varchar	16		Not null	所学专业
Title	varchar	16		Not null	职称
Birthday	Datetime				出生日期
Faddress	varchar	30			家庭住址
Logincode	varchar	10			登录密码
LoginIP	varchar	15			登录 IP
Lastlogin	Datetime				最后登录时间

表 8-3　专业信息表(SpeInfor)

字 段 名	字 段 类 型	长 度	主键或外键	字段值约束	对应中文属性名
Specode	varchar	8	Primary key	Not null	专业编码
Spename	varchar	30		Not null	专业名称
Spechar	varchar	20			专业性质
Speshort	varchar	10			专业简称
Degree	varchar	10			可授学位

表 8-4　班级信息表（ClassInfor）

字　段　名	字 段 类 型	长　度	主键或外键	字段值约束	对应中文属性名
Classcode	varchar	8	Primary key	Not null	班级编码
Classname	varchar	20		Not null	班级名称
Classshort	varchar	10			班级简称
Specode	varchar	8	Foreign key	SpeInfor. Specode	专业编码

表 8-5　学生信息表（StudInfor）

字　段　名	字 段 类 型	长　度	主键或外键	字段值约束	对应中文属性名
Scode	varchar	10	Primary key	Not null	学号
Sname	varchar	10		Not null	姓名
Nativeplace	varchar	12			籍贯
Sex	varchar	4		（男，女）	性别
Birthday	Datetime				出生日期
Faddress	varchar	30			家庭住址
Classcode	varchar	8	Foreign key	ClassInfor. Classcode	班级编码
Logincode	varchar	10			登录密码
LoginIP	varchar	15			登录 IP
Lastlogin	Datetime				最后登录时间

表 8-6　课程基本信息表（CourseInfor）

字　段　名	字 段 类 型	长　度	主键或外键	字段值约束	对应中文属性名
Ccode	varchar	8	Primary key	Not null	课程编码
Coursename	varchar	20		Not null	课程名称
Period	varchar	10			讲授学时
Credithour	numeric	4,1			课程学分

表 8-7　教室基本信息表（ClasseRoom）

字　段　名	字 段 类 型	长　度	主键或外键	字段值约束	对应中文属性名
Roomcode	varchar	8	Primary key	Not null	教室编码
Capacity	numeric	4			最大容量
Type	varchar	20			教室类型

表 8-8　授课计划信息表（SchemeInfor）

字　段　名	字段类型	长　度	主键或外键	字段值约束	对应中文属性名
Tcode	varchar	10	Foreign key	ThechInfor. Tcode	教师编码
Ccode	varchar	8	Foreign key	CourseInfor. Ccode	课程编码
Tname	varchar	10			教师姓名
Coursename	varchar	20			课程名称
Year	varchar	4			开课年度
Term	varchar	4			开课学期

表 8-9　授课安排信息表（Courseplan）

字　段　名	字段类型	长　度	主键或外键	字段值约束	对应中文属性名
Tcode	varchar	10	Foreign key	ThechInfor. Tcode	教师编码
Ccode	varchar	8	Foreign key	CourseInfor. Ccode	课程编码
Roomcode	varchar	8	Foreign key	ClasseRoom. Roomcode	教室编码
TableTime	varchar	10			课表时间
Tname	varchar	10			教师姓名
Coursename	varchar	20			课程名称
Week	numeric	2			授课周次

表 8-10　考试安排信息表（Examplan）

字　段　名	字段类型	长　度	主键或外键	字段值约束	对应中文属性名
Tcode	varchar	10	Foreign key	ThechInfor. Tcode	教师编码
Ccode	varchar	8	Foreign key	CourseInfor. Ccode	课程编码
Roomcode	varchar	8	Foreign key	ClasseRoom. Roomcode	教室编码
ExamTime	varchar	10			考试时间
Tname	varchar	10			教师姓名
Coursename	varchar	20			课程名称
Studnum	numeric	2		$<=50, >=1$	考场人数

表 8-11　学生修课信息表（StudCourse）

字　段　名	字段类型	长　度	主键或外键	字段值约束	对应中文属性名
Scode	varchar	10	Foreign key	StudInfor. Scode	学号
Tcode	varchar	10	Foreign key	ThechInfor. Tcode	教师编码

字　段　名	字　段　类　型	长　度	主键或外键	字段值约束	对应中文属性名
Ccode	varchar	8	Foreign key	CourseInfor. Ccode	课程编码
Sname	varchar	10			学生姓名
Tname	varchar	10			教师姓名
Coursename	varchar	20			课程名称
CourseAudit	varchar	8			选课审核人
ExamGrade	numeric	4,1		$<=100, >=0$	考试成绩
GradeAudit	varchar	10			成绩审核人

8.6　数据库的物理设计

物理数据库设计的任务是将逻辑设计映射到存储介质上，利用可用的硬件和软件功能使得尽可能快地对数据进行物理访问和维护。物理设计主要考虑的内容，包括使用哪种类型的磁盘硬件，例如，RAID（磁盘冗余阵列）设备；如何将数据放置在磁盘上；在访问数据时，使用哪种索引设计提高查询性能；如何适当设置数据库的所有配置参数，以使数据库高效地运行。

8.6.1　存储介质类型的选择

磁盘冗余阵列（RAID）是由多个磁盘驱动器组成的磁盘系统，可为系统提供更高的性能、可靠性、存储容量和更低的成本。从0～5级，容错阵列共分为6个RAID等级，每个等级使用不同的算法实现容错。SQL Server 2000一般使用RAID等级0、1和5。

RAID 0等级，是使用数据分割技术实现的磁盘文件系统，它将所有硬盘构成一个磁盘阵列，可以同时对多个硬盘进行读写。RAID 0通过在多个磁盘内的并行操作，提高读写性能。例如，一个由两个硬盘组成的RAID 0磁盘阵列，把数据的第1和2位写入第1个硬盘，第3位和第4位写入第2个硬盘，这样可以提高数据读写速度。但是不具备备份及容错能力，其价格便宜，硬盘使用效率最佳，但是可靠度是最差的。

RAID 1等级，使用称为镜像集的磁盘文件系统，因而也称该等级为磁盘镜像。磁盘镜像提供选定磁盘冗余的、完全一样的副本。所有写入主磁盘的数据，均写入镜像磁盘。RAID 1提供容错能力，且一般可提高读取性能，但可能会降低系统写数据的性能。

RAID 5等级，也称为带奇偶的数据分割技术，是在设计中最常用的策略。该等级在阵列内的磁盘中，将数据分割成大块，并在所有磁盘中写入奇偶信息，数据冗余由这些奇偶信息提供。数据和奇偶信息排列在磁盘阵列上，以使两者始终在不同的磁盘上。带奇偶的数据分割技术，比磁盘镜像（RAID 1）提供更好的性能。

为了提高系统的安全性，防止系统因介质的损坏而导致数据丢失的危险，基于Windows 2000 RAID-5卷实现RAID 5级磁盘阵列。带奇偶的磁盘数据分割技术，将奇偶信息添加到每个磁盘分区上。这样，可提供与磁盘镜像相当的容错保护，而存放冗余数据所需的空间要少得多。当带奇偶的磁盘块或 RAID-5 卷的某个成员发生严重故障，可以根据其余成员，重新生成这个集成员的数据。创建 RAID-5 卷，至少需要 3 个物理磁盘。因此，在该系统可以使用 4 个物理磁盘，为后面将介绍的创建多个数据库文件提供支持。

8.6.2　定义数据库

SQL Server 2000 数据库文件分为主数据文件、次数据文件和日志文件 3 种类型。

本系统将数据文件分成 3 个文件，其中一个为主数据文件，存放在 C:\Educational administration \ data\ Teachdat1.mdf；两个次文件，分别存放在 D:\ Educational administration \data\ Teachdat2.ndf，E:\Educational administration \data\ Teachdat3.ndf；日志文件存放在 F:\Educational administration \data\Teachlog.ldf。

这样，系统对 4 个磁盘进行并行访问，提高系统对磁盘数据的读/写效率。其创建数据库的语句如下：

```
CREATE DATABASE TeachDb
ON
PRIMARY ( NAME=Teachfile1,
        FILENAME='C:\Educational administration \data\ Teachdat1.mdf',
        SIZE=100MB,
        MAXSIZE=200,
        FILEGROWTH=20),
      ( NAME=Teachfile2,
        FILENAME=' D:\Educational administration \data\ Teachdat2.ndf ',
        SIZE=100MB,
        MAXSIZE=200,
        FILEGROWTH=20),
      ( NAME=Teachfile3,
        FILENAME=' E:\Educational administration \data\ Teachdat3.ndf ',
        SIZE=100MB,
        MAXSIZE=200,
        FILEGROWTH=20)
   LOG ON
      ( NAME=Teachlog,
        FILENAME=' F:\Educational administration \data\ Teachlog.ldf',
        SIZE=100MB,
        MAXSIZE=200,
        FILEGROWTH=20)
```

8.6.3　创建表及视图

使用 SQL Server 2000 的数据定义语言，在数据库 TeachDb 定义数据库表。

其定义数据库表的语句如下：

```
CREATE TABLE TeachInfor                            /* 教师信息表 */
    ( Tcode          varchar(10)    Not null,      /* 教师编码 */
      Tname          varchar(10)    Not null,      /* 教师姓名 */
      Nativeplace    varchar(12),                  /* 籍贯 */
      Sex            varchar(4),                   /* 性别 */
      Speciality     varchar(16)    Not null,      /* 所学专业 */
      Title          varchar(16)    Not null,      /* 职称 */
      Birthday       Datetime,                     /* 出生日期 */
      Faddress       varchar(30),                  /* 家庭住址 */
      Logincode      varchar(10),                  /* 登录密码 */
      LoginIP        varchar(15),                  /* 登录 IP */
      Lastlogin      Datetime,                     /* 最后登录时间 */
      Constraint Tcodekey PRIMARY KEY(Tcode)
    )

CREATE TABLE SpeInfor                              /* 专业信息表 */
    ( Specode        varchar(8)     Not null,      /* 专业编码 */
      Spename        varchar(30)    Not null,      /* 专业名称 */
      Spechar        varchar(20),                  /* 专业性质 */
      Speshort       varchar(10),                  /* 专业简称 */
      Degree         varchar(10),                  /* 可授学位 */
      Constraint     Specodekey     PRIMARY KEY(Specode)
    )

CREATE TABLE ClassInfor                            /* 班级信息表 */
    ( Classcode      varchar(8)     Not null,      /* 班级编码 */
      Classname      varchar(20)    Not null,      /* 班级名称 */
      Classshort     varchar(10),                  /* 班级简称 */
      Specode        varchar(8),                   /* 专业编码 */
      Constraint     Classcodekey   PRIMARY KEY(Classcode),
      Constraint     SpecodeFkey    FOREIGN KEY(Specode)
          REFERENCES     SpeInfor(Specode)
    )

CREATE TABLE StudInfor                             /* 学生信息表 */
    ( Scode          varchar(10)    Not null,      /* 学号 */
      Sname          varchar(10)    Not null,      /* 姓名 */
      Nativeplace    varchar(12),                  /* 籍贯 */
      Sex            varchar(4),                   /* 性别 */
      Birthday       Datetime,                     /* 出生日期 */
      Faddress       varchar(30),                  /* 家庭住址 */
      Classcode      varchar(8),                   /* 班级编码 */
      Logincode      varchar(10),                  /* 登录密码 */
      LoginIP        varchar(15),                  /* 登录 IP */
```

```
    Lastlogin       Datetime,                    /*最后登录时间*/
    Constraint      Scodekey PRIMARY KEY(Scode),
    Constraint      ClasscodeFkey FOREIGN KEY(Classcode)
        REFERENCES      ClassInfor(Classcode),
    Constraint      SexChk          Check(Sex='男'or Sex='女')
    )


CREATE TABLE CourseInfor                         /*课程基本信息表*/
    ( Ccode          varchar(8)      Not null,    /*课程编码*/
    Coursename      varchar(20)     Not null,    /*课程名称*/
    Period          varchar(10),                 /*讲授学时*/
    Credithour      numeric(4,1),                /*课程学分*/
    Constraint      Ccodekey        PRIMARY KEY(Ccode)
    )


CREATE TABLE ClasseRoom                          /*教室基本信息表*/
    ( Roomcode       varchar(8)      Not null,    /*教室编码*/
    Capacity        numeric(4),                  /*最大容量*/
    Type            varchar(20),                 /*教室类型*/
    Constraint      Rcodekey PRIMARY KEY(Roomcode)
    )


CREATE TABLE SchemeInfor                         /*授课计划信息表*/
    ( Tcode          varchar(10),                 /*教师编码*/
    Ccode           varchar(8),                  /*课程编码*/
    Tname           varchar(10),                 /*教师姓名*/
    Coursename      varchar(20),                 /*课程名称*/
    Year            varchar(4),                  /*开课年度*/
    Term            varchar(4),                  /*开课学期*/
    Constraint      TcodeFkey FOREIGN KEY(Tcode)
        REFERENCES      TeachInfor(Tcode),
    Constraint      CcodeFkey FOREIGN KEY(Ccode)
        REFERENCES      CourseInfor(Ccode)
    )


CREATE TABLE Courseplan                          /*授课安排信息表*/
    ( Tcode          varchar(10),                 /*教师编码*/
    Ccode           varchar(8),                  /*课程编码*/
    Roomcode        varchar(8),                  /*教室编码*/
    TableTime       varchar(10),                 /*课表时间*/
    Tname           varchar(10),                 /*教师姓名*/
    Coursename      varchar(20),                 /*课程名称*/
    Week            numeric(2),                  /*授课周次*/
    Constraint      TcodeFkey FOREIGN KEY(Tcode)
```

```
            REFERENCES      TeachInfor(Tcode),
        Constraint      CcodeFkey FOREIGN KEY(Ccode)
            REFERENCES      CourseInfor(Ccode),
        Constraint      RcodeFkey FOREIGN KEY(Roomcode)
            REFERENCES      ClasseRoom(Roomcode)
    )


CREATE TABLE Examplan                               /*考试安排信息表*/
    ( Tcode          varchar(10),                    /*教师编码*/
      Ccode          varchar(8),                     /*课程编码*/
      Roomcode       varchar(8),                     /*教室编码*/
      ExamTime       varchar(10),                    /*考试时间*/
      Tname          varchar(10),                    /*教师姓名*/
      Coursename     varchar(20),                    /*课程名称*/
      Studnum        numeric(2),                     /*考场人数*/
      Constraint      TcodeFkey FOREIGN KEY(Tcode)
          REFERENCES      TeachInfor(Tcode),
      Constraint      CcodeFkey FOREIGN KEY(Ccode)
          REFERENCES      CourseInfor(Ccode),
      Constraint      RcodeFkey FOREIGN KEY(Roomcode)
          REFERENCES      ClasseRoom(Roomcode),
      Constraint      SnumCHK        Check(Studnum>=1 and Studnum<=50)
    )


CREATE TABLE StudCourse                             /*学生修课信息表*/
    ( Scode          varchar(10),                    /*学号*/
      Tcode          varchar(10),                    /*教师编码*/
      Ccode          varchar(8),                     /*课程编码*/
      Sname          varchar(10),                    /*学生姓名*/
      Tname          varchar(10),                    /*教师姓名*/
      Coursename     varchar(20),                    /*课程名称*/
      CourseAudit    varchar(8),                     /*选课审核人*/
      ExamGrade      numeric(4,1),                   /*考试成绩*/
      GradeAudit     varchar(10),                    /*成绩审核人*/
      Constraint      ScodeFkey FOREIGN KEY(Scode)
          REFERENCES      StudInfor(Scode),
      Constraint      TcodeFkey      FOREIGN KEY(Tcode)
          REFERENCES      TeachInfor(Tcode),
      Constraint      CcodeFkey      FOREIGN KEY(Ccode)
          REFERENCES      CourseInfor(Ccode),
      Constraint GradeCHK Check(ExamGrade>=0 and ExamGrade<=100)
    )
```

8.6.4　创建索引

教学管理系统核心的任务,是对学生的学籍信息和考试成绩进行有效的管理。其中,数据量最大和访问频率较高的,是学生修课信息表。因此,需要对学生修课信息表和学生信息表建立索引,以提高系统的查询效率。

如果应用程序执行的一个查询,经常检索给定学生学号范围内的记录,则使用聚集索引可以迅速找到包含开始学号的行,然后检索表中所有相邻的行,直到到达结束学号。这样有助于提高此类查询的性能。

同样,如果对表中检索的数据进行排序时,经常要用到某一列,则可以将该表在该列上聚集(物理排序),避免每次查询该列时都进行排序,从而节省成本。

下面,给出学生修课信息表和学生信息表的聚簇索引。

```
CREATE CLUSTERED INDEX StudCourseIndex ON StudCourse (Scode,Tcode,Ccode)
CREATE CLUSTERED INDEX StudInforIndex ON StudInfor (Scode)
```

8.6.5　数据库服务器性能优化

数据库服务器性能优化,主要包括 SQL Server 2000 内存优化、I/O 系统的优化,以及操作系统 Windows Server 2000 性能的优化。一般,在系统安装时,系统自动配置了相关参数,不需要作太多的调整。

1. 与内存有关的参数

(1) min server memory。用于指定 SQL Server 启动时,内存的最小分配量,并且内存低于该值时不会释放内存。可以基于 SQL Server 的大小及活动,将该参数设置为特定的值。

(2) max server memory。用于指定在 SQL Server 启动及运行时,可以分配的最大内存量。如果知道有多个应用程序与 SQL Server 同时运行所需的最大内存量,则可以将该参数设置为特定的值。如果有一些应用程序,只根据需要请求内存,并且难以估计所需内存的最大量,则 SQL Server 将根据需要给它们释放内存,因此不要设置该参数。

(3) max worker threads。用于指定为用户连接到 SQL Server 提供支持的线程数。默认设置为 255,该选项的大小取决于并发用户数。一般情况下,应将该参数设置为并发连接数,而最大不超过 1024。

(4) index create memory。用于创建索引时,控制排序操作所使用的内存量。一般情况下,创建索引是在系统比较空闲时进行,增加该值可提高索引创建的性能。但是,最好将 min memory per query 保持在较小的值,这样在内存较少时,可以进行创建索引。

(5) min memory per query。用于指定执行查询时所分配的最小内存量。当系统内有许多查询并发执行时,增大 min memory per query 的值,有助于提高消耗大量内存的查询性能。但是,一般不要将 min memory per query 设置得太高。因为,当系统较忙时,查询必须等到能确保占有请求的最小内存或等到超过 query wait 所指定的最大等待值。如果可用内存比执行查询所需的、指定最小内存多,当查询能能够有效利用现有内存时,则可以使用多出的内存。

2. I/O 配置参数

recovery interval 用于指定 SQL Server 2000 在每个数据库内发出检查点的时间。默认情况下，SQL Server 自动确定执行检查点操作的最佳时间。更改该参数以使检查点进程较少出现，通常可以提高这种情况下的总体性能。

3. 服务器性能参数

服务器性能主要与最大吞吐量、服务器任务调度优先级以及虚拟内存的大小有很大的关系。

最大系统吞吐量在系统安装时，系统自动设置为最大吞吐量，一般不要改动。SQL Server 服务器可将后台运行的应用程序，设置成与前台应用程序相同的优先级，以提高处理速度。

Windows 2000 虚拟内存大小，应根据计算机上并发运行的服务进行配置，运行 Microsoft SQL Server 2000 时，可考虑将虚拟内存大小设置为计算机中物理内存的 1.5 倍。如果另外安装了全文检索功能，并打算运行 Microsoft 搜索服务，以便执行全文索引和查询，将虚拟内存大小至少配置为计算机中物理内存的 3 倍，则可以将 SQL Server 的 max server memory 设置为物理内存的 1.5 倍。

小   结

本章以一个简化后的高校教学管理系统为例，说明数据库应用系统的开发过程。

系统总体需求描述了系统四大功能，提出保密、完整和可靠的安全要求；系统总体设计主要从体系结构、开发平台和总体功能模块上进行考虑。

系统需求利用 DFD 与 DD 结合的方式描述，包括全局 DFD 和局部 DFD。在系统概念模型设计中，在需求分析基础上，利用 ERM 描述系统的局部 E-R 图和全局 E-R 图，并对全局 E-R 图进行优化。

系统逻辑设计将 ERM 转化为关系模型，形成数据库各表结构。系统物理设计部分，从存储介质，数据库、表、视图及索引创建，服务器性能优化等方面进行了介绍。

习   题

1. 应用系统总体设计的主要任务是什么？
2. 何谓数据流程图（DFD）？对于较大型应用系统的设计，为什么一般要采用分级 DFD？
3. 数据字典的作用及内容是什么？
4. 应用系统数据库概念模型设计常采用何种数据模型？
5. E-R 图合成时需注意的问题是什么？
6. 数据库逻辑设计阶段的主要任务是什么？
7. 数据库物理设计的任务是什么？

第 9 章 主流数据库产品与工具

CHAPTER

在实际应用系统开发时，常常会涉及 RDBMS 产品的选用问题。为对数据库产品有一个较全面认识，本章对目前数据库市场上的多家主流厂商的历史沿革（包括市场上发生的购并等）、产品及工具进行了介绍。

本章学习目的和要求：

(1) 各主流数据库厂商历史；

(2) 各主流数据库厂商产品及工具。

9.1 Oracle 公司的 Oracle 与 MySQL

9.1.1 历史沿革

Oracle 公司成立于 1977 年，原来的名字叫 Relational Software Inc.，专门从事 RDBMS 及其相应工具的研究、开发和生产。

Oracle 公司自从 1979 年 11 月推出其第一个商品化的 RDBMS 以来，经过二十多年的发展，其产品的版本和功能在不断更新和增强。例如，从 1986 年 5.1 版的分布式处理功能、1988 年第 6 版的内核修改、1992 年第 7 版体系结构调整，到 1997 年第 8 版的对象功能。2000 年 10 月，Oracle 发布了 Oracle9i(标准版、企业版和个人版，其中 i 表示 Internet)，增强了对 Internet 的支持，将关系数据库与多维数据库集于一体，成为功能更加强大的、既支持 OLTP 又支持数据仓库的、基于 Web 应用的数据处理及管理平台。2004 年 1 月，Oracle 推出了 Oracle 10g Release 1，其中的 g 表示 Grid(网格)之意。接着，在 2005 年又发布了 Oracle 10g Release 2。2007 年 7 月，Oracle 发布了 Oracle 11g Release 1。2009 年，推出了 Oracle 11g Release 2。Oracle 11g 提供有 Enterprise 版、Standard 版和 Standard Edition One 版。另外，Oracle 还免费提供了供学习、开发、部署和分发的入门级 Oracle Database 10g Express Edtion(XE)版。

2009 年 4 月 20 日,Oracle 公司宣布以每股 9.5 美元的价格(共 74 亿美元)收购 Sun 微系统公司(2010 年 1 月 21 日获欧盟同意)。这样,此前已被 Sun 公司收购的 MySQL 也成为其旗下的数据库产品。

2012 年 10 月,Oracle 发布了 Oracle Database 12c(c 表示 Cloud,即云)。

9.1.2　Oracle 数据库

Oracle 为企业信息系统在可用性、可伸缩性、安全性、集成性、可管理性、数据仓库、应用开发和内容管理等方面提供全方位的支持,其主要特点如下。

(1) 支持多种(32 位和 64 位)操作系统,如 Windows、Linux 和 UNIX,提供巨量内存(very large memory,VLM)、大型内存分页和非固定内存存取(non-uniform memory access,NUMA)支持。

(2) 支持基于 Web 应用的 XML。

(3) 企业 Java 引擎,提供符合 JSWP 的 Java 和 PL/SQL 调试功能。

(4) 提供 Oracle Data Guard in SQL Apply Mode 功能,加强数据的保护。

(5) 支持分布式查询、分布式事务处理、工作流及高级数据库复制。

(6) Oracle OLAP 提供多维数据库功能,Oracle OLAP 将关系数据库和多维数据库合并,以便在 Oracle 数据库环境提供多维数据分析的功能,通过 OLAP API、多维引擎和 OLAP 操纵语言,提供了一个完整的分析函数集,关系数据库仍用 SQL 语言访问。

(7) 内嵌数据挖掘功能,Oracle Data Mining 是 Oracle 企业数据库中一个附有定价的选项,内嵌了分类、预测、关联和集群数据挖掘特性,数据挖掘体系基于 Java API 架构。

(8) Oracle 的并行处理框架被内置在 Oracle 数据库中,且为群集环境和非群集环境进行了优化。不仅能在大型 SMP(symmetric multiprocessing,对称多处理)计算机上使用 Oracle,还能在 MPP(massively parallel processing,大规模并行处理)计算机或松散耦合的群集(Cluster)上使用 Oracle Real Application Clusters Guard Ⅱ。

(9) Oracle Real Application Clusters Guard Ⅱ能提供高可用的数据库服务功能,自动适应数据库负载的变化,动态地切换所有集群服务器中的数据库资源,以获得最佳性能。

(10) Oracle 的对象关系技术经过数年的发展已经十分成熟,能提供完整的对象类型系统、广泛的语言绑定 API 以及丰富的实用程序和工具集。这一完整的对象类型系统基于 ANSI SQL:1999 标准。

(11) 提供有数据加密工具包,以保护存储在介质上的重要数据。

(12) 全面支持 Microsoft.NET、OLE DB、ODBC/JDBC。

9.1.3　MySQL 数据库

MySQL 的诞生可以说是一个偶然。历史可以回溯到 1979 年。瑞典 TcX 公司曾经打算利用 mSQL,配合自己开发的快速底层(ISAM)实用程序来连接他们的数据库表。

然而,在经过一些测试后,他们得出结论: mSQL 对他们的需求来说不够快速和灵活。由此产生了一个连接他们数据库的新 SQL 接口——MySQL,它具有与 mSQL 几乎相同的应用编程接口(API)。到 1995 年 5 月,推出了 MySQL 3.11,并一直遵循一种特殊的商业模式,即开发人员自由工作,并将其成果作为免费软件发行,而软件的商业支持足以产生足够的收入来保证开发人员较高的生活水平。此后,TcX 发展成为 MySQL AB 公司。

2008 年 1 月 16 日,Sun 公司宣布以 10 亿美元收购 MySQL AB 公司。而 Sun 公司随后于 2009 年 1 月 20 日又被 Oracle 收购。随 Sun 并入 Oracle 的 MySQL 目前提供 Enterprise 版、Standard 版(含 InnoDB)、Classic 版、Cluster CGE (Carrier Grade Edition) 版、Embedded 版和 Community 版(Ver 5.5.9,开源)。目前,MySQL 的最新版本为 5.6。

MySQL 从最初在 Internet 上发行开始,已经被嵌入到 UNIX 操作系统(包括 Linux、FreeBSD 和 Mac OS X)、Win32 和 OS/2 的主机中。

MySQL 具有以下特性:

(1) 多线程数据库引擎。

(2) 开放性。从某种意义上说,MySQL 是开放的,其所使用的 SQL 语言以 ANSI SQL2 为基础,其数据库引擎可运行在多个平台上。

(3) 应用支持。MySQL 为几乎所有的编程语言提供了 API,开发人员可以通过 C/C++ 、Eiffel、Java、Perl、PHP、Python 和 TC 等访问 MySQL 数据库。

(4) 跨数据库连接。支持不同数据库的表连接以建立 MySQL 查询。

(5) 外连接支持。MySQL 支持 ANSI 及 ODBC 的左外连接和右外连接。

(6) 国际化。MySQL 支持几种不同的字符集,包括 ISO-8859-1、Big5 和 Shiift-JIS,支持不同字符集的排序,还提供不同语言的错误信息。

9.1.4 Oracle 开发工具

(1) Oracle SQL Developer。Oracle SQL Developer 是一种用 Java 编写的图形化数据库开发工具。利用 SQL Developer,可以浏览数据库对象、运行 SQL 语句/脚本以及编辑和调试 PL/SQL 语句,还可以创建、保存和运行报表。SQL Developer 可以连接到任何 9.2.0.1 版和更高版本的 Oracle 数据库,并且可以在 Windows、Linux 和 Mac OSX 上运行。

(2) Oracle Application Express (Oracle APEX)。它以前称 HTML DB,是一个基于 Oracle 数据库的快速 Web 应用程序开发工具,具有一些内置的特性,如用户界面主题、导航控件、表单处理程序以及灵活的报表等。

(3) Oracle Designer。利用 Oracle Designer,应用程序开发人员可以分析业务应用需求,设计并生成满足这些需求的应用系统。Designer 包含了对过程建模、系统分析、数据库与程序设计,以及完整的数据库与程序生成的支持。

(4) Oracle Forms。Oracle Forms 为构建基于 PL/SQL 的企业级应用程序,提供了高效率的 RAD(rapid application development,快速应用开发)开发环境。

(5) Oracle Reports。Oracle Reports 允许开发人员访问任何数据、以任何格式发布,以及将其发送到任何地方。

（6）Oracle JDeveloper。Oracle JDeveloper 是一个免费的集成开发环境，可以简化基于 Java 的面向服务体系结构（service-oriented architecture，SOA）和 Java EE 的应用，为 Oracle Fusion 中间件和应用提供全生命周期的端到端开发。

（7）Oracle Warehouse Builder（数据仓库构建器）。Oracle Warehouse Builder 与 Oracle 数据库的 ETL（extract transform load，抽取、转换及装载工具）功能相结合，帮助设计、部署并管理企业数据仓库、数据中心和电子商务智能应用程序。Oracle 仓库构建器具有易于使用的单一界面，使开发人员能够轻松地在目标仓库、中间存储区域和最终用户之间设计 ETL 流程。其主要功能有设计和管理企业元数据；从原有系统迁移数据；整合来自不同数据源的数据；清理原始数据，使其成为高质量信息。

9.1.5   Oracle WebLogic 应用服务器

Oracle WebLogic 服务器用于构建和部署企业的 Java EE 应用，能够降低运营成本、改善性能、增强可伸缩性。WebLogic 服务器 Java EE 应用是基于标准化的模块化组件，WebLogic Server 可为这些模块提供一套完整的服务，无须编程就能自动处理一些应用的细节。

事实上，Oracle Database、Oracle WebLogic Server 和 Oracle 开发工具，共同为构建和部署任何类型的 Web 应用程序，包括 OLTP、OLAP 和企业集成型应用程序，提供了一个完整的解决方案。

9.2   IBM 公司的 DB2 及 Informix

9.2.1   历史沿革

成立于 1914 年的 IBM 公司，是世界上最大的信息工业跨国公司。由于 IBM 非常重视基础理论的研究，使得 IBM 公司出了数位诺贝尔奖得主，也使其成为业界的"常青树"。在数据库领域，IBM 公司为数据库技术的发展做出了极大的贡献，"关系数据库之父"——E. F. Codd 就出自 IBM 的 San Jose 研究室，其 System R 项目对关系数据库技术的发展也有着极为深远的影响。

不过，IBM 在市场策略上，从前只注意高端产品，而对低端产品及市场总是反应太慢，以致让对手占了先机，甚至培养了对手。IBM 在 PC 市场上如此，在数据库市场同样如此。尽管 IBM 最先提出并完善了关系型数据库理论，但最先推出产品的却是别的公司。

基于 SQL 的 DB2 关系型数据库家族产品，是 IBM 的主要数据库产品。DB2 起源于 IBM 研究中心的 System R 等项目，其全称为 IBM Database 2。1983 年 IBM 发布了 Database 2（DB2）for MVS，IBM 的第一个大的软件品牌 DB2 诞生；但直到 1993 年，IBM 才发布了 DB2 for OS/2 V1 和 DB2 for RS/6000 V1，这是 DB2 第一次在 Intel 和 UNIX 平台上出现；1995 年 7 月，IBM 发布 DB2/V2，这是第一个能够在多个平台上运行的对象—关系型数据库产品,并能提供充分的 Web 支持,Data Joiner for AIX 也在这一年诞生,该产品赋予了 DB2 对异构数据库的支持能力;1996 年,IBM 实现了对基于 DB2 的数据源实施数据挖掘;1998 年,IBM 发布了基于 DB2 的完整的 OLAP 解决方案;1999 年,DB2 开始支持 Linux;2000 年,DB2 提供了内置的数据仓库管理功能,同年,IBM 发布了用于管理数字资产的 Content Manager;2002 年,SMART(自我管理和资源调节)技术在 DB2 Universal Database(UDB) V8.1 中首次正式应用;2006 年 7 月,IBM 发布了 DB2 9.0,该新版将传统的高性能、易用性与 XML 相结合,使其成为交互式的数据服务器。2012 年 4 月,IBM 发布了 DB2 V10。目前的最新版本为 DB2 10.1。

在软件市场,IBM 公司近十年内不断挥动大手笔,收购了软件市场上大名鼎鼎的几家软件公司,如 1995 年,IBM 公司收购了 Lotus(莲花)公司,1996 年收购了 Tivoli 公司,2001 年 4 月 24 日,IBM 公司以 10 亿美元收购了 Informix 公司,2002 年 12 月 6 日,IBM 又以 21 亿美元现金收购了 Rational 公司。通过这一系列的收购,加上自己的 DB2 和 WebSphere,IBM 软件出现了前所未有的、良好的发展势头。

9.2.2　DB2 数据库

目前,DB2 数据库提供多种版本,具体如下。

(1) Advanced Enterprise/Workgroup Server Edition。该版本为大/中型企业提供一个全面的数据库解决方案,是集数据仓库、事务处理和事务分析于一体的多工作负载的数据库解决方案。它对处理器或内存大小无任何限制,可提供存储优化、高可靠系统可用性、负载管理和性能,有助于减少数据库的总体成本。

(2) Enterprise/Workgroup Server Edition。企业服务器版提供可扩展的数据库服务器软件以处理大中型企业或部门、工作组和中小商业公司服务器的工作负载。它提供了高性能的多个工作负载,同时有助于减少管理、存储、开发和服务器成本。可运行于 Linux、UNIX 和 Windows 平台上。

(3) Express-C。是一个可供下载和免费部署的社区级全功能数据服务器。该版本简单、灵活、强大和可靠,易于安装、嵌入和部署,具有 Linux、UNIX 和 Windows 环境下 DB2 的核心能力,提供有集成的工具环境,易于管理和开发。

(4) Developer Edition。开发版可为信息管理人员提供高级数据管理和商务智能功能,包括性能和存储优化、负载管理、连续可用性、OLAP 立方体服务、数据挖掘等。该版本允许开发人员评估、论证、开发和测试非生产环境的数据库和数据仓库应用。

9.2.3　Informix 数据库

1996 年 12 月,Informix 在全球发布了其对象关系型数据库管理系统 Informix Universal Server。在该产品中,核心部分是 DSA(dynamic scalable architecture,动态可伸缩体系结构)的数据库体系结构,加上一种被称为数据刀片(datablade)的对象技术,将新的数据类型嵌入到核心数据库服务器中,构成了功能强大的多线索和完全并行化的对象关系数据库引擎。在 Datablade 技术的配合下,Informix Universal Server 能够有效地管理多种类型的信息，以满足今天不断增长的多媒体数据管理需求。据称，Informix 的通用数据库服务器适合关键型企业计算环境，即大型 OLTP 和数据仓库应用，同时也适合诸如动态内容管理、Web 和电子商务等应用。

目前的最新版本为 IBM Informix 12.1。

9.2.4　WebSphere 应用服务器

WebSphere 是 1998 年 9 月 IBM 公司推出的基于 Web 的应用服务器，它包含了编写、运行和监视全天候的工业强度的随需应变 Web 应用程序和跨平台、跨产品解决方案所需要的整个中间件基础设施，如服务器、服务和工具。提供了面向服务架构（SOA）所需要的安全、可伸缩、具有弹性的应用程序基础架构，支持利用 J2EE 1.4 和 Web 服务应用程序平台，构建、运行、集成和管理动态、随需应变的业务应用程序。

9.3　SAP 公司的 Sybase ASE

9.3.1　历史沿革

成立于 1984 年 11 月的 Sybase 公司，以开发出与 C/S 结构紧密集成的数据库服务器而闻名业界，成长迅速，其产品面向 Internet，成为一个以数据库技术为核心、提供数据库、开发工具及中间件 3 大系列产品的系统公司。

自 1984 年底发布其 SQL Server 以来，Sybase 的产品在版本更新及功能增强上，变化比较快，以下是 Sybase 公司有代表性产品的年代及发布进程。

1984 年 11 月，发布部门级、单进程多线索 SQL Server。

1989 年，发布 Open Server，开放了服务器端的应用程序编程接口 API（application programming interface），以访问异构数据源。

1992 年，发布 System 10，属企业级关系数据库管理系统 RDBMS。

1995 年，发布 System 11，在 System 10 基础上增强了并行处理功能。

2001 年 7 月，发布企业级智能数据库管理系统 Sybase Adaptive Server Enterprise（ASE）12.5。

2003 年 2 月，推出旗舰产品 ASE 12.5.0.3。

2005 年 9 月，发布了 ASE 15。

2005 年 9 月，发布了 ASE 15。2010 年 1 月，Sybase 推出了 ASE 15.5。Sybase 在 ASE 15.5 中增加了一个完全集成的内存数据库功能，这是业界首次在传统基于磁盘的数据库中无缝集成内存中的数据库。

2010 年，SAP 公司以 58 亿美元的价格收购数据库厂商 Sybase。不过，Sybase 仍以独立的公司形式运营。

2011 年 9 月，Sybase ASE 15.7 正式上市。

需要说明的是，在 System 10 版本以前，Sybase 公司与 Microsoft 公司曾协作，都为用户提供 UNIX 及 Windows NT 平台的数据库产品，且核心数据库产品的名称也都叫

SQL Server。因此,微软公司的 MS SQL Server 与 Sybase 数据库之间,在内核上有很多相似之处。

1994 年,Sybase 和微软公司的伙伴关系中止。Sybase 之后就对其旗舰数据库服务器产品重新命名,在版本 11.5 时称为 Sybase Adaptive Server。而微软公司仍沿用 SQL Server 名称,一直到 MS SQL Server 2012 版仍是如此。目前,尽管两家的高版本数据库产品内核逐渐出现差异,但仍有许多地方存在相似之处。

9.3.2　Sybase ASE

Sybase ASE(adaptive server enterprise)特点如下。

(1) OLTP 性能。ASE 为 OLTP 提供了可预计的高性能,通过专利的逻辑内存管理器,分配数据库对象给命名缓存;通过逻辑处理管理器,分配 CPU 资源给个别应用;利用资源控制器,可管理查询、批处理或事务的资源消耗;采用专利的查询处理技术,在提高性能的同时减少了硬件资源的损耗;通过智能分区技术选取所需的信息,进一步提高查询性能。

(2) VLDB(very large database)支持。主要包括 VLDB 数据库存储技术、VLDB 数据库性能优化以及 VLDB 数据维护 3 部分。

(3) 数据库并行处理。ASE 数据库能够在 SMP 系统中配置生成多个引擎,甚至允许在所有引擎之间进行分布式的客户连接。ASE 的内部并行处理技术包括并行查询、并行排序和并行实用程序。

(4) 动态性能调整。允许系统管理员在不重启系统的情况下,调整系统参数设置,从而大大减少服务器的停机时间,降低维护和管理成本,提高系统可靠性和稳定性。

(5) 故障与灾难恢复。ASE HA 利用集群架构中的备份服务器提供故障恢复,切换期间不会丢失任何未提交的数据或任何服务中的用户连接。ASE 同时能够与复制服务器等软硬件解决方案一同使用,从而在灾难恢复环境中提供毫无延迟的快速切换。此外,ASE 的分区功能可以把数据分区放置在相互独立的存储设备上,使得即使一个设备出现故障,其余分区的数据仍能使用。

(6) 安全性。ASE 支持 SSL 协议,支持基于数字证书的 X.509 v3 标准;具有数据库行级安全机制,确保用户只能读取授权的数据。拥有加密安全系统,该系统无须对应用做任何更改即可保证系统的安全性。它能够保障数据在传输、访问及存储过程中的安全性。

(7) Java 支持。允许开发人员在数据库中编写、存储和执行 Java 代码。

(8) 支持 XML 处理及非结构化数据管理。XML(extended mark language,扩展标记语言)是商业信息交换领域正在形成的标准。ASE 支持 XML,允许开发人员创建、存储、提取和查询 XML 格式的文档。ASE 可直接访问操作系统文件中的非结构化数据。

(9) 数据库及 SQL 性能调优。ASE 包含大量的组件,帮助 DBA 找到系统性能"瓶颈"或其他问题的根源,以便加以解决。

(10) 数据库日常管理。通过 Sybase Central,可以监测远程和本地正在运行的事务信息、数据库服务中所有锁的信息,可以设置服务器失败转移机制。ASE 具有数据库备份/恢复功能,可以在联机的情况下重建索引或者动态地增加/减少服务器引擎,以均衡负载。

9.3.3　EAServer 应用服务器

EAServer 是一套专为互联网业务方案而设计的应用服务器。

Sybase EAServer 支持 J2EE、PowerBuilder、C/C++ 与 CORBA 组件，以及面向服务的架构（SOA）。EAServer 拥有新的模块化架构，优化了组件之间的通信，提高了性能。另外，EAServer 还提供预定任务自动化功能。任务可安排在服务器启动/关机时执行，也可以根据特定的计划时间执行。

9.3.4　PowerBuilder

PowerBuilder（简称 PB）是一个基于 GUI 的 C/S 前端应用开发工具，不仅可开发基于 Sybase 应用，还能连接 Oracle、DB2、Informix 等第三方数据库，最新版本为 12.5 版。

PowerBuilder 能够提供基于 Web 和多层的快速应用开发（rapid application development，RAD）环境，与 Sybase Enterprise Application Server（EAServer）紧密集成，能在 EAServer 中调用 Enterprise Java Beans（EJB），并能将现有的组件连接到 EAServer。

PowerBuilder 进一步与 .NET 紧密集成，支持开发人员在构造应用时使用更新的用户接口功能，包括 PowerScript 语言的增强版本以及 PowerBuilder native interface（PBNI）扩展，另外还为 Oracle 和 ASE 等数据库提供支持。

9.3.5　PowerDesigner

Sybase PowerDesigner 是一个"一站式"的企业级建模及设计解决方案，最新版本为 16.1 版。PowerDesigner 支持业务建模、数据建模（包括 UML 对象模型）、XML 建模和企业建模。利用 PowerDesigner，开发人员可完成业务需求的定义、分析和设计。PowerDesigner 具有以下一些公共特性：

（1）开放性。PowerDesigner 支持所有主流 RDBMS，如 Oracle、IBM DB2、Microsoft SQL Server、Sybase、MySQL 等，支持各种主流应用程序开发平台，如 Java J2EE、Microsoft .NET、Web Services 和 PowerBuilder。

（2）需求管理。可利用微软公司 Word 的导入和同步功能，收集、连接、管理、存储用户分配状态和可跟踪矩阵视图，提供层次化的报表生成。

（3）冲突分析。能分析并发现文档和报表中存在的冲突。

（4）高度的可扩展性。

（5）数据映射编辑器。以拖拽方式实现对象/关系、XML 到数据库和数据仓库的映射。

（6）面向服务的架构。

（7）文档生成。提供向导和拖拽方式生成 Excel 列表、HTML 和 RTP 文档。

9.4　Microsoft 公司的 SQL Server

9.4.1　历史沿革

对于由 Bill Gates 和 Paul Allen 于 1975 年创办的 Microsoft 公司,读者都比较熟悉。这里,主要介绍其在数据库领域的历史变迁情况。

1988 年,微软公司与 Sybase 和 Ashton-Tate 公司合作开发了运行于 OS/2 平台的 SQL Server 的第一个 Beta 版本。

1993 年,微软公司与 Sybase 推出 SQL Server 4.2。该版本是一个桌面数据库系统,提供友好的图形用户界面。

1994 年,微软公司与 Sybase 在数据库开发方面的合作中止,但微软公司仍沿用 SQL Server 名称,并于 1995 年发布了 SQL Server 6.05,该版本可满足小型企业的数据库应用。

1996 年,微软公司发布了 SQL Server 6.5。

1998 年,微软公司发布了 SQL Server 7.0。该版本支持中小型企业的数据库应用,并提供 Web 应用支持。

2000 年,微软公司推出了 SQL Server 2000,该版本是微软公司的第一个企业级 RDBMS。

2005 年,微软公司发布了 SQL Server 2005,该版本可在 Win32、x64 和基于 Itanium 的服务器上运行。

2008 年 8 月,微软发布了 SQL Server 2008。2010 年 4 月,微软发布了 SQL Server 2008 Release 2。

2012 年 3 月,微软发布了 SQL Server 2012。SQL Server 2012 支持的操作系统包括 Windows Vista SP2、Windows Server 2008 SP2、Windows 2008 R2 SP1 和 Windows 7 SP1。

9.4.2　SQL Server 数据库

Microsoft SQL Server 的功能特性如下。

(1) 提供 OLAP 和数据挖掘工具。

(2) 可从多个数据源合并和集成数据。新的 SQL Server 集成服务(SSIS)替换了 SQL Server 2000 数据转换服务(data transformation service,DTS),为构建企业级数据集成应用系统提供了必要的特性和性能。

(3) SQL Server 的报表服务可帮助用户制作、管理、发布传统的基于纸张的报表和交互的、基于 Web 的报表。

(4) 提供易于使用的管理工具,与 Microsoft Visual Studio 和 Microsoft. NET 公共语言运行时紧密集成。

(5) 具有查询优化和 64 位支持功能。

(6) 提供容错技术转移群集和数据库镜像功能。

(7) 提供加密和权限控制以保护数据。

9.4.3　SQL Server 的主要工具

1. 企业管理器

SQL Server 企业管理器是 Microsoft SQL Server 的主要管理工具，它提供了一个遵从 Microsoft 管理控制台（MMC）的用户界面，几乎所有的操作都可以在该工具中完成。在企业管理器中可以实现以下功能。

（1）创建服务器组，并将服务器注册到组中。

（2）为每个已注册的服务器，配置所有 SQL Server 选项。

（3）在每个已注册的服务器中，创建并管理所有 SQL Server 数据库、对象、登录、用户和权限。

（4）在每个已注册的服务器上，定义并执行所有 SQL Server 管理任务。

（5）通过唤醒调用 SQL 查询分析器，交互地设计并测试 SQL 语句、批处理和脚本。

（6）唤醒调用各种向导工具，引导管理员和程序员完成执行更多、更复杂的管理任务所需的步骤。

2. SQL 查询分析器

SQL 查询分析器是一种图形工具，可以从"开始"菜单直接启动查询分析器或从企业管理器内运行它。还可以通过执行 isqlw 实用工具，从命令提示符运行 SQL 查询分析器。SQL 查询分析器功能强大，除了可以交互地设计和测试 Transact-SQL 语句、批处理和脚本，还提供以下各种功能：

（1）可以在"查询"窗口创建查询和其他 SQL 脚本，并针对 SQL Server 数据库执行它们。

（2）在 Transact-SQL 语法中使用不同的颜色，以提高复杂语句的易读性。

（3）可以在"打开表"窗口快速插入、更新或删除表中的行。

（4）提供网格或自由格式文本窗口的形式显示结果。

（5）交互地分析和调试存储过程，还可以在参数未知的情况下执行存储过程。

（6）可以通过对象浏览器在数据库内定位对象或查看和使用对象。

（7）显示计划信息的图形关系图，用以说明内置在 Transact-SQL 语句执行计划中的逻辑步骤。

（8）提供了模板，实现由预定义脚本快速创建常用数据库对象，加快了创建 SQL Server 对象的 Transact-SQL 语句的开发速度。

目前，SQL Server 的高版本（如 2008/2012 等）已将上述两种工具集成到 SQL Server Management Studio 中。

9.5　Actian 公司的 Ingres

9.5.1　历史沿革

Ingres 由加州大学伯克利分校设计开发，于 1974 年研制成功并运行。1980 年成立 Ingres 公司，成为专业数据库厂商。从 20 世纪 80 年代中期开始，在 Ingres 基础上产生了许多成功的数据库产品,如 Sybase、Microsoft SQL Server、Informix 等。1990 年 Ingres 公司被 ASK 集团收购,1994 年 CA(Computer Associates,1976 年创建)公司收购了 ASK 集团。2002 年 3 月 CA 公司推出的 Advantage Ingres 2.6,能支持多平台,如 Windows、Linux 及 UNIX 等。2004 年 5 月,CA 公司宣布开放其 Ingres 数据库,使 Ingres 成为继 MySQL 和 PostgresSQL 之后,又一个开放源代码的数据库。2004 年 8 月,CA 提供了开源 Ingres Release 3 版本。

2005 年 11 月,Garnett & Helfrich Capital 公司从 CA 公司买下 Ingres,使 Ingres 再次成为一个独立运营的数据库公司,其 Ingres 数据库产品仍然为开放源代码数据库。2006 年 2 月,Ingres 公司发布了开源数据库 Ingres 2006。2008 年 11 月,Ingres 公司发布了开源数据库 Ingres Database 9.2。

2011.9.22,Ingres 公司更名为 Actian Corporation,揭开了其驱动企业开发 Action Apps 的战略。Action Apps 是轻量级的、消费者风格的应用,该应用自动完成由数据实时变化触发的商业行为。目前的最新版本为 Ingres Database 10。

9.5.2　Ingres 开源数据库

Ingres 开源数据库引入了以下新特性。

(1) 快速查询优化,支持复杂查询的并行执行。

(2) 安全方面,实现了 C2 级安全级别;具有在线/离线数据备份以及定制恢复进程的功能;内置冗余允许工作负载在群集节点之间分配,提供列加密功能。

(3) 基于键的表分区使得并行 I/O 操作能跨分区实施。

(4) 支持所有最新和传统的 Web 应用开发技术,如 Python、Perl、PHP、. Net、ODBC、JDBC、Embedded SQL in C/C++/Fortran/Cobol 等。

(5) 支持 Linux(X86,X86-64 & Itanium)、Microsoft Windows(X86,X86-64 & Itanium)、Sun Solaris(SPARC & X86-64)、IBM AIX、HP-UX(PArisc & Itanium)和 HP OpenVMS(Alpha & Itanium)等平台。

9.5.3　Ingres 工具

(1) OpenROAD。是一种快速应用开发和灵活部署的解决方案。该方案带有通过 OpenROAD 服务器部署 n 层应用的运行时基础设施,以及为构建健壮的数据驱动应用所需的所有工具。通过 OpenROAD,开发者能在各种平台上快速构建和部署复杂高性能和高可用性商业应用、访问各种数据源,能快速响应商业变化并保护在现有主机、数据和应用上的投资。

(2) Enterprise Access。是一种中间件解决方案。它为企业提供各种平台和数据资源(如 Oracle、DB2、Microsoft SQL Server 等等)灵活的集成访问能力,为用户提供了一个访问 Ingres 和非 Ingres 数据资源的统一接口。

(3) EDBC(enterprise database connectivity)。是一种连接企业大型主机数据库的中间件解决方案。它能为运行于 Windows、Linux 和 UNIX 平台的应用提供对 z/OS 大型主机下的关系型和非关系型数据库(如 VSAM、IMS、DB2 for z/OS、CA-IDMS 数据库和

CA-Datacom 数据库)的高性能 SQL 访问能力。

(4) HVR(high volume replication)。HVR 具有以下主要功能：

① 通过 Business Continuity Server(即生产系统的 Ingres HVR 本地副本)为中断的生产系统提供容错功能；

② 通过 Disaster Recovery Server(为一分离的系统,位于另一建筑物,最好在不同的城镇)提供灾难恢复,能够减少因人为错误导致的宕机风险和对业务的影响；

③ 通过负载均衡提供主动数据库服务,以分散来自生产机器的负载；

④ 通过直接从 DBMS 日志系统扫描变化能为数据仓库提供实时反馈；

⑤ 能为不同的 OLTP 系统提供实时连接。

(5) JBoss Dev Stack。该工具能使开发者快速地将轻便、可靠和任务关键的应用从开发平台构建到企业数据中心。为方便开发,Ingres 提供了可一起工作的预配置组件,一旦安装完成,开发人员可立即开始编码。

小　　结

本章对目前数据库市场上比较活跃的主流数据库厂商、最新产品及工具,作了较全面的介绍,包括 Oracle 公司的 Oracle 12c 和 MySQL 5.6、IBM 公司的 DB2 Universal Database(UDB) 10.1 和 Informix Dynamic Server(IDS) 12.1、SAP 公司的 Sybase Adaptive Server Enterprise(ASE)15.7、Microsoft 公司的 SQL Server 2012、Actian 公司的 Ingres Database 10.0 等。

习　　题

1. 目前数据库市场上有哪些主流厂商及其产品?
2. 各主流数据库厂商各自提供有什么数据库应用系统开发工具?

第 10 章 数据仓库与数据挖掘及数据库新进展

CHAPTER

数据库技术是计算机科学的重要分支,是继文件系统之后,数据管理的重要应用技术,它的快速发展和应用将企业管理推向一个崭新的时代。

在数据库的广泛应用过程中,数据库领域产生了许多新的应用技术,并且,出现了许多商品化的数据库产品,从而极大地推动了企业应用的向前发展。

本章学习目的和要求:

(1) 数据仓库技术;

(2) 数据挖掘技术;

(3) 其他数据库技术新进展。

10.1 数据仓库技术

10.1.1 数据仓库概述

1. 数据仓库定义

不同学者对数据仓库有不同的定义,综合起来,可将数据仓库定义为,数据仓库是面向主题的、包含历史的、集成的、随时间变化的、不经常改变的数据集合,用以支持企业管理中的决策支持过程。

2. 数据仓库的特点

数据仓库具有以下特性。

(1) 面向主题的数据信息。每一个企业都具有特定的、需要考虑的问题,这就是企业的主题。数据仓库的数据应按主题来组织,典型的主题包括客户主题、产品主题、供货商主题以及学生主题。通过对主题数据的分析,可以帮助企业决策者制定管理措施,从而做出正确的决策。

OLTP 系统是针对特定应用而设计的,即是面向应用的。如教学管理、图书管理、人事管理、财务管理等系统,这与面向主题是不同的。

（2）数据仓库数据的集成性。数据仓库的数据是面向主题方式组织，而这些面向主题的数据是从各个应用系统中提取出来的。对于同样的主题数据，不同的系统也许有不同的表示方式，如命名习惯和度量单位等。因此，要将各个应用系统中的各个主题包含的数据转移到数据仓库中，必须采用统一的形式，也就是在进行转换时，要将各个应用系统的主题数据，采取统一的形式进行转换。

（3）数据仓库数据的非易失性。数据仓库的数据在进入数据仓库以后是不能进行更新的，这也是数据仓库和目前数据库应用系统的差别。数据仓库数据的这种性质又叫稳定性。日常应用系统主要是对数据进行频繁的查询、修改、插入、删除。因此，事务系统的数据经常改变。而数据仓库是为了帮助决策支持的，存储的数据不能够频繁改变，必须相对稳定才能进行数据分析。

为了分析数据趋势，数据仓库中的每一个记录都应该具有时间属性。这就意味着数据仓库中的每一条记录都是数据在某一时刻的快照。如果数据仓库环境中的数据需要改变，那么，就应重新产生该项数据的快照。

3. 与传统数据库系统比较

数据仓库与传统数据库系统，在诸多方面存在不同，如表 10-1 所示。

表 10-1 传统数据库系统与数据仓库的比较

数据系统 比较项	传统事务处理数据库系统	数据仓库系统
开发方法	利用规范和成熟的开发方法，按功能分项组织和具体事务管理职能集成，以事件驱动方式为主	利用渐进、迭代的开发方法，按系统结构和交叉功能的定制形式集成，以数据驱动为主
数据内容	与日常例行事务管理相关的信息	与决策管理相关的支持信息
数据模型	关系模型或层次模型（平面模型）	关系模型、对象模型（多维模型）
数据稳定性	频繁更新	不经常改变、比较稳定
数据特性	详细数据	集成、详细和综合数据
数据负载	处理事务次数多，而每个事务涉及的数据量很少	事务处理次数少，每次处理的查询涉及的数据量一般较大
输出形式	数据输出形式少，数据种类少	输出表达形式多样，数据种类多
数据来源	以内部数据为主	数据来源多，一般情况内外皆有
异常行为影响	仅影响当前事务处理，可能暂时改为手工办理，无长远影响	影响决策的科学性或推迟决策，会产生长远影响
冗余性	减少冗余	增加冗余
性能度量	事务吞吐量	查询吞吐量、响应时间

10.1.2 数据仓库的多维数据模型

数据模型是数据仓库研究的重要内容之一，关系数据库的关系数据模型难以表达数据仓库的数据结构和语义；数据仓库需要简明的、面向主题以及便于联机数据分析的数据模式。

　　数据仓库一般是基于多维数据模型(multidimensional data model)构建。该模型将数据看成数据立方体(data cube)形式,由维和事实构成。维是人们观察主题的特定角度,每一个维分别用一个表来描述,称为维表,它是对维的详细描述。事实表示所关注的主题,也由表来描述,称为事实表,其主要特点是包含数值数据(事实),而这些数值数据可以进行汇总以提供有关操作历史的信息。

　　每个事实表包括一个由多个字段组成的索引,该索引由相关维表的主键组成,维表的主键也可称为维标识符。事实表一般不包含描述性的信息,维表包含描述事实表中事实记录的信息。多个维表之间形成的多维数据结构,体现了数据在空间上的多维性,也可称为多维立方体,它为各种不同决策需求提供分析的结构基础。

　　例如,“课程”数据仓库 Course,用来记录学校上课情况,可用时间维、学生维以及地点维构成。时间维能够记录上课的时间,学生维能够记录上课的学生、地点维记录上课的地点。事实表就包括上课的人数,学生评议等级。

　　数据仓库的多维数据模型,又分为星状模式、雪花模式以及事实星座模式 3 种。

　　星状模式最常见,主要构成如下:一个含大量而无冗余数据的事实表;多个相对含有较少数据的维表。每个维度自主组成一个维表,每个维表有一个维标识符与中心事实表发生联系,用图形描述呈星形。

　　如图 10-1 所示,是一个销售数据仓库的星状模式。其中,有一个销售事实表,4 个维表:“产品”维表、“顾客”维表、“时间”维表、“商场”维表。事实表的索引包含“产品编号”、“时间编号”、“顾客编号”、“商场编号”等字段,这些字段是事实表的外键,也是相应维表的主键。通过这种引用关系,构成了多维联系。在每张维表中,除包含每个维的主键外,还需要描述该维的一些其他属性字段。如产品维表包含有关产品的数据,“顾客”维表包含有关顾客的信息。

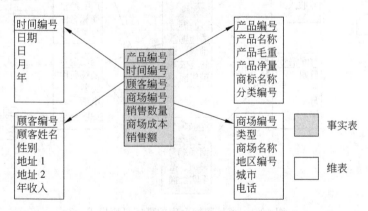

图 10-1　销售数据仓库的星状模式

　　雪花模式是数据仓库的又一种数据模型,是星状模型的变异形式。因为,维表是二维关系的一个特例,在设计维表时,可用关系数据库的规范化理论进行优化,以减少数据冗余,消除插入、删除异常,同时达到易维护和节约存储空间的目的。这样,就有可能把某个维表的数据分解到多个不同的表中,而使模式表现为类似于雪花的形状。

如图 10-2 所示，是在图 10-1 基础上演变而来的雪花模型。如果该公司在一个城市中有多个商场，某个商场只可能位于一个城市，则商场维表中存在冗余，所以可以将商场维表分解；另外，对于一个客户有多于两个联系地址时，也需要对顾客维表分解。

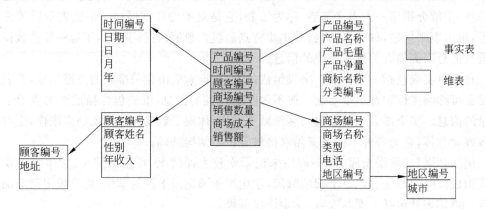

图 10-2　销售数据仓库的雪花模式

由于雪花模式的某个维的数据分布在其他表中，查询时需要多表联结，给系统带来时间上的开销而降低性能。因此，在设计时，因数据仓库主要用于静态存放，数据的更新频率较低，一般考虑使用星形模式，以空间的代价换取时间的效率。

事实星座模式是指存在多个事实表，而这些事实表共享某些维表，也称为星系模式。如图 10-3 所示，表示某公司从其他公司商场采购商品，然后分配到自己的一些商场销售，于是就有两个事实表，即销售事实表和采购事实表。

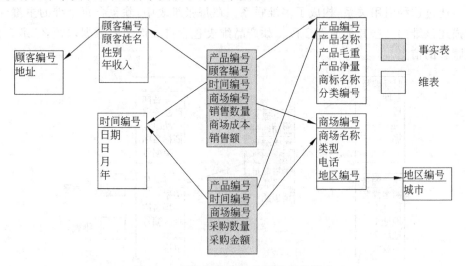

图 10-3　贸易数据仓库的事实星座模式

10.1.3　数据仓库的相关概念

1. 数据集市

一般说来，数据集市是指数据仓库的一个部门子集，是针对特定部门范围的主题。可以将数据集市看成一个微型的数据仓库或者数据仓库的一部分。

数据集市具有以下几大功能。

（1）数据集市通常用于为单位的职能部门提供信息。典型示例如销售部门、库存和发货部门、财务部门、高级管理部门等的数据集市。

（2）数据集市可用于将数据仓库数据分段，以反映按地理划分的业务，其中的每个地区都是相对自治的。例如，大型销售数据仓库可能将地区销售中心作为单独的业务单元，每个这样的单元都有自己的数据集市以补充主数据仓库。

（3）数据集市可以作为完全独立的数据仓库，作为分布式数据仓库的成员补充，数据集市可以通过定期更新，接收来自主数据仓库的数据。但在这种情况下，数据集市的功能经常受限于客户端的显示服务。

无论数据集市提供何种功能，它们都必须被设计为主数据仓库的一部分，以使数据的组织、格式和架构在整个数据仓库内保持一致。表的设计、更新机制或维度的层次结构如果不一致，可能会使数据难以在整个数据仓库内被重用，并可能导致由相同的数据在不同报表中不一致的现象。但是，也没有必要为获得一致性，而将一个数据视图强加在所有数据集市上，通常可以设计一致的架构和数据格式，使得可以有很多不同的数据视图同时保持互操作性。例如，使用时间、客户和产品数据的标准格式及组织方式，不会妨碍数据集市以库存、销售额或财务分析等不同的角度显示信息。应从作为数据仓库一部分的角度设计数据集市，而无须考虑它们各自的功能或构造，从而使得信息在整个单位内保持一致和可用。

2. 元数据

美国图书馆学会（ALA）的描述和存取委员会这样定义元数据：元数据是结构化的编码数据，用于描述载有信息的实体特征，以便标识、发现、评价和管理被理解的这些实体。从功能而言，在信息资源组织中，元数据具有定位、描述、搜索、评估和选择等功能，而其最基本的功能在于为信息对象提供描述信息。

元数据作为数据库和数据仓库的重要组成部分，它帮助数据仓库开发小组准确而全面地理解潜在数据源的物理布局，以及所有数据元的业务定义，并对数据仓库用户有效地使用仓库中的信息提供帮助。

数据仓库主要是为决策分析者使用的，他们大多数为商业人员和技术人员。在进行决策分析时，必须要知道数据仓库中有哪些数据，数据存放在哪里，而元数据为他们提供了所需的内容。数据仓库中的元数据，根据其使用对象和应用范围不同，分为 3 种：商业元数据、数据库元数据和应用元数据。

在构建元数据库时，可分为技术元数据（technical metadata）和商业元数据（business metadata）。技术元数据是关于数据仓库系统技术细节的元数据；商业元数据是技术元数据的一个辅助，它可以帮助用户在数据仓库中寻找所需商业信息，也有助于用户正确方便地使用数据仓库系统，它主要定义了介于使用者和仓库系统之间的语义关系。商业元数据将商业用户和技术元数据有机地联系起来。

元数据以概念、主题、集团或层次等形式，建立了数据仓库中的信息结构。从数据仓库管理人员来看，元数据是在数据仓库中所有内容和所有处理过程的一个综合仓库和文件；从最终用户的观点来看，元数据是数据仓库中所有信息的路标。

元数据一般包含以下内容。

（1）数据仓库数据源的信息，包括现有的操作型数据、历史数据以及外部数据。

（2）数据模型信息，如仓库中的表名、关键字、属性、仓库模式、视图以及维等。

（3）操作型环境到数据仓库环境的映射关系，包括源数据及其内容，完整性规则和安全性等。

（4）操作元数据，如抽取历史、访问模式、仓库使用统计和审计跟踪等。

（5）汇总用的算法，包括度量和维定义算法，数据粒度、聚集、汇总、预定义的查询和报告。

（6）商业元数据，包括商业术语和定义、数据所有者信息和收费策略。

3. OLAP 概述

（1）OLAP 概念。20 世纪 60 年代，关系数据库之父 E.F.Codd 提出了关系模型，促进了联机事务处理（OLTP）的发展。1993 年，E.F.Codd 提出了 OLAP 概念，认为 OLTP 已不能满足终端用户对数据库查询分析的需要，SQL 对大型数据库进行的简单查询，也不能满足终端用户分析的要求。用户的决策分析，需要对关系数据库进行大量计算才能得到结果，而查询的结果并不能满足决策者提出的需求。因此，E.F.Codd 提出了多维数据库和多维分析的概念，即 OLAP。

OLAP 即联机分析处理，是使分析人员、管理人员或执行人员能够从多种角度，对从原始数据中转化出来的信息进行快速、稳定一致和交互性的存取，从而获得对数据的更深入了解的一类软件技术。

OLAP 的主要目标，是满足决策支持或多维环境特定的查询和报表需求，它的技术核心是"维"。因此，OLAP 也可以说是多维数据分析工具的集合。

（2）OLAP 的基本分析和操作。对 OLAP，可有以下几种分析方法。

① 切片和切块（slice and dice）　在多维数据结构中，按二维进行切片，按三维进行切块，可得到所需要的数据。如在"城市、产品、时间"三维立方体中进行切块和切片，可得到各城市、各产品的销售情况。

② 钻取（drill）　包括向下钻取（drill-down）和向上钻取（drill-up），向上钻取又称上卷（roll-up），钻取的深度与维所划分的层次相对应。

③ 旋转（rotate）/转轴（pivot）　通过旋转可以得到不同视角的数据。

（3）OLAP 与 OLTP 的比较。OLAP 与 OLTP 在各个方面具有较大差别，如数据库设计方法、用户以及存储的数据内容等方面，表 10-2 给出了两个系统存在的差异。

表 10-2　OLAP 和 OLTP 比较

特　点	OLAP	OLTP
用户	决策者（经理、主管、分析员）	DBA、办事员
DB 设计	面向主题，星形/雪花	面向应用，E-R 模型
规范化	非规范化设计	规范化设计

续表

特　　点	OLAP	OLTP
面向	分析	事务
特征	信息处理	操作处理
功能	全局决策支持、长期信息需求	日常操作
数据	历史数据	当前数据
工作单位	复杂查询	短的简单事务
数据存取	只读	更新频繁
系统关注	数据输出量	数据进入
操作	大量扫描	主关键字上索引
DB 规模	100GB~1TB	100MB~1GB
设计目标	高灵活性,终端用户自治	高性能,高可用性
系统度量	查询响应时间	事务吞吐量
用户数目	相对较少	多
访问记录	相对较少	特别多

10.1.4　数据仓库的系统结构

目前,数据仓库系统体系结构绝大部分,是基于作为信息数据中心存储的关系数据库管理系统,但操作型数据处理完全和数据仓库处理分离。

数据仓库系统的层次结构可以采用两层结构,即客户机/服务器结构,这是典型的胖客户机模型。客户端执行的功能包括:用户界面、查询规范、报表格式化、数据挖掘、数据聚集以及数据访问等功能。服务器端提供的服务包括:数据逻辑、数据服务、性能监控以及元数据存储。如图 10-4 所示为两层体系结构的功能分配示意图。其中数据仓库服务器通常是一个关系数据库系统,服务器需要解决如何从外部或者操作型数据库中抽取数据,创建数据仓库等活动。

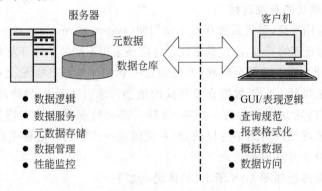

图 10-4　两层数据仓库体系结构

两层体系结构的缺点是缺乏可伸展性和灵活性。因此，又提出了3层数据仓库体系结构。它是在两层体系结构基础上增加一个OLAP服务器作为应用服务器，执行数据过滤、聚集以及数据访问，支持元数据和提供多维视图等功能；而客户端只运行图形用户界面、查询规范、报表格式化和数据访问功能。如图10-5所示为3层数据仓库体系结构的示意图。

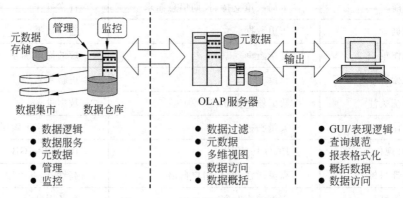

图 10-5　三层数据仓库体系结构

从结构的角度看，数据仓库模型可分为3种：企业级数据仓库、数据集市和虚拟数据仓库。

企业数据仓库对主题的所有信息收集以后进行存储，数据处理涉及整个组织。特点是组织范围进行数据集成、包含多种粒度级别的数据、存储容量大、开发周期长（至少几年）。企业级数据仓库可以在传统大型计算机上实现，如UNIX超级服务器或者并行结构平台。

数据集市针对特定部门，是企业范围数据的子集。特点是开发周期短（几周）、主题少、实现费用低（基于UNIX或者Windows NT的部门服务器）。

虚拟数据仓库（virtual data warehouse）是在操作型数据库上实现有效查询的方案。特点是容易建立，要求操作型数据库服务器具有剩余计算能力。

10.1.5　数据仓库系统开发与工作过程

1. 数据仓库系统的开发过程

传统的事务应用系统，采用系统开发生命周期（system development life circle，SDLC）方法进行开发。数据仓库的特点，决定其系统设计应该采用不同的软件开发方法。

数据仓库设计主要涉及两个问题，即数据仓库和操作型业务系统之间接口的设计以及数据仓库自身的设计。由于数据仓库开发的最初需求并不特别明确，因此数据仓库的构建过程，是按照启发方式进行的。首先，装载一部分数据供决策支持分析员查看和使用；其次，再根据最终用户对结果的反映，对系统做进一步修改。这种循环反馈的方法，贯穿于数据仓库的整个开发过程。

数据仓库开发流程如图10-6所示，具体说明如下。

（1）系统分析。对现有系统进行分析，了解存在问题。

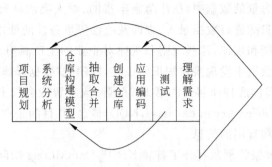

图 10-6　数据仓库项目开发过程

（2）数据仓库建模。实现急需的主题，收集相关数据。

（3）数据获取和集成。对收集的数据进行探测和测试。

（4）构建数据仓库。根据收集的数据构建一个数据仓库。

（5）DSS 应用编码。根据前面收集的数据编写决策支持系统程序，从而查看访问和分析数据还需要什么。

（6）系统测试。程序结果收集后对这些数据进行测试，检验结果是否满足决策支持系统，如测试不满足，回到 DSS 应用编码。

（7）理解需求。最后对需求做分析，理解需求是否正确，然后对数据仓库建模。

2. 数据仓库系统的工作过程

数据仓库处理数据的过程，如图 10-7 所示。

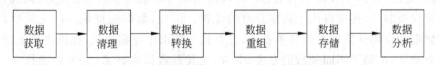

图 10-7　数据仓库系统的数据处理过程

（1）从数据源获得数据。

（2）清理数据，去除无效和错误的数据。

（3）将数据转换成标准化格式的、易于共享的数据。

（4）根据企业的核心业务和决策形式重新组织数据。

（5）以有利于数据访问和数据增补的形式存储数据，并补充附加的数据。

（6）根据用户数据请求处理数据查询事务，并传送用户所需分析结果或制定的方案。

10.2　数据挖掘技术

10.2.1　数据挖掘概述

1. 数据挖掘产生的背景

在 20 世纪 80 年代，随着计算机和通信技术的迅速发展，大型数据库系统得到广泛应用，企业积累的数据量急剧增加。据有关资料统计，其数据量以每月 15%、每年 5.3 倍的幅度增加。而在这些海量的数据中，往往蕴涵丰富的、对人类活动有指导意义的知识，然而现有的数据库系统只能进行数据录入、查询及统计等事务性的处理过程，却不能发现这些数据内部隐含的规则和规律，这些规则和规律对企业的生产具有重要的指导作用。人类急需一种能从海量数据中发现潜在知识的工具，以解决"数据爆炸与知识贫乏"的矛盾。

1989 年 8 月，在美国底特律召开的第 11 届国际人工智能会议上，首先提出数据库中知识发现（knowledge discovery in database，KDD）概念，其目的是在数据库中发现不被人们所知道的潜在知识和有用的信息。

1995 年，在加拿大蒙特利尔召开了首届 KDD&DataMining 国际学术会议，数据挖掘（data mining，DM）这一术语被学术界正式提出。数据挖掘技术为海量数据的知识发现带来了新的希望，从此以后，KDD&DataMining 国际学术会议每年召开一次。

数据挖掘是在大量的、不完整的、有噪声的数据中，发现潜在的、有价值的模式和数据间关系（或知识）的过程。什么是知识？从广义上理解，数据、信息是知识的表现形式，但是人们更把概念、规则、模式、规律和约束等看作知识。人们把数据看作是形成知识的源泉，好像从矿石中采矿或淘金一样。但是，数据挖掘中所研究的知识发现，不是要求发现放之四海而皆准的真理，也不是要去发现崭新的自然科学定理和纯数学公式，更不是定理的机器证明。实际上，所有发现的知识都是相对的，是有特定前提和约束条件的，面向特定领域的，同时还要能够易于被用户理解；最好能用自然语言表达所发现的结果。

数据挖掘是一门交叉性学科，涉及机器学习、模式识别、归纳推理、统计学、数据库、数据的可视化以及高性能计算等多个领域。知识发现的方法可以是数学的，也可以是非数学的；可以是演绎的，也可以是归纳的。发现的知识可以被用于信息管理、查询优化、决策支持和过程控制等，还可以用于数据自身的维护。因此，数据挖掘是一门交叉学科，它把人们对数据的应用从低层次的简单查询，提升到从数据中挖掘知识，提供决策支持。在这种需求驱动下，汇聚了不同领域的专家、学者，尤其是数据库技术、人工智能技术、数理统计、可视化技术、并行计算等方面的学者和工程技术人员，投身到数据挖掘这一新兴的研究领域，逐步形成了新的技术热点。经过十多年的努力，数据挖掘技术的研究已经取得了丰硕的成果，不少软件公司已研制出数据挖掘软件产品，在北美、欧洲等国家率先得到应用。例如，IBM 公司开发的 QUEST 和 Intelligent Miner；Angoss Software 开发的基于规则和决策树的 Knowledge Seeker，Advanced Software Application 开发的基于人工神经网络的 DBProfile；加拿大 SimonFraser 大学开发的 DBMinner；SGI 公司开发的 MineSet 等。在我国，数据挖掘技术的研究也引起了学术界的高度重视，逐步成为科学界的热点研究课题。

2. 数据挖掘的数据对象

从原则上讲，数据挖掘可以在任何类型的信息载体上进行，可以是结构化的数据源，包括关系数据库、事务数据库、数据仓库、高级数据库系统和面向特殊应用的数据库系统，如面向对象数据库、对象关系数据库、空间数据库、时间数据库和时间序列数据库；也可以是半结构化的，如文本数据库、多媒体数据库和 Web 数据源。面对这些复杂多样的数据类型，给数据挖掘技术带来了巨大的挑战。

3. 数据挖掘发现的知识模式

数据挖掘的主要任务,是发现海量数据中隐藏的知识模式,数据挖掘发现的知识模式有多种不同类型,最常见的模式有分类模式、回归模式、时间序列模式、聚类模式、关联模式和序列模式等。

(1) 分类模式。分类模式是反映同类事物间的共性,以及异类事物间的差异的特征知识。构造某种分类器,将数据集上的数据映射到特定的类上。其主要目的,是用以提取数据类的特征模型,进而预测事物发展的趋势。

(2) 回归模式。回归模式的函数定义与分类模式相似,其差别在于分类模式的预测值是离散的,回归模式的预测值是连续的。

(3) 时间序列模式。时间序列模式根据数据随时间变化的趋势,发现某一时间段内数据间的相关性处理模型,预测将来可能出现值的分布情况。

(4) 聚类模式。聚类模式与分类模式不同,聚类模式事先并不知道分组及怎样分组,只知道划分数据的基本原则。在这种原则的指导下,把一组个体按照个体间的相似性划分成若干类,这种划分的结果称为聚类模式。其目的,是使得属于同一个类别的数据间的相似性尽可能大,而不同类别的数据间的相似性尽可能小。

(5) 关联模式。也称为关联规则,是数据挖掘中的一个重要问题。货篮分析问题,就是一个典型的关联规则挖掘的应用实例。货篮问题的处理对象,称为货篮数据,即通过对顾客购物车中所购不同商品之间的关联关系的分析,来帮助零售商建立有利的市场经营策略。例如,买尿布的男士很可能同时也要买啤酒,通过对顾客的购物分析,可以决定将尿布和啤酒放到一起销售,来增加这两种商品的营业额。

(6) 序列模式。序列模式与关联模式相仿,主要把数据之间的关联性与时间联系起来。序列模式不仅需要考虑事件是否发生,而且需要考虑事件发生的时间。它可看成是一种特定的关联模型,它在关联模型中增加了时间属性。例如,在购买彩电的人们当中,70%的人会在 5 个月内购买影碟机。

10.2.2　数据挖掘的主要技术

数据挖掘有多种分类方法,如根据发现知识的种类分类、根据挖掘的数据库种类分类和根据采用的技术分类。根据发现知识的种类分为关联规则挖掘、分类规则挖掘、特征规则挖掘、离群数据挖掘、聚类分析、数据总结、趋势分析、偏差分析、回归分析,以及序列模式分析等;根据挖掘的数据库种类分为关系型、事务型、面向对象型、时间型、空间型、文本型、多媒体型、主动型和异构数据库等;根据采用的技术,分以下 7 种。

(1) 规则归纳。通过统计方法归纳、提取有价值的 if…then 规则,例如关联规则挖掘。

(2) 决策树方法。用树状结构表示决策集合,这些决策集合是通过对数据集的分类来产生规则。

决策树方法首先利用信息熵来寻找数据库中具有最大信息量的字段,从而建立决策树的一个结点,再根据字段的不同取值来建立树的分支,然后在每个分支子集中,重复建立树的下层结点和分支,即可建立决策树。

　　国际上最有影响的决策树方法是由 Quinlan 研制的 ID3 方法，其典型的应用是分类规则挖掘。

　　（3）人工神经网络。这种方法主要是模拟人脑神经元结构，也是一种通过训练来学习的非线性预测模型。它可以完成分类、聚类和特征规则等多种数据挖掘任务，同时它又以 MP 模型和 HEBB 学习规则为基础，来建立前馈式网络、反馈式网络和自组织网络这 3 类神经网络模型。

　　（4）遗传算法。这是一种模拟生物进化过程的算法，最早由 Holland 于 20 世纪 70 年代提出。

　　它是基于群体的、具有随机和定向搜索特征的迭代过程。这些过程有基因组合、交叉、变异和自然选择 4 种典型算子。遗传算法作用于一个由问题的多个潜在解（个体）组成的群体上，并且群体中的每个个体都由一个编码表示，同时每个个体均需依据问题的目标函数而被赋予一个适应值。此外，为了应用遗传算法，还需要把数据挖掘任务表达为一种搜索的问题，以便发挥遗传算法的优势搜索能力。

　　（5）模糊技术。即利用模糊集合理论，对实际问题进行模糊评判、模糊决策、模糊模式识别和模糊聚类分析。这种模糊性是客观存在的，且系统的复杂性越高，模糊性越强。一般，模糊集合理论是用隶属度来刻画模糊事物的不确定性，因而它为数据挖掘提供了一种概念和知识表达、定性和定量转换、概念的综合和分解的新方法。

　　（6）粗集（rough set）方法。它是 1982 年由波兰逻辑学家 Pawlak 提出的一种全新的数据分析方法，近年来在机器学习和 KDD 等领域，获得了广泛的重视和应用。这种粗集方法，是一种研究信息系统中不确定、不精确问题的有效手段。其基本原理，是基于等价类的思想，而这种等价类中的元素，在粗集中被视为不可区分的。其基本过程，是首先用粗集近似的方法，将信息系统关系中的属性值进行离散化；然后对每一个属性划分等价类，再利用集合的等价关系来进行信息系统关系的约简；最后得到一个最小决策关系，从而便于获得规则。

　　（7）可视化技术。即采用直观的图形方式来将信息模式、数据的关联或趋势呈现给决策者。这样，决策者就可以通过可视化技术，交互地分析数据关系。

　　可视化技术主要包括数据、模型和过程这 3 个方面的可视化。其中，数据可视化主要有直方图、盒须图和散点图；模型可视化的具体方法，与数据挖掘采用的算法有关，例如，决策树算法采用树形表示；而过程可视化，采用数据流图来描述知识的发现过程。

　　上述数据挖掘技术虽各有各的特点和适用范围，但它们发现知识的种类不尽相同，其中规则归纳法一般适用于关联规则、特征规则、序列模式和离群数据的挖掘；决策树方法、遗传算法和粗集方法一般适用于分类模式的构造；而神经网络方法则可以用于实现分类、聚类、特征规则等多种数据挖掘；模糊技术通常被用来挖掘模糊关联、模糊分类和模糊聚类规则。

10.2.3　数据挖掘与数据仓库

1. 与数据仓库集成的数据挖掘体系

　　该体系可以称为嵌入式数据挖掘体系，其结构如图 10-8 所示。它从应用角度出发，充分考虑了与数据仓库的集成,避免了数据复制及预处理所带来的错误发生。

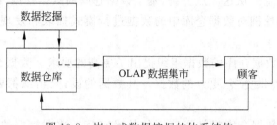

图 10-8　嵌入式数据挖掘的体系结构

因为数据仓库的数据来源于整个企业,从而保证了数据挖掘中数据来源的广泛性和完整性,这样才不会漏掉任何与主题相关的信息。另外,为了保证结果的准确性,数据挖掘需要大量的历史数据,数据仓库可以很好地满足这个要求。

在该体系中,数据挖掘的结果可以嵌入到 OLAP 数据集市中,作为多维空间的新维度,这样易于被企业中的用户理解和使用。

企业的管理者通过分析数据集市,制定出市场决策,在市场上采取相应的行动。这些行为影响顾客后,结果又反馈到数据仓库中,开始下一轮的数据流程和市场运作。

2. 数据仓库与数据挖掘的联系

数据挖掘和数据仓库作为决策支持新技术,在近十年来得到迅速发展。作为数据挖掘对象,数据仓库技术的产生和发展为数据挖掘技术开辟了新的战场,同时也提出了新的要求和挑战。数据仓库和数据挖掘是相互结合起来一起发展的,二者是相互影响,相互促进的。二者的联系可以概括为以下几点。

(1) 数据仓库为数据挖掘提供了广泛的数据源。数据仓库中集成和存储来自异质的信息源的数据,而这些信息源本身就可能是一个规模庞大的数据库。同时数据仓库存储了大量长时间的历史数据(5～10 年),可以进行数据长期趋势的分析,这为决策者的长期决策行为提供了支持。

(2) 数据仓库为数据挖掘提供了支持平台。数据仓库的发展,不仅为数据挖掘开辟了新的空间,更对数据挖掘技术提出了更高的要求。数据仓库的体系结构,努力保证查询和分析的实时性。数据仓库一般设计成只读方式,数据仓库的更新由专门的一套机制保证。数据仓库对查询的强大支持,使数据挖掘效率更高,开采过程可以做到实时交互,使决策者的思维保持连续,有可能开采出更深入、更有价值的知识。

(3) 数据仓库为使用数据挖掘工具提供了方便。数据仓库的建立,充分考虑数据挖掘的要求。用户可以通过数据仓库服务器,得到所需的数据,形成开采中间数据库,利用数据挖掘方法进行开采,获得知识。数据仓库为数据挖掘集成了企业内各部门全面的、综合的数据,数据挖掘要面对的是关系更复杂的企业全局模式的知识发现。而且,数据仓库机制大大降低了数据挖掘的障碍,为数据挖掘缩短了其数据准备阶段的时间。数据仓库中的数据已经被充分收集起来,进行了整理、合并,而且有些还进行了初步的分析处理。这样,数据挖掘的注意力能够更集中于核心处理阶段。另外,数据仓库中对数据不同粒度的集成和综合,更有效地支持了多层次、多种知识的开采。

（4）数据挖掘为数据仓库提供了决策支持。企业领导的决策，要求系统能够提供更高层次的决策辅助信息。从这一点上讲，基于数据仓库的数据挖掘，能更好地满足高层战略决策的要求。数据挖掘对数据仓库中的数据进行模式抽取和发现知识，这些正是数据仓库所不能提供的。

（5）数据挖掘对数据仓库的数据组织提出了更高的要求。数据仓库作为数据挖掘的对象，要为数据挖掘提供更多、更好的数据。其数据的设计、组织都要考虑到数据挖掘的一些要求。

（6）数据挖掘为数据仓库提供了广泛的技术支持。数据挖掘的可视化技术、统计分析技术等，都为数据仓库提供了强有力的技术支持。

总之，数据仓库在纵向和横向，都为数据挖掘提供了更广阔的活动空间。数据仓库完成数据的收集、继承、存储以及管理等工作，数据挖掘面对的是经初步加工的数据，使数据挖掘能更专注于知识的发现。又由于数据仓库所具有的新特点，对数据挖掘技术提供了更高的要求。另外，数据挖掘为数据仓库提供了更好的决策支持，同时促进了数据仓库技术的发展。可以说，数据挖掘和数据仓库技术要充分发挥潜力，就必须结合起来。

3. 数据仓库与数据挖掘的区别

数据仓库是一种存储技术，它的数据存储量是一般数据库的 100 倍，它包含大量的历史数据、当前的详细数据以及综合数据。它能为不同用户的不同决策需要，提供所需的数据和信息。

数据挖掘是从人工智能机器学习中发展起来的，它研究各种方法和技术，从大量的数据中挖掘出有用的信息和知识。

10.2.4　数据挖掘在各行业的应用

1. 商业零售行业

商场以获得最大的销售利润为目的，零售商都在考虑以下问题：销售什么样的商品？采用什么样的促销策略？商品在货架上如何摆放？了解顾客的购买习惯和偏爱，会使他们对以上问题做出正确的决策具有指导意义。

关联规则挖掘能够对商场销售数据进行分析，从而得到顾客的购买特性，并根据发现的规律而采取有效的行动。分析商场销售商品的构成，发现不同类别商品的共同特征及其规则，而这些规则对商场的市场定位、商品定价、新商品采购等决策问题，都有非常重要的指导意义，从而进行商品销售预测、商品价格分析和零售地点的选择等。

2. 金融和保险服务行业

证券分析家可运用关联规则挖掘技术，去分析大量的金融数据，从而为投资活动建立贸易和风险模型。已经有些金融公司尝试了这种技术，并得到了有效的结果。

关联规则挖掘技术，将来可以应用于货币交易、自动保险业、股票选择、信誉评估、识别欺骗行为等业务中。利用数据挖掘工具，从已有的数据中分析得到信用评估的规则和标准，并将得到的规则和评估标准应用到新账户的信用评估，这是一个获取知识并应用知识的过程。剔除无关的甚至是错误的、相互矛盾的数据，以更有效地进行金融市场分析和预测。

一个人在相当长的一段时间里,其使用信用卡的习惯往往较为固定的。通过分析信用卡的使用模式,一方面可以监测到信用卡的恶性透支行为;另一方面可以识别非法用户。

从股票交易的历史数据中得到股票交易的规则和规律;发现隐藏在数据后面的不同财政金融指数之间的联系;探测金融政策与金融行情的相互影响的关联关系;对受保险人员的分类将有助于确定适当的保险金额;分析购买了某种保险的人是否又会同时购买另一种保险;预测什么样的顾客将会购买新险种。

3. 科学研究领域

数据挖掘在科学研究是必不可少的,从大量的、漫无头绪的而且真假难辨的科学数据和资料中,提炼出对科研工作者有用的信息。例如,在信息量极为庞大的天文、气象、生物技术等领域中,对所获得的大量实验和观测数据,仅依靠传统的数据分析工具已难以处理,因此迫切需要一种功能强大的智能化自动分析工具,这种需求推动了数据挖掘技术在科学研究领域的应用发展,并取得一些重要的应用成果。

数据挖掘在社会科学领域也有应用前景,社会科学的特点是从历史预见未来的发展,利用数据挖掘技术,从社会发展的历史进程中发现社会发展的规律,或者从人类行为模式的变化中,寻找人的行为规律,从而用以指导对社会的管理。

4. 电信网络管理

在电信网络运行过程中,会产生一系列警告,虽然某些警告可以置之不理,但是,如果有些警告不及时采取措施,则会带来不可挽回的损失。由于警告产生的随机性很大,究竟哪些警告可以不予理睬,哪些警告必须迅速处理则往往很难判断,一般需要由人工根据经验来进行处理,因此效率不高。使用数据挖掘技术,则可以通过分析已有的警告信息的正确处理方法,以及警告之间的前后关系,来得到警告之间的关联规则,这些有价值的信息可用于网络故障的定位检测和严重故障的预测。

5. 其他应用领域

(1) 医疗数据挖掘可用于病例、病人行为特征的分析,以及用于药方管理等,以安排治疗方案、判断药方的有效性等。

(2) 司法数据挖掘可用于案件调查、案例分析、犯罪监控等,还可用于犯罪行为特征模式的分析,从而为案件的侦破提供指导,进而为教育和改造犯罪寻求有效方法。

(3) 工业部门数据挖掘技术可用于进行故障诊断、生产过程优化等。制造业应用数据挖掘技术来进行零件故障诊断、资源优化、生产过程分析等,通过对生产数据进行分析,可发现容易产生质量问题的工序以及相关的故障因素等。

(4) 在网络入侵检测领域中的应用。计算机的网络化和操作系统的日益复杂化,给系统带来的安全隐患,以及黑客的活动日益活跃,这就对网络安全工作提出了挑战。可利用数据挖掘中的关联分析、序列模式分析等算法,提取相关的用户行为特征,并根据这些特征生成安全事件的分类模型,应用于安全事件的自动鉴别。

10.3　数据库技术的研究与发展

10.3.1　数据库技术研究的新特点

数据库技术的广泛应用，不断地刺激了新的数据库应用需求的产生，促使了诸多的大学、科研机构以及世界著名的数据库公司，开始进行新一代数据库技术的研究。目前已在许多领域取得了重要的研究成果，并呈现出新的研究特点。其特点体现在以下方面。

（1）数据库技术与多学科技术的有机结合。各种学科技术与数据库技术的有机结合，从而使数据库领域中新内容、新应用、新技术层出不穷，形成了各种新型的数据库系统，如面向对象数据库系统、分布式数据库系统、知识数据库系统、模糊数据库系统、并行数据库系统和多媒体数据库系统等。

数据库技术与特定应用领域结合，又出现了工程数据库、演绎数据库、时态数据库、统计数据库、空间数据库、科学数据库和文献数据库等。

它们都继承了传统数据库的理论和技术，但已经不是传统意义上的数据库，已为数据库技术增添新的技术内涵；立足于新的应用需求和计算机未来的发展，研究出了全新的数据库系统。

（2）异构数据库集成的研究。目前许多企业存在多种多样硬件平台、操作系统、编程语言、软件技术和数据库管理系所构成应用系统，同时，由于企业模式的改变而产生运作环境的改变。如何将异构环境下的原有系统与即将采用新技术的新系统有机地结合起来，必须考虑不同数据库间的数据共享。于是，解决异种数据库的集成问题成为不可避免。

（3）数据库研究面向智能化。计算机科学的主要目标，是使计算机与人的界面尽量人性化。因此，要尽量提高计算机的智能水平。

智能化是计算机科学各个分支的研究前沿。在数据库方面，智能化的工作是将人工智能技术与数据库技术相结合，形成演绎数据库和知识库的研究。目前的主要困难，在于递归查询处理无法取得满意的性能，硬件技术的革命（大内存、并行机、高速存取的外存储器）将是提高知识库查询效率的重要因素。

（4）数据库研究面向实际应用。为了适应数据库应用多元化的要求，结合各个应用领域的特点，研究适合该应用领域的数据库技术，如数据仓库、工程数据库、统计数据库、科学数据库、空间数据库、地理数据库和 Web 数据库等是数据库技术发展的又一重要特征。

（5）数据库结构呈现多层化趋势。为满足不同应用需求，数据库系统结构也由集中式结构发展到网络环境的分布式结构，随后又发展成两层、三层、多层客户/服务器结构、Internet 环境下的浏览器/服务器和移动环境下的动态结构。采用多种数据库结构或混合数据库结构，以适应不同用户的应用环境。

（6）从单纯的数据管理过渡到内容的管理的研究。由于应用环境的变化与人工智能技术的发展，促使数据库从单纯的数据管理过渡到内容的管理。数据库技术的进步，直接推动着数据库应用领域的扩展和应用层次的提高；反过来，新的应用需求又促进了数据库技术的进一步发展,如 Internet/Web 应用要求支持它的系统既要保留关系数据库对简单商用数据处理的灵活性、事务处理支持、安全性、可伸缩性、并行处理以及可管理性等特点,又要具有面向对象设计能力的可扩充性。因此,数据库系统必须从传统的数据管理转向内容管理,以对数据进行更深层次的分析,更好地对研究及日常决策提供有力的支持。也就是说,进行的不仅仅是纯粹的、固定的数据分析,而是加入人的观念、人的想法,然后再回到原来的数据,对其进行分析,即借助人工智能中的机器学习的方法来进行数学分析,在大量的数据中发现知识、发现规律、发现模式,以作为人们行动和决策的依据,这也正是发展中的数据挖掘技术所要解决的问题。

10.3.2　数据库技术的研究热点

1. 面向对象数据库

面向对象的方法和技术,对数据库发展的影响最为深远。它起源于程序设计语言,把面向对象的相关概念与程序设计技术相结合,是一种认识事物和世界的方法论。它以客观世界中一种稳定的客观存在——实体对象为基本元素,并以类和继承来表达事物间具有的共性,和它们之间存在的内在关系。

面向对象数据库系统将数据作为能自动重新得到和共享的对象存储,包含在对象中的是完成每一项数据库事务处理指令,这些对象可能包含不同类型的数据,包括传统的数据和处理过程,也包括声音、图形和视频信号,对象可以共享和重用。面向对象的数据库系统的这些特性,通过重用和建立新的多媒体应用能力,使软件开发变得容易,这些应用可以将不同类型的数据结合起来。

面向对象数据库系统的好处,是支持 WWW 应用能力。然而,面向对象的数据库是一项相对较新的技术,尚缺乏理论支持。它可能在处理大量包含很多事务的数据方面,比关系数据库系统慢得多,但人们已经开发了混合关系对象数据库,这种数据库将关系数据库管理系统处理事务的能力,与面向对象数据库系统处理复杂关系和新型数据的能力结合起来。

2. 对象—关系数据库系统

对象—关系数据库系统兼有关系数据库和面向对象的数据库两方面的特征。它除了保留原来关系数据库的种种特点外,还加入了面向对象数据库的特点,是面向对象数据库技术和传统数据库技术的相互融合。

对象—关系数据库系统具有以下新特征。

(1) 允许用户根据应用需求自己定义数据类型、函数和操作符,而且一经定义,这些新的数据类型、函数和操作符,将存放在数据库管理系统核心中,可供所有用户共享。

(2) 由多种基本类型或用户定义的类型构成的对象。

(3) 能够支持子类对超类的各种特性的继承,支持数据继承和函数继承,支持多重继承,支持函数重载,能够提供功能强大的通用规则系统,而且规则系统与其他的对象—关系能力是集成为一体的。

3. 多媒体数据库系统

多媒体是指多种媒体,如数字、文本、图形、图像和声音的有机集成,而不是简单的组合。其中数字、字符等称为格式化数据；文本、图形、图像、声音、视频等称为非格式化数据，具有大数据量、处理复杂等特点。

多媒体数据库实现对格式化和非格式化的多媒体数据的存储、管理和查询，使数据库系统能够表示和处理多种媒体数据。

多媒体数据在计算机内的表示方法决定于各种媒体数据所固有的特性和规则，而对常规的格式化数据使用常规的数据项表示。对非格式化图形、图像、声音等数据，则要根据该媒体的特点来决定表示方法。在多媒体数据库中，数据在计算机内的表示方法比传统数据库的表示形式复杂，对非格式化的媒体数据往往要用不同的形式来表示，并且需要提供管理这些异构形式的技术和处理方法。多媒体数据库必须具备反映和管理各种形式的媒体数据特性，以及各种媒体数据之间的空间或时间的关系。在客观现实世界里，各种媒体信息内部或各种媒体信息之间存在某种自然联系。例如，关于乐器的多媒体数据，包括乐器特性的描述、乐器的照片、该乐器演奏某段音乐的声音等。这些不同媒体数据之间存在自然联系，包括时序关系和空间相对位置结构。

多媒体数据库系统与传统数据库管理系统相比较应提供更适合非格式化数据查询的搜索功能，例如允许对非格式化数据作整体和局部搜索并允许通过范围、知识和其他描述符进行确定或模糊搜索，以及对多个数据库进行并行搜索。

4. 并行数据库系统

并行数据库系统是并行技术与数据库技术的结合，发挥多处理机结构的优势，将数据库在多个磁盘上分布存储，利用多个处理机对磁盘数据进行并行处理，从而解决磁盘 I/O 瓶颈，通过采用先进的并行查询技术，开发查询间并行、查询内并行以及操作内并行，大大提高查询效率。其目标是提供一个高性能、高可用性、高扩展性的数据库管理系统，而在性能价格比方面，较相应大型机上的 DBMS 高得多。

并行数据库系统作为一个新兴的方向，需要深入研究的问题还很多。但可以预见，由于并行数据库系统可以充分地利用并行计算机强大的处理能力，必将成为并行计算机最重要的支撑软件之一。

5. 模糊数据库系统

模糊性是客观世界的一个重要属性，传统的数据库系统描述和处理的是精确或确定的客观事物，但不能描述和处理模糊性和不完全性等概念，这是一个很大的不足。为此，出现了对模糊数据库理论和实现技术的研究，其目标是能够存储以各种形式表示的模糊数据。数据结构和数据联系、数据上的运算和操作、对数据的约束（包括完整性和安全性）、用户使用的数据库窗口用户视图、数据的一致性和无冗余性的定义等都是模糊的，精确数据可以看成是模糊数据的特例。

模糊数据库系统是模糊技术与数据库技术的结合，由于理论和实现技术上的困难，模糊数据库技术近年来发展不是很理想，但仍在模式识别、过程控制、案情侦破、医疗诊断、工程设计、营养咨询、公共服务和专家系统等领域得到较好的应用，显示了广阔的应用前景。

6. 知识数据库系统

知识数据库系统的功能，是如何把由大量的事实、规则和概念组成的知识存储起来，进行管理,并向用户提供方便快速的检索和查询手段。因此,知识数据库可定义为知识、经验、规则和事实的集合。

知识数据库系统应具备对知识的表示方法、对知识系统化的组织管理、知识库的操作、库的查询与检索、知识的获取与学习、知识的编辑、库的管理等功能。知识数据库是人工智能技术与数据库技术的结合。

7. 分布式数据库系统

分布式数据库系统是分布式技术与数据库技术的结合,在数据库研究领域中已有多年的历史,并出现了一批支持分布数据管理的系统,如 SDD1 系统、DIN-RES 系统和 POREL 系统等。

从概念上讲,分布式数据库是物理上分散在计算机网络各结点上,而逻辑上属于同一个系统的数据集合。它具有数据的分布性和数据库间的协调性两大特点,强调结点的自治性而不强调系统的集中控制,且系统应保持数据的分布透明性,使应用程序编写时可完全不考虑数据的分布情况。

分布式数据库是一组结构化的数据集合,逻辑上属于同一系统,而物理上分布在计算机网络的不同结点上,具有分布性和逻辑协调性的特点。分布性是指数据不是存放在单一场地为单个计算机配置的存储设备上,而是按全局需要将数据划分成一定结构的数据子集,分散地存储在各个场地(结点)上。逻辑协调性是指各场地上的数据子集,相互间由严密的约束规则加以限定,而在逻辑上是一个整体。实际上,基于以上两个特性的数据库,是由许多数据库的逻辑组织而成的,它是针对全体用户的、全局数据库。

分布式数据库管理系统是用于管理分布式数据库,同时使这种分布对用户透明的软件系统。一个分布式的数据库系统,应满足以下 4 个假设条件:一是数据存储在一些场所中,每个场所逻辑上假定为单个处理器;二是场所中的处理器由计算机网络互联,松散互连的处理器有它们自己的操作系统,并可进行独立操作;三是分布式数据库不是一个能在每个网络结点上单独存储的文件的汇集,而是一个实实在在的数据库;四是系统具有 DBMS 的完备功能,它不仅包括事务处理和分布式文件系统,还有查询处理和结构数据组织等功能。

8. 空间数据库

空间数据库是以描述空间位置和点、线、面、体特征的拓扑结构位置数据及描述这些特征性能的属性数据为对象的数据库。其中,位置数据为空间数据,属性数据为非空间数据。空间数据用于表示空间物体的位置、形状、大小和分布特征等信息,描述所有二维、三维和多维分布的关于区域的信息,它不仅具有表示物体本身的空间位置及状态信息,还具有表示物体的空间关系的信息。非空间信息主要包含表示专题属性和质量描述数据,用于表示物体的本质特征,以区别地理实体,对地理物体进行语义定义。

由于传统数据库在空间数据的表示、存储和管理上存在许多问题,从而形成了空间数据库多学科交叉的数据库研究领域。目前的空间数据库成果,大多数以地理信息系统的形式出现,主要应用于环境和资源管理、土地利用、城市规划、森林保护、人口调查、交通、税收和商业网络等领域的管理与决策。

空间数据库的目的,是利用数据库技术实现空间数据的有效存储、管理和检索,为各种空间数据库用户所用。目前,空间数据库的研究主要集中于空间关系与数据结构的形式化定义;空间数据的表示与组织;空间数据查询语言;空间数据库管理系统。

9. 科学统计数据库

统计数据是人类对现实社会各行各业、科技教育、国情国力的大量调查数据。采用数据库技术实现对统计数据管理,对于充分发挥统计信息的作用具有决定性的意义。

统计数据库是一种用来对统计数据进行存储、统计(如求数据的平均值、最大值、最小值、总和等)、分析的数据库系统。

统计数据库具有以下特点。

(1) 多维性。

(2) 统计数据是在一定时间(年度、月度、季度)期末产生大量数据,故入库时总是定时地大批量加载,经过各种条件下的查询以及一定的加工处理,通常又要输出一系列结果报表,这就是统计数据的"大进大出"特点。

(3) 统计数据的时间属性是一个最基本的属性,任何统计量都离不开时间因素,而且经常需要研究时间序列值,所以统计数据又有时间向量性。

(4) 随着用户对所关心问题的观察角度不同,统计数据查询出来后常有转置的要求。

10. 工程数据库

工程数据库是一种能存储和管理各种工程图形,并能为工程设计提供各种服务的数据库。工程数据库是适合于 CAD/CAM、CIM、地理信息处理、军事指挥和控制通信等工程应用领域所使用的数据库。工程数据库针对工程应用领域的需求,对工程对象进行处理,并提供相应的管理功能及良好的设计环境。

工程数据库管理系统是用于支持工程数据库的数据库管理系统,其主要功能如下:

(1) 支持复杂多样工程数据的存储和集成管理;

(2) 支持复杂对象(如图形数据)的表示和处理;

(3) 支持变长结构数据实体的处理;

(4) 支持多种工程应用程序;

(5) 支持模式的动态修改和扩展;

(6) 支持设计过程中多个不同数据库版本的存储和管理;

(7) 支持工程长事务和嵌套事务的处理和恢复。

在工程数据库的设计过程中,由于传统的数据模型难以满足应用对数据模型的要求,需要运用当前数据库研究中的一些新的模型技术,如扩展的关系模型、语义模型和面向对象的数据模型。

11. 主动数据库

主动数据库(active database)是相对于传统数据库的被动性而言的。许多实际的应用领域,如计算机集成制造系统、管理信息系统和办公室自动化系统中,常常希望数据库系统在紧急情况下能根据数据库的当前状态,主动适时地做出反应,执行某些操作,向用户提供有关信息。

主动数据库通常采用的方法,是在传统数据库系统中嵌入 ECA(event condition action,事件—条件—动作)规则,在某一事件发生时,引发数据库管理系统去检测数据库当前状态,看是否满足设定的条件。若条件满足,便触发规定动作的执行。

12. 嵌入式移动数据库

移动数据库是指在支持移动计算环境的数据库。它使得计算机或其他信息设备在没有与固定的物理联结设备相连的情况下,能够传输数据。

移动计算的作用在于,将有用、准确、及时的信息与中央信息系统相互作用,分担中央信息系统的计算压力,使有用、准确和及时的信息能提供给在任何时间和任何地点需要它的用户。

移动计算环境由于存在计算平台的移动性、连接的频繁断接性、网络条件的多样性、网络通信的非对称性、系统的高伸缩性和低可靠性,以及电源能力的有限性等因素,比传统的计算环境更为复杂和灵活。这使得传统的分布式数据库技术,不能有效支持移动计算环境。因此,嵌入式移动数据库技术由此而产生。

嵌入式移动数据库涉及传统的数据库技术、分布式计算技术和移动通信技术等多个学科领域。它包括两个方面的含义:一方面指人在移动时可以存取数据库中的信息;另一方面是指人可以带着数据库的副本移动。

与传统的分布式数据库系统相比,移动数据库系统具有以下几个特点:数据库的移动性与位置有关性、频繁的断接性、网络条件的多样性、系统规模庞大、资源的有限性及网络通信的非对称性。

10.3.3　国内数据库技术的发展状况

从 20 世纪 70 年代中期起,我国就开始了对数据库的研究。到 20 世纪 80 年代中期,在我国的 DJS100 计算机上曾完成了一次数据库软件开发的尝试。到"九五"期间,国家 863 计划对国产数据库软件产品的开发又给予了特别支持,从而极大地推动了国产数据库软件产品的成长和应用市场的开拓。到目前为止,国产数据库软件在技术研究上已经具有了较深的层次和广泛性,在产品开发上也积累了一定的基础。但在这些拥有自主知识产权的数据库系统软件产品中,大多是在国家有关部门的主导下,由大专院校与科研单位联合研制开发出来的成果。

目前,在市场具有一定影响的国产数据库系统软件,除我国信贝斯公司推出的 iBASE 外,还有东大阿尔派的 OpenBase,国家早先立项支持的由北京大学、中国人民大学、中软总公司和华中科技大学分工合作共同完成的 COBASE,华中科技大学的 DM 系统,中国人民大学与知识工程研究所推出的 EasyBASE/PBASE,北京华胜公司开发的 HiBase,以及南京大学与北京石油勘探开发研究所联合开发的 OMNIX 等。其中,在 1999 年末,基于 B/S 结构的 iBASE 网络数据库管理系统软件的推出,标志着我国具有自主知识产权的通用网络数据库系统软件完全商品化,并正式走向了市场。iBASE 在目前中国软件市场的定位,基本上是支持中、小规模的基于 Internet 应用的信息系统的建设。它着眼于功能、速度、价格和自主版权,更适用于中国企事业单位、政府机关以及各信息系统开发单位。

与操作系统领域一样,在中国的数据库系统软件市场上,起主流和领导作用的也是国外数据库厂商。发展国产数据库系统软件,对我国软件及相关产业会带来重大影响,对保证国家信息安全也具有重要意义。

10.3.4　数据库技术的发展方向

当前数据库技术的发展呈现出与多种学科知识相结合的趋势，凡是有数据（广义的）产生的领域，就可能需要数据库技术的支持，它们相结合后即刻就会出现一种新的数据库成员，从而壮大数据库家族。比如，数据仓库和数据挖掘技术是信息领域近年来迅速发展起来的数据库技术，数据仓库的建立能充分利用已有的资源，把数据转换为信息模式，从中挖掘出知识，提炼出智慧，最终创造出效益；工程数据库系统的功能是用于存储、管理和使用面向工程设计所需要的工程数据；统计数据是来自于国民经济、军事、科学等各种应用领域的一类重要的信息资源，由于对统计数据操作的特殊要求，从而产生了统计学和数据库技术相结合的统计数据库系统等。数据库技术在特定领域的应用，为数据库技术的发展提供了源源不断的动力。由于计算机的诸多技术的变化和发展都必然引起数据库系统的变化和发展，导致数据库研究领域日新月异的变化。

随着 Internet 在全球的应用和发展，信息种类、格式和内容的激增，使得传统的数据库管理方法难以驾驭，对信息难以查找、定位，对信息难以维护。尤其在管理多媒体内容方面，技术和管理方法与传统关系型数据库很不一样，从而给传统的关系数据库提出了新的需求和挑战。由于传统数据库从层次、网络到关系数据库系统的设计目标，都是源于商业事务处理，因此在库结构设计中存在一些无法克服的局限。迅猛增长的 Internet 全新应用需求，迫使关系数据库厂商开始对新一代数据库系统的研究。目前，大的数据库供应商都在致力于 Internet 下新型数据库的开发。Internet/Web 应用向数据库领域提出了前所未有的挑战，电子商务、Web 医院、远程教育、数字图书馆和移动计算等都需要新的数据库技术支持。因此，对半结构化和非结构数据模型的描述、管理、查询和安全控制等问题的研究已成为新的研究课题。把 Web 与数据库技术统一起来，在 Web 应用大潮中将再现数据库的雄风，将深刻影响和改变人类社会传统的生产、工作和生活方式。

随着计算机向深度计算（deep computing）和普适计算（pervasive computing）两极发展，数据库也将朝着大型的并行数据库系统和小型的嵌入式数据库系统两端发展。

高端的超大型数据库系统（VLDB）将解决复杂数据类型如视频音频数据、多媒体数据、过程或“行为”数据（军事上）的处理需求；满足海量数据的存储和存取要求，它们将运行在固定的下一代巨型主机服务器上。大、强、快是其特点。

低端的精小型数据库系统将解决个性化数据的存储和处理需求，它们将嵌入各种电子设备和移动设备中。小、灵、易是其特色。

总之，数据库技术将从以下几个方面发展。

（1）数据仓库与数据挖掘。

（2）与其他技术结合，如并行处理、分布式处理、网络技术、人工智能、面向对象技术。

（3）结合特定应用领域，如 CAD/CAM、气象、空间和地理等。

（4）结合新的应用环境，如 Internet、Intranet 和 Extranet 等。

（5）高端与低端同步发展。

小　　结

本章主要介绍了近年来数据库领域的新技术——数据仓库和数据挖掘技术的基本概念、研究内容以及应用状况,其目的是为了让读者对这两项技术有一个整体上的认识。并对数据库领域近几年产生的研究的特点及热点、发展方向进行了综述,为读者在数据库领域从事科学研究和应用开发提供参考。

习　　题

1. 数据仓库的定义、特点是什么?
2. 数据仓库有哪几种多维数据模型?
3. 解释概念:数据集市、元数据、OLAP、OLTP。
4. 简述数据仓库系统的工作过程。
5. 简述数据挖掘的定义、对象及其发现的知识模式。
6. 简述数据挖掘的主要技术。
7. 简述数据库技术的发展方向、研究的新特点与新热点。

第 11 章　数据库上机实验及指导

　　本章的上机实验涵盖了数据库中从数据定义(包括完整性约束)与操作、SQL 语言编程、安全性授权、故障恢复,以及数据库系统维护等方面内容的可操作性实验。所有实验均是有针对性地为重要的和可操作性的数据库内容,提供专门的练习,同时还为每个设计的实验提供了详细的实验指导。

　　实验目的与要求:

　　(1) 熟练使用 SQL 定义子语言、操纵子语言命令语句及 T-SQL 主要编程技术;

　　(2) 掌握关系模型上的完整性约束机制;

　　(3) 掌握 SQL Server 的安全体系及安全设置;

　　(4) 掌握一定的数据库系统管理技术。

11.1　SQL 数据库语言操作实验

11.1.1　SQL 定义子语言实验

1. 实验题目

实验 11-1　利用 SQL 语句创建、修改和删除数据库。

　　创建要求:数据库 Employee 中包含一个数据文件 Empdat1. mdf 和一个日志文件 Emplog. ldf。其中数据文件大小为 10MB,最大为 50MB,以 5MB 速度增长;日志文件大小为 5MB,最大为 25MB,以 5% 速度增长。

　　修改要求:增加第二个数据库文件 Empdat2. ndf,其中数据文件大小为 5MB,最大为 25MB,以 2MB 速度增长;修改数据文件 Empdat1. mdf 的最大容量为 80MB。

实验 11-2　利用 SQL 创建"人员"表 person、"月薪"表 salary、"顾客"表 customer 及"订单"表 orderdetail。

　　要求:按表 11-1～表 11-4 中的字段说明创建。

表 11-1　person 表结构

字 段 名	数据类型	字段长度	允许空否	字 段 说 明
P_no	Char	6	Not null	工号，主键
P_name	Varchar	10	Not null	姓名
Sex	Char	2	Not null	性别
BirthDate	Datetime		Null	出生日期
Date_hired	Datetime		Not Null	雇佣日期（出生日期＜雇用日期）
Deptname	Varchar	10	Not Null	所属部门（默认为"培训部"）
P_boss	Char	6	Null	所属经理的工号（经理取值 NULL）

表 11-2　salary 表结构

字 段 名	数据类型	字段长度	允许空否	字 段 说 明
P_no	Char	6	Not null	工号，主键，外键（参照 person 表）
Base	Dec	(8,2)	Not Null	基本工资
Bonus	Dec	(7,2)	Null	奖金
Fact				实发工资＝基本工资＋奖金

表 11-3　customer 表结构

字 段 名	数据类型	字段长度	允许空否	字 段 说 明
Cust_no	Char	6	Not null	顾客号，主键
Cust_name	Varchar	10	Not null	姓名
Sex	Char	2	Not null	性别
BirthDate	Datetime		Null	出生日期
City	Varchar	10	Null	居住城市
Discount	Dec	(4,2)	Not Null	购买折扣（取值在 0.50～1.00 之间，默认为 1.00）

表 11-4　orderdetail 表结构

字 段 名	数据类型	字段长度	允许空否	字 段 说 明
Order_no	Char	6	Not null	订单号，主键（6 位号码，形如"AS1314"）
Cust_no	Char	6	Not null	顾客号，外键（参照 customer 表）
P_no	Char	6	Not null	工号，外键（参照 person 表）
Order_total	Int		Not null	销售额
Order_date	Datetime		Not null	订单签订时间

实验 11-3　利用 SQL 语句创建视图。

要求：

（1）在表 customer 上创建"顾客"视图 CustomerView，其中包含居住在北京的顾客的基本信息，并显示"顾客号"、"姓名"、"性别"和"购买折扣"等字段。

（2）基于表 person 和表 orderdetail 创建"培训员工"视图 TrainingView，其中包含培训部所有员工（不含部门经理）的员工号、姓名、性别、所属部门和最近一年内的总销售业绩。

实验 11-4　创建索引。

要求：

（1）在"人员"表的"姓名"列上创建一个单列索引 name_sort。

（2）在"人员"表的"出生日期"列和姓名列上创建一个组合索引 birth_name。

（3）在"人员"表的"姓名"列上创建一个唯一索引 u_name_sort。

（4）在"月薪"表的"实发"列上创建一个聚簇索引 fact_idx，并使系统按降序索引。

实验 11-5　删除索引。

要求：删除"月薪"表上的索引 fact_idx。

2．实验指导

实验 11-1　参见第 4 章数据库定义（创建、修改和删除）命令的语法。

实验 11-2　以下分别为创建 person 表和 orderdetail 表的代码，其他表的创建可参考之。

（1）代码如下：

```
CREATE TABLE person
   (
   P_no                char(6)             PRIMARY KEY,
   P_name              varchar(10)         NOT NULL,
   Sex                 char(2)             NOT NULL,
   Birthdate           datetime            NULL,
   Date_hired          datetime            NOT NULL,
   Deptname            varchar(10)         NOT NULL DEFAULT '培训部',
   P_boss              char(6)             NULL,
   CONSTRAINT birth_hire_check
   CHECK (Birthdate <  Date_hired)
   )
```

（2）代码如下：

```
CREATE TABLE orderdetail
   (
   Order_no            char(6)             PRIMARY KEY
   CONSTRAINT  Order_no_constraint
   CHECK (Order_no LIKE '[A-Z][A-Z][0-9][0-9][0-9][0-9]'),
```

```
    Cust_no              char(6)              NOT NULL,
    P_no                 char(6)              NOT NULL,
    Order_total          int                  NOT NULL,
    Order_date           datetime             NOT NULL,
        CONSTRAINT person_contr
        FOREIGN KEY (P_no)
        REFERENCES person (P_no)
        ON DELETE No Action
        ON UPDATE CASCADE,
        CONSTRAINT customer_contr
        FOREIGN KEY (Cust_no)
        REFERENCES customer (Cust_no)
        ON DELETE No Action
        ON UPDATE CASCADE
        )
```

实验 11-3 代码如下：

（1）

```
CREATE VIEW CustomerView AS
SELECT Cust_no,Cust_name,Sex,Discount FROM customer WHERE City='北京'
```

（2）

```
CREATE VIEW TrainingView AS
   SELECT p2.P_no,P_name,Sex,Deptname,Achievement
   FROM   person AS p2 LEFT OUTER JOIN (
        SELECT p1.P_no,SUM(order_total) AS Achievement
        FROM person AS p1,orderdetail AS o
            WHERE   p1.P_no=o.P_no AND P_boss is not null AND
                order_date> =GETDATE()-365
            GROUP BY p1.P_no ) AS p3          /*查询的结果可以再作为表参与连接*/
            ON p2.P_no=p3.P_no                /*JOIN连接条件通过ON引出*/
WHERE deptname='培训部'
```

实验 11-4 代码如下：

（1）

```
CREATE INDEX name_sort ON person(P_name)
```

（2）

```
CREATE INDEX birth_name ON person(Birthdate,P_name)
```

（3）

```
CREATE UNIQUE INDEX u_name_sort ON person(P_name)
```

（4）

```
CREATE CLUSTERED INDEX fact_idx ON salary(Fact,DESC)
```

实验 11-5　代码如下：

```
DROP INDEX salary.fact_idx
```

11.1.2　SQL 操纵子语言实验

1. 实验题目

实验 11-6　利用 SQL 语句向表 person、salary、customer 和 orderdetail 中插入数据。

要求：按表 11-5～表 11-8 中的数据插入。

表 11-5　表 person 中的数据

P_no	P_name	Sex	BirthDate	Date_hired	Deptname	P_boss
000001	林峰	男	1973-04-07	2003-08-03	销售部	000007
000002	谢志文	男	1975-02-14	2003-12-07	培训部	000005
000003	李浩然	男	1970-08-25	2000-05-16	销售部	000007
000004	廖小玲	女	1979-08-06	2004-05-06	培训部	000005
000005	梁玉琼	女	1970-08-25	2001-03-13	培训部	NULL
000006	罗向东	男	1979-05-11	2000-07-09	销售部	000007
000007	肖家庆	男	1963-07-14	1998-06-06	销售部	NULL
000008	李浩然	男	1975-01-30	2002-04-12	培训部	000005
000009	赵文龙	男	1969-04-20	1996-08-12	销售部	000007

表 11-6　表 salary 中的数据

p_no	base	bonus	fact
000001	2100	300	
000002	1800	300	
000003	2800	280	
000004	2500	250	
000005	2300	275	
000006	1750	130	
000007	2400	210	
000008	1800	235	
000009	2150	210	

表 11-7　表 customer 中的数据

Cust_no	Cust_name	Sex	BirthDate	City	Discount
000001	王云	男	1972-01-30	成都	1.00
000002	林国平	男	1985-08-14	成都	0.85
000003	郑洋	女	1973-04-07	成都	1.00
000004	张雨洁	女	1983-09-06	北京	1.00
000005	刘菁	女	1971-08-20	北京	0.95
000006	李宇中	男	1979-08-06	上海	1.00
000007	顾培铭	男	1973-07-23	上海	1.00

表 11-8　表 orderdetail 中的数据

Order_no	Cust_no	P_no	Order_total	Order_date
AS0058	000006	000002	150 000	2011-04-05
AS0043	000005	000005	90 000	2011-03-25
AS0030	000003	000001	70 000	2011-02-14
AS0012	000002	000005	85 000	2010-11-11
AS0011	000007	000009	130 000	2010-08-13
AS0008	000001	000007	43 000	2010-06-06
AS0005	000001	000007	72 000	2010-05-12
BU1167	000007	000003	110 000	2010-03-08
BU1143	000004	000008	70 000	2009-12-25
BU1139	000002	000005	90 000	2009-10-12
BU1132	000006	000002	32 000	2009-08-08
BU1121	000004	000006	66 000	2009-04-01
CX2244	000007	000009	80 000	2008-12-12
CX2232	000003	000001	35 000	2008-09-18
CX2225	000002	000003	90 000	2008-05-02
CX2222	000001	000007	66 000	2007-12-04

实验 11-7　用 SQL 语句修改表中的数据。

要求：

（1）将 salary 表中工号为 000006 的员工工资增加为 1800，奖金增加为 160。

（2）利用 SQL 语句将两年内没有签订单的员工奖金下调 25%。

实验 11-8　用 SQL 语句删除表中的数据。

要求：删除 person 表中工号为 000010 的员工数据。

实验 11-9　更新视图。

要求：将"顾客"视图 CustomerView 中姓名为"王云"的顾客的购买折扣改为 0.85。

实验 11-10　向视图插入数据。

要求：向视图 CustomerView 中插入一行数据：

('000008','刘美萍','女',NULL,1.00)

实验 11-11　删除视图。

要求：将视图 CustomerView 删除。

实验 11-12　无条件查询。

要求：查询 person 表中的所有数据。

实验 11-13　条件查询。

要求：

(1) 查询 person 表中所有不重复的部门。

(2) 查询 person 表中部门女经理的数据。

(3) 查询 person 表中姓名为林峰、谢志文和罗向东的员工数据。

(4) 利用 SQL 语句将工号为 000003～000008 的员工的月收入按实发工资升序排序。

(5) 查询工号为 000002 的员工基本工资增加 2 倍,奖金增加 1.5 倍后的实际收入。

实验 11-14　一般连接查询。

要求：

(1) 利用 SQL 语句查询一月份发放奖金平均数大于 200 元的部门,并从高到低排序。

(2) 查询居住城市在上海的顾客订单总数和订单总额。

实验 11-15　特殊联结查询(表的外联结和自联结)。

要求：

(1) 查询培训部员工签订订单的情况。

(2) 查询工作时间比他们的部门经理还长的员工。

(3) 查询至少有两份订单的顾客信息。

(4) 查询姓名相同的员工信息。

实验 11-16　嵌套子查询。

要求：

(1) 查询比工号为 000005 的员工实发工资高的所有员工信息。

(2) 查询订单额高于平均订单额的订单信息。

(3) 查询与成都的顾客签订订单的员工代码及姓名。

(4) 查询一年内没有续订单的顾客信息。

实验 11-17　相关子查询。

要求：

(1) 查询至少有两份订单的顾客信息。

（2）查询至少有一份订单额大于100000或总订单额大于200000的顾客信息。

实验 11-18　使用 UNION 查询。

要求：利用 SQL 语句分别查询居住城市在上海、北京的顾客信息，合并输出。

2. 实验指导

实验 11-6

以下为向 person 表中插入一行数据示例代码，其他操作可参考之。

```
INSERT INTO person
    VALUES ('000008','李浩然','男','1975-01-30','2002-04-12','培训部','000005')
```

实验 11-7　代码如下：

（1）

```
UPDATE salary
SET Base=1800,Bonus=160
WHERE P_no='000006'
```

（2）

```
UPDATE salary
SET Bonus=Bonus * .75
WHERE NOT EXISTS (SELECT * FROM orderdetail
                WHERE salary.P_no=orderdetail.P_no AND
                    order_date>=GETDATE()-365 * 2 )
```

实验 11-8　代码如下：

```
DELETE FROM person WHERE P_no='000010'
```

实验 11-9　代码如下：

```
UPDATE CustmerView
SET Discount=0.85
WHERE Cust_name='王云'
```

实验 11-10　代码如下：

```
INSERT CustomerView ( Cust_no,Cust_name,Sex ) VALUES ('000008','刘美萍','女')
```

实验 11-11　代码如下：

```
DROP VIEW CustomerView
```

实验 11-12　代码如下：

```
SELECT * FROM person
```

实验 11-13　代码如下：

（1）

```
SELECT DISTINCT Deptname FROM person
```

（2）

```
SELECT * FROM person WHERE P_boss is null AND Sex='女'
```

（3）

```
SELECT * FROM person
WHERE P_name IN ('林峰','谢志文','罗向东')
```

（4）

```
SELECT * FROM salary
WHERE P_no BETWEEN '000003' AND '000008'
ORDER BY Fact ASC
```

（5）

```
SELECT P_no 工号,2*base+1.5*bonus 实际收入
FROM salary
WHERE P_no='000002'
```

实验 11-14　代码如下：

（1）

```
SELECT Deptname 部门
FROM salary A JOIN person B ON A.p_no=B.p_no
GROUP BY Deptname
HAVING AVG(Bonus)>200
ORDER BY AVG(Bonus) DESC
```

（2）

```
SELECT COUNT(*) 订单总数,SUM(Order_total) 订单总额
FROM orderdetail,customer
WHERE orderdetail.Cust_no=customer.Cust_no AND City='上海'
```

实验 11-15　代码如下：

（1）

```
SELECT p.P_no,COUNT(*) 订单总数,SUM(Order_total) 订单总额
FROM orderdetail o,person p
WHERE o.P_no=p.P_no AND Deptname='培训部'
GROUP BY p.P_no
```

（2）

```
SELECT p.P_no,p.P_name
FROM person p,person m
WHERE p.P_boss=m.P_no AND p.Date_hired<m.Date_hired
```

（3）

```
SELECT DISTINCT c.Cust_no,Cust_name,Sex,Discount
FROM customer c,orderdetail o1,orderdetail o2
    WHERE c.Cust_no=o1.Cust_no AND c.Cust_no=o2.Cust_no
        AND o1.Order_no<>o2.Order_no
```

（4）

```
SELECT p1.P_no,p1.P_name,p1.Sex,p1.Deptname
FROM person p1,person p2
WHERE p1.P_name=p2.P_name AND p1.P_nO<>p2.P_nO
```

实验 11-16 代码如下：

（1）

```
SELECT p.P_no 员工号,P_name 姓名,Fact 实发
FROM person p,salary s
WHERE p.P_no=s.P_no
    AND s.Fact>(SELECT Fact FROM salary
                WHERE P_no='000005')
```

（2）

```
SELECT Order_no,Cust_name,P_name,Order_total,Order_date
FROM orderdetail o,person p,customer c
WHERE o.Cust_no=c.Cust_no AND o.P_no=p.P_no AND
    Order_total > ( SELECT AVG(Order_total) FROM orderdetail )
```

（3）

```
SELECT DISTINCT p.P_no,P_name
FROM orderdetail o,person p
WHERE p.P_no=o.P_no AND
    Cust_no IN (SELECT Cust_no FROM customer WHERE City='成都')
```

（4）

```
SELECT Cust_no,Cust_name,Sex,Discount
FROM customer
WHERE Cust_no NOT IN (SELECT DISTINCT Cust_no
                FROM orderdetail
                WHERE order_date>=GETDATE()-365 )
```

实验 11-17 代码如下：

（1）

```
SELECT DISTINCT c.Cust_no,Cust_name,Sex,Discount
FROM customer c,orderdetail o1
```

```
WHERE c.Cust_no=o1.Cust_no AND
      o1.Cust_no IN (SELECT Cust_no
                     FROM orderdetail o2
                     WHERE o1.Order_no<>o2.Order_no )
```

（2）

```
SELECT DISTINCT c.Cust_no,Cust_name,Sex,Discount
FROM customer c
WHERE EXISTS (SELECT * FROM orderdetail
              WHERE Cust_no=c.Cust_no AND Order_total>100000
                OR EXISTS (SELECT SUM(Order_total)
                           FROM orderdetail
                           WHERE Cust_no=c.Cust_no
                           HAVING SUM(Order_total)>200000))
```

实验 11-18　代码如下：

```
SELECT DISTINCT Cust_no 顾客号,Cust_name 顾客姓名
FROM customer
WHERE City='北京'
UNION
SELECT DISTINCT Cust_no 顾客号,Cust_name 顾客姓名
FROM customer
WHERE City='上海'
```

11.1.3　T-SQL 编程实验

1. 实验题目

实验 11-19　自定义类型数据的使用。

要求：编写 T-SQL 语句，定义一个数据类型 d_no，将其长度定义为 6B，并以此来重新定义 person 表。

实验 11-20　创建函数。

要求：创建一个函数 Check_Pno，检测给定的员工号是否存在，如果存在返回 0，否则返回 −1。

实验 11-21　调用函数。

要求：调用函数 Check_Pno，如果返回 0，则向 salary 表插入一行该员工的工资记录。

实验 11-22　创建存储过程 proc_age。

要求：根据 person 表中员工的出生日期计算其实际年龄。

实验 11-23　调用存储过程。

要求：调用存储过程 proc_age，计算工号为 000001 的员工实际年龄。

实验 11-24　创建使用游标的存储过程。

要求：根据各员工在 orderdetail 表中的销售业绩计算其总的奖金增额：员工每签订一份订单额小于 100 000 的订单，其奖金增额为 20；若订单额高于 100 000，则奖金增额为

（Order_total/100000 * 30）。

实验 11-25 流控制语言的使用。

要求：用流控制语言统计 person 表中男、女职工各自总人数。

2. 实验指导

实验 11-19 代码如下：

```
sp_addtype d_no,'char(6)','NOT NULL'
GO
CREATE TABLE person
(
  P_no          d_no          PRIMARY KEY,
  P_name        varchar(10)   NOT NULL,
  Sex           char(2)       NOT NULL,
  Birthdate     datetime      NULL,
  Date_hired    datetime      NOT NULL,
  Deptname      varchar(10)   NOT NULL DEFAULT '培训部',
  P_boss        char(6)       NULL,
  CONSTRAINT birth_hire_check
  CHECK (Birthdate<Date_hired)
)
```

实验 11-20 代码如下：

```
CREATE FUNCTION Check_Pno (@P_no CHAR(6))
RETURNS INTEGER AS
BEGIN
    DECLARE @num INT
    IF EXISTS (SELECT P_no FROM person WHERE @P_no=P_no)
      SELECT @num=0
    ELSE
      SELECT @num=-1
    RETURN @num
END
```

实验 11-21 代码如下：

```
DECLARE @num INT
SELECT @num=DBO.Check_Pno('000008')
IF @num=0
    INSERT salary VALUES('000008',2200,280)
```

实验 11-22 代码如下：

```
CREATE PROC proc_age (@code CHAR(6),@age INT OUTPUT)
AS
    DECLARE @birth VARCHAR(4),@today VARCHAR(4)
```

```
SELECT @birth=DATENAME(yy,BirthDate)
FROM person
WHERE P_no=@code
SELECT @today=DATENAME(yy,GETDATE())
SELECT @age=CONVERT(INT,@today)-CONVERT(INT,@birth)
```

实验 11-23　代码如下：

```
declare @result int
exec proc_age '000003',@result output
select @result
```

实验 11-24　代码如下：

```
CREATE PROC proc_addbonus
(@P_no CHAR(6), @Add DEC(5,1) OUTPUT)
AS
    DECLARE @Order_total INT
    DECLARE cur_addbonus_checks CURSOR FOR
    SELECT order_total
    FROM orderdetail
    WHERE P_no=@P_no
    SELECT @add=0
    OPEN cur_addbonus_checks
    FETCH cur_addbonus_checks INTO @Order_total
    IF ( @@fetch_status<>0 )
    BEGIN
        CLOSE cur_addbonus_checks
        DEALLOCATE cur_addbonus_checks
        RETURN
    END
    SET NOCOUNT ON
    WHILE ( @@fetch_status=0 )
    BEGIN
        IF @Order_total<=100000
            SET @add=@add+20
        ELSE SET @add=@add+@Order_total/100000 * 30
        FETCH cur_addbonus_checks INTO @Order_total
    END
    CLOSE cur_addbonus_checks
    DEALLOCATE cur_addbonus_checks
RETURN
/* 调用使用游标的存储过程 */
declare @ret dec(5,1)
exec proc_addbonus '000002',@add=@ret output
select @ret
```

实验 11-25 代码如下：

```
DECLARE @row_count INT,@male_count INT,@female_count INT
SELECT @male_count=0,@female_count=0
SELECT @row_count=COUNT(*) FROM person          ——检索员工总人数
DECLARE @sex char(2)
DECLARE querybysex CURSOR FOR SELECT sex FROM person
OPEN querybysex
FETCH querybysex INTO @sex
WHILE (@@fetch_status=0)
BEGIN
    IF(@sex='男') SET @male_count=@male_count+1
    ELSE SET @female_count=@female_count+1
    FETCH querybysex INTO @sex
END
CLOSE querybysex
DEALLOCATE querybysex
/* 在屏幕上显示男女职工人数 */
Print '男职工共有' +CAST(@male_count AS CHAR(6))+'人！'
Print '女职工共有' +CAST(@female_count AS CHAR(6))+'人！'
```

11.2 数据库完整性实验

11.2.1 表本身的完整性

1. 实验题目

实验 11-26 利用 T-SQL 语句，在表定义时指定默认、创建默认、查看默认和删除默认。

要求：

（1）创建表时将表 person 的 Deptname 列的默认值设为"培训部"。

（2）创建表时将表 customer 的 Discount 列的默认值设为 1.00。

（3）向已有表 salary 增加列 Month，并将其默认值设为 2；然后删除表 salary 中的列 Month。

（4）创建默认 Base_default 并与表 salary 的 Base 列绑定，其默认值设为 1000。

（5）查看默认 Base_default。

（6）将默认 Base_default 解除绑定，然后把它删除。

实验 11-27 创建规则、删除规则。

要求：

（1）创建规则 Discount_rule 并与表 customer 的 Discount 列绑定，指定列取值为 0.50～1.00。

（2）创建规则 Sex_rule 并与表 person 的 Sex 列绑定，指定性别列的取值为男或女。

（3）将规则 Sex_rule 解除绑定，然后把它删除。

实验 11-28　定义检查约束、查看表的定义、删除检查约束。

要求：

（1）创建表时将表 orderdetail 的 Oreder_no 列定义为检查约束，并限制其值前两位为字母，后 4 位为数字。

（2）创建表 person 时为其设置表级约束，并限制同一元组中 Birthdate 列取值应小于 Date_hired 列取值。

（3）向已有表 salary 中增加一个检查约束 Bonus_check，限制 Bonus 列的值不小于 50。

（4）查看对表 salarly 结构的定义。

（5）删除表 salary 中的约束 Bonus_check。

实验 11-29　主键约束的使用。

要求：将表 salary 的 P_no 列、表 person 的 P_no 列、表 customer 的 Cust_no 列及表 orderdetail 的 Order_no 列定义为主键。

实验 11-30　唯一性约束的使用。

要求：将 person 表的 P_no 列和 P_name 列联合定义为唯一性约束。

2. 实验指导

实验 11-26

（1）参见 person 表定义。

（2）参见 customer 表定义。

（3）

```
ALTER TABLE salary
ADD Month INT NOT NULL DEFAULT 2
GO
ALTER TABLE salary
DROP COLUMN Month
```

（4）

```
CREATE DEFAULT Base_default AS 1000
EXEC sp_bindefault Base_default,'salary.Base '
```

（5）

```
sp_help Base_default
```

（6）

```
EXEC sp_unbindefault 'salary.Base'
DROP DEFAULT Base_default
```

实验 11-27　代码如下：

（1）

```
CREATE RULE Discount_rule AS @ Discount BETWEEN 0.50 AND 1.00
```

```
sp_bindrule 'Discount_rule','customer.Discount'
```

（2）

```
CREATE RULE Sex_rule AS @ Sex IN('男','女')
sp_bindrule 'Sex_rule','person.Sex'
```

（3）

```
sp_unbindrule 'person.Sex'
DROP RULE Sex_rule
```

实验 11-28
（1）参见 orderdetail 表定义。
（2）参见 person 表定义。
（3）

```
ALTER TABLE salary WITH NOCHECK
ADD CONSTRAINT Bonus_check CHECK (Bonus >=50)
```

（4）

```
EXEC sp_help salary
```

（5）

```
ALTER TABLE salary
DROP CONSTRAINT Bonus_check
```

实验 11-29　参见第 3 章。
实验 11-30　代码如下：

```
ALTER TABLE person
ADD CONSTRAINT unique_pno_pname UNIQUE (P_no,P_name)
```

11.2.2　表间参照完整性

1. 实验题目
实验 11-31　定义外键约束。
要求：
（1）创建表时将表 orderdetail 的 Cust_no 列和 P_no 列定义为外键，并分别参考表 customer 的列 Cust_no 和表 person 的列 P_no。
（2）将 salary 表中的 P_no 设为外键，并使其参照表 person 中的 P_no。
实验 11-32　测试对主表进行插入、更新及删除操作时的影响。
要求：
（1）向表 person 中插入一行数据（'000012','宋全礼','男','1980-7-17','2005-3-

11′,′培训部′,′000005′),测试是否影响从表。

（2）将表 person 中的员工号 000003 改为 000016,测试是否影响从表。

（3）删除表 person 中员工号为 000001 的员工数据删除,测试是否影响从表。

实验 11-33　测试对从表进行插入、更新及删除操作时的影响。

要求:

（1）向表 orderdetail 中插入一行数据(′CX88′,′000009′,′000010′,′2005-7-17′,′120000′),测试是否违背参照完整性。

（2）将表 orderdetail 中订单号为 CX2222 的订单所联系的员工号更新为 000010,测试是否违背参照完整性。

（3）删除表 orderdetail 中订单号为 AS0058 的订单数据,测试是否违背参照完整性。

实验 11-34　创建 DELETE 类型、UPDATE 类型及 INSERT 类型的触发器并测试其作用。

要求:

（1）在 person 表上创建一个触发器,当删除表 person 中的员工信息时,级联删除表 salary 中该员工的信息。

（2）在 salary 表上创建一个触发器,检查在修改该表时是否有不存在于 person 表中的职工代码出现。

（3）在 salary 表上创建一个触发器,向该表插入数据时必须参考表 person 中的 P_no。

2. 实验指导

实验 11-31

（1）参见第 3 章。

（2）

```
ALTER TABLE salary
ADD CONSTRAINT deptno_FK FOREIGN KEY(deptno)
    REFERENCES person(P_no)
```

实验 11-32　代码如下:

（1）

```
INSERT person
VALUES('000012','宋全礼','男','1980-7-17','2005-03-11','培训部','000005')
```

（2）

```
UPDATE person SET p_no='000016' WHERE p_no='000003'
```

（3）

```
DELETE person WHERE p_no='000001'
```

实验 11-33　参见第 3 章。

（1）参见第 3 章。

（2）

```
update person set P_no='000010' where exists
    (select * from orderdetail o where Order_no='cx2222' and person.P_no=o.P_no)
```

（3）参见第 3 章。

实验 11-34 参见第 3 章。

11.3 SQL Server 安全设置实验

11.3.1 创建登录账号

1. 实验题目

实验 11-35 创建 Windows 登录账号。

要求：基于 Windows 组成员或用户账号创建登录账号 Market\000005。

实验 11-36 创建 SQL Server 登录账号。

要求：基于 SQL Server 创建新的登录账号 000005。

实验 11-37 删除登录账号。

要求：删除 000005 及 Market\000005 登录账号。

2. 实验指导

实验 11-35

假设 Windows 中已存在 Market 域及其用户 000005。执行以下系统存储过程：

```
sp_grantlogin 'Market\000005'
```

实验 11-36 代码如下：

```
EXEC sp_addlogin '000005','12345','Employee'
```

实验 11-37

（1）基于 SQL Server 登录：

```
sp_droplogin '000005'
```

（2）基于 Windows 登录：

```
EXEC sp_revokelogin 'Market\000005'
```

11.3.2 数据库用户设置

1. 实验题目

实验 11-38 基于 Windows 登录的设置。

要求：授权 Market 域的 000005 用户访问数据库 Employee。

实验 11-39 基于 SQL Server 登录的设置。

要求：授权 000005 登录账号以 000005 用户身份访问数据库 Employee。

实验 11-40 特殊的数据库用户账号 GUEST 的使用。

要求：将 guest 用户账号添加到数据库 Employee 中。

实验 11-41　删除数据库用户账号。

要求：从数据库 Employee 中删除 000005 用户。

2. 实验指导

实验 11-38　代码如下：

```
USE Employee
GO
EXEC sp_grantdbaccess 'Market\000005','000005'
```

实验 11-39　代码如下：

```
USE Employee
GO
EXEC sp_grantdbaccess '000005'
```

实验 11-40　代码如下：

```
USE Employee
GO
EXEC sp_grantdbaccess guest
```

实验 11-41　代码如下：

```
sp_revokedbaccess '000005'
```

11.3.3　SQL Server 角色管理

1. 实验题目

实验 11-42　固定服务器角色的管理。

要求：将 000006 用户添加到数据库创建者角色中。

实验 11-43　固定数据库角色的管理。

要求：将 000007 用户添加到 Employee 数据库的 db_owner 角色中。

实验 11-44　用户自定义角色的使用。

要求：定义一个新的数据库角色 Managers，该角色由 DBO 用户账号所有，然后将 000005 用户添加到 Managers 角色中。

实验 11-45　删除用户及角色。

要求：从 Managers 角色中删除用户 000005，然后删除当前数据库中的 Managers 角色。

2. 实验指导

实验 11-42　代码如下：

```
EXEC sp_addsrvrolemember 'dbcreator','000006'
```

实验 11-43　代码如下：

```
sp_addrolemember 'db_owner','000007'
```

实验 11-44　代码如下：

```
USE Employee
GO
EXEC sp_addrole 'Managers','DBO'
EXEC sp_addrolemember 'Managers','000005'
```

实验 11-45　代码如下：

```
sp_droprolemember 'Managers','000005'
EXEC sp_droprole 'Managers'
```

11.3.4　SQL Server 语句及对象授权实验

1. 实验题目

实验 11-46　语句授权。

要求：给用户 000005 授权创建数据库，然后给角色 Manager 授权建表。

实验 11-47　对象授权。

要求：

（1）授权用户 000005 对表 person 插入和更新数据操作，然后授权角色 Manager 对表 salary 插入和更新操作。

（2）将给予角色 Manager 对表 salary 进行更新操作的权利撤销。

2. 实验指导

实验 11-46　代码如下：

```
GRANT CREATE DATABASE TO '000005'
GRANT CREATE TABLE TO Managers
```

实验 11-47　代码如下：

（1）

```
GRANT INSERT,UPDATE ON person TO '000005'
GRANT INSERT,UPDATE ON salary TO Managers
```

（2）

```
REVOKE UPDATE ON salary FROM Managers
```

11.4　数据库系统管理实验

11.4.1　故障恢复实验

1. 实验题目

实验 11-48　用企业管理器备份和恢复数据库。

要求：

（1）创建备份设备 PubsBac。

（2）备份数据库 Pubs。

（3）删除数据库 Pubs 中的 employee 表。

（4）备份数据库 Pubs 到备份设备 PubsBac 中。

（5）删除数据库 Pubs 的表 sales。

（6）依次恢复数据库 Pubs。

实验 11-49　用 SQL 语句备份和恢复数据库。

要求：

（1）创建存放数据文件的备份设备 EmpBac 及存放日志文件的备份设备 EmpLogBac。

（2）将数据库 Employee 备份到备份设备 EmpBac 中。

（3）将数据库 Employee 的日志备份到备份设备 EmpLogBac 中。

（4）删除 orderdetail 表。

（5）备份数据库 Employee 的日志。

（6）删除表 salary。

（7）依次恢复数据库 Employee。

（8）删除备份设备。

2. 实验指导

实验 11-48

（1）创建备份设备 PubsBac。在企业管理器下，展开服务器组，然后展开服务器。展开"管理"文件夹，右击"备份"，然后执行"新建备份设备"命令。在出现的对话框"名称"框中输入该命名设备的名称"PubsBac"，然后单击"文件名"按钮，输入磁盘备份设备所使用的文件名，单击"浏览"按钮，显示"备份设备位置"对话框，并选择磁盘设备所使用的本地计算机上的物理文件，单击"确定"按钮即可。

（2）备份数据库 pubs。在企业管理器中，展开"数据库"文件夹，右击要备份的数据库，指向"所有任务"子菜单，然后执行"备份数据库"命令。在出现的对话框的"常规"选项卡的"名称"框内输入备份集名称，也可以在"描述"框中输入对备份集的描述。在"备份"选项下，选择"数据库—完全"。在"目的"选项下，单击"磁盘"，然后指定备份的目的地。如果没有出现备份目的地，则单击"添加"并在"选择备份目的的备份设备 PubsBac"。在"重写"选项下，选择"追加到媒体"。如果需要安排特定的备份时间可以选择"调度"复选框进行选择。打开"选项"选项卡，按照提示可以选择一些需要的功能（可选）。如果是第一次使用备份媒体或者要更改现有的媒体标签，则在"媒体集标签"框下选择"初始化并标识媒体"复选框，然后输入媒体集名称和媒体集描述。只有在重写媒体时才能对其进行初始化和标识设置。

（3）删除数据库 Pubs 中的 employee 表。

（4）备份数据库 Pubs 到备份设备 PubsBac 中。

按与步骤（2）相同的方法，备份数据库 Pubs。

（5）删除数据库 Pubs 中的表 sales。

（6）恢复数据库 Pubs。

在企业管理器中，展开"数据库"文件夹，右击数据库 Pubs，指向"所有任务"并单击

"还原数据库"命令。在出现的"还原数据库"对话框"常规"选项卡中,在"还原为数据库"文本框中,可以改变还原的数据库的名称。在"还原:"项中,单击"数据库"单选按钮。在"要还原的第一个备份"列表中,选择最近一次备份的备份集,在"还原"列表中,选择要还原的数据库备份。可以打开"选项"选项卡,指定一些特殊选项(可选)。单击"确定"即可。

(7) 恢复数据库 Pubs。

按步骤(6)的方法,恢复数据库 Pubs,并查看数据库 Pubs 是否恢复到备份前的状态。

实验 11-49

(1) 创建备份设备。

创建文件夹,然后输入并执行以下语句,创建数据文件备份设备和日志文件备份设备。

```
USE master
EXEC sp_addumpdevice 'disk','EmpBac',
    'c:\Program Files\Microsoft SQL Server\MSSQL\BACKUP\EmpBac.dat'
EXEC sp_addumpdevice 'disk','EmpLogBac',
    'c:\Program Files\Microsoft SQL Server\MSSQL\BACKUP\EmpLogBac.dat'
```

(2) 备份数据库 Employee。

输入以下语句,将数据库 Employee 备份到备份设备 EmpBac 中。

```
BACKUP DATABASE Employee TO EmpBac
```

执行后查看数据库 Employee 备份的物理存储位置。

(3) 备份数据库 Employee 的日志。

输入以下语句,将数据库 Employee 的日志备份到备份设备 EmpLogBac 中。

```
BACKUP LOG Employee TO EmpLogBac
```

(4) 删除 orderdetail 表。

(5) 备份数据库 Employee 的日志。

```
BACKUP LOG Employee TO EmpLogBac
```

(6) 删除表 salary。

(7) 依次恢复数据库 Employee。

输入以下语句,恢复数据库 Employee:先从数据库完全备份中恢复数据库 Employee,然后从第一个事务日志中恢复数据库,最后从第二个事务日志中恢复数据库,并指定恢复的时间点为 2006 年 12 月 16 日凌晨 0 点。

```
USE master
RESTORE DATABASE Employee FROM EmpBac WITH NORECOVERY
RESTORE LOG Employee FROM EmpLogBac WITH FILE=1,NORECOVERY
RESTORE LOG Employee FROM EmpLogBac
    WITH FILE=2,RECOVERY,STOPAT= 'December 16,2006 12:00 AM'
```

执行后查看数据库 Employee 中的数据是否已恢复到位。

（8）删除备份设备。

输入并执行以下语句，将备份设备 EmpBac 删除。

```
sp_dropdevice EmpBac
```

11.4.2　数据库服务器及性能设置实验

1. 实验题目

实验 11-50　查看系统配置参数表。

要求：查看数据库服务器的所有配置参数的取值。

实验 11-51　查看系统运行参数。

要求：查看当前数据库服务器默认的语言。

实验 11-52　设置高级选择项（A）。

要求：将游标集的行数设为 0，使得游标键集异步产生。

实验 11-53　设置需要重启的选项（RR）。

要求：将当前 SQL Server 系统的亲和力掩码设为 1。

实验 11-54　设置系统自配置选项（SC）。

要求：将当前 SQL Server 系统的恢复间歇设为 3min。

实验 11-55　设置其他普通选项。

要求：将当前 SQL Server 系统的两位数年份截止点选项设置为 2050。

实验 11-56　设置远过程调用。

要求：设有本地服务器及远程服务器，现要在远程服务器上实现远程调用本地服务器上的存储过程。

2. 实验指导

实验 11-50　代码如下：

```
sp_configure
```

实验 11-51　代码如下：

```
sp_configure 'default language'
```

实验 11-52　代码如下：

```
sp_configure 'show advanced options',1
GO
RECONFIGURE
GO
sp_configure 'cursor threshold',0
GO
RECONFIGURE
GO
```

实验 11-53　代码如下：

```
USE master
```

```
GO
sp_configure 'show advanced options',1
GO
RECONFIGURE
GO
sp_configure 'affinity mask',1
GO
RECONFIGURE
```

实验 11-54　代码如下：

```
USE master
EXEC sp_configure 'recovery interval','3'
RECONFIGURE
```

实验 11-55　代码如下：

```
sp_configure 'two digit year cutoff',2050
```

实验 11-56

按以下步骤进行设置：

（1）配置本地服务器参数。在本地服务器上输入并执行以下语句：

```
EXEC sp_addlinkedserver server1,local,server2,remote
EXEC sp_configure 'remote access',1
RECONFIGURE
GO
```

停止并重新启动本地服务器。

（2）配置远程服务器参数。在远程服务器上输入并执行以下语句：

```
EXEC sp_addlinkedserver server2,local,server1,remote
EXEC sp_configure 'remote access',1
RECONFIGURE
GO
EXEC sp_addremotelogin server1,sa,sa
```

停止并重新启动远程服务器。

（3）测试远程登录。使用 sa 登录，从第一台服务器上执行第二台服务器上的存储过程。

小　　结

　　本章主要从数据定义与操作、SQL 语言编程、安全性授权、故障恢复和数据库系统维护等方面，设计出针对性和操作性强的大量实验项目，并给予相应的实验指导，以让读者通过对这些实验题目的实践来获得和提高动手能力，并加深对相关理论知识的理解。

　　具体说来，本章实验的目的与要求包括：熟练使用 SQL 定义子语言、操纵子语言命令语句及 T-SQL 主要编程技术;掌握关系模型上的完整性约束机制;掌握 SQL Server 的安全体系及安全设置;掌握一定的数据库系统管理技术。

习　　题

1. 编写 SQL 语句,将 salary 表中工号为 000003 的员工奖金增加为平均奖金的 2 倍,基本工资增加为平均工资的 1.2 倍。

2. 创建一个视图,并使这个视图不包含基表中所有的 NOT NULL 列。对此视图进行插入操作,执行后会出现什么情况?

3. 查询 salary 表中基本工资超过 2000 或实发工资超过 2500 的员工数据。

4. 编写 SQL 语句,测试在使用各聚集函数时,NULL 值是否包含在聚集函数的运算中? 并由此说明 NULL 值与数值 0 的区别。

5. 创建一个函数,按 person 表中所给出员工的出生日期计算其实际年龄。

6. 在 person 表上创建一个触发器,检查修改该表时是否有不存在的部门代码。

附 录

SQL Server 的 Pubs 样例
库表结构

```
EXEC sp_addtype 'id','varchar (11)','not null'
GO

EXEC sp_addtype 'empid','char (9)','not null'
GO

EXEC sp_addtype 'tid','varchar (6)','not null'
GO

CREATE TABLE discounts
(
    discounttype      varchar(40)       NOT NULL,
    stor_id           char(4)           NULL,
    lowqty            smallint          NULL,
    highqty           smallint          NULL,
    discount          decimal(4,2)      NOT NULL
)
GO


CREATE TABLE authors
(
    au_id         id            NOT NULL,
    au_lname      varchar (40)  NOT NULL,
    au_fname      varchar (20)  NOT NULL,
    phone         char (12)     NOT NULL,
    address       varchar (40)  NULL,
    city          varchar (20)  NULL,
    state         char (2)      NULL,
    zip           char (5)      NULL,
    contract      bit           NOT NULL
)
GO
```

```
CREATE TABLE employee
(
    emp_id        empid           NOT NULL,
    fname         varchar (20)    NOT NULL,
    minit         char (1)        NULL,
    lname         varchar (30)    NOT NULL,
    job_id        smallint        NOT NULL,
    job_lvl       tinyint         NOT NULL,
    pub_id        char (4)        NOT NULL,
    hire_date     datetime        NOT NULL
)
GO


CREATE TABLE jobs
(
    job_id        smallint        IDENTITY(1,1) NOT NULL,
    job_desc      varchar (50)    NOT NULL,
    min_lvl       tinyint         NOT NULL,
    max_lvl       tinyint         NOT NULL
)
GO


CREATE TABLE pub_info
(
    pub_id        char (4)        NOT NULL,
    logo          image           NULL,
    pr_info       text            NULL
)
GO


CREATE TABLE publishers
(
    pub_id        char (4)        NOT NULL,
    pub_name      varchar (40)    NULL,
    city          varchar (20)    NULL,
    state         char (2)        NULL,
    country       varchar (30)    NULL
)
GO


CREATE TABLE roysched
(
    title_id      tid             NOT NULL,
    lorange       int             NULL,
```

```
    hirange          int                  NULL,
    royalty          int                  NULL
)
GO


CREATE TABLE sales
(
    stor_id          char (4)             NOT NULL,
    ord_num          varchar (20)         NOT NULL,
    ord_date         datetime             NOT NULL,
    qty              smallint             NOT NULL,
    payterms         varchar (12)         NOT NULL,
    title_id         tid                  NOT NULL
)
GO


CREATE TABLE stores
(
    stor_id          char (4)             NOT NULL,
    stor_name        varchar (40)         NULL,
    stor_address     varchar (40)         NULL,
    city             varchar (20)         NULL,
    state            char (2)             NULL,
    zip              char (5)             NULL
)
GO


CREATE TABLE titleauthor
(
    au_id            id            NOT NULL,
    title_id         tid           NOT NULL,
    au_ord           tinyint       NULL,
    royaltyper       int           NULL
)
GO


CREATE TABLE titles
(
    title_id         tid              NOT NULL,
    title            varchar (80)     NOT NULL,
    type             char (12)        NOT NULL,
    pub_id           char (4)         NULL,
    price            money            NULL,
    advance          money            NULL,
```

```
        royalty              int                  NULL,
        ytd_sales            int                  NULL,
        notes                varchar (200)        NULL,
        pubdate              datetime             NOT NULL
    )
    GO
```

参考文献

REFERENCES

[1] R RAMAKRISHNAM，J GEHRKE. Database Management System [M]. 2nd ed. 北京：清华大学出版社，2000.

[2] A SILBERSCHATZ，H F KORTH，S. SUDARSHAN. 数据库系统概念[M]. 6 版. 杨冬青，等译. 北京：机械工业出版社，2012.

[3] 王珊，陈红. 数据库系统原理教程[M]. 北京：清华大学出版社，1998.

[4] 王能斌. 数据库系统原理[M]. 北京：电子工业出版社，2000.

[5] 施伯乐，丁宝康，汪卫. 数据库系统教程[M]. 2 版. 北京：高等教育出版社，2003.

[6] T CONNOLLY，C BEGG. 数据库系统——设计、实现与管理[M]. 3 版. 宁洪，等译. 北京：电子工业出版社，2004.

[7] J D ULLMAN，J WIDOM. A First Course in Database Systems [M]. 3rd ed. 岳丽华，金培权，万寿红，等译. 北京：机械工业出版社，2009.

[8] 陶宏才. 数据库原理与应用设计[M]. 成都：西南交通大学出版社，2001.

[9] 张龙祥，黄正瑞，龙军. 数据库原理与设计[M]. 北京：人民邮电出版社，2002.

[10] 李建中，王珊. 数据库系统原理[M]. 北京：电子工业出版社，1998.

[11] 萨师煊，王珊. 数据库系统概论[M]. 3 版. 北京：高等教育出版社，2002.

[12] C. J. Date. 数据库系统导论[M]. 7 版. 孟小峰，王珊，等译. 北京：机械工业出版社，2000.

[13] Han Jiawei，M KEMBER. 数据挖掘概念与技术[M]. 范明，孟小峰，译. 北京：机械工业出版社，2001.

[14] 张健沛，王槐珍. 数据库原理与应用[M]. 北京：机械工业出版社，1990.

[15] 杨国强，路萍，张志军，等. ERwin 数据建模[M]. 北京：电子工业出版社，2004.

[16] 何铮，陈志刚. 对象关系映射框架的研究与应用[J]. 计算机工程与应用，2003，（26）：188-194.

[17] 宋瀚涛，梁允荣. 关系数据库原理与系统[M]. 北京：北京理工大学出版社，1992.

[18] 李战怀. 数据库系统原理[M]. 西安：西北工业大学出版社，1999.

[19] 中创工作室. Transact-SQL 语言精解[M]. 北京：中国电力出版社，2000.

[20] J PAPA，M SHEPKER，et al. SQL Server 7 编程技术内幕[M].前导工作室，译. 北京：机械工业出版社，2000.

[21] 顾巧论，蔡振山，贾春福. 计算机网络安全[M]. 北京：科学出版社，2003.

[22] 王育民，何大可. 保密学——基础与应用[M]. 西安：西安电子科技大学出版社，1990.

[23] 何雄等. JSP 网络程序设计[M]. 北京：人民邮电出版社，2002.

[24] 潘爱民. 一致的数据访问接口 ADO/OLE DB（一）[J]. 微电脑世界，1999(10)：54-56.

[25] 蔡伟杰，张晓辉，朱建秋，等. 关联规则挖掘综述[J]. 计算机工程，2001(5)：31-49.

[26] 吉根林. 数据挖掘技术[J]. 中国图象图形学报，2001(8)：715-721.

[27] 陈峰. 数据仓库技术综述[J]. 重庆工学院学报，2002(4)：59-63.

[28] 微电脑世界网. 数据库技术的新浪潮[OL]. http://www.pcword.com.cn/98/9800/0004.html.

[29] 无华. 走进 PHP[CD]. 电脑报电子版，2000(24).

[30] 陈家祺. 基于 Client/Server 分布式系统的研究与开发[J]. 湖北汽车工业学院学报，1999(2)：28-32.

[31] 龚建勇. ISAPI 与 CGI 的比较及其实现[OL]. http://www.vckbase.com/article/isapi/0001.htm.

[32] 陈奇. Web 应用程序开发技术[OL]. http://www.ithome-cn.net/technology/internet/int31.htm.

[33] 谢利平. 访问 Web 数据库的应用技术[OL]. http://www.pninfo.com/computer/wlxy/asp/atl1.htm.

[34] 傅贵. 构件对象模型概览[OL]. http://lhfc.myrice.com/bcbfile/lc-bcb-49.html.

[35] 孔繁盛. Corba 在 TMN 中的研究和应用[OL]. http://www.china-pub.com/computers/emook/0721/info.htm.

[36] 吴广印. 新兴的 Internet 数据库[J]. 微电脑世界，2001(15).

[37] 点评主流中间件技术平台[OL]. 中国系统分析员网. http://www.cnai.cn/newit/dpzjj.htm.

[38] 基于 CORBA/WEB 技术构建三层体系结构的应用[OL]. 中文 Java 技术网. 2001.12.30.

[39] 关系数据库之父——埃德加·考特[J]. 程序员，2002(7)：13.

[40] 孙锦程，殷兆麟. J2EE 与.NET 框架的互操作研究综述[J]. 计算机工程，2005,31(18)：10-12.

[41] 李灏晨，陈赫贝. 基于.NET 平台的分布式应用程序的研究[J]. 计算机应用研究，2003(6)：31-34.

[42] 数字水利网[UL]. http://www.digitwater.com/dbase/dbingres.htm.

[43] http://www.ibm.com/cn.

[44] http://www.actian.com.

[45] http://www.oracle.com/cn.

[46] http://www.sybase.com.cn.

[47] http://www.microsoft.com.

[48] http://www.php.net.

[49] http://www.php.net/manual/zh/history.php.

[50] http://java.sun.com/.

[51] http://www.cnblogs.com/xwdreamer.